内容提要

本书为“核能与核技术出版工程·先进粒子加速器系列”之一。主要内容包括X射线加速器光源的历史现状与未来发展、电子加速器中的束流动力学基础、同步辐射原理、电子同步加速器及储存环、电子直线加速器、自由电子激光基础、光阴极电子枪和射频加速技术、常规磁铁和插入件技术、束流测量技术等光源加速器的关键技术。另外还专门安排一章介绍X射线加速器光源设计实例，兼顾理论与应用。本书可供从事光源加速器相关工作的人员，如设计和研制人员、运维人员、实验用户、高校与研究机构的研究生、相关的专业管理人员参考。

图书在版编目(CIP)数据

先进X射线光源加速器原理与关键技术/赵振堂等编著. —上海：上海交通大学出版社，2020.12
核能与核技术出版工程. 先进粒子加速器系列
ISBN 978-7-313-24143-6

Ⅰ. ①先… Ⅱ. ①赵… Ⅲ. ①X射线—光源—加速器
Ⅳ. ①TL501

中国版本图书馆CIP数据核字(2020)第256937号

先进X射线光源加速器原理与关键技术
XIANJIN X SHEXIAN GUANGYUAN JIASUQI YUANLI YU GUANJIAN JISHU

编　　著：赵振堂 等
出版发行：上海交通大学出版社　　地　　址：上海市番禺路951号
邮政编码：200030　　电　　话：021-64071208
印　　制：苏州市越洋印刷有限公司　　经　　销：全国新华书店
开　　本：710mm×1000mm　1/16　　印　　张：25
字　　数：425千字
版　　次：2020年12月第1版　　印　　次：2020年12月第1次印刷
书　　号：ISBN 978-7-313-24143-6
定　　价：198.00元

先进粒子加速器系列
主编 赵振堂

先进X射线光源加速器原理与关键技术

Principles and Key Technologies of Advanced X-ray Light Source Accelerators

赵振堂 等 编著

核能与核技术出版工程

丛书编委会

先进粒子加速器系列

编 委 会

总　　序

1896 年法国物理学家贝可勒尔对天然放射性现象的发现,标志着原子核物理学的开始,直接导致居里夫妇发现了镭,为后来核科学的发展开辟了道路。1942 年人类历史上第一个核反应堆在芝加哥的建成被认为是原子核科学技术应用的开端,至今已经历了 70 多年的发展历程。核技术应用包括军用与民用两个方面,其中民用核技术又分为民用动力核技术(核电)与民用非动力核技术(即核技术在理、工、农、医方面的应用)。在核技术应用发展史上发生的两次核爆炸与三次重大核电站事故,成为人们长期挥之不去的阴影。然而全球能源匮乏及生态环境恶化问题日益严峻,迫切需要开发新能源,调整能源结构。核能作为清洁、高效、安全的绿色能源,还具有储量最丰富、高能量密度、低碳无污染等优点,受到了各国政府的极大重视。发展安全核能已成为当前各国解决能源不足和应对气候变化的重要战略。我国《国家中长期科学和技术发展规划纲要(2006—2020 年)》明确指出“大力发展核能技术,形成核电系统技术自主开发能力”,并设立国家科技重大专项“大型先进压水堆及高温气冷堆核电站专项”,把“钍基熔盐堆”核能系统列为国家首项科技先导项目,投资 25 亿元,已在中国科学院上海应用物理研究所启动,以创建具有自主知识产权的中国核电技术品牌。

从世界范围来看,核能应用范围正不断扩大。据国际原子能机构数据显示:截至 2019 年底,核能发电量美国排名第一,中国排名第三;不过在核能发电的占比方面,法国占比约为 70.6%,排名第一,中国仅约 4.9%。但是中国在建、拟建的反应堆数比任何国家都多,相比而言,未来中国核电有很大的发展空间。截至 2020 年 6 月,中国大陆投入商业运行的核电机组共 47 台,总装机容量约为 4 875 万千瓦。值此核电发展的历史机遇期,中国应大力推广自主开发的第三代及第四代的“快堆”“高温气冷堆”“钍基熔盐堆”核电技术，努力使中国核电走出去，带动中国由核电大国向核电强国跨越。

随着先进核技术的应用发展，核能将成为逐步代替化石能源的重要能源。受控核聚变技术有望从实验室走向实用，为人类提供取之不尽的干净能源；威力巨大的核爆炸将为工程建设、改造环境和开发资源服务；核动力将在交通运输及星际航行等方面发挥更大的作用。核技术几乎在国民经济的所有领域得到应用。原子核结构的揭示，核能、核技术的开发利用，是20世纪人类征服自然的重大突破，具有划时代的意义。然而，日本大海啸导致的福岛核电站危机，使得发展安全级别更高的核能系统更加急迫，核能技术与核安全成为先进核电技术产业化追求的核心目标，在国家核心利益中的地位愈加显著。

在21世纪的尖端科学中，核科学技术作为战略性高科技，已成为标志国家经济发展实力和国防力量的关键学科之一。通过学科间的交叉、融合，核科学技术已形成了多个分支学科并得到了广泛应用，诸如核物理与原子物理、核天体物理、核反应堆工程技术、加速器工程技术、辐射工艺与辐射加工、同步辐射技术、放射化学、放射性同位素及示踪技术、辐射生物等，以及核技术在农学、医学、环境、国防安全等领域的应用。随着核科学技术的稳步发展，我国已经形成了较为完整的核工业体系。核科学技术已走进各行各业，为人类造福。

无论是科学研究方面，还是产业化进程方面，我国的核能与核技术研究与应用都积累了丰富的成果和宝贵的经验，应该系统整理、总结一下。另外，在大力发展核电的新时期，也急需一套系统而实用的、汇集前沿成果的技术丛书做指导。在此鼓舞下，上海交通大学出版社联合上海市核学会，召集了国内核领域的权威专家组成高水平编委会，经过多次策划、研讨，召开编委会商讨大纲、遴选书目，最终编写了这套“核能与核技术出版工程”丛书。本丛书的出版旨在培养核科技人才，推动核科学研究和学科发展，为核技术应用提供决策参考和智力支持，为核科学研究与交流搭建一个学术平台，鼓励创新与科学精神的传承。

本丛书的编委及作者都是活跃在核科学前沿领域的优秀学者，如核反应堆工程及核安全专家王大中院士、核武器专家胡思得院士、实验核物理专家沈文庆院士、核动力专家于俊崇院士、核材料专家周邦新院士、核电设备专家潘健生院士，还有“国家杰出青年”科学家、“973”项目首席科学家、“国家千人计划”特聘教授等一批有影响力的科研工作者。他们都来自各大高校及研究单位，如清华大学、复旦大学、上海交通大学、浙江大学、上海大学、中国科学院上海应用物理研究所、中国科学院近代物理研究所、中国原子能科学研究院、中国核动力研究设计院、中国工程物理研究院、上海核工程研究设计院、上海市辐射环境监督站等。本丛书是他们最新研究成果的荟萃，其中多项研究成果获国家级或省部级大奖，代表了国内甚至国际先进水平。丛书涵盖军用核技术、民用动力核技术、民用非动力核技术及其在理、工、农、医方面的应用。内容系统而全面且极具实用性与指导性，例如，《应用核物理》就阐述了当今国内外核物理研究与应用的全貌，有助于读者对核物理的应用领域及实验技术有全面的了解；其他图书也都力求做到了这一点，极具可读性。

由于良好的立意和高品质的学术成果，本丛书第一期于 2013 年成功入选"十二五"国家重点图书出版规划项目，同时也得到上海市新闻出版局的高度肯定，入选了"上海高校服务国家重大战略出版工程"。第一期（12 本）已于 2016 年初全部出版，在业内引起了良好反响，国际著名出版集团 Elsevier 对本丛书很感兴趣，在 2016 年 5 月的美国书展上，就"核能与核技术出版工程（英文版）"与上海交通大学出版社签订了版权输出框架协议。丛书第二期于 2016 年初成功入选了"十三五"国家重点图书出版规划项目。

在丛书出版的过程中，我们本着追求卓越的精神，力争把丛书从内容到形式做到最好。希望这套丛书的出版能为我国大力发展核能技术提供上游的思想、理论、方法，能为核科技人才的培养与科创中心建设贡献一份力量，能成为不断汇集核能与核技术科研成果的平台，推动我国核科学事业不断向前发展。

杨福家

2020 年 6 月

序

粒子加速器作为国之重器，在科技兴国、创新发展中起着重要作用，已成为人类科技进步和社会经济发展不可或缺的装备。粒子加速器的发展始于人类对原子核的探究。从诞生至今，粒子加速器帮助人类探索物质世界并揭示了一个又一个自然奥秘，因而也被誉为科学发现之引擎。据统计，它对 25 项诺贝尔物理学奖的工作做出了直接贡献，基于储存环加速器的同步辐射光源还直接支持了 5 项诺贝尔化学奖的实验工作。不仅如此，粒子加速器还与人类社会发展及大众生活息息相关，因其在核分析、辐照、无损检测、放疗和放射性药物等方面优势突出，所以在医疗健康、环境与能源等领域得以广泛应用并发挥着不可替代的重要作用。

1919 年，英国科学家 E. 卢瑟福(E. Rutherford)用天然放射性元素放射出来的 α 粒子轰击氮核，打出了质子，实现了人类历史上第一个人工核反应。这一发现使人们认识到，利用高能量粒子束轰击原子核可以研究原子核的内部结构。随着核物理与粒子物理研究的深入，天然的粒子源已不能满足研究对粒子种类、能量、束流强度等提出的要求，研制人造高能粒子源——粒子加速器成为支撑进一步研究物质结构的重大前沿需求。20 世纪 30 年代初，为将带电粒子加速到高能量，静电加速器、回旋加速器、倍压加速器等应运而生。其中，英国科学家 J. D. 考克饶夫(J. D. Cockcroft)和爱尔兰科学家 E. T. S. 瓦耳顿(E. T. S. Walton)成功建造了世界上第一台直流高压加速器；美国科学家 R. J. 范德格拉夫(R. J. van de Graaff)发明了采用另一种原理产生高压的静电加速器；在瑞典科学家 G. 伊辛(G. Ising)和德国科学家 R. 维德罗(R. Wideröe)分别独立发明漂移管上加高频电压的直线加速器之后，美国科学家 E. O. 劳伦斯(E. O. Lawrence)研制成功世界上第一台回旋加速器，并用它产生了人工放射性同位素和稳定同位素，因此获得 1939 年的诺贝尔物理学奖。

1945 年，美国科学家 E. M. 麦克米伦(E. M. McMillan)和苏联科学家 V. I. 韦克斯勒(V. I. Veksler)分别独立发现了自动稳相原理；20 世纪 50 年代初期，美国工程师 N. C. 克里斯托菲洛斯(N. C. Christofilos)与美国科学家 E. D. 库兰特(E. D. Courant)、M. S. 利文斯顿(M. S. Livingston)和 H. S. 施奈德(H. S. Schneider)发现了强聚焦原理。这两个重要原理的发现奠定了现代高能加速器的物理基础。另外，第二次世界大战中发展起来的雷达技术又推动了射频加速的跨越发展。自此，基于高压、射频、磁感应电场加速的各种类型粒子加速器开始蓬勃发展，从直线加速器、环形加速器到粒子对撞机，成为人类观测微观世界的重要工具，极大地提高了认识世界和改造世界的能力。人类利用电子加速器产生的同步辐射研究物质的内部结构和动态过程，特别是解析原子分子的结构和工作机制，打开了了解微观世界的一扇窗户。

人类利用粒子加速器发现了绝大部分新的超铀元素，合成了上千种新的人工放射性核素，发现了重子、介子、轻子和各种共振态粒子在内的几百种粒子。2012 年 7 月，利用欧洲核子研究中心 27 公里周长的大型强子对撞机，物理学家发现了希格斯玻色子——“上帝粒子”，让 40 多年前的基本粒子预言成为现实，又一次展示了粒子加速器在科学研究中的超强力量。比利时物理学家 F. 恩格勒特(F. Englert)和英国物理学家 P. W. 希格斯(P. W. Higgs)因预言希格斯玻色子的存在而被授予 2013 年度的诺贝尔物理学奖。

随着粒子加速器的发展，其应用范围不断扩展，除了应用于物理、化学及生物等领域的基础科学研究外，还广泛应用在工农业生产、医疗卫生、环境保护、材料科学、生命科学、国防等各个领域，如辐照电缆、辐射消毒灭菌、高分子材料辐射改性、食品辐照保鲜、辐射育种、生产放射性药物、肿瘤放射治疗与影像诊断等。目前，全球仅作为放疗应用的医用直线加速器就有近 2 万台。

粒子加速器的研制及应用属于典型的高新科技，受到世界各发达国家的高度重视并将其放在国家战略的高度予以优先支持。粒子加速器的研制能力也是衡量一个国家综合科技实力的重要标志。我国的粒子加速器事业起步于 20 世纪 50 年代，经过 60 多年的发展，我国的粒子加速器研究与应用水平已步入国际先进行列。我国各类研究型及应用型加速器不断发展，多个加速器大科学装置和应用平台相继建成，如兰州重离子加速器、北京正负电子对撞机、合肥光源（第二代光源）、北京放射性核束设施、上海光源（第三代光源）、大连相干光源、中国散裂中子源等；还有大量应用型的粒子加速器，包括医用电子直线加速器、质子治疗加速器和碳离子治疗加速器，工业辐照和探伤加速器、集装箱检测加速器等在过去几十年中从无到有、快速发展。另外，我国基于激光等离子体尾场的新原理加速器也取得了令人瞩目的进展，向加速器的小型化目标迈出了重要一步。我国基于加速器的超快电子衍射与超快电镜装置发展迅猛，在刚刚兴起的兆伏特能级超快电子衍射与超快电子透镜相关技术及应用方面不断向前沿冲击。

近年来，面向科学、医学和工业应用的重大需求，我国粒子加速器的研究和装置及平台研制呈现出强劲的发展态势，正在建设中的有上海软 X 射线自由电子激光用户装置、上海硬 X 射线自由电子激光装置、北京高能光源（第四代光源）、重离子加速器实验装置、北京拍瓦激光加速器装置、兰州碳离子治疗加速器装置、上海和北京及合肥质子治疗加速器装置；此外，在预研关键技术阶段的和提出研制计划的各种加速器装置和平台还有十多个。面对这一发展需求，我国在技术研发和设备制造能力等方面还有待提高，亟需进一步加强技术积累和人才队伍培养。

粒子加速器的持续发展、技术突破、人才培养、国际交流都需要学术积累与文化传承。为此，上海交通大学出版社与上海市核学会及国内多家单位的加速器专家和学者沟通、研讨，策划了这套学术丛书——"先进粒子加速器系列"。这套丛书主要面向我国研制、运行和使用粒子加速器的科研人员及研究生，介绍一部分典型粒子加速器的基本原理和关键技术以及发展动态，助力我国粒子加速器的科研创新、技术进步与产业应用。为保证丛书的高品质，我们遴选了长期从事粒子加速器研究和装置研制的科技骨干组成编委会，他们来自中国科学院上海高等研究院、中国科学院上海应用物理研究所、中国科学院近代物理研究所、中国科学院高能物理研究所、中国原子能科学研究院、清华大学、上海交通大学等单位。编委会选取代表性工作作为丛书内容的框架，并召开多次编写会议，讨论大纲内容、样章编写与统稿细节等，旨在打磨一套有实用价值的粒子加速器丛书，为广大科技工作者和产业从业者服务，为决策提供技术支持。

科技前行的路上要善于撷英拾萃。"先进粒子加速器系列"力求将我国加速器领域积累的一部分学术精要集中出版，从而凝聚一批我国加速器领域的优秀专家,形成一个互动交流平台,共同为我国加速器与核科技事业的发展提供文献、贡献智慧,成为助推我国粒子加速器这个“大国重器”迈向新高度的“加速器”,为使我国真正成为加速器研制与核科学技术应用的强国尽一份绵薄之力。

赵振堂

2020 年 6 月

前　　言

基于粒子加速器的先进光源是自 20 世纪中叶开始随着同步加速器和直线加速器的发展而出现和发展起来的。早在 19 世纪末，物理学家就在理论上预言了加速运动的点电荷会辐射电磁波，1947 年在美国通用电气公司的同步加速器上首次观测到这种电磁辐射——同步辐射。随后，历经几代科学家数十年的努力，低发射度储存环、波荡器、同步辐射光学、X 射线探测器、同步辐射实验方法学等不断进步，同步辐射光源已从寄生于高能物理加速器的应用设施逐步发展成为支撑生命科学、材料科学、凝聚态物理、能源与环境科学等领域前沿探索的综合性大科学平台，成为在原子、分子尺度上探索物质微观结构与动态过程的不可或缺的尖端工具。同步辐射光源历经三代的发展，现已进入建设第四代同步辐射光源的新阶段。目前，全球范围内共有近 60 台专用同步辐射光源在运行，每年支撑着约 10 万名科学家开展前沿科学探索、应用技术研究和产业技术研发。

X 射线自由电子激光是在波荡器辐射基础上发展起来的基于电子束微聚束机制的相干辐射光源。1971 年，低增益自由电子激光原理在美国斯坦福大学提出，1976 年完成了实验验证，但受光学谐振腔反射镜材料的限制，这类自由电子激光主要工作在红外波段。1980 年及之后几年，高增益自由电子激光原理在欧洲及美国等地提出和逐步完善。随着高亮度电子束技术和波荡器技术的发展，这种可将相干辐射推进到短波长的高增益自由电子激光原理在 20 世纪 90 年代完成了实验验证。2006 年，世界首个软 X 射线自由电子激光用户装置在德国汉堡建成，2009 年，世界首个硬 X 射线自由电子激光用户装置在美国加州建成。目前，世界上已建成了 3 台软 X 射线自由电子激光装置和 5 台硬 X 射线自由电子激光装置，还有 2 台高重频的 X 射线自由电子激光装置在建，多台 X 射线相干光源在规划和设计中。

进入 21 世纪，我国的光源加速器迎来了前所未有的发展机遇。2004 年，我国的第三代同步辐射装置——上海光源动工建设，2009年建成向用户开放；2016年，它的后续线站工程（上海光源二期工程）开工建设，与此同时合肥光源完成了重大升级改造。2019年，我国第四代同步辐射装置——高能光源开工建设，合肥先进光源和南方光源等开展了预研工作。除此之外，还有武汉、深圳、重庆等地也相继提出建设先进的同步辐射光源设施。我国的短波长自由电子激光装置经历十多年的技术积累后进入建设阶段，2013年，大连相干光源动工，2018年对用户开放使用；2014年底，上海软X射线自由电子激光装置开始建设，2021年底将开始实验研究；2018年，上海硬X射线自由电子激光装置启动建设，随后还有成都、大连和深圳等地也相继提出了自由电子激光装置建设方案。此外，我国科学家还在探索新型的加速器光源，如基于稳态微聚束和基于角色散调制的相干同步辐射光源等，有望实现创新发展。

根据上述国内外加速器光源的发展态势，不难预见，同步辐射与X射线自由电子激光等光源加速器的相关从业人员（研究设计人员、建造人员、运维人员和实验用户）和学生的数量将呈大幅度增长的趋势。作为长期在同步辐射光源及X射线自由电子激光一线工作的科研工作者，深感国内亟需一本集同步辐射、自由电子激光物理与关键技术于一体的普及型专业书，以供科研与实践参考。本书的撰写工作就是在这样的理念驱动下进行的，并在编撰过程中力求实现内容的深度和广度方面的平衡。本书展示了同步辐射与自由电子激光的原理发展、关键技术及科学应用，侧重实用性和指导性，旨在让读者对光源加速器及其发展现状和未来发展趋势有一个全面的了解，希望本书中相关技术的介绍及应用实例的分析能有助于读者解决学习和工作中的实际问题。

本书由赵振堂主持撰写。各章的主要撰写人员如下：第1章，赵振堂；第2章，赵振堂、方文程、冯超；第3章，陈建辉、武海龙；第4章，姜伯承、王坤；第5章，方文程、黄晓霞、王震；第6章，冯超；第7章，方文程、顾强、侯洪涛、陈锦芳；第8章，周巧根；第9章，冷用斌、赖龙伟、高波；第10章，冯超、田顺强、张猛、赵振堂。另外，孙森、谭建豪、王程、杨育卿、姜增公、曾理、曹璐、刘新忠、相升旺、朱亚、吴腾马、陈健、曹珊珊、陈方舟、周逸媚、许兴懿、刘晓庆、万均等也贡献了部分文字、图例或参与校稿等工作。

本书涉及的专业面比较广、内容比较多，由于作者科研工作方向及水平的局限，书中的论述难免存在不够完整、不够准确的地方，敬请读者不吝批评指正。

赵振堂

2020年7月

缩略语对照表

英文简写	中文全称或含义	外文全称
ACCT	交流电流变压器	AC current transformer
ACO	(法国)对撞机名称：奥赛对撞环	Anneau de Collisions d'orsay
ADC	模拟数字转换器	analog to digital converter
ADONE	意大利正负电子储存环名称	big AdA(anello di accumulazione)
ALS	(美国)先进光源	Advanced Light Source
ALS-U	(美国)先进光源升级装置	Advanced Light Source-Upgrade
ANKA	(德国)卡尔斯鲁厄同步辐射装置	Ångströmquelle Karlsruhe
ANL	阿贡国家实验室	Argonne National Laboratory
ANN	神经网络	artificial neural network
APPLE Ⅱ	先进椭圆极化波荡器	advanced planar polarized light emitter
APS	(美国)先进光子源	Advanced Photon Source
APS-U	(美国)先进光子源升级装置	Advanced Photon Source-Upgrade
ART	代数重建法	algebra reconstruction technique
ASP	澳大利亚同步加速器项目	Australian Synchrotron Project
ATCA	先进电信计算平台	advanced telecom computing architecture
ATF	(日本)加速器试验装置	Accelerator Test Facility
AXSIS	阿秒X射线科学、成像和光谱学前沿装置	frontiers in attosecond X-ray science, imaging and spectroscopy

（续表）

英文简写	中文全称或含义	外 文 全 称
BAM	束流到达时间探测器	beam arrival monitor
BBA	基于束流的准直	beam based alignment
BBU	束流崩溃	beam break up
BC	束团压缩器	bunch compressor
BCM	束团电荷量探测器	bunch charge monitor
BCP	缓冲化学抛光	buffered chemical polishing
BDR	打火率	breakdown rate
BEPC	北京正负电子对撞机	Beijing Electron Positron Collider
BESSY	柏林同步辐射电子储存环	Berlin Electron Storage Ring for Synchrotron Radiation
BESSY-Ⅱ	柏林同步辐射电子储存环二期装置	Berlin Electron Storage Ring for Synchrotron Radiation Ⅱ
BLM	束团长度探测器	bunch length monitor
BNL	布鲁克海文国家实验室	Brookhaven National Laboratory
BPM	束流位置探测器	beam position monitor
CAMD	先进微结构和装置研究中心	Center for Advanced Microstructures and Devices
CBPM	腔式束流位置探测器	cavity beam position monitor
CCD	电荷耦合器件	charge coupled device
CDR	相干衍射辐射	coherent diffraction radiation
CERN	欧洲核子研究中心	Conseil Européen pour la Recherche Nucléaire
CHESS	康奈尔高能同步加速器光源	Cornell High Energy Synchrotron Source
CHG	相干谐波辐射产生	coherent harmonic generation
CLIC	紧凑型电子直线对撞机	compact linear collider
CLS	加拿大光源	Canadian Light Source
CPMU	低温永磁波荡器	cryogenic permanent magnet undulator
CSR	相干同步辐射	coherent synchrotron radiation

（续表）

英文简写	中文全称或含义	外 文 全 称
CT	计算机断层扫描	computer tomography
CTR	相干渡越辐射	coherent transition radiation
CW	连续波	continuous wave
DA	动力学孔径	dynamic aperture
DBA	双弯铁消色散	double bend achromat
DBPM	数字化束流位置信号处理器	digital beam position monitor processor
DBSCAN	无监督学习	density-based spatial clustering of applications with noise
DC	直流	direct current
DCCT	直流电流变压器	DC current transformer
DDS	失谐阻尼结构	detuned damped structure
DEPU	双椭圆极化波荡器	double elliptically polarizing undulator
DESY	德国电子同步加速器研究所	Deutsches Elektronen-Synchrotron
Diamond	（英国）钻石光源	Diamond Light Source
Diamond-Ⅱ	（英国）钻石光源二期装置	Diamond Light Source-Ⅱ
DORIS	（德国）双环储存装置	Double Ring Store
DSP	数字信号处理	digital signal processing
DUV	深紫外	deep ultraviolet
EEHG	回声谐波产生	echo-enabled harmonic generation
ELETTRA	意大利同步辐射装置	—①
EOS	电光采样	electro-optic sampling
EOM	电光调制器	electro-optic modulator
EP	电抛光	electropolishing
EPICS	实验物理及工业控制系统	experimental physics and industrial control system
EPU	椭圆极化波荡器	elliptically polarizing undulator
ERL	能量回收型直线加速器	energy recovery linac
ESRF	欧洲同步辐射装置	European Synchrotron Radiation Facility

（续表）

英文简写	中文全称或含义	外 文 全 称
ESRF-EBS	欧洲同步辐射装置-极亮光源	European Synchrotron Radiation Facility-Extremely Brilliant Source
EuPRAXIA	紧凑型欧洲等离子体加速器	Compact European Plasma Acceterator with Superior Beam Quality
European XFEL	欧洲 X 射线自由电子激光装置	European X-ray Free Electron Laser
FBP	滤波反投影	filtered-back projection
FCT	快速束流变压器	fast current transformer
FEL	自由电子激光	free electron laser
FERMI	（意大利）自由电子激光辐射装置	Free Electron Laser Radiation for Multidisciplinary Investigations
FIFO	先进先出	first input first output
FLASH	（德国）汉堡自由电子激光	Free Electron LASer in Hamburg
FLASHForward	（德国）汉堡自由电子激光进阶项目	Free Electron LASer in Hamburg Forward
FNAL	费米国家加速器实验室	Fermi National Accelerator Laboratory
FODO	磁聚焦-散焦单元	focus-drift defocus-drift
FPGA	现场可编程逻辑器件	field programmable gate array
FWHM	半峰全宽	full width at half maxima
FZP	菲涅耳波带板	Fresnel zone plate
HALF	合肥先进光源	Hefei Advanced Light Facility
HEPS	高能同步辐射光源	high energy photon source
HFQS	高场 Q 陡降	high field Q-slope
HGHG	高增益高次谐波产生	high-gain harmonic generation
HHG	高次谐波产生	high-harmonic generation
HLS	合肥光源	Hefei Light Source
HLS-Ⅱ	合肥光源升级装置	Hefei Light Source-Ⅱ
HOM	高次模	higher order mode
HTS	高温超导	high-temperature superconductivity
HWR	半波长谐振腔	half wavelength resonator

（续表）

英文简写	中文全称或含义	外 文 全 称
HZB	柏林亥姆霍兹材料与能源中心	Helmholtz-Zentrum Berlin for Materials and Energy
HZDR	德累斯顿-罗森多夫的亥姆霍兹研究中心	Helmholtz-Zentrum Dresden-Rossendorf
IBS	束内散射	intra-beam scattering
ICT	积分束流变压器	integrating current transformer
IFEL	逆自由电子激光	inverse free-electron laser
ILC	国际直线对撞机	International Linear Collider
ILSF	伊朗光源装置	Iranian Light Source Facility
JLAB	杰斐逊实验室	Jefferson Lab
INDUS-2	印度同步辐射光源装置	—
IOC	输入输出控制器	input output controller
IVU	真空内波荡器	in-vacuum undulator
KEK	（日本）高能加速器研究机构	High Energy Accelerator Research Organization
LCLS	（美国）直线加速器相干光源	Linac Coherent Light Source
LCLS-Ⅱ	（美国）直线加速器相干光源二期装置	Linac Coherent Light Source-Ⅱ
LEUTL	（美国 ANL）低能波荡器测试线	Low-Energy Undulator Test Line
LH	激光加热器	laser heater
LINAC	直线加速器	linear accelerator
LNLS	（巴西）国家同步辐射光源实验室	Laboratorio Nacional de Luz Sincrotron
LO	本地振荡器	local oscillator
LPA	激光等离子体尾场加速	laser-plasma acceleration
LRW	长程尾场	long range wakefield
LSC	纵向相空间电荷	longitudinal space charge
LUNEX5	利用新型加速器开发的第五代X射线辐射产生的自由电子激光	free electron laser using a new accelerator for the exploitation of X-ray radiation of 5th generation

（续表）

英文简写	中文全称或含义	外 文 全 称
LUX	激光等离子体驱动的波荡器 X 射线光源	laser-undulator X-ray Source
MAX-Ⅳ	瑞典的同步辐射光源装置	—
MBA	多弯铁消色散	multi bend achromat
MBI	微束团不稳定性	microbunching instability
MCP	微通道板	microchannel plate
MENT	最大熵重建法	maximum entropy reconstruction technique
MP	二次电子倍增效应	multipacting
NEA	负电子亲和势	negtive electron affinity
NeXource	用于高亮度光子科学的下一代等离子体电子束源	next-generation plasma-based electron beam sources for high-brightness photon science
NSLS	(美国)国家同步辐射光源	National Synchrotron Light Source
NSLS-Ⅱ	(美国)国家同步辐射光源二期装置	National Synchrotron Light Source-Ⅱ
OTR	光学渡越辐射	optical transit radiation
PAL-XFEL	(韩国)浦项加速器实验室 X 射线自由电子激光装置	Pohang Accelerator Laboratory X-ray Free Electron Laser
PCB	印制电路板	printed circuit board
PCT	参数电流互感器	parametric current transformer
PEA	正电子亲和势	positive electron affinity
PETRA-Ⅳ	(德国)正负电子串联环形加速器四期装置	Positron-Electron Tandem Ring Accelerator-Ⅳ
PF	(日本)光子工厂	Photon Factory
PID	比例-积分-微分	proportion integral differential
PLS-Ⅱ	(韩国)浦项光源二期装置	Pohang Light Source-Ⅱ
PMT	光电倍增管	photomultiplier
QBA	四弯铁消色散	quadrupole bend achromat
QE	量子效率	quantum efficiency

（续表）

英文简写	中文全称或含义	外 文 全 称
QWR	四分之一波长谐振腔	quarter wavelength resonator
RAFEL	基于再生放大的自由电子激光	regenerative amplifier free-electron laser
RAM	随机存储器	random-access memory
RF	射频	radio frequency
RMS	均方根	root mean square
RRR	剩余电阻率	residual resistivity ratio
SACLA	（日本）SPring-8 紧凑型自由电子激光装置	SPring-8 Angstrom Compact Free Electron Laser
SASE	自放大自发辐射	self amplified spontaneous emission
SBPM	条带型束流位置探测器	strip beam position monitor
SCL	空间电荷限制	space charge limit
SCU	超导波荡器	superconducting undulator
SEC	二次电子发射系数	secondary emission coefficient
SESAME	中东地区同步辐射光源	Synchrotron-light for Experimental Applications in the Middle East
SHINE	上海高重频硬 X 射线自由电子激光装置	Shanghai High Repetition Rate XFEL and Extreme Light Facility
SIBERIA-2	（俄罗斯）西伯利亚二期储存环装置	—
SIRIUS	（巴西）天狼星同步辐射光源	—
SKIF	（俄罗斯）西伯利亚环形光源	Siberian Circular Photon Source
SLAC	斯坦福直线加速器中心	Stanford Linear Accelerator Center
SLiT-J	日本东北地区 3 GeV 同步辐射装置	Synchrotron Light in Tohoku, Japan
SLS	瑞士光源	Swiss Light Source
SNR	信噪比	signal noise ratio
SoC	片上系统	system on chip
SOLEIL	（法国）中能同步辐射光源	Source Optimisée de Lumière d'Energie Intermédiaire du LURE

（续表）

英文简写	中文全称或含义	外文全称
SOLEIL-U	(法国)中能同步辐射光源升级装置	Source Optimisée de Lumière d'Energie Intermédiaire du LURE-Upgrade
SOR	(日本)同步加速器轨道辐射光源	Synchrotron Orbital Radiation
SPEAR	斯坦福正负电子加速环	Stanford Positron Electron Accelerating Ring
SPEAR 3	斯坦福正电子加速环三期装置	Stanford Positron Electron Accelerating Ring 3
SPring-8	(日本)8 GeV 超级光子储存环	Super Photon ring-8 GeV
SPring-8 Ⅱ	(日本)8 GeV 超级光子储存环二期装置	Super Photon ring-8 GeV Ⅱ
SPS-Ⅱ	泰国光源二期装置	Siam Photon Source-Ⅱ
SRS	(英国)同步辐射源	Synchrotron Radiation Source
SRW	短程尾场	short range wakefield
SSRF	上海同步辐射光源	Shanghai Synchrotron Radiation Facility
Super-ACO	(法国)奥赛超级对撞环	Super-Anneau de Collisions d'Orsay
SVD	奇异值分解	singular value decomposition
SVM	支持向量机	support vector machine
SVPA	相位和振幅慢变	slow varying phase and amplitude
SwissFEL	瑞士自由电子激光装置	Swiss Free Electron Laser
SXFEL	软 X 射线自由电子激光装置	Soft X-ray Free Electron Laser Facility
TBA	三弯铁消色散	triple bend achromat
TCSPC	时间相关单光子计数	time-correlated single photon counting
TE	横电模	transverse electric mode
TESLA	太电子伏特超导直线加速器	TeV-Energy Superconducting Linear Accelerator
TLS	台湾光源	Taiwan Light Source

(续表)

英文简写	中文全称或含义	外文全称
TM	横磁模	transverse magnetic mode
TME	理论最小发射度	theoretical minimum emittance
TOMO	相空间扫描重建	tomography
TPS	台湾光子源	Taiwan Photon Source
TRISTAN	日本三环交叉储存环加速器	Tri-Ring Intersecting Storage Accelerators in Nippon
TTF	TESLA 试验装置	TESLA Test Facility
TURKAY	土耳其同步辐射光源	Turkish Light Source Facility
UC-XFEL	超紧凑 X 射线自由电子激光器	ultra-compact X-ray free-electron laser
UED	超快电子衍射	ultrafast electron diffraction
UEM	超快电子显微镜	ultrafast electron microscopy
UV-SOR	(日本)紫外同步加速器轨道辐射光源	Ultra Violet Synchrotron Orbital Radiation
VEPP-3	俄罗斯正负电子储存环	—
VHF	甚高频	very high frequency
VISA	(美国)可见光到红外 SASE 放大器	Visible to Infrared SASE Amplifier
VUV	真空紫外线	vacuum ultraviolet
WDS	波导阻尼结构	waveguide damped structure
XFELO	X 射线自由电子激光振荡器	X-ray free-electron laser oscillator
XLS	紧凑光源项目	Compact Light Project
YAG	钇铝石榴石	yttrium aluminum garnet

注：① “—”代表这类光源或装置无外文全称，是专门为光源或装置起的名字。

目　录

第1章
X射线加速器光源概述

X射线具备穿透物体并可分辨原子、分子尺度的能力，是研究物质内部结构及动态过程不可或缺的理想探针。X射线光源是推动科学与技术持续发展和不断突破的引擎，每一种新型X射线光源都会为科学研究带来革命性的变化，开辟新的方向，拓展新的领域，突破束缚，使当时科学研究上的不可能变成可能。1895年德国科学家W. K. 伦琴(W. K. Röntgen)发现了X射线，并立即展示了它的重要应用。1897年，法国物理学家G. M. M. 塞格纳克(G. M. M. Sagnac)发现了X射线的漫反射效应。1906年英国物理学家C. G. 巴克拉(C. G. Barkla)发现了X射线的偏振现象。1912年德国物理学家M. 冯·劳厄(M. von Laue)发现了晶体的X射线衍射现象，证明了X射线的波动性和晶体内部结构的周期性。1913—1914年布拉格父子(S. W. H. Bragg与W. L. Bragg)创立了X射线晶体结构分析科学分支。他们提出了晶体衍射理论，建立了布拉格公式，并改进了X射线分光计。在探究X射线特性的过程中，人们通过探讨、研究和发现，最后认识到X射线具有波粒二象性。

X射线既是一种波长在0.01～10 nm范围内的电磁波，也是一种能量范围在100 eV到130 keV的被称为光子的粒子。它具有独特的物理、化学和生物特性，在科学研究、医学和工业应用上发挥着极其重要的作用。这些重大应用的需求不断驱动着人们研制性能更强大的X射线源，经过一百多年的努力，X射线源已从最初的阴极射线管发展到了X射线加速器光源，即用加速器来产生X射线的装置，这种加速器可称为“X射线光源加速器”。目前投入应用的X射线加速器光源主要是同步辐射和X射线自由电子激光两种。基于相对论电子产生电磁辐射的原理，X射线加速器光源自身带有其他X射线源所不具备的固有优异特性，包括前所未有的峰值和平均亮度、精确可控的脉冲结构(包括可短至飞秒级的窄脉冲)、单能(单色)和高相干性，以及波长和偏振可调等。X射线加速器光源是特殊的大型电子加速器装置，其中同步辐射光源的储存环加速器周长一般为几十米到约 2 km，X 射线自由电子激光装置的长度为几百米到 3 km。除了加速器装置之外，还配有多种类型的光束线和实验站，它们共同构成服务众多科技领域用户的重大科技基础设施。

1.1 同步辐射光源

同步辐射光源是目前世界上数量最多、用户最多、应用面最广的大科学装置，它不仅可以在基础和应用研究领域的前沿攻坚中支撑科学家取得突破，而且可以在科教进步、经济社会发展和产业技术升级中发挥重要的促进作用。同步辐射光源对众多学科发展有着不可或缺的支撑作用，美国、日本以及欧洲等许多科技发达的国家和地区纷纷争相建设和运行这类装置，巴西、泰国以及中东等一些正在努力发展科技的新兴经济体国家和地区也在通过多种形式建设自己的同步辐射装置，用以助推本国和本地区的科技进步和文化教育发展。经过半个多世纪的不断创新，同步辐射光源进入了一个新的历史阶段，呈现出非常强劲的发展态势。

1.1.1 同步辐射光源的发展历程

相对论带电粒子做曲线运动时会沿切线方向辐射电磁波，科学家于 19 世纪末在理论上预言了这一物理机制[1]，并于 1947 年在美国通用电气公司的同步加速器上首次观测到了这一辐射[2]，因而也被人们称为同步辐射。起初，同步辐射被看作是加速器的一个不利的副产品，不仅需要高频加速系统不断地给粒子补充能量，而且还限制了环形电子加速器可加速到的最高能量。后来科学家们逐渐认识到这种辐射强度高、波长连续范围广，具有良好的时间结构和偏振性，是研究原子分子光谱学和物质内部结构的有力工具。20 世纪 60 年代初，同步辐射首先在真空紫外波段开始应用，其 X 射线波段的应用研究随后在 60 年代后期展开。从此，同步辐射的应用不断驱动着同步辐射光源的持续和快速发展。至今，同步辐射光源已经经历了三代的演化并在 21 世纪 10 年代初开启了建设第四代同步辐射光源的进程[3-5]。目前，世界上已建成的第三代同步辐射光源有 30 台；已建成的第四代同步辐射光源有 3 台，在建的有 4 台，批复和计划中的超过 10 台①。

---

① 数据源自 https://www.jacow.org/Main/Proceedings?sel=IPAC，http://www.esrf.fr/home/events/conferences/2020/28th-esls-workshop.html。

同步辐射光源起步于为核物理和高能物理实验建造的同步加速器实验装置[3]。随着正负电子对撞机的诞生，一种特殊的同步加速器——储存环应运而生，电子可以长时间在这种环形加速器中做循环运动，因而它既可以维持不间断的正负电子对撞，也可以产生稳定的且性能更好的同步辐射。这种寄生在高能物理对撞机储存环上的兼用同步辐射装置就是第一代同步辐射光源，它的性能和运行模式（兼用或专用）受制于高能物理实验，很快就无法满足科学前沿研究的需要。第一代光源的主要代表有意大利的ADONE、法国的ACO、德国的DORIS、日本的TRISTAN、俄罗斯的VEPP-3、中国的BEPC、美国的SPEAR和CHESS等。虽然后来少量采用了扭摆磁铁，第一代光源主要还是依赖储存环的弯转磁铁来产生同步辐射，所产生光子的能区主要取决于对撞机的能量，其储存环束流发射度为几百纳米·弧度，同步辐射的亮度约为 10^{14} phs/(s·mm^2·$mrad^2$·0.1%BW)①（BW表示带宽）的量级。随着同步辐射应用优势不断地被认识和展现，人们开始发展专用的同步辐射装置，美国的Tantalus Ⅰ成为第一台专门为同步辐射应用而改造的光源装置[4]，日本的SOR则是第一台专门为同步辐射应用而设计的光源装置，它们分别于20世纪60年代末和70年代初建成，并助推了第二代同步辐射光源的发展。随后，一批专用光源装置从80年代初陆续投入运行，典型的代表有英国的SRS、美国的NSLS、日本的PF和UV-SOR、法国的Super-ACO、德国的BESSY和中国的HLS等，如表1-1所示。第二代同步辐射光源储存环的发射度通常为几十到一百多纳米·弧度水平，同步辐射的亮度约为 10^{16} phs/(s·mm^2·$mrad^2$·0.1%BW)的量级。它们的最大特点是按照同步辐射应用的需求来进行加速器设计和装置性能优化，发明了双弯铁消色散(DBA)单元储存环磁聚焦结构[6]，优化了发射度和束流包络等重要性能参数，奠定了低发射度光源储存环的基础。这一时期波荡器和扭摆器技术得以快速发展和实际应用[7-8]，不仅进一步拓展了第二代同步辐射光源的能区、通量和亮度性能，而且还直接推动了同步辐射光源的发展和应用。

同步辐射光源发展的又一次飞跃是第三代同步辐射光源的建设和应用。它是基于低发射度储存环和主要依靠波荡器产生辐射的新一代光源，

① phs/(s·mm^2·$mrad^2$·0.1%BW)是工程上常用来表达亮度的单位，其物理意义是单位时间、单位横截面积、单位发散角、0.1%带宽内发射的光子数。

表 1-1　典型的第二代同步辐射光源①

光源名称	束流能量/GeV	环周长/m	发射度/(nm·rad)	束流流强/mA	地　点	建成年份
SRS	2.0	96	110	250	Daresbury	1980
NSLS/X-ray	2.8	170	120	300	Upton, NY	1982
NSLS/VUV	0.8	51	160	1 000	Upton, NY	1982
PF	2.5	187	36	450	Tsukuba	1982
BESSY	0.8	62.4	150	600	Berlin	1982
UV-SOR	0.75	53.2	27	350	Okazaki	1983
UVSOR-Ⅲ	0.75	53.2	17.5	300	Okazaki	2012
Aladding	0.8	90	41	280	Stoughton	1985
Super-ACO	0.8	72	37	500	Orsay	1987
HLS	0.8	66.13	160	250	Hefei	1991
HLS-Ⅱ	0.8	66.13	38	300	Hefei	2015
CAMD	1.3	55.2	150	250	Baton Rouge	1992
SIBERIA-2	2.5	124.13	76	300	Moscow	1996
LNLS	1.37	93.2	70	250	Compinas	1997
SPS	1.2	81.3	41	150	Khorat	2003

① 表中数据源自 https://www.jacow.org/Main/Proceedings?sel=IPAC，http://www.esrf.fr/home/events/conferences/2020/28th-esls-workshop.html。

从 20 世纪 80 年代开始设计和进行关键技术攻关，90 年代初陆续建成投入使用[4]。它的储存环发射度一般为几到十几纳米·弧度，同步辐射的亮度约为 10^{19} phs/(s·mm^2·mrad^2·0.1%BW)的量级。如表 1-2 和表 1-3 所示，在第三代光源发展的初始阶段，其储存环的能量主要集中在低能(1.2～2.4 GeV)和高能(6.0～8.0 GeV)两个能区，分别将光源的亮度等性能优化在真空紫外线(VUV)与软 X 射线波段和硬 X 射线波段。低能区的代表有美国的 ALS、意大利的 ELETTRA、德国的 BESSY-Ⅱ，高能区的代表有欧洲的 ESRF、美国的 APS 和日本的 SPring-8。第三代光源储存环的周长从 100 m 到近 1 500 m 不等，容纳的光束线从十几条到超过 60 条。随着小间隙永磁波荡器技术的发展和储存环发射度的进一步降低，高性价比的中能(2.4～3.5 GeV)第三代同步辐射光源在 21 世纪初得以迅速发展，如表 1-4 所示。

表 1－2　典型的低能第三代同步辐射光源①

光源名称	束流能量/GeV	环周长/m	发射度/(nm·rad)	束流流强/mA	直线节数量及长度	地　点	建成年份
ALS	1.9	196.8	2.1	400	12×6.7 m	Berkeley	1993
ELETTRA	2.0/2.4	259	7	300	12×6.1 m	Trieste	1994
TLS	1.5	120	22	360	6×6.0 m	Hsinchu	1994
PLS	2.0	280.6	12.1	200	12×6.8 m	Pohang	1994
MAX-II	1.5	90	8.8	280	10×3.1 m	Lund	1996
BESSY-II	1.7	240	6.1	200	8×5.7 m，8×4.9 m	Berlin	1999
New SUBARU	1.5	118.7	38	500	4×2.6 m，2×14.0 m	Hyogo	2000
SAGA－LS	1.4	75.6	7.5	300	8×2.93 m	Saga	2005
Aichi SR	1.2	72	53	300	4×5.4 m	Aichi	2013
SOLAIRE	1.5	96	6.0	500	12×3.5 m	Krakow	2017
MAX-IV②	1.5	96	6.0	500	12×3.5 m	Lund	2019

① 表中数据源自 https://www.jacow.org/Main/Proceedings?sel=IPAC，http://www.esrf.fr/home/events/conferences/2020/28th-esls-workshop.html。

② 注：MAX-IV 包括两个光源，这里列出的是其中 1.5 GeV 的光源。

表 1－3　典型的高能第三代同步辐射光源①

光源名称	束流能量/GeV	环周长/m	发射度/(nm·rad)	束流流强/mA	直线节数量及长度	地　点	建成年份
ESRF	6.0	844.4	4	200	32×6.3 m	Grenoble	1994
APS	7.0	1 104	3	100	40×5.8 m	Argonne	1996
SPring-8	8.0	1 436	2.8	100	44×6.6 m，4×30.0 m	Hyogo	1997
PETRA-III	6.0	2 304	1.0	100	1×20.0 m，8×5.0 m	Hamburg	2010

① 表中数据源自 https://www.jacow.org/Main/Proceedings?sel=IPAC，http://www.esrf.fr/home/events/conferences/2020/28th-esls-workshop.html。

利用中能高性能电子束在波荡器中产生高次谐波辐射,这类光源以较低的造价在小于30 keV的光子能区实现了接近高能光源的同步辐射性能,成为致力于发展现代科技的各个国家和地区竞相建造的光源。它的典型代表是瑞士的SLS、加拿大的CLS、澳大利亚的ASP、英国的Diamond、法国的SOLEIL、中国的SSRF、西班牙的ALBA、韩国的PLS-Ⅱ和美国的SPEAR 3及NSLS-Ⅱ。目前,在第三代同步辐射装置中,中能同步辐射光源的数量占总量的一半以上。

表1-4 典型的中能第三代同步辐射光源①

光源名称	束流能量/GeV	环周长/m	发射度/(nm·rad)	束流流强/mA	直线节数量及长度	地 点	建成年份或状态
SLS	2.4~2.7	288	5	400	3×11.7 m, 3×7.0 m, 6×4.0 m	Villigen	2001
ANKA	2.5	110.4	50	200	4×5.6 m, 4×2.2 m	Karlsruhe	2002
CLS	2.9	170.88	18.1	500	12×5.2 m	Saskatoon	2003
SPEAR 3	3.0	234	12	500	2×7.6 m, 4×4.8 m, 12×3.1 m	Stanford	2003
SOLEIL	2.75	354.1	3.74	500	4×12.0 m, 12×7.0 m, 8×3.8 m	Paris	2007
Diamond	3.0	561.6	2.7	300	6×8.0 m, 18×5.0 m	Oxford	2007
ASP	3.0	216	7~16	200	14×5.4 m	Clayton	2007
INDUS-2	2.5	172.5	58	300	8×4.5 m	Indore	2008
SSRF	3.5	432	3.9	300	4×12.0 m, 16×6.5 m	Shanghai	2009
ALBA	3.0	268.8	4.5	400	4×8.0 m, 12×4.2 m, 8×2.6 m	Barcelona	2011
PLS-Ⅱ	3.0	281.82	5.9	400	10×6.86 m, 11×3.1 m	Pohang	2012

（续表）

光源名称	束流能量/GeV	环周长/m	发射度/(nm·rad)	束流流强/mA	直线节数量及长度	地　点	建成年份或状态
NSLS-Ⅱ	3.0	780	0.06	400	15×8.0 m，15×5.0 m	Upton，NY	2015
TPS	3.0	518.4	1.6	400	6×11.7 m，18×7.0 m	Hsinchu	2016
SESAME	2.5	133.12	26	400	8×4.44 m，8×2.38 m	Allan	2017
SLiT-J	3.0	353	0.92	500	16×5.44 m，16×1.84 m	Sendai	建设
SPS-Ⅱ	3.0	321.3	0.96	300	14×5.35 m	Khorat	立项批准
CANDLE	3.0	268.8	0.43	500	16×4.4 m	Yerevan	设计
TURKAY	3.0	477	0.51	500	20×5.0 m	Ankara	设计
ILSF	3.0	528	0.48	400	20×5.1 m	Tehran	设计

① 表中数据源自 https://www.jacow.org/Main/Proceedings?sel=IPAC，http://www.esrf.fr/home/events/conferences/2020/28th-esls-workshop.html。

第三代同步辐射光源在 DBA 磁聚焦结构的基础上，又发展了三弯铁消色散（TBA）和四弯铁消色散（QBA）磁聚焦结构[9-10]，还优化了储存环直线节和波荡器的长度，使光源的亮度和通量等得到了充分优化。伴随着第三代同步辐射光源的发展，高性能的波荡器技术得以不断突破[11]，从电磁型到永磁型，进一步再到低温永磁型和超导电磁型，可产生从平面极化到不同方向的椭圆极化和圆极化的辐射，极大地提升了产生高性能同步辐射的能力，光源的亮度和通量持续得到提高。恒流运行、数字化磁铁电源和轨道反馈等技术的应用使储存环的束流位置稳定性从百微米进入亚微米水平。在这个过程中，同步辐射的实验方法和实验技术在第三代同步辐射光源上得到了系统全面的发展和提升，同步辐射光源已成为众多前沿研究和应用研究不可或缺的实验平台。

同步辐射光源发展的终极目标是使其储存环的发射度降低到该波段光束发射度的衍射极限值，即衍射极限储存环光源[12]。为了突破第三代同步辐射光源的发射度极限，人们采用了阻尼扭摆器等措施，使发射度减低到了 0.5～1 nm·rad 的水平，人们还尝试了在磁聚焦结构中采用纵向梯度偏转磁铁和在直线节中采用 Robinson 扭摆器等技术手段来进一步减小储存环的束流发射度。另外，更为有效的办法是通过探索新的储存环磁聚焦结构，特别是采用更高梯度的四极与六极磁铁的多弯铁消色散（MBA）磁聚焦结构，来使发射度趋于衍射极限。不仅如此，这种基于超低发射度储存环的第四代同步辐射光源的横向辐射相干性也得以大幅度提升，其相干系数（横向衍射极限发射度与实际发射度之比）也比第三代光源提高了 2～3 个数量级。瑞典的 MAX-Ⅳ是建成的第一台基于 MBA 磁聚焦结构的储存环光源，也是第一台第四代同步辐射光源，如表 1 - 5 所示。目前已建成的还有巴西的 SIRIUS[13]和欧洲的 ESRF-EBS[14]，紧随其后在建的有美国的 APS - U[15] 和 ALS-U[16]与中国的 HEPS[17]，还有一大批已立项或预研中的第四代同步辐射光源[18]，如俄罗斯的 SKIF、意大利的 ELETTRA - 2.0、瑞士的 SLS 2.0、英国的 Diamond-Ⅱ、法国的 SOLEIL-U、德国的 PETRA-Ⅳ、日本的 SPring - 8 Ⅱ、中国的 HALF 等，呈现出强劲的发展态势。第四代同步辐射光源的发展要通过创新来突破设计和技术上的诸多挑战[19-22]，其趋于衍射极限储存环的一个显著特征是采用多弯铁磁聚焦结构，一个聚焦单元中有 5～9 块弯转磁铁，多数第四代同步辐射光源还采用了带纵向梯度的弯转磁铁和反向弯转磁铁来进一步减小储存环发射度，达到百皮米·弧度量级，甚至趋近约 10 pm·rad 的硬 X 射线能区的衍射极限值。这样的磁聚焦结构要求四极磁铁和六极磁铁具有比第三代光源高 3～4 倍的磁场梯度，超强的聚焦导致储存环动力学孔径（DA）成倍缩小，对其注入方式和注入器提出了更为苛刻的要求。这种超低发射度储存环的束流截面由扁片状变为圆形，因而真空室的截面也相应大幅度缩小。超低的束流发射度使得第四代同步辐射光源的亮度比第三代提高了 2 个数量级，而更为显著的是同步辐射相干性的提升，为光源实现更高的空间分辨率奠定了基础。

自 20 世纪 60 年代中期开始，同步辐射光源的亮度每隔 10 年就会提高 3 个数量级，这比集成电路中摩尔定律的增长率还要快。此外，随之发展的还有一类小型化的同步辐射光源，它们的规模小，能量一般为几百兆电子伏特，常建于大学和工业应用研究机构内。

表 1-5　第四代储存环光源的基本情况①

光源名称	能量/GeV	环周长/m	发射度/(pm·rad)	流强/mA	直线节数量及长度	地　点	建成年份或状态
MAX-Ⅳ	3.0	528	330	500	20×5.0 m	Lund	2017
ESRF-EBS	6.0	844.4	135	200	32×5.0 m	Grenoble	2020
SIRIUS	3.0	518.4	250	350	10×7.0 m, 10×6.0 m	Compinas	2020
APS-U	6.0	1 104	42	200	40×5.8 m	Argonne	建设中
ALS-U	2.0	196.5	140	500	12×6.7 m	Berkeley	建设中
HEPS	6.0	1 360	34	200	48×6.0 m	Beijing	建设中
SKIF	3.0	476.14	75	400	16×6.0 m	Novosibirsk	立项批准
ELETTRA-2.0	2.0	259	250	300	12×6.1 m	Trieste	立项批准
SLS 2.0	2.4	287.3	103	400	3×10.0 m, 3×5.7 m, 6×3.2 m	Villigen	立项批准
Diamond-Ⅱ	3.5	561.6	160	300	6×8.0 m, 18×5.0 m, 24×3.0 m	Oxford	技术设计
PETRA-Ⅳ	6.0	2 304	12	100	64×5.3 m	Hamburg	技术设计
SPring-8 Ⅱ	6.0	1 435.5	140	200	44×4.7 m, 4×30.0 m	Hyogo	技术设计
SOLEIL-U	2.75	353.1	72	500	20×4.4 m	Paris	技术设计
HALF	2.2	480	81	360	20×4.5 m, 20×4.5 m	Hefei	技术设计
SSRS-4	6.0	1 100	70	300	—	Moscow	技术设计
PEP-X	4.5	2 199	12	200	—	Stanford	概念设计
BESSY-Ⅲ	2.5	300	～200	500	16×5.0 m	Berlin	概念设计
SSRF-U	3.0	432	75	300	16×5.6 m, 4×10.4 m	Shanghai	概念设计

① 表中数据源自 https://www.jacow.org/Main/Proceedings?sel=IPAC，http://www.esrf.fr/home/events/conferences/2020/28th-esls-workshop.html。

1.1.2 同步辐射光源加速器的构成

同步辐射光源由电子加速器装置和光束线站组成，其加速器装置包括预注入器——电子直线加速器、增强器——赫兹级的同步加速器、储存环加速器，如图1-1所示。储存环是同步辐射光源的核心设备，它决定着光源的主要性能，如工作能量、储存流强、束流发射度、波荡器直线节的长度和数量、光束位置和角度稳定性等。电子直线加速器用于产生并加速电子束至增强器或储存环高效注入所需的能量，它的束流发射度、能散度、中心能量稳定度、流强和束团结构要满足增强器或储存环高效注入的要求。增强器是用于增能的同步加速器，它负责高效地将电子束从直线加速器(LINAC)的出口能量提升到储存环的工作能量，并保证其引出的电子束性能满足储存环不同工作模式和束团填充模式的注入要求。

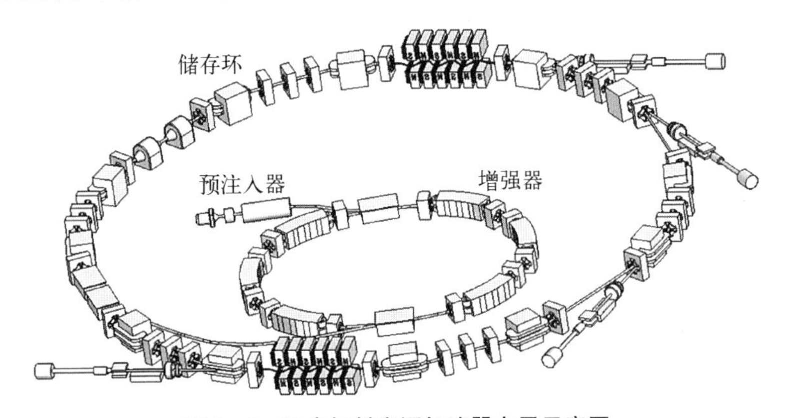

图1-1 同步辐射光源加速器布局示意图

作为预注入器的直线加速器一般为行波射频直线加速器，除了基波聚束器以外，一部分预注入器还带有次谐波聚束器以提高直线加速器的俘获效率并获得储存环注入所需的束团结构和电荷量。产生电子的电子枪一般为100 kV栅控高压型电子枪，也有少数采用热阴极微波电子枪。常用的射频加速结构是等梯度行波加速结构，目前大多工作在S波段。

同步辐射光源的增强器一般为基于FODO磁聚焦结构的同步加速器，束流引出能量从几百兆电子伏特到几个吉电子伏特，其主体设备构成与储存环类似，只是技术性能要求有所不同。尤为重要的是，增强器是一台动态电磁装置，它的弯转磁场、聚焦磁场及高频加速腔压在电子升能过程中应持续按照预定要求值精确变化，因而它的动态电源要有精确跟踪的功能并能处理磁铁在升能和降能时的能量吞吐问题。

储存环是一种特殊的同步加速器，其工作能量恒定，在特定的磁聚焦结构（FODO、DBA、TBA、QBA 和 MBA 等）和高频加速腔的作用下，电子可以长时间地在环形真空室中做循环运动。储存环的主体主要由偏转磁铁和聚焦磁铁及其电源、束流真空室和真空泵及真空计、高频加速腔和高频功率源、束流测控系统等构成。

第三代及新一代同步辐射光源主要依赖所谓的插入件——波荡器和扭摆器来产生实验研究所需要的同步辐射，波荡器可以产生高亮度和准相干的同步辐射，扭摆器可以成倍提高同步辐射的光子能量和通量。常用的波荡器有平面波荡器、椭圆极化波荡器、真空内波荡器、低温波荡器和超导波荡器。常用的扭摆器有电磁扭摆器、永磁扭摆器和超导扭摆器。

1.2　X 射线自由电子激光

激光的发明对人类社会的发展产生了巨大的影响，但基于量子跃迁机理的经典激光在向短波长和波长大范围连续可调方向发展时，还是遇到了原理上和技术上的障碍。基于相对论自由电子的电磁辐射原理发展的相干辐射源则开辟了一条完全不同的技术路线，通过采用低增益和高增益模式，自由电子激光从太赫兹波段起步覆盖了所有的中间波段直至硬 X 射线区域，为人类的科学研究和技术发展打开了一个全新的领域。

1.2.1　自由电子激光的发展历程

在发明激光技术的同一时期，科学家们开始利用电子束来产生相干电磁辐射。1960 年，美国科学家 R. M. Phillips 将扭摆磁铁与微波管结合，用低能电子束产生了毫米波段的激光[23]。1971 年，美国科学家 J. M. J. Madey 首次提出了自由电子激光（FEL）的概念，并用量子力学理论推导出了 Madey 定理[24]。随后 W. Colson 用经典电动力学的方法对 FEL 进行了完整的理论描述[25]。1975 年，Madey 研究组在斯坦福大学完成了首次 FEL 放大实验，实现了波长为 10.6 μm 的二氧化碳激光的放大[26]。1977 年 Madey 研究组首次制出了基于光学谐振腔的振荡器模式的 FEL 并研制成功了世界上第一台红外 FEL 装置。至此带有光学谐振腔的低增益 FEL 理论得到充分的实验验证，FEL 的研究和应用也随之蓬勃发展起来。然而，低增益 FEL 进一步向短波长方向推进时却遇到了许多困难，首先是当时的电子束品质较差，难以单程获得足够的增益，其次是从真空深紫外开始的短波长波段缺乏合适的光学谐振腔反射材料，这从根本上制约了振荡器型 FEL 的波长覆盖范围。

为突破反射材料这一瓶颈，科学家们又提出和发展了高增益 FEL 理论，开辟了产生短波长 FEL 的新途径。1980 年，A. M. Kondratenko 和 E. L. Saldin 等人提出了单次放大的 FEL 概念[27]，随后欧洲以及美国的科学家对高增益 FEL 理论进行了一系列探索研究。1984 年，R. Bonifacio 与 C. Pellegrini 等人提出了自放大自发辐射(SASE)的概念[28]。电子束通过在波荡器中与自发辐射场作用产生微聚束，进而使起源于噪声的自发辐射在后续的长波荡器中得到指数放大直至饱和，所产生的辐射是空间相干的，其波长由电子束和波荡器的磁场参数决定，因而具备大范围连续可调的特性。

20 世纪 80 年代以来，加速器技术特别是低发射度注入器和束流操控手段等取得了长足进步，高亮度光阴极微波电子枪的发展和完善使得基于电子直线加速器的高增益 FEL 成为可能。1985 年，美国科学家首先在微波波段完成了 SASE 原理的实验验证。1994 年，美国加利福尼亚大学洛杉矶分校(UCLA)的研究小组率先实验验证了红外波段的 SASE 模式 FEL[29]。在此基础上，人们开始考虑将 FEL 向短波长和全相干方向推进，多台试验装置先后完成了更短波长的高增益自由电子激光的饱和出光。1999 年，美国阿贡国家实验室(ANL)的低能波荡器测试线(LEUTL)装置实现了可见光波段的 SASE 出光[30]。2001 年，德国电子同步加速器研究所(DESY)的 TTF-FEL 在真空深紫外波段实现了约 100 nm 的 SASE 的饱和出光并进行了第一个用户实验[31]。SASE 型自由电子激光具有极好的空间相干性，但由其自身原理决定的时间相干性、波长和强度稳定性尚不够理想。为克服这一缺陷，美国科学家 L. H. Yu 于 1991 年提出了高增益高次谐波产生(HGHG)原理[32]，在布鲁克海文国家实验室(BNL)的可见光到红外 SASE 放大器(VISA)和深紫外(DUV)FEL 装置上先后实现了红外和紫外波段的 HGHG 型 FEL 的饱和放大[33-34]。

从 21 世纪初起，高增益 FEL 进入了向用户开放运行的新阶段，2006 年 TTF 升级为名为汉堡自由电子激光(FLASH)的用户装置，并实现了 13 nm SASE 出光[35]，两年后 FLASH 实现了 6.5 nm SASE 出光并取得了一批应用研究成果。2009 年 4 月，美国斯坦福直线加速器中心(SLAC)的直线加速器相干光源(LCLS)首次实现了 0.15 nm SASE 出光[36]，并于同年 9 月开始用户实验，这标志着人类进入了硬 X 射线 FEL 时代。此后，一批 X 射线 FEL 装置相继建成或投入建设：2011年6月，日本的SACLA成功实现了0.06 nm SASE出光，成为世界上波长最短的硬X射线FEL。2013年，意大利FERMI的两级级联HGHG出光，获得了4 nm的全相干FEL，这是世界上首台种子型X射线FEL。2016年至2017年，韩国的PAL-XFEL、瑞士的SwissFEL和世界上首台基于长脉冲超导直线加速器的欧洲硬X射线FEL装置European XFEL相继实现出光，并迅速开始用户实验。2017年，中国大连的极紫外HGHG自由电子激光出光，波长可在50～150 nm范围内连续调节；上海软X射线波段的两级级联种子型FEL装置即上海软X射线自由电子激光装置(SXFEL)于2014年底开始建设，其8.8 nm波长的试验装置已于2020年6月建成，升级为最短输出波长2 nm的用户装置已实现覆盖水窗的SASE出光，预计在2021年12月建成并开始首批实验。在此相关工作的基础上，基于连续波超导直线加速器的高重复频率(简称高重频)X射线FEL得以发展，美国的LCLS-Ⅱ和中国上海高重频硬X射线自由电子激光装置(SHINE)先后于2015年和2018年动工建设。此外，美国的LCLS-Ⅱ-HE升级项目也已获得美国能源部批准，欧洲的XLS和瑞典的SXL装置正在进行概念设计。表1-6和表1-7为世界上运行、在建和设计的基于传统加速器的X射线FEL装置的基本情况。

表1-6　硬X射线自由电子激光装置情况①

装置名	地　点	能量/GeV	长度/m	波长/nm	重频/Hz	加速器类型	建成年份或状态
LCLS	Stanford	14.3	2 000	0.15～1.5	120	NC	2009
LCLS-Ⅱ	Stanford	4	—	0.25～1.5	1×10^6	SC	在建
LCLS-Ⅱ-HE	Stanford	8	—	0.09～0.3	1×10^6	SC	在建
SACLA	Hyogo	8	700	0.08～0.8	60	NC	2011
PAL-XFEL	Pohang	10	1 100	0.1～4	100	NC	2016
SwissFEL	Villigen	5.8	700	0.1～5	100	NC	2018
European XFEL	Hamburg	17.5	3 400	0.06～6	2.7×10^4	SC	2017
SHINE	Shanghai	8	3 100	0.05～3	1×10^6	SC	在建

① 表中数据源自 https://www.jacow.org/Main/Proceedings?sel=IPAC，http://www.esrf.fr/home/events/conferences/2020/28th-esls-workshop.html。

表1-7 软X射线自由电子激光装置及分支①

装置名	地 点	能量/GeV	长度/m	波长/nm	重频/Hz	加速器类型	建成年份或状态
FLASH	Hamburg	1.25	315	4～40	2.7×10^4	SC	2006
FERMI	Trieste	1.2	340	4～100	50	NC	2011
SACLA②	Hyogo	0.8	700	8～60	60	NC	2011
PAL-XFEL②	Pohang	3	1.1	1～5	60	NC	2016
SwissFEL②	Villigen	3.4	700	0.6～5	100	NC	2018
SXFEL②	Shanghai	1.5	532	2～60	50	NC	在建
LCLS-Ⅱ②	Stanford	4	—	1～6	1×10^6	SC	在建
SXL	Lund	3	—	1～5	100	NC	设计

① 表中数据源自 https://www.jacow.org/Main/Proceedings?sel=IPAC,http://www.esrf.fr/home/events/conferences/2020/28th-esls-workshop.html。

② 该装置为软X射线FEL分支。

与此同时，人们还在努力将全相干的自由电子激光不断向短波长方向推进。装置研发的一个方向是进一步拓展种子型FEL的波长覆盖范围，不断发展更高谐波转换效率的新原理和新技术，其中最具代表性的就是美国科学家G. Stupakov在2009年提出的回声谐波产生(EEHG)FEL[37]，它具有比HGHG更高的谐波转换次数，理论上可达几十次到上百次，利用266 nm波长的种子激光通过单级EEHG可获得软X射线波段的全相干FEL。EEHG原理一出现就立即引起了人们广泛的兴趣，21世纪10年代初在美国SLAC国家加速器实验室的NLCTA和中科院上海应用物理研究所的SDUV-FEL装置上分别完成了EEHG调制原理验证和放大实验[38-39]，2019年，在中国SXFEL和意大利FERMI装置上又先后完成了极紫外和软X射线波段的EEHG出光放大[40-41]，2020年SXFEL又进一步实现了EEHG-HGHG级联放大，为在X射线波段建设基于EEHG的FEL用户装置奠定了基础。

基于光学谐振腔的X射线FEL是装置研发的另一个方向，其中一种是低增益放大的FEL，称为X射线自由电子激光振荡器(XFELO)[42]，另一种是高增益放大的FEL，称为基于再生放大的自由电子激光(RAFEL)[43]。基于超导加速器提供的高重频电子束团，XFELO利用金刚石或高纯硅布拉格晶体反射镜对X射线的高反射率这一特性[44]，以FEL波荡器为中心形成X射线谐振腔。XFELO具有与传统激光相同的高亮度和窄带宽特性，输出光谱接近傅里叶极限,可成为一种理想的 X 射线激光器。在此基础上,人们还提出了 XFELO 的谐波运行机制[45],可利用中能电子束来产生高性价比的硬 X 射线 FEL。到目前为止,国际上已进行了多个 XFELO 方案的设计研究,同时也在开展 RAFEL 的装置方案研究。与 XFELO 不同,RAFEL 的装置虽然也是采用布拉格晶体形成光学谐振腔,但它是利用电子束在波荡器中的高增益机制来产生和放大 X 射线 FEL 的,这样可以在很大程度上降低对其光学谐振腔性能的苛刻要求,通过相对较少的往返次数即可放大至饱和,但相对于 XFELO,它牺牲了一些稳定性。

1.2.2　X 射线自由电子激光的构成

自由电子激光是一种使用相对论电子束通过周期性变化的磁场以受激辐射方式放大电磁波的新型强相干光源。FEL 光源通常由加速器和波荡器组成,如图 1-2 所示。如上所述,FEL 可按低增益和高增益两种放大机制分类,低增益 FEL 的放大器部分由波荡器和光学谐振腔组成,而高增益 FEL 的放大器通常仅由波荡器或外加常规种子激光系统组成。因为束流品质的缘故,绝大多数 FEL 都是由电子直线加速器驱动的。用于高增益 FEL 的直线加速器一般由光阴极注入器和主加速器组成,注入器提供品质优异的电子束,主加速器将此电子束加速至 FEL 波长所要求的能量。为获得高增益 FEL 所需的高峰值流强,直线加速器中一般要包含一个或多个对电子束进行纵向压缩的磁压缩器,同时还要保持在压缩和随后的加速与传输过程中束流性能不退化。此外,还需要在注入器中加入激光加热系统以增加电子束的切片能散,从而抑制束流中的微束团不稳定性。运行 SASE 模式时,加速到额定能量的电子束进入由极性交替变换的磁铁阵列组成的波荡器后,电子因沿正弦型轨道做摇摆运动而在其前进方向上自发地发出电磁辐射,辐射场与电子束相互作用,满足共振关系时电子的动能将不断传递给光辐射,从而使辐射场强不断增大直至饱和。运行外种子型的 HGHG 和 EEHG 模式时,电子束首先在调制波荡

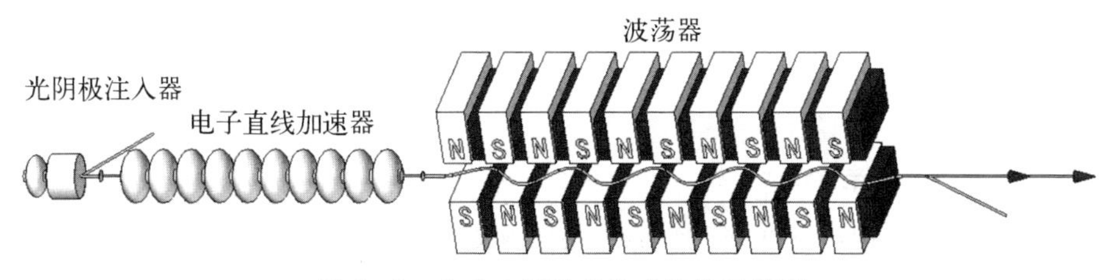

图 1-2　自由电子激光构成结构示意图

器中与种子激光相互作用，并经过随后的磁压缩系统在束流中按调制激光的波长形成束团内的空间微聚束，进入辐射波荡器后按共振关系进行谐波放大来获得种子激光谐波波长的 FEL 辐射。

目前，已用于 X 射线 FEL 的电子直线加速器有以脉冲方式工作的 S 波段和 C 波段的常温直线加速器，也有以长脉冲或连续波方式工作的 L 波段的超导直线加速器，其能量从约 1 GeV 到 17.5 GeV 不等。X 射线 FEL 的波荡器大都为永磁平面波荡器，部分装置采用将波荡器放入真空室内的办法进一步增加装置的紧凑性。在软 X 射线波段一般还会采用椭圆极化的永磁波荡器，以控制 FEL 的偏振。目前，用于 FEL 的超导波荡器正在研发中，有望进一步提高硬 X 射线 FEL 的功率指标。

1.3 新型 X 射线加速器光源

同步辐射光源和自由电子激光是最主要的两种加速器光源，人们在发展这两种光源的同时还一直在探索着新型的加速器光源。这其中包括发展兼具同步辐射光源和自由电子激光优点的能量回收型直线加速器（ERL）光源，也包括探索应用各种已有高梯度加速技术的新光源，建设具有更高束流性能、更加紧凑结构的加速器新光源。

1.3.1 X 射线 ERL 光源

基于 ERL[46] 的 X 射线光源是与自由电子激光和第四代同步辐射光源并行发展的一种新型加速器 X 射线光源。与储存环加速器不同，它不是将同一电子束维持在环形轨道上往复循环，而是通过电子束与超导加速腔的相互作用，将前一圈的电子束能量传递给下一圈电子束，这样加速器里循环的永远都是新鲜的电子束，其发射度、电荷量和束团长度主要依赖于注入器和直线加速器，而不是像储存环中电子束那样取决于同步辐射引起的量子激发和辐射阻尼共同作用而形成的平衡态，因而 ERL 可具有比储存环更高的束流性能指标，如更小的发射度和更窄的束流脉冲宽度等，使其具备新一代光源的高亮度、强相干性和超快等优异特性。

通常情况下，ERL 光源由高亮度注入器、超导直线加速器、束流返航回路及其产生同步辐射的插入件（波荡器和扭摆器），以及收集返航减速电子的废束桶组成，如图 1－3 所示。ERL 的发展还面临着多项技术挑战，特别是在高亮度注入器和高平均流强射频超导加速器方面亟待实现技术突破。ERL X 射线光源首选的注入器大都是基于光阴极直流高压电子枪来提供低发射度、高重频束团的高性能束流的，目前发展起来的常温甚高频(VHF)电子枪和超导射频电子枪也可成为 ERL 注入器的候选，但现阶段这些电子枪已实现的性能，特别是平均流强和束团的重复频率，与 X 射线 ERL 光源的要求还有较大差距，注入器技术的预研和攻关还在进行中。ERL 的超导射频直线加速器的平均流强比 FEL 和直线对撞机的超导射频直线加速器要高很多，因此射频超导腔中高次模引起的束流崩溃效应是其特有的一项重大技术挑战，目前已实现的平均流强尚在几十毫安的水平，与 100～200 mA 的目标还有很大的差距。X 射线 ERL 光源的返航回路可借助于同步辐射光源储存环的磁聚焦结构，以优化插入件的电子束参数而获得优异的同步辐射性能。

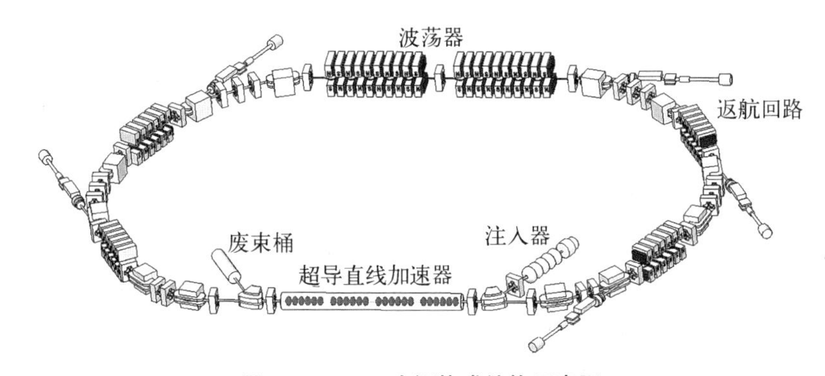

图 1－3　ERL 光源构成结构示意图

尽管实现设计目标还需要突破若干技术难关，但是 X 射线 ERL 光源的优势和特点的确十分突出。相对于直线加速器，前者可用较低功率的射频功率源来产生高能、高功率的电子束，具有极高的射频功率转换成电子束功率的效率。加之它还具备可每圈都提供低发射度和窄脉冲的新鲜束团这一对于高亮度 X 射线光源极为重要的特性，因此一直吸引着国际上众多科学家和研究机构致力于 ERL 关键技术攻关及 ERL 光源的研发。

ERL 是 1965 年美国科学家 M. Tigner 为建造高能物理对撞机而提出的一种直线加速器装置新概念[47]，1986 年美国斯坦福大学的科学家首次在射频超导加速器上完成了这一原理的实验验证[48]。利用这一概念，后来在美国、日本和俄罗斯先后实现了基于 ERL 的红外波段 FEL，其中美国杰斐逊实验室基于 ERL 的红外 FEL 装置实现了 14.3 kW 的最高输出功率。美国的 CEBAF、德国的S-DALINAC、英国的ALICE和日本的cERL先后调试成功了ERL工作模式。美国的CBETA是目前最新调试成功的多圈超导ERL装置[49]，它的电子返航回路还成功实现了FFAG传输，不同能量的电子7次通过一条传输线，从加速到减速直至送入废束站。21世纪以来，基于ERL的X射线光源受到广泛重视，多个研究机构开展了概念设计研究和关键技术研发，其概念设计的典型代表有俄罗斯的BINP、美国康奈尔大学和日本高能加速器研究机构(KEK)提出的X射线ERL光源方案[50-52]。

ERL作为X射线光源的主要优势如下：像储存环光源一样可同时服务众多用户，而其电子束发射度具有与常规直线型加速器一样的水平，甚至更低(小束团电荷量)，优于储存环光源，因而可产生很高的相干通量和亮度；ERL电子束的横向发射度接近各向同性，所产生的圆束使得水平和垂直相干长度自然匹配，可以更有效率地传输；ERL光源的光脉冲具有准连续时间结构、短脉冲长度(皮秒至几十飞秒)与高重频(约为吉赫兹量级)的特性，其时间结构甚至可以比储存环光源更接近于准连续光源，为某些特定的重要实验研究提供了可能。基于准连续高占空比电子源，ERL X射线光源可以与X射线FEL互补。基于SASE的X射线FEL是脉冲辐射源，其高重频的设计值是1 MHz，而ERL驱动其波荡器产生的辐射脉冲的重复频率可达1.3 GHz，更趋同于储存环驱动波荡器产生的准连续横向相干辐射，其相干通量会比储存环提高2～3个数量级，可以应用于相干成像、时间自相关研究及基于晶体的X射线光学和光谱学的研究等。

1.3.2 紧凑型X射线FEL光源

X射线FEL的一个重要发展方向是小型化或紧凑型装置，为此科学家们希望能研发出加速梯度更高的直线加速器和磁场交变周期更短的波荡器。更高梯度(从几十兆伏/米到吉伏/米)的加速技术包括C波段低温射频加速、X波段常温加速、太赫兹加速、介质尾场加速、激光和束流等离子体尾场加速等，其中激光尾场和束流尾场加速的梯度最高。激光等离子体尾场加速(LPA)的概念由日本科学家T. Tajima和英国科学家J. M. Dawson于1979年提出[53]，加速电子时的梯度可达到10～100 GeV/m，是传统加速的100～1 000倍。C. B. Schroeder等人于2008年提出了基于LPA产生FEL的技术方案[54]，为发展小型化X射线FEL装置提供了一条可能的技术路线。小型化X射线FEL的另一个方向是减小自由电子激光放大器的尺寸，即波荡器的小型化。现阶段正在研制和应用的小周期波荡器包括小周期永磁波荡器、低温永磁波荡器和超导电磁波荡器，更进一步还在探索与发展微波波荡器和激光波荡器等。近年来国际上有一批正在设计和研制中的紧凑型X射线FEL装置，其中包括基于X波段微波直线加速器的XLS[55]，基于低温C波段直线加速器的UC-XFEL[56]，基于太赫兹加速器的AXSIS[57]，基于激光或束流等离子尾场加速驱动的LUX[58]、FLASHForward[59]、LUNEX5[60]、EuPRAXIA[61]和NeXource[62]，新一代紧凑结构的X射线FEL装置即将进入快速发展阶段。

1.4　新原理探索与关键技术

加速器光源的持续发展得益于新原理和新技术的不断创新，一方面是探索新的发光机制和原理，特别是通过对激光和电子束的操控来实现短波长的全相干辐射，实现超高功率、超短脉冲、超大带宽、极化可控及多色双脉冲等优异特性；另一方面是探索新的加速器装置技术，为发展新光源奠定技术基础。

1.4.1　新原理、新机制与新的设计思想

自20世纪60年代起，同步辐射光源一直是支撑光子科学的主力军，它历经三代的发展后，又进入了第四代光源（趋于衍射极限储存环）的建设热潮中。在这一过程中，同步辐射光源的发展前沿一直是通过减小储存环的发射度来提高光源的亮度，从优化高能物理对撞机的FODO磁聚焦结构到发明光源专用的DBA磁聚焦结构，再到提出和应用MBA磁聚焦结构，光源的发射度一步步趋近X射线能区的衍射极限，其储存环中扭摆器和波荡器产生的辐射亮度和通量也随之相应得到了数量级的提升。同步辐射光源亮度一般有2个数量级的提升即被认为是换了一代。第三代光源因大量运用插入件产生辐射而大幅度提高了同步辐射亮度（波荡器周期数的平方倍，N^2）；在此基础上，第四代光源通过进一步减小电子束发射度将亮度再提高2个数量级以上。第四代同步辐射光源电子束发射度已接近光子衍射极限，即通过减小电子束发射度提高光源亮度的技术路线已经基本到了尽头，因此要进一步提高光源的亮度性能，就需要通过提高光源的纵向相干性来实现了。纵向非相干时，同步辐射光源的亮度与其储存环中束团的电子数目成正比，而纵向相干时则与参与辐射的电子数目的平方成正比，原理上纵向相干的同步辐射光源将具有更高的

亮度。为此，人们正从理论和实验上探索一些发展相干同步辐射光源的新原理和新机制，如近几年提出和研究的基于稳态微聚束机制的同步辐射光源[63]和基于角色散激光调制的同步辐射光源[64]。其中，基于角色散激光调制的相干辐射新机制可有效地利用储存环中垂直散角极小的特性，克服电子束能散的限制，利用第三代光源来产生全相干的短波长辐射，为发展相干同步辐射光源提供了一条可行的技术路线。

自由电子激光自发明以来就不断地向短波长、高功率、超快和全相干方向进军，进入高增益发展阶段后，人们在SASE的基础上提出和演示了多种改进型的新工作机制，如自种子SASE、高亮度SASE和纯化SASE、双色、超短脉冲和大带宽及高次谐波受激辐射等；在HGHG和EEHG的基础上，人们不断探索着将全相干的X射线FEL推向更短波长的新机制和工作模式，发展了PEHG、DEHG、级联HGHG、级联EEHG，以及EEHG-HGHG级联。

基于这些新原理、高梯度和超导直线加速器技术、高精度波荡器技术及激光与束流的操控技术，X射线自由电子激光正向着更短波长、更高功率、更高相干性、多种极化、超快和多色等方向快速发展，新的设计思想和新的技术相结合迎来了发展的新机遇。

与此同时，高梯度加速、激光尾场加速和束流尾场加速正推动着X射线自由电子激光向小型化（紧凑结构）的方向发展，美国、中国、日本、韩国以及欧洲均有多个相关研究项目在加紧实施，样机和演示装置将陆续建成和开展实验研究，这一领域前沿很快会孕育出新一代X射线光源。

1.4.2 加速器光源关键技术

光源的发展驱动着加速器技术的进步，而加速器技术的进步也促进了光源加速器的性能不断提升。在光源加速器中，磁铁技术，包括储存环磁聚焦结构中的弯转磁铁和聚焦磁铁、直线节中的扭摆器和波荡器等，是最基本也是最核心的关键技术。在衍射极限储存环中，具有纵向梯度与横向聚焦功能的偏转磁铁、梯度比第三代光源储存环高若干倍的四极和六极聚焦磁铁，以及永磁偏转磁铁和超导强场磁铁等是实现超低发射度和宽光子能区的基本技术保证，这些加速器磁铁的性能指标均处于目前技术发展前沿的极限值。作为发光元件的波荡器决定着加速器光源包括同步辐射和自由电子激光的性能，小间隙永磁型波荡器、真空内波荡器和低温永磁真空内波荡器已是同步辐射光源不可缺少的标配，它可使中能同步辐射光源利用其高次谐波辐射来产生高亮度的硬 X 射线能区的电磁辐射，在最常用的光子能区得到接近高能同步辐射光源的性能，因而具有突出的高性价比特性并已成为目前世界上建设数量最多的一种同步辐射光源。小周期小间隙波荡器也是紧凑结构 FEL 装置的必备技术，仍处在技术不断发展提高的关键阶段。处于发展最前沿的超导波荡器技术已开始在同步辐射光源上应用，但在自由电子激光上的应用尚处在关键技术研发阶段，还没有在技术上取得全面突破，正处在冲击技术前沿的过程中。

FEL 和 ERL 光源的束流性能主要取决于光阴极注入器，注入器决定了这两种光源可实现的极限束流发射度，从而也决定了波长、功率和饱和长度等一系列重要性能。光阴极电子枪无疑成了光源加速器的一项核心关键技术，其中，直流高压光阴极电子枪、光阴极微波电子枪、光阴极甚高频电子枪、光阴极低温微波电子枪、光阴极超导微波和超导甚高频电子枪等一直是前沿关键技术研发或突破的重点。此外，电子束操控，包括利用激光在波荡器中调制电子束实现电子运动的横向与纵向耦合以控制微聚束，以及利用束团的能量啁啾在曲柄型消色散磁偏转结构中产生的路程差实现长度压缩以获得束团的高峰值流强等，也是光源加速器中不可或缺的关键技术。

射频加速技术也是光源加速器的一项最基本与最核心的技术，常温高梯度加速技术是小型化自由电子激光的必备前沿技术，通过 SACLA、SwissFEL 和 SXFEL 的成功建设，C 波段直线加速器的加速梯度已接近 S 波段的 2 倍，其束流性能也全面达到高水平。目前用于小型化 FEL 装置的 X 波段和低温 C 波段高梯度加速技术正在研发中，以获得加速梯度的再次倍增。此外，常温的偏转腔技术（S 波段、C 波段和 X 波段）也是 FEL 装置测控和调束不可缺少的关键技术，不仅用于测量束流的相空间、束团长度和自由电子激光脉冲长度，而且还可以用于 FEL 放大器的反馈。超导射频加速技术是连续波加速器的关键核心技术，在同步辐射光源中，常温和低温超导高频腔均有广泛应用，常温高频系统技术相对成熟、可靠性高，而采用高次模深度衰减的超导高频单腔模组系统技术相对复杂，但它往往可以少占用储存环的直线节和省掉用于抑制由高频腔高次模引起的束流纵向不稳定性的纵向束流反馈系统，并且还可以大幅度减小所需的高频功率源的总功率，以利于增加光源插入件光束线的数量和提高储存环束流稳定性。到目前为止，国际上先后研发了 4 种可用于光源储存环的超导腔模组，分别是美国 CESR 型、日本 KEKB 型、法国 SOLEIL 型和中国 SSRF 型的 500 MHz 或 350 MHz 的超导单腔模组，其最高加速梯度可达到或超过10 MV/m;此外,还相应发展了高次谐波常温高频腔和超导腔模组(1.5 GHz),用以拉伸储存环中的束团长度来提高束流寿命和单束团流强。

由于加速腔腔壁功率消耗的限制,常温高梯度直线加速器大都只能以脉冲方式工作,占空比一般小于万分之五,其微波脉冲的最高重复频率是120 Hz,无法满足产生1 kHz以上高重频自由电子激光脉冲的要求。为突破这一困境,人们在超导射频加速技术上进行了长期的探索和积累。借助于国际直线对撞机及美国CBEAF等项目的技术研发成果,以太电子伏特超导直线加速器(TESLA)长脉冲射频超导加速模组为基础,人们发展了1.3 GHz含有8支9腔式(9-cell)超导腔的连续波加速模组,即将在LCLS-Ⅱ、SHINE和LCLS-Ⅱ-HE项目中应用。这一连续波超导加速模组的加速梯度可超过16 MV/m,无载品质因数可超过2.7×10^{10}。

新一代超低发射度光源储存环带来了动力学孔径约缩小为以往的20%的挑战,使得满足小动力学孔径要求的束流脉冲注入技术,特别是新发展的多极场偏轴注入、纵向注入、束团置换注入,成为当前同步辐射光源的关键核心技术。此外,衍射极限储存环的低阻抗真空室、高精度磁铁电源、高分辨率的单圈和单束团束流位置探测、光束位置探测、束流轨道反馈和高精度机械准直等也是新一代光源必备的关键技术。在自由电子激光装置中,还有基于束流的准直(BBA)和反馈技术、高精度的激光电子束同步技术、高重频的束流分配及高性能束流传输技术、高精度的自由电子激光脉冲测量技术、基于光脉冲的反馈技术及束流操控技术,均是装置的前沿关键技术,不可或缺。面向未来,人工智能,特别是机器学习等,必将发挥重大作用,成为推动光源加速器技术进步的一个重要驱动力。

参考文献

[1] Liénard A. Champ Électrique et Magnétique Produit par une Charge Électrique Concentrée Produit par une Charge enun Point et Animée d'un Movement Quelconque [J]. L'Eclairage Electronic, 1898, 16: 5.

[2] Elder F R, Gurewitsch A M, Langmuir R V, et al. Radiation from electrons in a synchrotron [J]. Physical Review, 1947, 71(11): 829.

[3] Zhao Z T. Storage ring light source [J]. Reviews of Accelerator Science and Technology, 2010, 3(1): 57-76.

[4] Margaritondo G. Synchrotron light, a success story over six decades [J]. La

Rivistadel Nuovo Cimento, 2017, 40: 411 - 471.
[5] Zhao Z T. Synchrotron radiation in material science: light sources, techniques, and applications [M]. Weinheim: Wiley-VCH Verlag GmbH & Co. , 2018: 1 - 34.
[6] Chasman R, Green G K, Rowe E M. Preliminary design of a dedicated synchrotron radiation facility [J]. IEEE Transactions on Nuclear Science, 1975, 22(3): 1765 - 1767.
[7] Brown G, Halbach K, Harris J, et al. Wiggler and undulator magnets — A review [J]. Nuclear Instruments and Methods in Physics Research Section A, 1983, 208 (1 - 3): 65 - 77.
[8] Winick H, Brown G, Halbach K, et al. Wiggler and undulator magnets [J]. Physics Today, 1981, 34(5): 50 - 63.
[9] Vignola G. Preliminary design of a dedicated 6 GeV synchrotron radiation storage ring [J]. Nuclear Instruments and Methods in Physics Research Section A, 1985, 236(2): 414 - 418.
[10] Einfeld D, Plesko M. The QBA optics for the 3. 2 GeV synchrotron light source ROSY Ⅱ [C]//Proceedings of the 1993 Particle Accelerator Conference, Washington, DC, 1993. Piscataway, NJ: IEEE, 1993.
[11] Schlueter R. Undulators [J]. Synchrotron Radiation News, 2018, 31(3): 1 - 3.
[12] Einfeld D, Schaper J, Plesko M. Design of a diffraction limited light source (DIFL) [C]//Proceedings of the 1995 Particle Accelerator Conference, Dallas, TX, 1995. Piscataway, NJ: IEEE, 1995.
[13] Liu L, Neuenschwander R T, Rodrigues A R D. Synchrotron radiation sources in Brazil [J]. Philosophical Transactions of the Royal Society A, 2019, 377 (2147): 20180235.
[14] Raimondi P. ESRF - EBS: The extremely brilliant source project [J]. Synchrotron Radiation News, 2016, 29(6): 8 - 15.
[15] Borland M, Abliz M, Arnold N D, et al. The upgrade of the advanced photon source [C]//Proceedings of the 9th International Particle Accelerator Conference, Vancouver, 2018, CERN. Geneva: JACoW, 2018.
[16] Steier C, Amstutz Ph, Baptiste K M, et al. Design progress of ALS - U, the soft X-ray diffraction limited upgrade of the advanced light source [C]//Proceedings of the 10th International Particle Accelerator Conference, Melbourne, 2019, CERN. Geneva: JACoW, 2019.
[17] He P, Cao J S, Chen F S, et al. Progress of HEPS accelerator system design [C]// Proceedings of the 10th International Particle Accelerator Conference, Melbourne, 2019, CERN. Geneva: JACoW, 2019.
[18] Liu L. Towards diffraction limited storage ring based light sources [C]// Proceedings of the 8th International Particle Accelerator Conference, Copenhagen, 2017, CERN. Geneva: JACoW, 2017.
[19] Hettel R. DLSR design and plans: an international overview [J]. Journal of

Synchrotron Radiation, 2014, 21: 843 - 855.

[20] Bartolini R. Design and optimization strategies of nonlinear dynamics in diffraction-limited synchrotron light sources [C]//Proceedings of the 7th International Particle Accelerator Conference, Bushan, 2016, CERN. Geneva: JACoW, 2016.

[21] Johansson M, Anderberg B, Lindgren L J. Magnet design for a low emittance storage ring [J]. Journal of Synchrotron Radiation, 2014, 21(5): 884 - 903.

[22] Al Dmour E, Ahlback J, Einfeld D. Diffraction-limited storage-ring vacuum technology [J]. Journal of Synchrotron Radiation, 2014, 21(5): 878 - 883.

[23] Phillips R M. The ubitron, a high-power traveling-wave tube based on a periodic beam interaction in unloaded waveguide [J]. Electron Devices Ire Transactions on, 1960, 7(4): 231 - 241.

[24] Madey J M J. Stimulated emission of bremsstrahlung in a periodic magnetic field [J]. Journal of Applied Physics, 1971, 42(5): 1906 - 1913.

[25] Colson W B. One-body electron dynamics in a free electron laser [J]. Physics Letters A, 1977, 64(2): 190 - 192.

[26] Elias L R, Fairbank W M, Madey J M J, et al. Observation of stimulated emission of radiation by relativistic electrons in a spatially periodic transverse magnetic field [J]. Physical Review Letters, 1976, 36(13): 717 - 720.

[27] Kondratenko A M, Saldin E L. Generation of coherent radiation by a relativistic electron beam in an ondulator [J]. Particle Accelerators, 1980, 10: 207 - 216.

[28] Bonifacio R, Pellegrini C, Narducci L M. Collective instabilities and high-gain regime in a free electron laser [J]. Optics Communications, 1984, 50(6): 373 - 378.

[29] Bonifacio R, Pierini P, Pellegrini C, et al. Slippage, noise and superradiant effects in the UCLA FEL experiment [J]. Nuclear Instruments and Methods in Physics Research Section A, 1994, 341(1 - 3): 285 - 288.

[30] Milton S V, Gluskin E, Arnold N D, et al. Exponential gain and saturation of a self-amplified spontaneous emission free-electron laser [J]. Science, 2001, 292(5524): 2037 - 2041.

[31] Ayvazyan V, Baboi N, Bohnet I, et al. A new powerful source for coherent VUV radiation: demonstration of exponential growth and saturation at the TTF free-electron laser [J]. The European Physical Journal D-Atomic, Molecular, Optical and Plasma Physics, 2002, 20(1): 149 - 156.

[32] Yu L H. Generation of intense uv radiation by subharmonically seeded single-pass free-electron lasers [J]. Physical Review A, 1991, 44(8): 5178.

[33] Yu L H, Babzien M, DiMauro L F, et al. High-gain harmonic-generation free-electron laser [J]. Science, 2000, 289(5481): 932 - 934.

[34] Yu L H, Doyuran A, DiMauro L, et al. Ultraviolet high-gain harmonic-generation free-electron laser at BNL [J]. Nuclear Instruments and Methods in Physics Research Section A, 2004, 528(1 - 2): 436 - 442.

[35] Ackermann W, Asova G, Ayvazyan V, et al. Operation of a free-electron laser from

the extreme ultraviolet to the water window [J]. Nature photonics, 2007, 1(6): 336 - 342.

[36] Emma P, Akre R, Arthur J, et al. First lasing and operation of an ångstrom-wavelength free electron laser [J]. Nature photonics, 2010, 4(9): 641 - 647.

[37] Stupakov G. Using the beam-echo effect for generation of short-wavelength radiation [J]. Physical Review Letters, 2009, 102(7): 074801.

[38] Xiang D, Colby E, Dunning M, et al. Evidence of high harmonics from echo-enabled harmonic generation for seeding X-ray free electron lasers [J]. Physical Review Letters, 2012, 108(2): 024803.

[39] Zhao Z, Wang D, Chen J, et al. First lasing of an echo-enabled harmonic generation free electron laser [J]. Nature photonics, 2012, 6(6): 360 - 363.

[40] Feng C, Deng H, Zhang M, et al. Coherent extreme ultraviolet free-electron laser with echo-enabled harmonic generation [J]. Physical Review Accelerators and Beams, 2019, 22(5): 050703.

[41] Rebernik P R, Abrami A, Badano L, et al. Coherent soft X-ray pulses from an echo-enabled harmonic generation free-electron laser [J]. Nature photonics, 2019, 13(8): 555 - 561.

[42] Kim K J, Shvydko Y, Reiche S. A proposal for an X-ray free-electron laser oscillator with an energy-recovery linac [J]. Physical Review Letters, 2008, 100(24): 244802.

[43] Huang Z, Ruth R D. Fully coherent X-ray pulses from a regenerative-amplifier free-electron laser [J]. Physical Review Letters, 2006, 96(14): 144801.

[44] Shvydko Y V, Stoupin S, Cunsolo A, et al. High reflectivity high-resolution X-ray crystal optics with diamonds [J]. Nature Physics, 2010, 6(3): 196 - 199.

[45] Dai J, Deng H, Dai Z. Proposal for an X-ray free electron laser oscillator with intermediate energy electron beam [J]. Physical Review Letters, 2012, 108(3): 034802.

[46] Hajima R. Energy recovery linacs for light sources [J]. Reviews of Accelerator Science and Technology, 2010, 3(1): 121 - 146.

[47] Tigner M. A possible apparatus for electron clashing-beam experiments [J]. Il Nuovo Cimento (1955 - 1965), 1965, 37(3): 1228 - 1231.

[48] Smith T I, Schwettman H A, Rohatgi R, et al. Development of the SCA/FEL for use in biomedical and materials science experiments [J]. Nuclear Instruments and Methods in Physics Research Section A, 1987, 259(1 - 2): 1 - 7.

[49] Bartnik A, Banerjee N, Burke D, et al. CBETA: first multipass superconducting linear accelerator with energy recovery [J]. Physical Review Letters, 2020, 125(4): 044803.

[50] Kulipanov G N, Skrinsky A N, Vinokurov N A. MARS—a project of the diffraction-limited fourth generation X-ray source based on supermicrotron [J]. Nuclear Instruments and Methods in Physics Research Section A, 2001, 467: 16 - 20.

[51] Bilderback D H, Brock J D, Dale D S, et al. Energy recovery linac (ERL) coherent hard X-ray sources [J]. New Journal of Physics, 2010, 12(3): 035011.

[52] Kosuge A, Akagi A, Honda Y, et al. Development of a high average power laser for high brightness X-ray source and imaging at cERL [C]//Proceedings of the 6th International Particle Accelerator Conference, Newport News, USA, 2015, CERN. Geneva: JACoW, 2015.

[53] Tajima T, Dawson J M. Laser electron accelerator [J]. Physical Review Letters, 1979, 43(4): 267 - 270.

[54] Schroeder C B, Fawley W M, Grüner F, et al. Free-electron laser driven by the LBNL laser-plasma accelerator [C]//AIP Conference Proceedings 1086, Santa Cruz, CA, USA, 2008. Santa Cruz: AIP Publishing, 2009.

[55] D'Auria G, Cross A W, Nix L, et al. The compactlight design study project [C]// Proceedings of the 10th International Particle Accelerator Conference, Melbourne, Australia, 2019, CERN. Geneva: JACoW, 2019.

[56] Rosenzweig J B, Majernik N, Robles R R, et al. An ultra-compact X-ray free-electron laser [J]. New Journal of Physics, 2020, 22(9): 093067.

[57] Kaertner F X, Ahr F, Calendron A L, et al. AXSIS: Exploring the frontiers in attosecond X-ray science, imaging and spectroscopy [J]. Nuclear Instruments and Methods in Physics Research Section A, 2016, 829: 24 - 29.

[58] Delbos N, Werle C, Dornmair I, et al. LUX-a laser-plasma driven undulator beamline [J]. Nuclear Instruments and Methods in Physics Research Section A, 2018, 909: 318 - 322.

[59] Aschikhin A, Behrens C, Bohlen S, et al. The FLASHForward facility at DESY [J]. Nuclear Instruments and Methods in Physics Research Section A, 2016, 806: 175 - 183.

[60] Couprie M E, Benabderrahmane C, Betinelli P, et al. The LUNEX5 project in France [C]//Journal of Physics: Conference Series, Volume 425, Lyon, France, 2012. London: IOP Publishing, 2013.

[61] Ferrario M, Alesini D, Anania M P, et al. EuPRAXIA@ SPARC_LAB Design study towards a compact FEL facility at LNF [J]. Nuclear Instruments and Methods in Physics Research Section A, 2018, 909: 134 - 138.

[62] Hidding B, Manahan G G, Heinemann T, et al. First measurements of trojan horse injection in a plasma wakefield accelerator [C]//Proceedings of the 8th International Particle Accelerator Conference, Bella Center, Copenhagen, Denmark, 2017, CERN. Geneva: JACoW, 2017.

[63] Ratner D F, Chao A W. Steady-state microbunching in a storage ring for generating coherent radiation [J]. Physical Review Letters, 2010, 105(15): 154801.

[64] Feng C, Zhao Z T. A storage ring based free-electron laser for generating ultrashort coherent EUV and X-ray radiation [J]. Scientific Reports, 2017, 7(1): 1 - 7.

第 2 章 电子在加速器电磁场中的运动

光源加速器是对电子束进行加速和操控以满足产生不同性能电磁辐射需求的装置。在介绍具体的光源加速器之前，本章先介绍电子在加速器电磁场中的运动，主要包括电子束的横向运动及控制电子运动的典型磁铁的磁场和对应的传输矩阵。本章内容主要涉及电子运动的基本过程和主要结论，其详细完整的分析推导可以参考文献[1-10]和相关粒子加速器的课程讲义①。

2.1 电子在电磁场中的横向运动

加速器中的电子在电磁场的作用下提高能量和围绕设定的理想轨道运动。理想轨道由直线轨道和圆弧轨道连接而成，是电子在加速器中运动的目标轨迹，主要由构成加速器的偏转磁场给定。电子在加速器中的运动由横向运动和纵向运动构成，横向运动又可分解为沿理想轨道的运动与围绕理想轨道的小振幅横向振荡。电子在电磁场中受洛伦兹力 $\boldsymbol{F}$ 作用，它的动量和能量变化可表示为

$$\frac{\mathrm{d}\boldsymbol{p}}{\mathrm{d}t}=\boldsymbol{F}=e(\boldsymbol{E}+\boldsymbol{v}\times\boldsymbol{B}) \tag{2-1}$$

$$\frac{\mathrm{d}E}{\mathrm{d}t}=e\boldsymbol{v}\cdot(\boldsymbol{E}+\boldsymbol{v}\times\boldsymbol{B}),\ \Delta E=e\int_0^L\boldsymbol{E}\cdot\mathrm{d}\boldsymbol{s} \tag{2-2}$$

式中，$\boldsymbol{p}$ 为电子的动量，e 为电子的电荷量，$\boldsymbol{v}$ 为电子的运动速度，$\boldsymbol{E}$ 和 $\boldsymbol{B}$ 分别为作用在电子上的电场和磁场，E 为电子的能量，ΔE 为电子在电场作用下经

① 加速器课程讲义可参考网址 https://uspas.fnal.gov/；https://cas.web.cern.ch/；https://ocpaweb.org/home/。

过距离 L 的能量增益。从式(2-1)和式(2-2)可以看到,磁场产生的作用力垂直于粒子的运动方向,因而不能加速或减速带电粒子。但是,对相对论束流来说,1 T 的磁场相当于 300 MV/m 的电场对粒子施加的作用力,它可对电子产生非常有效的偏转和聚焦作用。电子受到磁场偏转作用后,将沿曲率半径为 ρ 的圆弧轨道运动,偏转磁场的磁感应强度与曲率半径的乘积 $B\rho$ 称为磁刚度,对于电子来说,磁刚度可表示为

$$B\rho = \frac{p}{e} = \frac{E}{ec} \tag{2-3}$$

式中,c 为光速。使用工程单位(E 以 GeV、$B\rho$ 以 T·m 为单位)时,数值上有如下关系:

$$E = 0.299\,8B\rho$$

这里的磁刚度表征的是具有一定动量的电子对磁场偏转的抗拒能力。同样磁场下,能量越高,即磁刚度越大,则电子的偏转半径越大,即越不易被偏转。

电子运动过程中,通过与分布在其轨道上的磁铁和加速结构相互作用实现偏转、聚焦和加速,电子的运动可在如图 2-1 中的自然坐标系中进行描述。在这一坐标系中,当运动轨道的曲率半径为有限值时,电子做曲线运动;当曲率半径趋于无穷大时,电子做直线运动。坐标的原点随电子束在束流的理想轨道上运动。

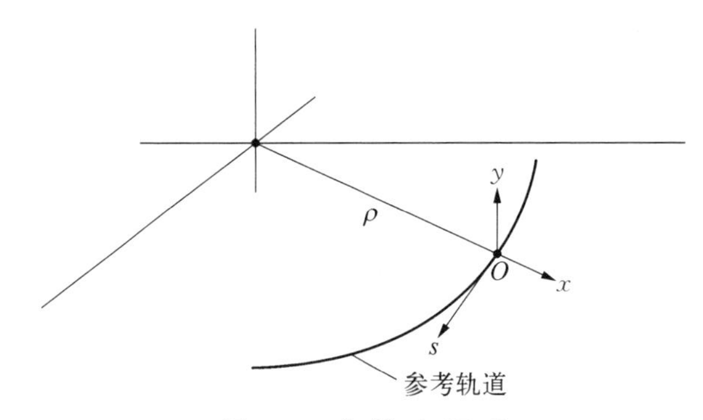

图 2-1 自然坐标系

在图 2-1 所示的自然坐标系中,电子的运动可分解为沿 s 方向的纵向运动和在 $x-y$ 平面内的横向运动,其中 x 称为水平方向,y 称为垂直方向。考虑磁铁和加速结构的中心面或轴线均位于 $x-s$ 平面内的情况,电子的横向运动可表示为下列方程:

$$x'' + K_x(s)x = \frac{1}{\rho(s)} \frac{\Delta p}{p} \tag{2-4}$$

$$y'' + K_y(s)y = 0 \tag{2-5}$$

式中，x''与y''分别为x与y对s的二阶导数，$K_x(s)$和$K_y(s)$为电子在s处感受到的聚焦作用因子，$\rho(s)$为电子轨道在s处的曲率半径，$\Delta p = p - p_0$，p_0为运行在理想轨道上的参考电子的动量。当考虑$\Delta p = 0$的情况时，上述两个方程变成了标准的 Hill 方程，用u代表x或y时，可以统一写为

$$u''(s) + K_u(s)u(s) = 0 \tag{2-6}$$

方程的解可写为

$$u(s) = \sqrt{\epsilon_u}\sqrt{\beta_u(s)}\cos[\varphi_u(s) + \varphi_{u0}] \tag{2-7}$$

$$u'(s) = \frac{\sqrt{\epsilon_u}}{\sqrt{\beta_u(s)}}\left\{\frac{\beta'_u(s)}{2}\cos[\varphi_u(s) + \varphi_{u0}] - \sin[\varphi_u(s) + \varphi_{u0}]\right\} \tag{2-8}$$

式中，ϵ_u为表示电子运动相空间面积的一个常量，称为发射度，$\beta_u(s)$为表征电子横向振荡幅度变化的函数，$\varphi_u(s)$为电子横向振荡的相位。$\beta_u(s)$与$K_u(s)$、$\varphi_u(s)$与$\beta_u(s)$的关系满足下式：

$$\frac{1}{2}\beta_u(s)\beta''_u(s) - \frac{1}{4}\beta'_u(s) + K_u(s)\beta_u^2(s) = 1 \tag{2-9}$$

$$\varphi_u(s) = \int_0^s \frac{d\sigma}{\beta_u(\sigma)}, \ \varphi_{u,0} = \int_0^{s_0} \frac{d\sigma}{\beta_u(\sigma)} \tag{2-10}$$

定义

$$\alpha_u(s) = -\frac{1}{2}\beta'_u(s) \tag{2-11}$$

$$\gamma_u(s) = \frac{1 + [\alpha_u(s)]^2}{\beta_u(s)} \tag{2-12}$$

则电子在相空间中的运动可表示为

$$\gamma_u(s)u^2(s) + 2\alpha_u(s)u(s)u'(s) + \beta_u(s)u'^2(s) = \epsilon_u \tag{2-13}$$

α_u、β_u、γ_u 也称为电子束 Twiss 参数，它们在电子的运动过程中定义了一个约束电子运动的相椭圆，如图 2-2 所示。

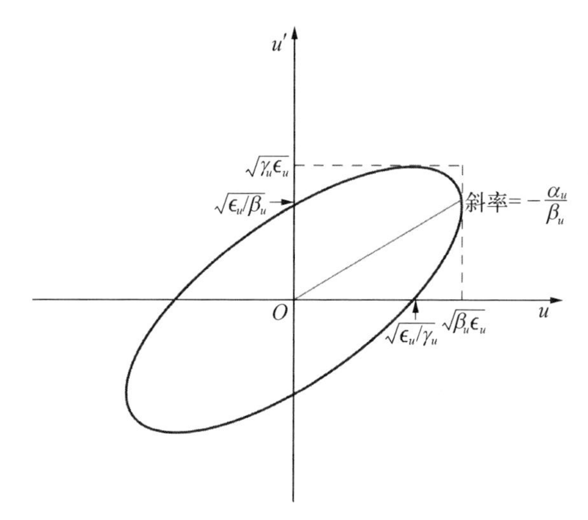

图 2-2　相椭圆和束流 Twiss 参数关系图

图 2-2 所示的相椭圆描述了单电子横向运动的范围。当我们考虑一团电子时，就要研究包含了大量电子的束团包络行为，其中每一电子都有自身的运动轨迹。为描述整团电子束的发射度和横向运动，需要首先描述电子的横向分布。这里假设电子密度在横向呈高斯分布：

$$\rho(x,\ y)=\frac{Ne}{2\pi\sigma_x\sigma_y}\exp\left(-\frac{x^2}{2\sigma_x^2}-\frac{y^2}{2\sigma_y^2}\right) \tag{2-14}$$

式中，N 为束团中电子的数量。图 2-3 给出了电子束的一个截面及其在 x 和 y 方向上的投影，可见电子密度在两个方向的投影都呈高斯分布。σ_x 和 σ_y 为电子束的横向尺寸，表示电子密度减小至中心 ($e^{-1/2}=0.607$) 处与电子束中心的距离，即电子束分布的标准偏差值。

若在 u 与 u' 的相空间中，定义电子束的横向发射度为 ϵ_u，则电子束横向尺寸 σ_u，即 $\sqrt{\langle u^2\rangle}$，与此处的 β_u 函数之间应满足如下关系：

$$\epsilon_u=\sqrt{\langle u^2\rangle\langle u'^2\rangle-\langle uu'\rangle^2} \tag{2-15}$$

$$\sigma_u(s)=\sqrt{\epsilon_u\beta_u(s)} \tag{2-16}$$

即电子束的发射度可以采用如下公式计算：

$$\epsilon_u = \frac{\sigma_u^2(s)}{\beta_u(s)} \tag{2-17}$$

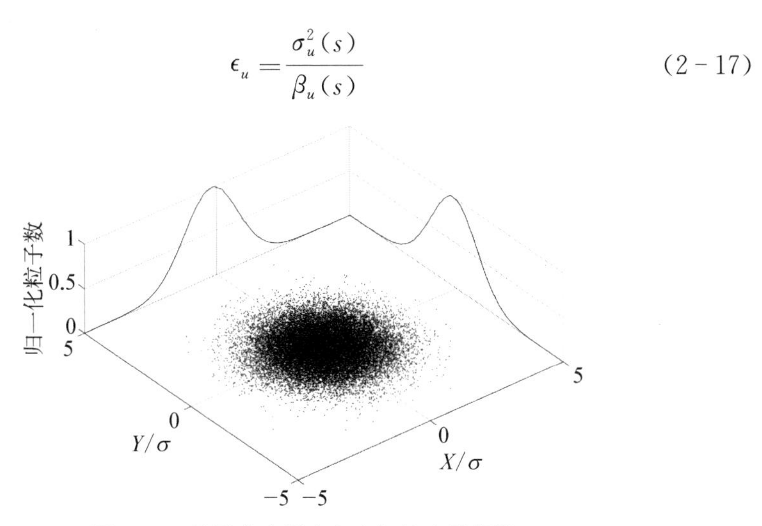

图 2-3　粒子分布及在各坐标轴上的投影

2.2　加速器中的典型磁场与常用磁铁

排列在加速器电子轨道上最常用的典型磁铁有偏转磁铁、四极聚焦磁铁、六极聚焦磁铁和八极聚焦磁铁，以及用来校正轨道的校正磁铁（线圈）和螺线管线圈，还有用于产生同步辐射或自由电子激光的扭摆器磁铁和波荡器磁铁。按偏转和聚焦功能，加速器磁铁还可分为分离作用型和组合作用型两种，其中包括可兼顾偏转和四极聚焦的组合型二极磁铁（也称为带梯度的二极磁铁）、可兼顾四极和六极聚焦的组合聚焦磁铁等。此外，即使是分离作用的二极偏转磁铁也会因带电粒子进入和离开时的入射和出射角度而具有边缘聚焦作用，故又可将其分为矩形磁铁和扇形磁铁。

从产生磁场的技术上，加速器磁铁可分为常规电磁铁、永久磁铁和超导磁铁三类。其中常规电磁铁的激励线圈有不可忽略的电损耗，且磁铁的最高磁场强度受限于铁芯材料的磁饱和；超导磁铁可大大减小励磁线圈的损耗且产生的磁场比常规磁铁高几倍，对控制加速器规模或提高磁场强度非常重要；永久磁铁不需要励磁线圈，常用于扭摆器、波荡器、特殊的强场二极偏转磁铁与聚焦磁铁。图 2-4 为几种典型的加速器磁铁示意图。

为了便于对图 2-4 中不同极数的加速器磁铁进行分析，需要将加速器磁场的横向分布进行坐标转换，如图 2-5 所示，将自然坐标系中的横向平面由

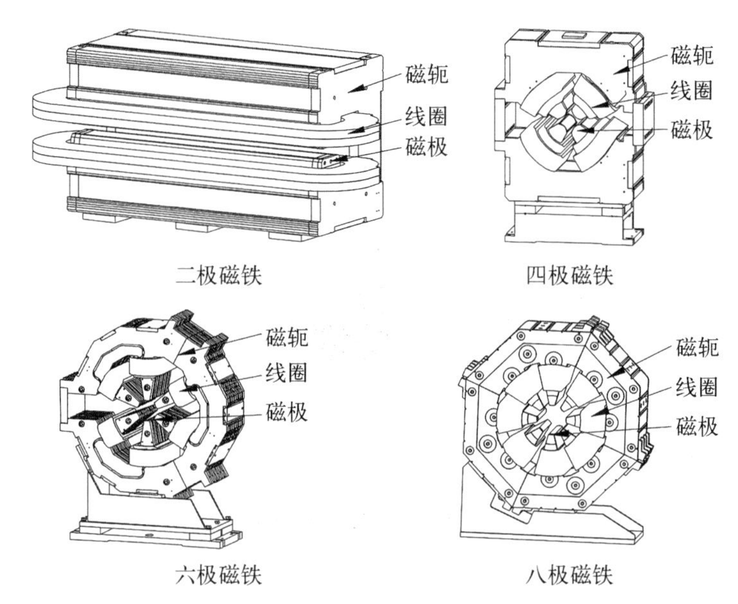

图 2-4　几种典型的加速器磁铁

笛卡儿坐标系的 $x-y$ 平面转换为极坐标系的 $r-\theta$ 平面，转换过程满足下式关系：

$$x=r\cos\theta,\ y=r\sin\theta$$

$$r=\sqrt{x^2+y^2},\ \theta=\arctan\left(\frac{y}{x}\right) \tag{2-18}$$

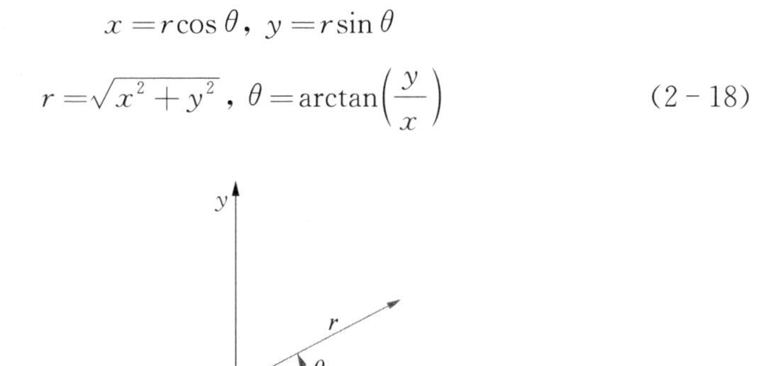

图 2-5　笛卡儿坐标系与极坐标系的转换

在如图 2-5 所示的极坐标系中将横向磁场按径向和角向分量进行级数展开，其中心轨道附近束流通道内的磁场可以简洁地表示为

$$
\begin{aligned}
\boldsymbol{B} &= B_r\hat{\boldsymbol{r}} + B_\theta\hat{\boldsymbol{\theta}} \\
&= B_0\sum_{n=1}^{\infty}\left(\frac{r}{r_0}\right)^{n-1}[(-a_n\cos n\theta + b_n\sin n\theta)\hat{\boldsymbol{r}} + (a_n\sin n\theta + b_n\cos n\theta)\hat{\boldsymbol{\theta}}]
\end{aligned}
\tag{2-19}
$$

式中，$\hat{\boldsymbol{r}}$ 与 $\hat{\boldsymbol{\theta}}$ 分别为极坐标 r 与 θ 方向的单位矢量，r_0 为磁场内偏轴处的一个参考值，a_n 和 b_n 为磁场的 n 次谐波系数。定义 $a_n=0$ 时为正向，$b_n=0$ 时为斜向，则 b_n 为正向场分量的系数，a_n 为斜向场分量的系数。其中，$n=1$、2、3、4 分别表示二、四、六、八极磁场分量的系数。将该磁场在图 2-1 定义的自然坐标系中展开，其表达式可写为

$$
\boldsymbol{B} = B_x(x,\ y,\ s)\hat{\boldsymbol{x}} + B_y(x,\ y,\ s)\hat{\boldsymbol{y}} \tag{2-20}
$$

$$
\begin{aligned}
B_x(x,\ y) = B_0\Big[&-a_1 + \frac{b_2}{r_0}y - \frac{a_2}{r_0}x - \frac{a_3}{r_0^2}(x^2-y^2) + \frac{b_3}{r_0^2}(2xy) - \\
&\frac{a_4}{r_0^3}(x^3-3xy^2) + \frac{b_4}{r_0^3}(3x^2y-y^3) \pm \cdots\Big]
\end{aligned}
\tag{2-21}
$$

$$
\begin{aligned}
B_y(x,\ y) = B_0\Big[&b_1 + \frac{a_2}{r_0}y + \frac{b_2}{r_0}x + \frac{a_3}{r_0^2}(2xy) + \frac{b_3}{r_0^2}(x^2-y^2) + \\
&\frac{a_4}{r_0^3}(3x^2y-y^3) + \frac{b_4}{r_0^3}(x^3-3xy^2) \pm \cdots\Big]
\end{aligned}
\tag{2-22}
$$

式(2-20)中的 $\hat{\boldsymbol{x}}$ 与 $\hat{\boldsymbol{y}}$ 分别为 x 方向与 y 方向的单位矢量。磁场的正向分量和斜向分量如表 2-1 所示。

当电子在自然坐标系的 $x-s$ 平面中运动且主要的磁铁元件只提供正向磁场时，即 a_n 为零，横向磁场可表示为

$$
B_x(x,\ y) = B_0\left[\frac{b_2}{r_0}y + \frac{b_3}{r_0^2}(2xy) + \frac{b_4}{r_0^3}(3x^2y-y^3) \pm \cdots\right] \tag{2-23}
$$

$$
B_y(x,\ y) = B_0\left[b_1 + \frac{b_2}{r_0}x + \frac{b_3}{r_0^2}(x^2-y^2) + \frac{b_4}{r_0^3}(x^3-3xy^2) \pm \cdots\right] \tag{2-24}
$$

表 2-1 不同阶数的磁场正向分量和斜向分量

阶数 n	磁场分量	谐波系数	B_x	B_y
1	正向二极磁场	$a_1=0$	0	$b_1 B_0$
	斜向二极磁场	$b_1=0$	$-a_1 B_0$	0
2	正向四极磁场	$a_2=0$	$B_0 \frac{b_2}{r_0} y$	$B_0 \frac{b_2}{r_0} x$
	斜向四极磁场	$b_2=0$	$-B_0 \frac{a_2}{r_0} x$	$B_0 \frac{a_2}{r_0} y$
3	正向六极磁场	$a_3=0$	$B_0 \frac{b_3}{r_0^2}(2xy)$	$B_0 \frac{b_3}{r_0^2}(x^2-y^2)$
	斜向六极磁场	$b_3=0$	$-B_0 \frac{a_3}{r_0^2}(x^2-y^2)$	$B_0 \frac{a_3}{r_0^2}(2xy)$
4	正向八极磁场	$a_4=0$	$B_0 \frac{b_4}{r_0^3}(3x^2 y-y^3)$	$B_0 \frac{b_4}{r_0^3}(x^3-3xy^2)$
	斜向八极磁场	$b_4=0$	$-B_0 \frac{a_4}{r_0^3}(x^3-3xy^2)$	$B_0 \frac{a_4}{r_0^3}(3x^2 y-y^3)$

定义：

$$\begin{cases} g=\dfrac{b_2}{r_0}B_0 \\ m=\dfrac{b_3}{r_0^2}B_0 \\ q=\dfrac{b_4}{r_0^3}B_0 \end{cases} \tag{2-25}$$

则横向磁场可表达为

$$B_x(x, y)=gy+2mxy+q(3x^2 y-y^3)+\cdots \tag{2-26}$$

$$B_y(x, y)=b_1 B_0+gx+m(x^2-y^2)+q(x^3-3xy^2)+\cdots \tag{2-27}$$

根据式(2-26)和式(2-27)，可以得到加速器中经典的二极磁铁、四极磁铁、六极磁铁和八极磁铁的磁场表达式，其磁场的横向分布如图 2-6 所示。各类磁场依据特定的磁场分布，在电子加速器中发挥特定的作用和功能。

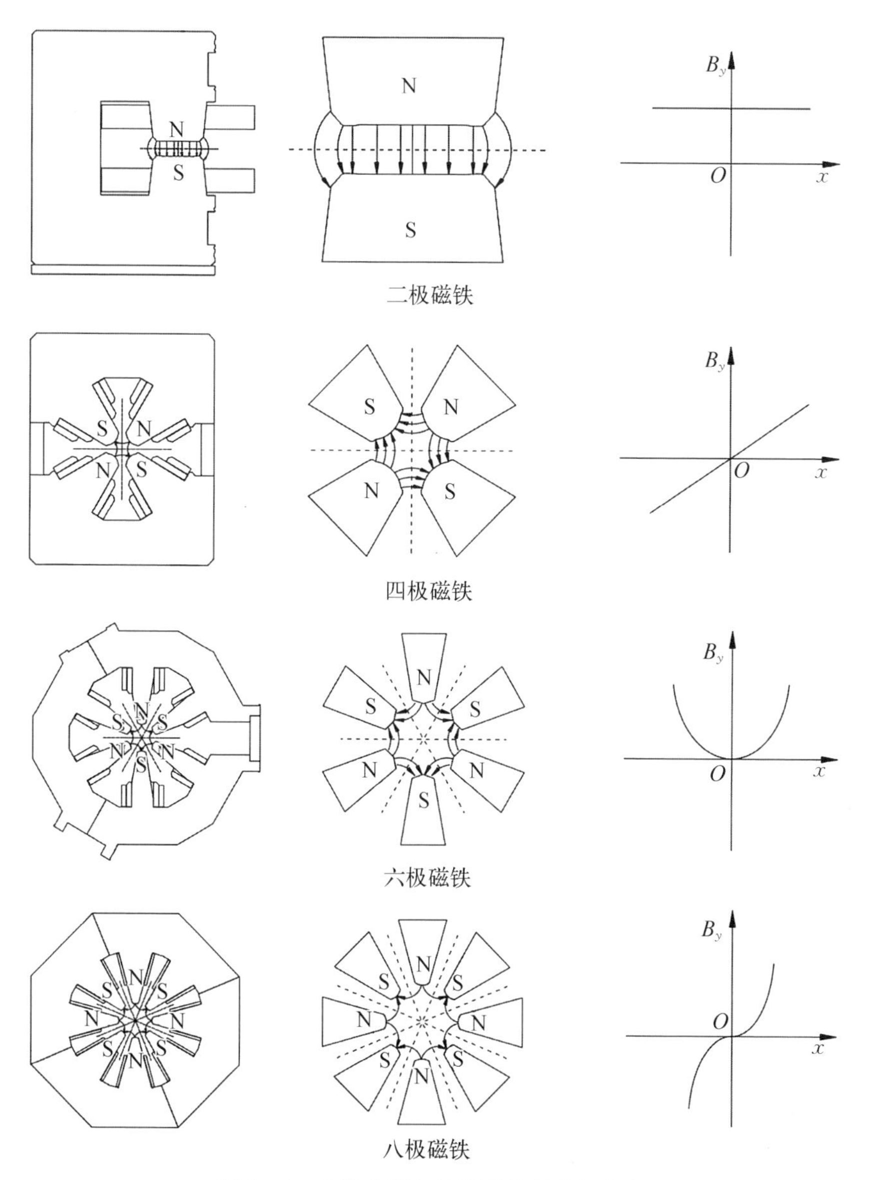

图 2－6　几种典型加速器磁铁的磁场分布

二极磁铁主要对电子束起偏转作用，常用作偏转磁铁和校正磁铁。作为偏转磁铁时，有

$$B_x(x, y)=0, B_y(x, y)=b_1B_0 \tag{2-28}$$

四极磁铁主要对电子束起聚焦或散焦作用，常作为磁聚焦结构的主要元件，其磁场可表示为

$$B_x(x, y)=gy, B_y(x, y)=gx \tag{2-29}$$

而斜四极磁铁的磁场为

$$B_x(x, y)=-gx, B_y(x, y)=gy \tag{2-30}$$

六极磁铁主要用于补偿由能散造成的聚焦力变化，使电子束的聚焦不受能散的影响，其磁场可表示为

$$B_x(x, y)=2mxy, B_y(x, y)=m(x^2-y^2) \tag{2-31}$$

而斜六极磁铁的磁场为

$$B_x(x, y)=-m(x^2-y^2), B_y(x, y)=2mxy \tag{2-32}$$

八极磁铁产生的磁场分布对电子横向位置产生相应的横向振荡频率偏移响应，进而产生电子束团的横向振荡频率分散，实现朗道阻尼效应，抑制各类横向集体不稳定性。正向八极磁铁的磁场可以表示为

$$B_x(x, y)=q(3x^2y-y^3), B_y(x, y)=q(x^3-3xy^2) \tag{2-33}$$

而斜八极磁铁的磁场为

$$B_x(x, y)=-q(x^3-3xy^2), B_y(x, y)=q(3x^2y-y^3) \tag{2-34}$$

2.3 电子运动的传输矩阵表达

在加速器中，我们常用矩阵法来研究电子的横向运动，对于运动方程(2-6)，其解可设为

$$u(s)=C_u(s)u(s_0)+S_u(s)u'(s_0) \tag{2-35}$$

用矩阵可表达为

$$\begin{bmatrix} u(s) \\ u'(s) \end{bmatrix}=\begin{bmatrix} C_u(s) & S_u(s) \\ C'_u(s) & S'_u(s) \end{bmatrix}\begin{bmatrix} u(s_0) \\ u'(s_0) \end{bmatrix} \tag{2-36}$$

式中，

$$C_u(s_0)=1,\ S_u(s_0)=0$$

$$C'_u(s_0)=0,\ S'_u(s_0)=1$$

为了更好地表达和便于后续分析，将式(2－36)进行简化，定义

$$\boldsymbol{M}_u(s)=\begin{bmatrix} C_u(s) & S_u(s) \\ C'_u(s) & S'_u(s) \end{bmatrix} \tag{2-37}$$

为该元件的传输矩阵。若电子从 s_0 处进入磁元件，从 s 处离开，则该元件的传输矩阵可写为

$$\boldsymbol{M}_u(s,\ s_0)=\begin{bmatrix} C_u(s-s_0) & S_u(s-s_0) \\ C'_u(s-s_0) & S'_u(s-s_0) \end{bmatrix} \tag{2-38}$$

如图 2－7 所示，当电子穿越过一系列磁元件时，传输矩阵可写为

$$\boldsymbol{M}_u(s_n,\ s_0)=\boldsymbol{M}_u(s_n,\ s_{n-1})\boldsymbol{M}_u(s_{n-1},\ s_{n-2})\cdots\boldsymbol{M}_u(s_1,\ s_0) \tag{2-39}$$

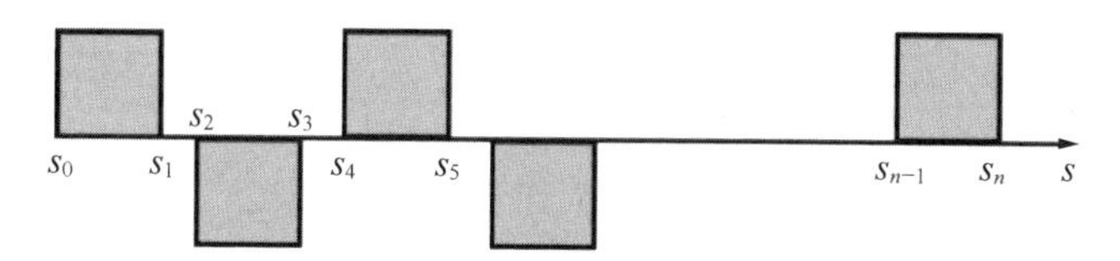

图 2－7　加速器磁元件部分与传输矩阵对应关系示意图

根据式(2－39)，加速器中不同束流元件可以表达为不同的矩阵。

加速器中最为简单和常见的束流元件为无磁元件的漂移段，其传输矩阵可以表达为

$$\boldsymbol{M}_x(s,\ s_0)=\boldsymbol{M}_y(s,\ s_0)=\begin{bmatrix} 1 & s-s_0 \\ 0 & 1 \end{bmatrix} \tag{2-40}$$

2.3.1　四极磁铁与聚焦结构的传输矩阵

加速器最为重要和普遍使用的磁铁元件是四极磁铁，四极磁铁通常由聚焦强度 k 表达其传输特征，如下列公式所示：

$$k=\frac{1}{B\rho}\ \frac{\partial B_y}{\partial x}=\frac{1}{B\rho}\ \frac{\partial B_x}{\partial y} \tag{2-41}$$

式中，当 $k>0$ 时，四极磁铁在 x 方向提供散焦作用，在 y 方向提供聚焦作用，其传输矩阵为

$$\boldsymbol{M}_x(s,\ s_0)=\begin{bmatrix}\cosh[\sqrt{|k|}(s-s_0)] & \dfrac{1}{\sqrt{|k|}}\sinh[\sqrt{|k|}(s-s_0)]\\ \sqrt{|k|}\sinh[\sqrt{|k|}(s-s_0)] & \cosh[\sqrt{|k|}(s-s_0)]\end{bmatrix}\tag{2-42}$$

$$\boldsymbol{M}_y(s,\ s_0)=\begin{bmatrix}\cos[\sqrt{|k|}(s-s_0)] & \dfrac{1}{\sqrt{|k|}}\sin[\sqrt{|k|}(s-s_0)]\\ -\sqrt{|k|}\sin[\sqrt{|k|}(s-s_0)] & \cos[\sqrt{|k|}(s-s_0)]\end{bmatrix}\tag{2-43}$$

当$k<0$时，四极磁铁在x方向提供聚焦作用，在y方向提供散焦作用，两个方向的传输矩阵表达互换，即

$$\boldsymbol{M}_x(s,\ s_0)=\begin{bmatrix}\cos[\sqrt{|k|}(s-s_0)] & \dfrac{1}{\sqrt{|k|}}\sin[\sqrt{|k|}(s-s_0)]\\ -\sqrt{|k|}\sin[\sqrt{|k|}(s-s_0)] & \cos[\sqrt{|k|}(s-s_0)]\end{bmatrix}\tag{2-44}$$

$$\boldsymbol{M}_y(s,\ s_0)=\begin{bmatrix}\cosh[\sqrt{|k|}(s-s_0)] & \dfrac{1}{\sqrt{|k|}}\sinh[\sqrt{|k|}(s-s_0)]\\ \sqrt{|k|}\sinh[\sqrt{|k|}(s-s_0)] & \cosh[\sqrt{|k|}(s-s_0)]\end{bmatrix}\tag{2-45}$$

当四极磁铁的聚焦长度f远大于其自身长度$l(l=s-s_0)$时，即

$$f=\frac{1}{k(s-s_0)}\gg l=s-s_0\tag{2-46}$$

可将四极磁铁近似为薄透镜，其传输矩阵可写为

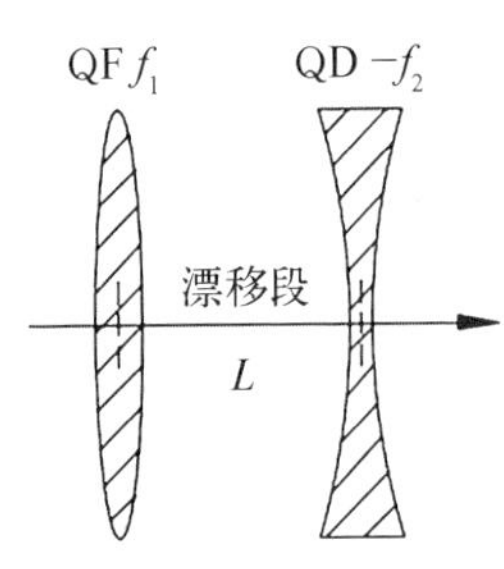

图2-8　双四极磁铁组薄透镜结构

$$\boldsymbol{M}_x=\begin{bmatrix}1 & 0\\ \dfrac{1}{f} & 1\end{bmatrix},\quad \boldsymbol{M}_y=\begin{bmatrix}1 & 0\\ -\dfrac{1}{f} & 1\end{bmatrix}\tag{2-47}$$

将四极磁铁和漂移段进行组合可以形成各种横向聚焦结构，一个重要的实例是双四极磁铁组，如图2-8所示，它由一个x方向聚焦的四极磁铁(记为QF，焦距为f_1)、一个长度为L的漂移段和一个x方向散焦的

四极磁铁(记为 QD,焦距为 f_2)组成,且通常可设定两块四极磁铁具有同样的聚焦长度 f。双四极磁铁组具备在两个方向同时聚焦的能力,在薄透镜近似下,其传输矩阵可以写为

$$\boldsymbol{M}_{\mathrm{doub},x}=\begin{bmatrix}1&0\\ \dfrac{1}{f_2}&1\end{bmatrix}\begin{bmatrix}1&L\\0&1\end{bmatrix}\begin{bmatrix}1&0\\ -\dfrac{1}{f_1}&1\end{bmatrix}=\begin{bmatrix}1-\dfrac{L}{f_1}&L\\ \dfrac{1}{f_2}-\dfrac{L}{f_1f_2}-\dfrac{1}{f_1}&1+\dfrac{L}{f_2}\end{bmatrix}\tag{2-48}$$

当两块四极磁铁具有同样的聚焦长度,即 $f_1=f_2=f$ 时,有

$$\boldsymbol{M}_{\mathrm{doub},x}=\begin{bmatrix}1&0\\ \dfrac{1}{f}&1\end{bmatrix}\begin{bmatrix}1&L\\0&1\end{bmatrix}\begin{bmatrix}1&0\\ -\dfrac{1}{f}&1\end{bmatrix}=\begin{bmatrix}1-\dfrac{L}{f}&L\\ -\dfrac{L}{f^2}&1+\dfrac{L}{f}\end{bmatrix}\tag{2-49}$$

同理,将式(2-49)中的聚焦 f 替换为散焦 $-f$,则得到 y 方向的传输矩阵:

$$\boldsymbol{M}_{\mathrm{doub},y}=\begin{bmatrix}1+\dfrac{L}{f}&L\\ -\dfrac{L}{f^2}&1-\dfrac{L}{f}\end{bmatrix}\tag{2-50}$$

类似地,将3个四极磁铁和其中间的两个漂移段组合可以构成3-四极磁铁组,这种3-四极磁铁组非常有用,因其可以实现两个方向聚焦和成像的功能,另外3-四极磁铁组还是组成最为典型的强聚焦结构——FODO磁聚焦结构的基本单元,如图2-9所示。3-四极磁铁组的传输矩阵可写为

$$\begin{aligned}\boldsymbol{M}_{\mathrm{FODO}}&=\begin{bmatrix}1&0\\ -\dfrac{1}{2f_1}&1\end{bmatrix}\begin{bmatrix}1&L\\0&1\end{bmatrix}\begin{bmatrix}1&0\\ \dfrac{1}{f_2}&1\end{bmatrix}\begin{bmatrix}1&L\\0&1\end{bmatrix}\begin{bmatrix}1&0\\ -\dfrac{1}{2f_1}&1\end{bmatrix}\\&=\begin{bmatrix}1+\left(\dfrac{1}{f_2}-\dfrac{1}{f_1}\right)L-\dfrac{L^2}{2f_1f_2}&2L\left(1+\dfrac{L}{2f_2}\right)\\ \left(\dfrac{1}{f_2}-\dfrac{1}{f_1}\right)-\left(\dfrac{1}{f_2}-\dfrac{1}{2f_1}\right)\dfrac{L}{f_1}+\dfrac{L^2}{4f_1^2f_2}&1+\left(\dfrac{1}{f_2}-\dfrac{1}{f_1}\right)L-\dfrac{L^2}{2f_1f_2}\end{bmatrix}\end{aligned}\tag{2-51}$$

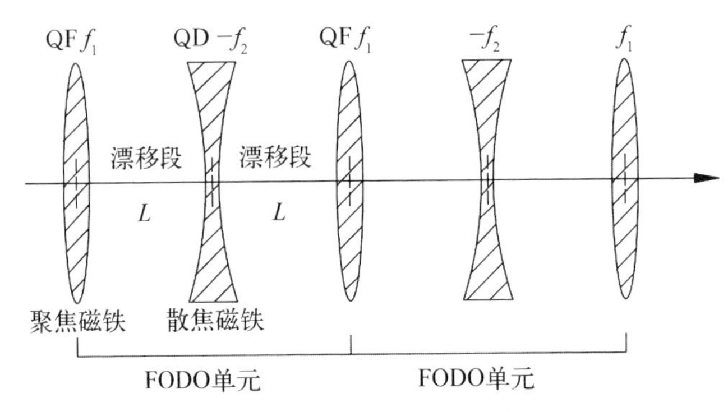

图 2-9 FODO 单元结构

注：聚焦四极磁铁 QF 与散焦四极磁铁 QD 的焦距分别为 f_1 与 f_2。

如果要保证和实现电子束运动稳定，式(2-51)需要满足条件：

$$-2 \leqslant \mathrm{tr}(\boldsymbol{M}) \leqslant 2$$
$$-1 \leqslant 1+\left(\frac{1}{f_2}-\frac{1}{f_1}\right)L-\frac{L^2}{2f_1f_2} \leqslant 1 \tag{2-52}$$

式中，tr 为矩阵取迹算符。四极磁铁在水平面表现为聚焦，在垂直平面则表现为散焦，焦距相等，符号相反。因此若粒子在另一个平面也稳定，则还需要满足：

$$-1 \leqslant 1-\left(\frac{1}{f_2}-\frac{1}{f_1}\right)L-\frac{L^2}{2f_1f_2} \leqslant 1 \tag{2-53}$$

最终解满足横向稳定的区域如图 2-10 所示，阴影区为稳定区。这个图与领带形状非常相似，因此也称为领带图。

考虑均匀周期性传输结构时，可以对上述 3-四极磁铁组的参量进一步简化，令聚焦磁铁和散焦磁铁具有同样的聚焦长度，即 $f_1=f_2=f$，此时传输矩阵可写为

$$\boldsymbol{M}_{\mathrm{FODO},\,x}=\begin{bmatrix} 1-\dfrac{L^2}{2f^2} & 2L\left(1+\dfrac{L}{2f}\right) \\ -\dfrac{L}{2f^2}\left(1-\dfrac{L}{2f}\right) & 1-\dfrac{L^2}{2f^2} \end{bmatrix} \tag{2-54}$$

进而可给出稳定条件为

$$-1<1-\frac{L^2}{2f^2}<1 \tag{2-55}$$

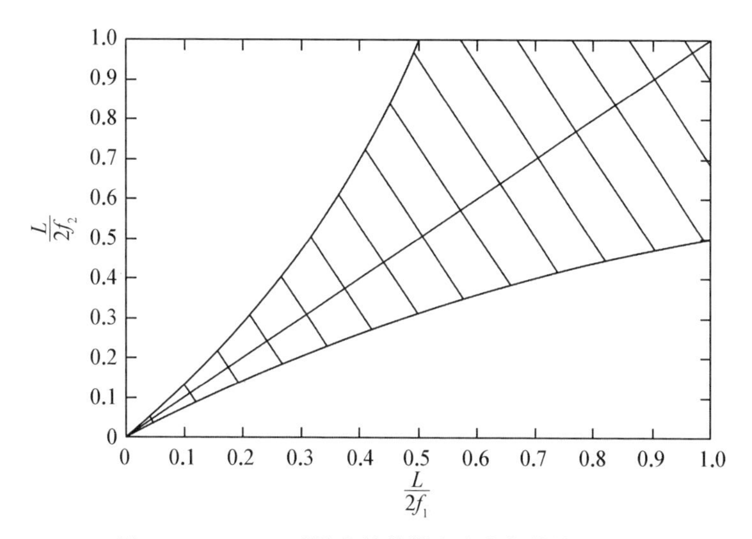

图 2-10　FODO 磁聚焦结构横向稳定条件的解区域

则 $f^2 > \frac{L^2}{4}$，即 $|f| > L/2$。

FODO 磁聚焦结构是众多磁聚焦结构的基础，其他结构都是从 FODO 磁聚焦结构演变而来的。在 FODO 磁聚焦结构漂移段中间加二极磁铁，则可以使电子束弯转，同时横向运动保持稳定，最终形成稳定的圆周运动。

2.3.2　二极磁铁与色散结构的传输矩阵

在加速器中，二极磁铁用于偏转带电粒子。对于偏转半径为 ρ 的扇形二极磁铁，其 $x-s$ 和 $y-s$ 平面的传输矩阵可写为

$$\boldsymbol{M}_x(s,\ s_0) = \begin{bmatrix} \cos\frac{s-s_0}{\rho} & \rho\sin\frac{s-s_0}{\rho} \\ -\frac{1}{\rho}\sin\frac{s-s_0}{\rho} & \cos\frac{s-s_0}{\rho} \end{bmatrix} \tag{2-56}$$

$$\boldsymbol{M}_y(s,\ s_0) = \begin{bmatrix} 1 & s-s_0 \\ 0 & 1 \end{bmatrix} \tag{2-57}$$

同理，对于偏转半径为 ρ 的矩形二极磁铁，其 $x-s$ 和 $y-s$ 平面的传输矩阵为

$$\boldsymbol{M}_x(s,\ s_0) = \begin{bmatrix} 1 & \rho\sin\frac{s-s_0}{\rho} \\ 0 & 1 \end{bmatrix} \tag{2-58}$$

$$\boldsymbol{M}_y(s,\ s_0)=\begin{bmatrix}\cos\dfrac{s-s_0}{\rho} & \rho\sin\dfrac{s-s_0}{\rho}\\ -\dfrac{1}{\rho}\sin\dfrac{s-s_0}{\rho} & \cos\dfrac{s-s_0}{\rho}\end{bmatrix} \tag{2-59}$$

电子运动的理想轨道是对某一特定能量设定的，当运动电子偏离这一能量值时，即式(2-4)中的 Δp 不等于 0，其运动轨道在有偏转的 $x-s$ 运动平面内也会与中心轨道发生偏差，此即横向色散，这时电子的轨道可写为

$$x(s)=x_{\mathrm{D}}(s)+x_{\beta}(s) \tag{2-60}$$

由能量偏差引起的横向轨道偏差为

$$x_{\mathrm{D}}=\eta(s)\frac{\Delta p}{p} \tag{2-61}$$

式中，$\eta(s)$ 为色散函数，表征了电子束横向轨道与能散的关系，可以通过下列公式解得：

$$\eta''(s)+K_x(s)\eta(s)=\frac{1}{\rho_0(s)} \tag{2-62}$$

同理，当 $\Delta E=c\Delta p$ 时，电子束团的横向截面由下式得到：

$$\sigma_x(s)=\sqrt{\epsilon\beta_x(s)+\eta^2\left(\frac{\langle\Delta E\rangle}{E}\right)^2} \tag{2-63}$$

考虑到电子束横向和纵向的耦合，需要采用六维相空间 $[xx'yy's\delta]$ 来描述电子的状态，六个变量的含义是电子在 x、y 方向的位置、散角及纵向位置和电子的相对能量。电子束两个状态之间的关系由两个状态之间的传输矩阵决定，例如对于一阶线性传输矩阵，两个状态间的关系可以写为

$$\begin{bmatrix}x\\x'\\y\\y'\\s\\\delta\end{bmatrix}=\begin{bmatrix}1 & l & 0 & 0 & 0 & R_{16}\\0 & 1 & 0 & 0 & 0 & R_{26}\\0 & 0 & 1 & 0 & 0 & 0\\0 & 0 & 0 & 1 & 0 & 0\\R_{51} & R_{52} & 0 & 0 & 1 & R_{56}\\0 & 0 & 0 & 0 & 0 & 1\end{bmatrix}\begin{bmatrix}x_0\\x'_0\\y_0\\y'_0\\s_0\\\delta_0\end{bmatrix} \tag{2-64}$$

式中，δ 为相对能散 $\dfrac{\Delta E}{E}$。R_{16} 和 R_{26} 分别代表水平方向的色散和角散，即不同的电子能量将导致电子获得不同的横向位置和横向偏转角度。而式中的 R_{56} 代表纵向色散，即电子位置 s 和电子能量 δ_0 的关系，不同的电子能量会导致最终电子的位置不同，因而 R_{56} 也称为动量紧缩因子。

在直线加速器和自由电子激光的波荡器中，我们通常采用磁压缩器来得到较大的 R_{56} 并实现束团长度的压缩。如图 2-11 所示，动量为 p 的电子束团沿 s 轴传输，能量不同的带电粒子在磁场中的运动轨迹不同，能量/动量高的带电粒子在磁场中偏转半径大，两者之间的关系参见式(2-3)。

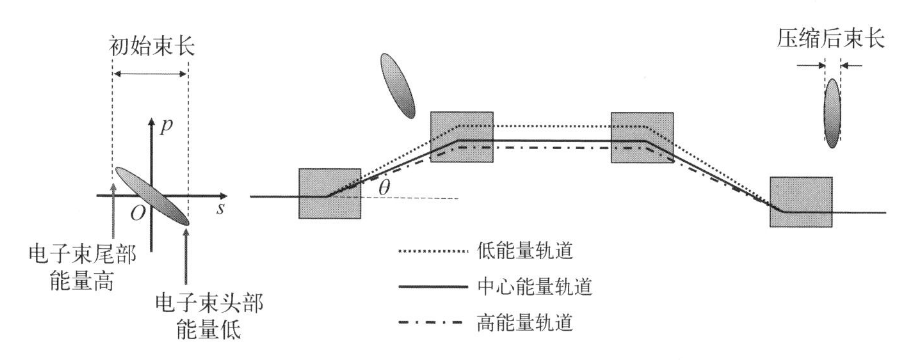

图 2-11　磁压缩器原理示意图

磁压缩器一般由四块大小相同的偏转磁铁组成，且间隔一定的距离，第一、二块磁铁的间距同第三、四块磁铁的间距相同。第一、四块磁铁的磁场与第二、三块磁铁的磁场大小相同，方向相反。这种结构的磁压缩器可具备消色散功能，即电子束的纵向运动不会耦合到横向从而引起发射度的增长，这保证了不同能量的电子束团经过磁压缩器时，只要能量不发生改变，则电子束在入口和出口的轨迹就不会产生偏离。由磁压缩引入的路径差反比于电子束的能量，即能量高的电子束运动的路径短，通过磁压缩器需要的时间也短，这就要求电子束通过磁压缩器时头部能量低于尾部，这种头部能量低尾部能量高的能量分布，即所谓的能量啁啾(chirp)。进入磁压缩器后头部的电子由于能量低，沿着外圈较长的路径运动，而尾部的电子由于能量高，沿着内圈较短的路径运动，因此经过磁压缩后，头部和尾部都会向中间靠拢，电子束团就被压缩了。磁压缩器结构简单，容易调节，因而得以广泛应用。

根据束流的传输理论，束团经过磁压缩器时，能量对纵向位置的贡献，即

磁压缩的动量紧缩因子可以表示为

$$R_{56} = -4L_{\mathrm{b}}\left(\frac{1}{\cos\theta} - \frac{\theta}{\sin\theta}\right) - 2L_{\mathrm{s}}\frac{\tan^2\theta}{\cos\theta} \approx -2\theta^2\left(L_{\mathrm{s}} + \frac{2L_{\mathrm{b}}}{3}\right) \tag{2-65}$$

式中，L_{b} 为偏转磁铁长度，L_{s} 为第一块和第二块偏转磁铁(同时也是第三块和第四块偏转磁铁)之间的距离，θ 为偏转磁铁对中心能量电子的偏转角。束团内电子的能量与其纵向位置的相关性一般用电子束的能量啁啾来表示，其表达式可以写为

$$h = -\frac{\Delta E/E}{\Delta z} \tag{2-66}$$

式中，$\Delta E/E$ 为束团内相距 Δz 的两处电子的相对能量差，一般可以通过将电子束放在加速场的偏峰位置进行加速来获得。于是经过磁压缩后束团的长度可以由下式表示：

$$\sigma_{\mathrm{zf}} = \sqrt{(1+hR_{56})^2\sigma_{\mathrm{zi}}^2 + R_{56}^2\sigma_{\mathrm{zi}}^2} \approx |1+hR_{56}|\,\sigma_{\mathrm{zi}} \tag{2-67}$$

式中，σ_{zi} 和 σ_{zf} 分别为初始束团长度和压缩后的束团长度。我们用 $C=1/(1+hR_{56})$ 来表示压缩系数，可以看到，当 $hR_{56}<0$ 时可以实现对束团的压缩，相反则可以实现对束团的拉伸。

2.3.3 束流 Twiss 参数的传输变换矩阵

对于束流输运线，如果 s_0 和 s 处的 Twiss 参数分别为 $\alpha_{u,0}$、$\beta_{u,0}$、$\gamma_{u,0}$ 和 $\alpha_u(s)$、$\beta_u(s)$、$\gamma_u(s)$，由式(2-7)和式(2-8)，可得

$$\begin{aligned} u(s) = {} & \sqrt{\frac{\beta_u(s)}{\beta_{u,0}}}\left[\cos\varphi_u(s) + \alpha_{u,0}\sin\varphi_u(s)\right]u(s_0) + \\ & \sqrt{\beta_u(s)\beta_{u,0}}\sin\varphi_u(s)u'(s_0) \end{aligned} \tag{2-68}$$

$$\begin{aligned} u'(s) = {} & \frac{1}{\sqrt{\beta_u(s)\beta_{u,0}}}\Big\{\left[\alpha_{u,0} - \alpha_u(s)\right]\cos\varphi_u(s) - \\ & \left[1 + \alpha_{u,0}\alpha_u(s)\right]\sin\varphi_u(s)\Big\}u(s_0) + \\ & \sqrt{\frac{\beta_{u,0}}{\beta_u(s)}}\left[\cos\varphi_u(s) - \alpha_u(s)\sin\varphi_u(s)\right]u'(s_0) \end{aligned} \tag{2-69}$$

束流传输矩阵可写为

$$\boldsymbol{M}_u(s,\ s_0)=\begin{bmatrix}C_u(s-s_0) & S_u(s-s_0)\\ C'_u(s-s_0) & S'_u(s-s_0)\end{bmatrix}$$

$$=\begin{bmatrix}\sqrt{\dfrac{\beta_u(s)}{\beta_{u,0}}}[\cos\varphi_u(s)+\alpha_{u,0}\sin\varphi_u(s)] & \sqrt{\beta_u(s)\beta_{u,0}}\sin\varphi_u(s)\\ \dfrac{1}{\sqrt{\beta_u(s)\beta_{u,0}}}\left\{[\alpha_{u,0}-\alpha_u(s)]\cos\varphi_u(s)-[1+\alpha_{u,0}\alpha_u(s)]\sin\varphi_u(s)\right\} & \sqrt{\dfrac{\beta_{u,0}}{\beta_u(s)}}[\cos\varphi_u(s)-\alpha_u(s)\sin\varphi_u(s)]\end{bmatrix}$$

(2-70)

令 $\Delta s=s-s_0$，束流 Twiss 参数 β_u、α_u、γ_u 可分别写为

$$\beta_u(s)=C_u^2(\Delta s)\beta_{u,0}-2S_u(\Delta s)C_u(\Delta s)\alpha_{u,0}+S_u^2(\Delta s)\gamma_{u,0} \quad (2-71)$$

$$\alpha_u(s)=-C_u(\Delta s)C'_u(\Delta s)\beta_{u,0}+[S_u(\Delta s)C'_u(\Delta s)+S'_u(\Delta s)C_u(\Delta s)]\alpha_{u,0}-S_u(\Delta s)S'_u(\Delta s)\gamma_{u,0} \quad (2-72)$$

$$\gamma_u(s)=C'^2_u(\Delta s)\beta_{u,0}-2S'_u(\Delta s)C'_u(\Delta s)\alpha_{u,0}+S'^2_u(\Delta s)\gamma_{u,0} \quad (2-73)$$

写成传输矩阵的形式为

$$\begin{bmatrix}\beta_u(s)\\ \alpha_u(s)\\ \gamma_u(s)\end{bmatrix}=\begin{bmatrix}C_u^2(\Delta s) & -2S_u(\Delta s)C_u(\Delta s) & S_u^2(\Delta s)\\ -C_u(\Delta s)C'_u(\Delta s) & S_u(\Delta s)C'_u(\Delta s)+S'_u(\Delta s)C_u(\Delta s) & -S_u(\Delta s)S'_u(\Delta s)\\ C'^2_u(\Delta s) & -2S'_u(\Delta s)C'_u(\Delta s) & S'^2_u(\Delta s)\end{bmatrix}\begin{bmatrix}\alpha_{u,0}\\ \beta_{u,0}\\ \gamma_{u,0}\end{bmatrix}$$

(2-74)

在漂移段中，有

$$\beta_u(s)=\beta_{u,0}-\alpha_{u,0}(s-s_0)+\gamma_{u,0}(s-s_0)^2 \quad (2-75)$$

当 β_u 函数以 s_0 为漂移段的中点和对称点时，$\alpha_{u,0}=0$，则有

$$\beta_u(s)=\beta_{u,0}+\frac{(s-s_0)^2}{\beta_{u,0}} \quad (2-76)$$

考虑 N 个周期长度为 L 的聚焦结构组成的长输运线，其聚焦参数分布与 Twiss 参数满足如下关系：

$$K_u(s+L)=K_u(s) \quad (2-77)$$

$$\beta_u(s+L)=\beta_u(s),\quad \alpha_u(s+L)=\alpha_u(s),\quad \gamma_u(s+L)=\gamma_u(s) \tag{2-78}$$

电子运动的传输矩阵可写为

$$\begin{aligned}\boldsymbol{M}_u(s+L,\ s)&=\begin{bmatrix}C_u(L) & S_u(L)\\ C'_u(L) & S'_u(L)\end{bmatrix}\\ &=\begin{bmatrix}\cos\psi_{L,u}+\alpha_u(s)\sin\psi_{L,u} & \beta_u(s)\sin\psi_{L,u}\\ -\gamma_u(s)\sin\psi_{L,u} & \cos\psi_{L,u}-\alpha_u(s)\sin\psi_{L,u}\end{bmatrix}\end{aligned} \tag{2-79}$$

式中，$\psi_{L,u}$ 为输运线中一个周期长度的 β 函数振荡的相移：

$$\psi_{L,u}(s)=\int_s^{s+L}\frac{\mathrm{d}\sigma}{\beta_u(\sigma)} \tag{2-80}$$

$$\cos\psi_{L,u}=\frac{1}{2}\mathrm{tr}\boldsymbol{M}_u(s+L,\ s)=\frac{|C_u(L)+S'_u(L)|}{2} \tag{2-81}$$

$$\begin{cases}\beta_u(s)=\dfrac{S_u(L)}{\sin\psi_{L,u}}\\ \alpha_u(s)=\dfrac{C_u(L)-S'_u(L)}{2\sin\psi_{L,u}}\\ \gamma_u(s)=-\dfrac{S'_u(L)}{\sin\psi_{L,u}}\end{cases} \tag{2-82}$$

N 个周期后传输矩阵为

$$\begin{aligned}&\boldsymbol{M}_u(s+NL,\ s)=[\boldsymbol{M}_u(s+L,\ s)]^N\\ &=\begin{bmatrix}\cos(N\psi_{L,u})+\alpha_u(s)\sin(N\psi_{L,u}) & \beta_u(s)\sin(N\psi_{L,u})\\ -\gamma_u(s)\sin(N\psi_{L,u}) & \cos(N\psi_{L,u})-\alpha_u(s)\sin(N\psi_{L,u})\end{bmatrix}\end{aligned} \tag{2-83}$$

在 Hill 方程中，根据弗洛凯(Floquet)定理，当 N 趋于无穷大时，$\boldsymbol{M}(s+NL,\ s)$ 矩阵保持传输稳定的条件是

$$\frac{1}{2}\left|\mathrm{tr}\boldsymbol{M}_u(s+NL,\ s)\right| \leqslant 1 \tag{2-84}$$

如果上述的周期长度正好是环形加速器的周长，这一条件也就是电子在同步加速器中的稳定条件。

参考文献

[1] 刘祖平. 同步辐射光源物理引论[M]. 合肥：中国科学技术大学出版社，2009.

[2] 刘乃泉. 加速器理论[M]. 2 版. 北京：清华大学出版社，2004.

[3] Chao A W. Lectures on accelerator physics [M]. New Jersey: World Scientific, 2020.

[4] Chao A W, Mess K H, Tigner M, et al. Handbook of accelerator physics and engineering [M]. New Jersey: World Scientific, 2013.

[5] Lee S Y. Accelerator physics [M]. New Jersey: World Scientific, 2018.

[6] Wiedemann H. Particle accelerator physics [M]. Berlin: Springer Nature, 2015.

[7] Sands M. The physics of electronstorage rings: an introduction [R]. Santa Cruz: University of California, Santa Cruz, 1970.

[8] Bryant P J, Johnsen K. The principles of circular accelerators and storage rings [M]. Cambridge: Cambridge University Press, 1993.

[9] Edwards D A, Syphers M J. An introduction to the physics of high energy accelerators [M]. Weinheim: WIIEY-VCH Verlag GmbH & Co. KGaA, 2004.

[10] Wille K. The physics of particle accelerators: an introduction [M]. Gloucestershire: Clarendon Press, 2001.

第3章
同步辐射原理

同步辐射是以相对论速度沿曲线轨迹运动的带电粒子产生的电磁辐射，因人造同步辐射是在同步加速器上首次观测到的而得名，已经成为许多基础科学及应用科学领域的重要实验工具。同步辐射装置(也常称为同步辐射光源)利用高品质电子束产生从红外到硬X射线频谱范围的高亮度粒子束，业已成为支撑前沿科学与技术高质量发展的重要加速器大科学基础设施之一。

3.1 同步辐射的发现

同步辐射的发现充满了偶然性和必然性，回顾同步辐射的发现历程有助于建立同步辐射这一科学领域发展的整体面貌，也有助于找准这一学科在20世纪科学发展中的定位。

有文字记载的与同步辐射有关的天文学观测可以追溯到1054年，《宋会要》第七十卷记载，至和元年五月(公元1054年7月，我国北宋年间)，己丑日晨，天关星(西方称金牛座ζ星)东南的天穹上出现了一颗明亮的新星，当时习惯上称为"客星"，"昼见如太白，芒角四出，色赤白，凡见二十三日"[1]。1953年，苏联科学家I. S. Shklovsky提出这一观测结果的极化可见光至射频波段的背景辐射的物理机制就是同步辐射(参见文献[2]的综述)，由此奠定了跨越千年的天文观测理论基础。

运动电荷的电磁辐射物理基础可以追溯到1898年，A. Liénard给出了有加速度电荷的辐射描述[3]。在量子力学建立的前夜，数学家G. A. 肖特(G. A. Schott)于20世纪初系统推导了电子沿环形轨道运行时发出辐射的光谱特性，试图以此解释氢原子的光谱[4]，然而这一观点并不正确。随着量子力学的蓬勃发展，这一工作被淡忘了长达40年之久。

随着 20 世纪 30 年代粒子加速器特别是环形加速器的蓬勃发展，科学家们才慢慢意识到电磁辐射带来的能量损失，1935 年到 1946 年，苏联科学家 D. Iwanenko、I. Pomeranchuk 开展了一系列前期探索研究[5]，给出了简单的能量损失与加速器能量的关系。

1946 年，J. P. Blewett 力主在电子感应加速器上观测电磁辐射，观测到了由能量损失引起的轨道收缩[6]，但由于观测波段的误判，错失了将该电磁辐射命名为“感应辐射”的良机。

1947 年，H. C. Pollock 领导的团队在美国纽约通用电气公司实验室的 70 MeV 的电子同步加速器(synchrotron)上首次肉眼观测到了可见光波段的辐射[7]，由于该辐射是在同步加速器装置上观测到的，故而命名为同步辐射。

Pollock 团队的观测大大推动了人们对同步辐射理论的深入研究，在两位理论物理学家 J. S. Schwinger[8] 与中国朱洪元[9] 的系统理论工作之后，人们开始更深入地了解这一电磁辐射的特性，包括角分布、偏振特性及频谱分布等。而后，苏联科学家 A. A. Sokolov、I. M. Ternov 进一步完善了这一理论[10-11]，使之成为“经典电动力学”的重要篇章[12]。

20 世纪 50—60 年代，第一代同步辐射光源的发展及对同步辐射的系统性实验研究奠定了之后 70 年同步辐射光源的发展。关于同步辐射物理的早期发展历程可以参见 J. P. Blewett、H. C. Pollock 的综述文章[13-14]，关于同步辐射光源装置发展可以参见本书第 1 章和 S. S. Hasnain、G. Margaritondo 等人的综述文章[15-16]。

本章将详细阐述同步辐射的基本原理，包括弯铁辐射、扭摆器辐射、波荡器辐射，以及这些不同类型同步辐射的基本特性。系统的论述可以参考相关文献[10-12, 17-29]。

3.2 运动电荷电磁辐射理论基础

运动电荷会在其周围空间产生变化的电磁场，这种变化将以电磁波的形式在空间传播。

3.2.1 Liénard - Wiechert 推迟势

真空中的麦克斯韦(Maxwell)方程的一般形式为

$$\begin{cases} \nabla \cdot \boldsymbol{E} = \dfrac{\rho}{\varepsilon_0} \\ \nabla \times \boldsymbol{E} = -\dfrac{\partial \boldsymbol{B}}{\partial t} \\ \nabla \cdot \boldsymbol{B} = 0 \\ \nabla \times \boldsymbol{B} = \mu_0 \boldsymbol{j} + \varepsilon_0 \mu_0 \dfrac{\partial \boldsymbol{E}}{\partial t} \end{cases} \tag{3-1}$$

式中，$\boldsymbol{E}$ 和 $\boldsymbol{B}$ 分别为电场强度与磁感应强度，ρ 和 $\boldsymbol{j}$ 分别为电荷密度与电流密度，ε_0 和 μ_0 分别为真空介电常数和磁导率。

引入标势 $\Phi(\boldsymbol{r}, t)$ 和矢势 $\mathbf{A}(\boldsymbol{r}, t)$，并采用洛伦兹规范 $\nabla \cdot \mathbf{A} + \dfrac{1}{c^2}\dfrac{\partial \Phi}{\partial t} = 0$ 条件，可以得到标势 $\Phi(\boldsymbol{r}, t)$ 和矢势 $\mathbf{A}(\boldsymbol{r}, t)$ 分别满足如下关系：

$$\left(\nabla^2 - \frac{1}{c^2}\frac{\partial^2}{\partial t^2}\right)\Phi = -\frac{\rho}{\varepsilon_0} \tag{3-2}$$

$$\left(\nabla^2 - \frac{1}{c^2}\frac{\partial^2}{\partial t^2}\right)\mathbf{A} = -\mu_0 \boldsymbol{j} \tag{3-3}$$

如图 3-1 所示，若电场的观测点为 $\boldsymbol{r}_{\mathrm{p}}$，可得运动电子产生的电磁势为

$$\Phi(\boldsymbol{r}_{\mathrm{p}}, t) = \frac{-e}{4\pi\varepsilon_0}\frac{1}{r - \boldsymbol{v}\cdot\boldsymbol{r}/c} = \frac{-e}{4\pi\varepsilon_0}\frac{1}{r(1 - \boldsymbol{n}\cdot\boldsymbol{\beta})} \tag{3-4}$$

$$\mathbf{A}(\boldsymbol{r}_{\mathrm{p}}, t) = \frac{-\mu_0 e}{4\pi}\frac{\boldsymbol{v}}{r - \boldsymbol{v}\cdot\boldsymbol{r}/c} = \frac{-\mu_0 ec}{4\pi}\frac{\boldsymbol{\beta}}{r(1 - \boldsymbol{n}\cdot\boldsymbol{\beta})} \tag{3-5}$$

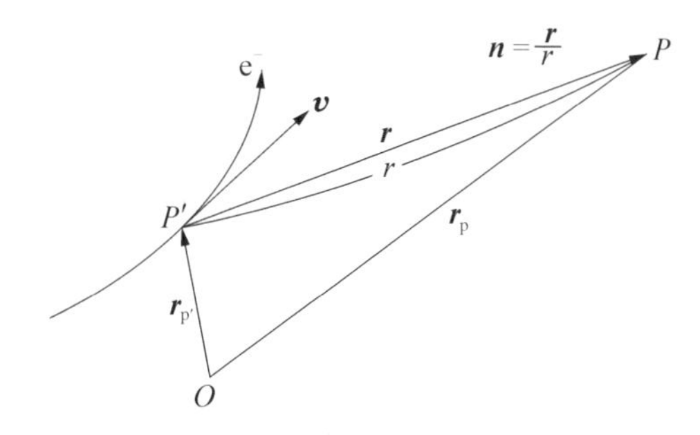

图 3-1　电子的位置 P' 与电磁波的观测点 P 的关系

式中，$\boldsymbol{\beta}(t') = \boldsymbol{v}(t')/c$，$\boldsymbol{v}(t')$ 为电子运动的速度矢量，$\boldsymbol{n}(t') = \dfrac{\boldsymbol{r}_{\mathrm{p}} - \boldsymbol{r}_{\mathrm{p}'}(t')}{|\boldsymbol{r}_{\mathrm{p}} - \boldsymbol{r}_{\mathrm{p}'}(t')|} = \dfrac{\boldsymbol{r}}{r}$ 是从 t' 时电子坐标 $\boldsymbol{r}_{\mathrm{p}'}(t')$ 指向观测点 $\boldsymbol{r}_{\mathrm{p}}$ 的单位矢量，$t = t' + |\boldsymbol{r}_{\mathrm{p}} - \boldsymbol{r}_{\mathrm{p}'}(t')|/c$。可以看到观测点电磁势 $\Phi(\boldsymbol{r}_{\mathrm{p}}, t)$ 与 $\boldsymbol{A}(\boldsymbol{r}_{\mathrm{p}}, t)$ 是由 t' 时刻的电子运动决定的，因此，电磁势 $\Phi(\boldsymbol{r}_{\mathrm{p}}, t)$ 和 $\boldsymbol{A}(\boldsymbol{r}_{\mathrm{p}}, t)$ 也称为 Liénard - Wiechert 推迟势。

3.2.2 运动电子产生的电磁波

根据电磁势（Φ 与 $\boldsymbol{A}$）与电磁场（$\boldsymbol{E}$ 与 $\boldsymbol{B}$）的关系：

$$\boldsymbol{E} = -\nabla\Phi - \frac{\partial \boldsymbol{A}}{\partial t} \tag{3-6}$$

$$\boldsymbol{B} = \nabla \times \boldsymbol{A} \tag{3-7}$$

运动电子产生的电磁波可以由观测点的 Liénard - Wiechert 推迟势式(3-4)与式(3-5)导出：

$$\boldsymbol{E}(\boldsymbol{r}_{\mathrm{p}}, t) = \frac{-e}{4\pi\varepsilon_0}\left[\frac{(\boldsymbol{n} - \boldsymbol{\beta})(1 - \beta^2)}{r^2(1 - \boldsymbol{n}\cdot\boldsymbol{\beta})^3} + \frac{\boldsymbol{n} \times (\boldsymbol{n} - \boldsymbol{\beta}) \times \dot{\boldsymbol{\beta}}}{cr(1 - \boldsymbol{n}\cdot\boldsymbol{\beta})^3}\right] \tag{3-8}$$

在同步辐射应用中，发光点与观测点之间距离足够大，在讨论电子发出的电磁辐射时只需要考虑式(3-8)右侧的第二项，辐射电磁场可以简化为

$$\boldsymbol{E}(\boldsymbol{r}_{\mathrm{p}}, t) = \frac{-e}{4\pi\varepsilon_0}\frac{\boldsymbol{n} \times (\boldsymbol{n} - \boldsymbol{\beta}) \times \dot{\boldsymbol{\beta}}}{cr(1 - \boldsymbol{n}\cdot\boldsymbol{\beta})^3} \tag{3-9}$$

$$\boldsymbol{B}(\boldsymbol{r}_{\mathrm{p}}, t) = \frac{1}{c}\boldsymbol{n} \times \boldsymbol{E}(\boldsymbol{r}_{\mathrm{p}}, t) \tag{3-10}$$

3.3 弯转磁铁辐射

同步辐射元件有三种基本类型，即弯转磁铁、波荡器和扭摆器。在弯转磁铁中，电子沿环形轨道运动，产生连续光谱，产生的电磁辐射称为弯转磁铁辐射(简称弯铁辐射)。图 3-2 给出了做圆周运动的电子产生的电磁场电力线分布情况。在弯铁辐射中，只考虑圆周切线方向附近发射的辐射。

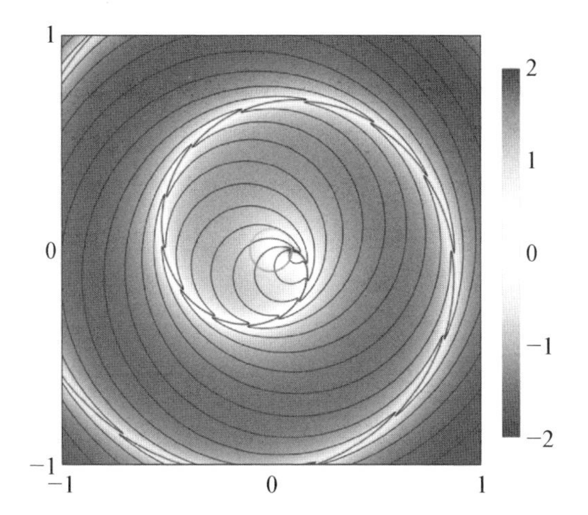

图 3-2　圆周运动电子辐射电力线分布(彩图见附录)

3.3.1　辐射功率

在时刻 t' 由电子发射的电磁波,在时刻 t 单位时间间隔内传播到观测点 $\boldsymbol{r}_{\mathrm{p}}$ 处单位面积内的能量可以由计算坡印亭(Poyinting)矢量而得到:

$$\boldsymbol{S}(\boldsymbol{r}_{\mathrm{p}},t)=\frac{1}{\mu_0 c}[\boldsymbol{E}(\boldsymbol{r}_{\mathrm{p}},t)]^2\boldsymbol{n}=\frac{1}{\mu_0 c}\left(\frac{e}{4\pi\varepsilon_0}\right)^2\frac{\boldsymbol{n}}{c^2r^2}\frac{[\boldsymbol{n}\times(\boldsymbol{n}-\boldsymbol{\beta})\times\dot{\boldsymbol{\beta}}]^2}{(1-\boldsymbol{n}\cdot\boldsymbol{\beta})^6}\tag{3-11}$$

辐射功率为

$$\frac{\mathrm{d}W}{\mathrm{d}t'}=\frac{1}{\mu_0 c^3}\left(\frac{e}{4\pi\varepsilon_0}\right)^2\int\frac{[\boldsymbol{n}\times(\boldsymbol{n}-\boldsymbol{\beta})\times\dot{\boldsymbol{\beta}}]^2}{(1-\boldsymbol{n}\cdot\boldsymbol{\beta})^5}\mathrm{d}\Omega\tag{3-12}$$

对于圆周运动电子产生的辐射(见图 3-3),可以计算出从发光点发射到单位立体角内的功率为

$$\frac{\mathrm{d}P}{\mathrm{d}\Omega}=\frac{e^2\dot{\boldsymbol{v}}^2}{16\pi^2\varepsilon_0 c^3}\frac{1}{(1-\beta\cos\theta)^3}\left[1-\frac{\sin^2\theta\cos^2\phi}{\gamma^2(1-\beta\cos\theta)^2}\right]\tag{3-13}$$

式中,$\beta=\dfrac{v}{c}$, $\gamma=\dfrac{1}{\sqrt{1-\beta^2}}$。在非相对论条件即 $\beta\ll 1$ 时,采用拉莫尔(Larmor)公式计算运动电子释放电磁波的总功率:

$$\frac{\mathrm{d}W}{\mathrm{d}t'}=\frac{e^2}{16\pi^2\varepsilon_0 c^3}\dot{v}^2\int\sin^2\theta\,\mathrm{d}\Omega=\frac{e^2}{6\pi\varepsilon_0 c^3}\dot{v}^2\tag{3-14}$$

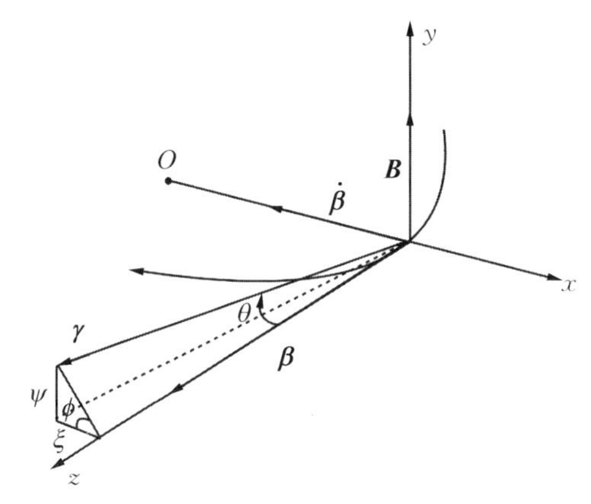

图 3-3　电子轨道与观测方向的坐标关系

其辐射方向性如图 3-4 所示。

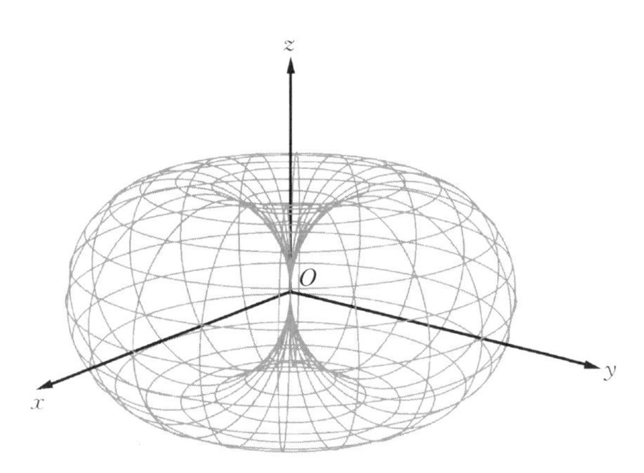

图 3-4　Larmor 辐射方向性

对于相对论电子，$\beta \approx 1$，$1-\beta \approx \frac{1}{2}\gamma^2$。由于相对论效应，辐射强度显著地向电子速度方向集中，分布情况如图 3-5 所示。

$$\frac{\mathrm{d}P}{\mathrm{d}\Omega}=\frac{e^2\dot{v}^2\gamma^6}{2\pi^2\varepsilon_0 c^3(1+\gamma^2\theta^2)}\left(1-\frac{4\gamma^2\theta^2\cos^2\phi}{1+\gamma^2\theta^2}\right) \tag{3-15}$$

$$\langle\theta^2\rangle=\int\theta^2\frac{\mathrm{d}P}{\mathrm{d}\Omega}\mathrm{d}\Omega\Big/\int\frac{\mathrm{d}P}{\mathrm{d}\Omega}\mathrm{d}\Omega\approx\frac{1}{\gamma^2} \tag{3-16}$$

以相对论速度运动的一个高速电子发出的电磁辐射的总功率，可以由

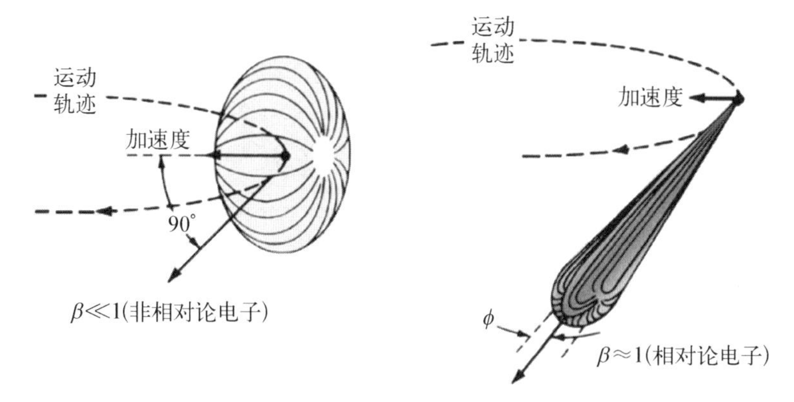

图3-5　非相对论和相对论情况下，加速电子所发出的电磁辐射的角度分布(彩图见附录)

式(3-13)对立体角的积分来得到：

$$P=\int \frac{\mathrm{d}P}{\mathrm{d}\Omega}\mathrm{d}\Omega=\frac{e^2\dot{v}^2}{16\pi^2\varepsilon_0 c^3}\int_0^{\pi/2}\int_0^{2\pi}\left\{1-\frac{\sin^2\theta\cos^2\phi}{\gamma^2(1-\beta\cos\theta)^2}\right\}\frac{\sin\theta}{(1-\beta\cos\theta)^3}\mathrm{d}\phi\mathrm{d}\theta$$

$$=\frac{e^2\dot{v}^2}{16\pi\varepsilon_0 c^3}\int_0^{\pi/2}\frac{\sin\theta}{(1-\beta\cos\theta)^3}\left\{2-\frac{\sin^2\theta}{\gamma^2(1-\beta\cos\theta)^2}\right\}\mathrm{d}\theta \tag{3-17}$$

进一步，根据 $x=1-\beta\cos\theta$，对角度积分可得

$$P=\frac{e^2\dot{v}^2}{16\pi\varepsilon_0 c^3}\int_{1-\beta}^{1}\frac{\mathrm{d}x}{\beta x^3}\left(2-\frac{\beta^2-1+2x-x^2}{\gamma^2\beta^2 x^2}\right)\approx\frac{e^2\dot{v}^2\gamma^4}{6\pi\varepsilon_0 c^3} \tag{3-18}$$

最后，可以获得电子绕圆周一周所辐射的总能量为

$$U_0=\frac{e^2 c\gamma^4}{6\pi\varepsilon_0 R^2}\frac{2\pi R}{c}=\frac{e^2\gamma^4}{3R\varepsilon_0} \tag{3-19}$$

采用工程单位后，在数值上可得到

$$U_0=88.5E^4/R \tag{3-20}$$

式中，U_0、E 与 R 的单位分别为 keV、GeV 与 m，这里 R 为电子轨道弯转半径。

3.3.2　能谱分布

如图3-6所示，一个电子在空间某点发出的辐射大体限制在顶角为 $\frac{2}{\gamma}$ 的圆锥体内，在电子轨道上某一点的切线方向上观察，观察者只能在一个很短的

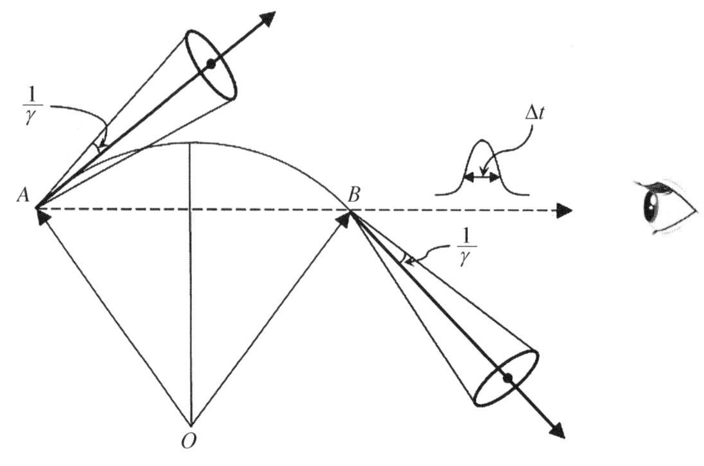

图 3-6　弯铁辐射时间特性

时间间隔内看到电子发出的辐射，这段时间是电子速度方向改变$\frac{2}{\gamma}$的角度所对应的时间。

由图 3-6 可见，观察到的电子辐射光是一个很短的时间脉冲，辐射光的能量分布是一个连续谱。一个电子绕圆周转一圈所发射的角频率在 ω 到 $\omega+\Delta\omega$ 之间的辐射功率为

$$P(\omega)\Delta\omega=\left[\frac{\sqrt{3}e^2\gamma}{8\pi^2\varepsilon_0 R}\frac{\omega}{\omega_c}\int_{\omega/\omega_c}^{\infty}K_{5/3}(\eta)\mathrm{d}\eta\right]\Delta\omega,\ \omega_c=3\gamma^3 c/2R \qquad (3-21)$$

式中，$K_{5/3}$ 为第二类变形贝塞尔(Bessel)函数，ω_c 为临界角频率。

考虑电流强度为 I(mA) 的运动电子束流，在单位时间、单位水平发散角内发射的 0.1%能量带宽内的总光子数，即光子通量 Φ_{ph}，采用工程单位，可以表示为

$$\Phi_{ph}=\frac{\mathrm{d}^3 N_{ph}}{\mathrm{d}t\,\mathrm{d}\psi\,\mathrm{d}(\Delta\omega/\omega)}=\frac{\mathrm{d}^2 P(\omega)}{\mathrm{d}\psi\,\mathrm{d}(\Delta\omega/\omega)}=2.457\times10^7 EIG_1\left(\frac{\omega}{\omega_c}\right) \qquad (3-22)$$

式中，N_{ph} 为光子数，E 与 I 的单位分别为 GeV 与 mA，特殊函数 $G_1\left(\frac{\omega}{\omega_c}\right)=\frac{\omega}{\omega_c}\int_{\omega/\omega_c}^{\infty}K_{5/3}(\eta)\mathrm{d}\eta$。图 3-7 给出的是 G_1 函数分布在双对数坐标及线性坐标下的形状，反映了弯铁辐射频谱分布特性。

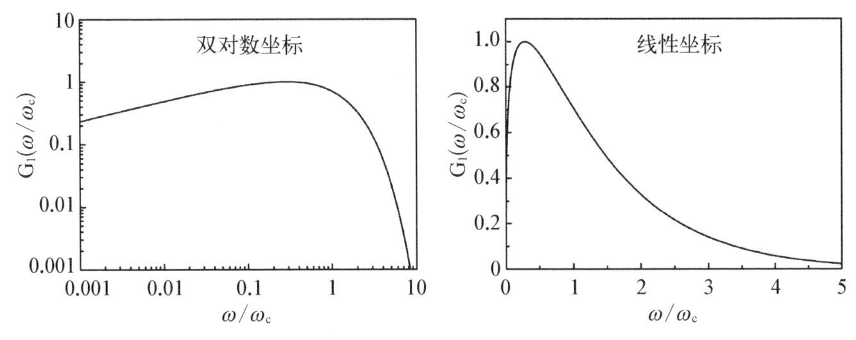

图 3-7　弯铁辐射频谱分布特性：G_1 函数

3.3.3　角分布

来自弯转磁铁的光强角分布为

$$\frac{d^2 P(\omega)}{d\omega d\Omega}=\frac{e^2}{12\pi^3\varepsilon_0 c}\left(\frac{\omega R}{c}\right)^2\left(\frac{1}{\gamma^2}+\theta^2\right)\left[K_{2/3}^2(\xi)+\frac{\gamma^2\theta^2}{1+\gamma^2\theta^2}K_{1/3}^2(\xi)\right] \tag{3-23}$$

式中，$\xi=(\omega R/3c)(1/\gamma^2+\theta^2)^{3/2}$，$K_{1/3}$ 和 $K_{2/3}$ 为变形贝塞尔函数。式(3-23)中右边括号内第一项对应于与轨道面平行的电场分量(σ 分量)，第二项对应于与轨道面垂直的电场分量(π 分量)。

从图 3-8 可以看出，在电子运动轨道面上只有水平偏振分量，同步辐射是偏振方向与轨道面平行的线偏振光，在偏离轨道面方向时出现垂直偏振分量。因为垂直偏振分量与水平偏振分量保持一定的相位差，此时的同步辐射为椭圆偏振光。在仰角非常大时，可以近似得到圆偏振光。

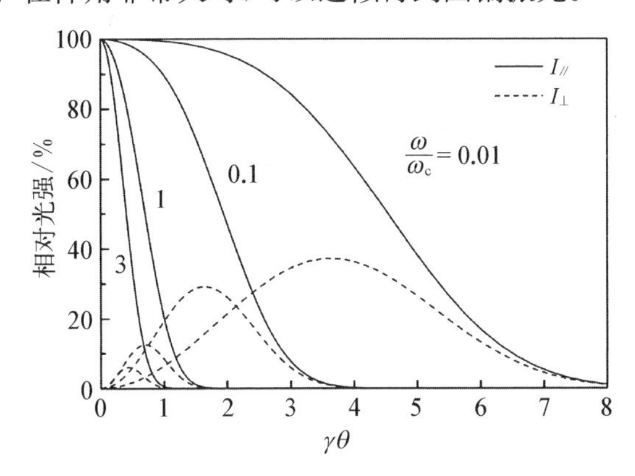

图 3-8　弯铁辐射角分布特性

弯铁辐射频谱角分布特性如图 3-9 所示。

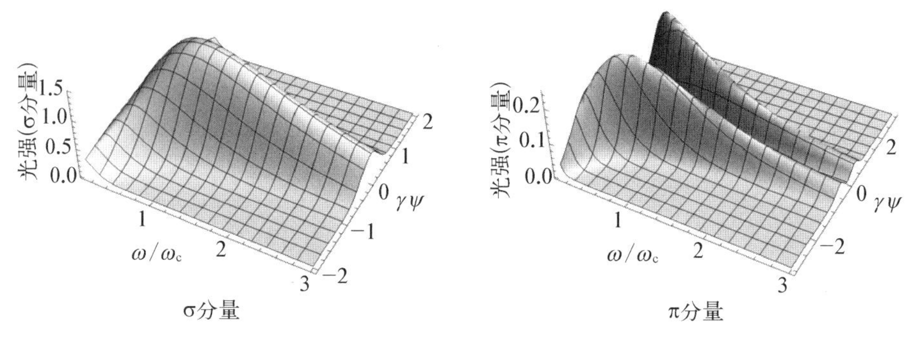

图 3-9　弯铁辐射频谱角分布特性(彩图见附录)

3.4　插入件辐射

插入件是一种极性交替周期排列的磁结构。按照不同的需求,插入件可分为波荡器、扭摆器、螺旋型波荡器等类型;按照不同技术,插入件又可分为电磁铁型和永磁铁型。当前使用的大部分波荡器都沿袭了 K. Halbach 的开创性工作,由极性交替的永磁铁周期排列组成[30]。

1947 年,Ginzburg 第一次描述了带电粒子在周期性磁结构中运动产生的辐射[31]。四年后的 1951 年,H. Motz 独立给出了波荡辐射的光谱特性的表达式[32],1953 年,H. Motz 等人利用永磁铁及软铁材料建造了世界上第一台波荡器设备,并利用斯坦福的直线加速器产生的 100 MeV 电子束产生了可见光波段的电磁辐射,以及利用 3～5 MeV 的电子束产生了毫米波辐射[33]。

20 世纪 70—80 年代,储存环光源开始采用超导波荡器和常温永磁扭摆器产生高通量同步辐射,如安装于俄罗斯正负电子储存环上的“蛇形”超导波荡器[34]与安装于斯坦福大学 SPEAR 装置上的 5 周期 1.8 T 扭摆器[35]。

当前,插入件技术已经成为同步辐射光源及自由电子激光装置等 X 射线光源装置的核心技术之一,更多技术细节可以参考第 8 章。

3.4.1　波荡器辐射

如前所述,波荡器由一组磁场极性反向交替的磁铁构成,如图 3-10 所示,如果高速电子在其中通过,将做蛇形运动。沿电子运动方向(z 方向),N 极与 S 极磁铁阵列排列的周期称为波荡器周期,用 λ_u 表示,磁感应强度的垂

直分量 B_y 为正弦函数。

$$B_y = B_0 \sin \frac{2\pi z}{\lambda_u} \tag{3-24}$$

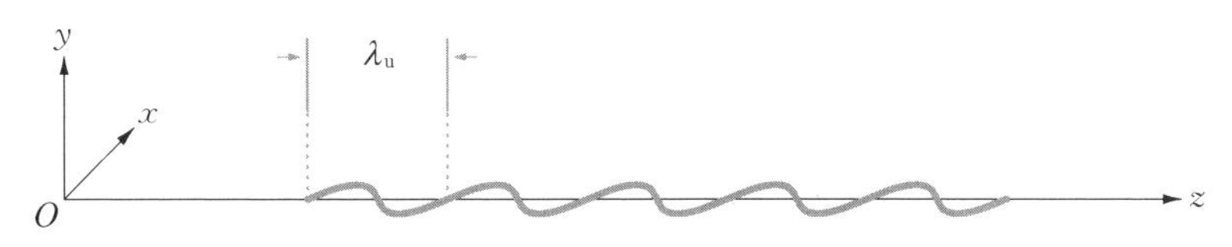

图 3-10　波荡器内电子轨道及其产生的辐射的坐标系

通过求解电子在实验室坐标系下的运动方程,可得

$$v_x = \frac{e\lambda_u B_0}{2\pi m\gamma}\cos\frac{2\pi z}{\lambda_u} = \frac{Kv}{\gamma}\cos\frac{2\pi z}{\lambda_u} \tag{3-25}$$

式中,$K = e\lambda_u B_0/2\pi mv \approx e\lambda_u B_0/2\pi mc$ 称为偏转参数,采用工程单位,数值上有

$$K = 0.934 B_0 \lambda_u \tag{3-26}$$

利用关系式 $v^2 = v_x^2 + v_z^2$,可以得到

$$v_z = v\left(1 - \frac{K^2}{4\gamma^2} - \frac{K^2}{4\gamma^2}\cos\frac{4\pi z}{\lambda_u}\right) \tag{3-27}$$

在波荡器中,$K/\gamma \ll 1$,式(3-27)可以简化为

$$\bar{v}_z = v\left(1 - \frac{K^2}{4\gamma^2}\right) \tag{3-28}$$

假设描述电子运动的时间变量为 t',则 $z = \bar{v}_z t'$,同时令

$$\omega_0 = \frac{2\pi}{\lambda_u} v\left(1 - \frac{K^2}{4\gamma^2}\right) \tag{3-29}$$

可以得到如下的电子运动规律:

$$\begin{gathered} x = (\lambda_u K/2\pi\gamma)\sin\omega_0 t' \\ y = 0 \\ z = c\bar{\beta}_z t' - (\lambda_u K^2/16\pi\gamma^2)\sin 2\omega_0 t' \end{gathered} \tag{3-30}$$

式中,$\bar{\beta}_z = \dfrac{\bar{v}_z}{c} = \beta\left(1 - \dfrac{K^2}{4\gamma^2}\right)$,且 $2\pi z/\lambda_u = \omega_0 t'$。

下面我们来分析电子在波荡器内做蛇形运动时产生的电磁辐射的基本特性。图 3-11 给出了电子在波荡器内做蛇形运动时产生的电磁辐射的电力线分布。

图 3-11　电子在波荡器内做蛇形运动时产生的电磁辐射的电力线分布(彩图见附录)

由电子的运动方程结合坐标变换,可得电子在波荡器中每一次蛇形运动时发射辐射的相位都相同,因而形成强烈的干涉增强,在实验室坐标系观察到的辐射为单色光。

采用如图 3-12 所示坐标系,经过具体的计算,可以知道,波荡器辐射的基波辐射频率为

$$\omega_1 = \frac{2\gamma^2\omega_0}{1 + K^2/2 + \gamma^2\theta^2} \tag{3-31}$$

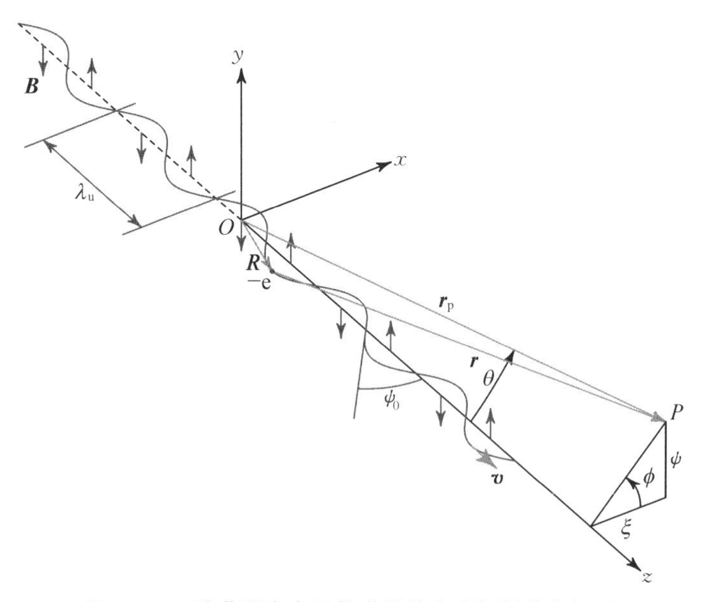

图 3-12　波荡器内电子轨道及其产生辐射的坐标系

可以看出,随着波荡器参数 K 增大,对应的辐射波长变长,随着方向角的增大,辐射波长也变长,z 轴方向发出的辐射波长最短。

一个电子在轴方向单位立体角、单位角频率内发出的辐射功率为

$$\left.\frac{\mathrm{d}^2P(\omega)}{\mathrm{d}\omega\mathrm{d}\Omega}\right|_{\theta=0}=\frac{e^2\gamma^2}{4\pi\varepsilon_0 c}\sum_n F_n^{(\mathrm{p})}(K)H_n(\omega/\omega_1) \tag{3-32}$$

其中 $H_n(\omega/\omega_1)$ 表达如下:

$$H_n(\omega/\omega_1)=\frac{\sin^2[N\pi(\omega/\omega_1-n)]}{[\pi(\omega/\omega_1-n)]^2}=h_n^2(\omega/\omega_1) \tag{3-33}$$

式中,$h_n(\omega)=\dfrac{\sin N\pi(\omega/\omega_1-n)}{\pi(\omega/\omega_1-n)}$,$H_n$ 函数为光谱形状函数,N 为波荡器的周期数,n 为谐波次数。可以看出,$H_n(\omega/\omega_1=n)\approx N^2$,$\Delta\omega/\omega\approx\dfrac{1}{nN}$,光谱的相对带宽随着 N 的增多而变窄,最终趋向于 δ 函数。

$F_n^{(\mathrm{p})}(K)$ 为平面波荡器的光谱强度函数,可以表示为

$$F_n^{(\mathrm{p})}(K)=\frac{n^2K^2}{(1+K^2/2)^2}\left[\mathrm{J}_{\frac{n+1}{2}}(Y_0)-\mathrm{J}_{\frac{n-1}{2}}(Y_0)\right]^2,\ Y_0=\frac{nK^2}{4+2K^2}\ (n\ 为奇数)$$

$$F_n^{(\mathrm{p})}(K)=0\ (n\ 为偶数) \tag{3-34}$$

式中,$\mathrm{J}_{\frac{n+1}{2}}$ 与 $\mathrm{J}_{\frac{n-1}{2}}$ 为贝塞尔函数。

图 3-13 给出的是平面波荡器的光谱强度函数 $F_n^{(\mathrm{p})}(K)$ 随谐波次数 n 的变化情况。可以看出,当 K 约为 1 时,集中在基波($n=1$)上的辐射功率最强。

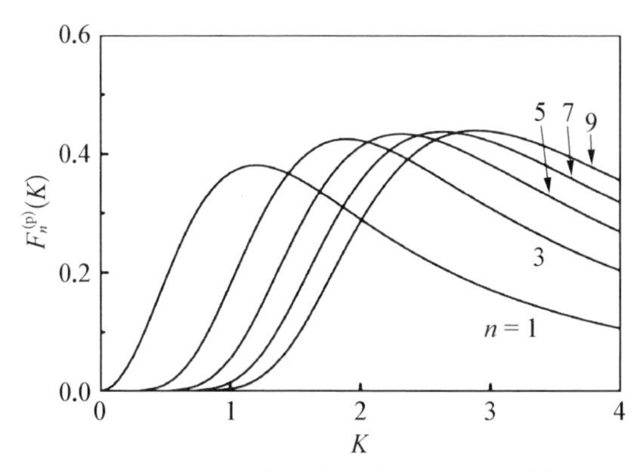

图 3-13 平面波荡器的光谱强度函数 $F_n^{(\mathrm{p})}(K)$

当 $K>1$ 时，随着 K 的增大，高次谐波逐渐增强，辐射功率逐渐从低阶数高次谐波向高阶数高次谐波集中。如果 K 继续增大，式(3-34)会趋近于连续谱的表达式，光谱形状与弯转磁铁产生的辐射没有太大差别，但是得到的光强为单次蛇形运动的 N 倍，波荡器辐射就过渡到扭摆器辐射。

3.4.2 扭摆器辐射

扭摆器和波荡器一样，都产生沿束流运动方向近似余弦分布的周期性磁场，但具有与波荡器完全不同的辐射特征。扭摆器的结构衍生自"移频器"，等效为 N 台"移频器"周期排列，实现 N 个周期的扭摆。"移频器"的发明源自解决弯转磁铁的磁场强度固定不可调问题，进而实现辐射特征能量可调，因此扭摆器具有与弯转磁铁类似的连续谱辐射特征。扭摆器中 N 个周期中的峰值磁场产生的辐射光不会相互干涉，追求特征能量和辐射光通量，与周期数 N 成正比，同时随着峰值磁场的增加，扭摆器辐射光的特征能量也随之提高，这些性能特征与波荡器的性能特征都存在巨大差别。有关扭摆器的具体工作原理、结构设计和技术细节，将在第8章中详细介绍。

如前所述，随着 K 值的不断增大，波荡器辐射强度函数将从离散谱特征逐渐过渡到连续谱，进入了扭摆器的工作范围。图3-14给出的是典型的平面波荡器辐射电场及其频谱特性随 K 的变化情况。

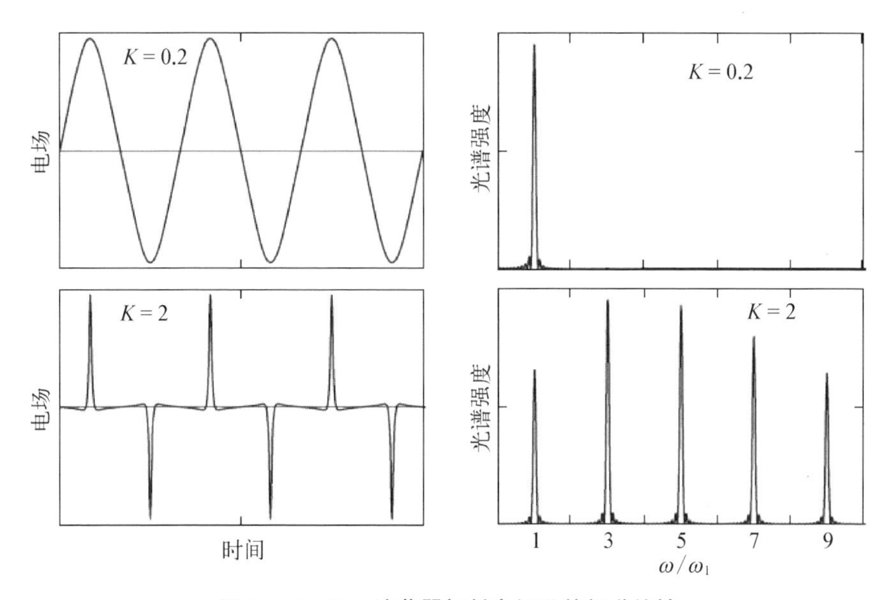

图3-14 平面波荡器辐射电场及其频谱特性

作为一个例子,图3-15给出的是利用SPECTRA程序[36]计算电子能量为2 GeV、束流流强为400 mA的电子束经过周期为6.0 cm、周期数为72、K值为3.7的扭摆器时发出的同步辐射光通量①。

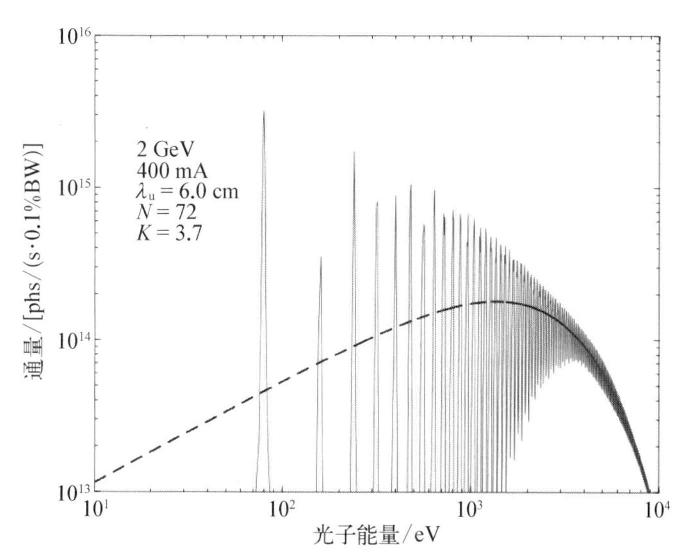

图3-15　一个典型的扭摆器辐射的光谱模拟计算结果

3.4.3　螺旋型波荡器辐射

前面讨论的平面型波荡器磁场只有x方向或者y方向分量,产生的轴向同步辐射是线性极化的。随着X射线应用领域的不断拓宽,例如磁性材料的探索等,需要圆极化或者椭圆极化的X射线,为此,科学家们发明了各种不同类型的螺旋型波荡器。

设磁场的磁感应强度为

$$\boldsymbol{B} = \boldsymbol{i}B_{x0}\sin\left(\frac{2\pi z}{\lambda_u} + \frac{\pi}{2}\right) + \boldsymbol{j}B_{y0}\sin\frac{2\pi z}{\lambda_u} \tag{3-35}$$

通过求解运动方程: $\mathrm{d}\boldsymbol{p}/\mathrm{d}t = -e\boldsymbol{v}\times\boldsymbol{B}$ ($\boldsymbol{p} = \gamma m\boldsymbol{v}$),可得

$$\boldsymbol{v} = \boldsymbol{i}\,\frac{K_y v}{\gamma}\cos\omega_0 t' + \boldsymbol{j}\,\frac{K_x v}{\gamma}\sin\omega_0 t' + \boldsymbol{k}v\left(1 - \frac{K_x^2 + K_y^2}{4\gamma^2} + \frac{K_x^2 - K_y^2}{4\gamma}\cos 2\omega_0 t'\right) \tag{3-36}$$

① 在工程上,同步辐射光通量的单位常用phs/(s·mrad·0.1%BW)表示,其物理意义是单位时间、单位发散角、0.1%带宽内发射的光子数。

$$
\begin{aligned}
\boldsymbol{r}=\boldsymbol{i}\ \frac{K_y\lambda_u}{2\pi\gamma}\sin\omega_0 t' \pm \boldsymbol{j}\ \frac{K_x\lambda_u}{2\pi\gamma}\cos\omega_0 t' + \\
\boldsymbol{k}\beta\left[\left(1-\frac{K_x^2+K_y^2}{4\gamma^2}\right)\beta c t' + \frac{(K_x^2-K_y^2)\lambda_u}{16\pi\gamma^2}\sin 2\omega_0 t'\right]
\end{aligned}
\tag{3-37}
$$

式中,偏转参数 K_x 与 K_y 的定义同平面型波荡器偏转参数 K 的定义式(3-26)一致,分别表示 x、y 方向的偏转参数。

如图 3-16 所示,电子在 $x-z$ 面和与之垂直的 $y-z$ 面内都做正弦型轨道运动,两个面内的运动有 1/4 周期差,其合运动即为螺旋运动,在观测点看到的是电子的回旋运动,所以观测到的辐射为椭圆偏振光。

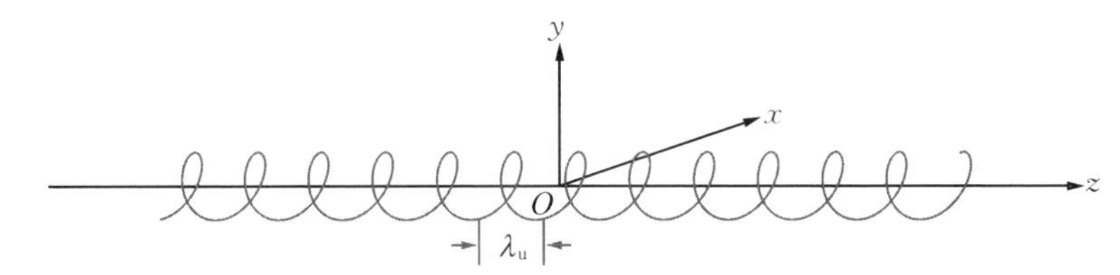

图 3-16　螺旋型波荡器辐射角度分布

当辐射的方向在波荡器轴线方向上时,与其对应的辐射电场分量为

$$
\begin{aligned}
E_{nx}(\omega) &= K_y\left[\mathrm{J}_{(n+1)/2}(Y_0) - \mathrm{J}_{(n-1)/2}(Y_0)\right] \\
E_{ny}(\omega) &= K_x\left[\mathrm{J}_{(n+1)/2}(Y_0) + \mathrm{J}_{(n-1)/2}(Y_0)\right]
\end{aligned}
\tag{3-38}
$$

式中, $Y_0=\dfrac{n}{1+(K_x^2+K_y^2)/2}\dfrac{K_y^2-K_x^2}{4}$。

一个电子通过 N 个周期螺旋磁场,在波荡器轴线方向上,单位立体角发出的单位角频率范围内的辐射功率为

$$
\left.\frac{\mathrm{d}^2 P_n}{\mathrm{d}\omega\mathrm{d}\Omega}\right|_{\theta=0} = \frac{e^2\gamma^2}{4\pi\varepsilon_0 c}\sum_n F_n^{(\mathrm{h})}(K_x,\ K_y)H_n(\omega/\omega_1) \tag{3-39}
$$

式中, $\omega_1=\dfrac{4\pi c\gamma^2}{\lambda_u[1+(K_x^2+K_y^2)/2]}$ 为轴线方向的基波角频率, $H_n(\omega/\omega_1)$ 见式(3-33), $F_n^{(\mathrm{h})}$ 为螺旋型波荡器的光谱强度函数:

$$
F_n^{(\mathrm{h})}(K_x,\ K_y) = \left[\frac{n}{1+(K_x^2+K_y^2)/2}\right]^2\left[|E_{nx}(\omega)|^2+|E_{ny}(\omega)|^2\right] \tag{3-40}
$$

近年来，随着对螺旋型波荡器辐射物理研究的不断深入，科学家们开始注意到螺旋型波荡器的谐波辐射是一种天然的带轨道角动量的辐射[37]，这一研究方向已成为近年来的研究热点之一。

圆偏振螺旋型波荡器的矢势为

$$A=(A_x-\mathrm{i}A_y)/\sqrt{2}=\sqrt{2}\,\mathrm{e}^{\mathrm{i}(n-1)\phi}\left[\left(\gamma\theta-\frac{nK}{X}\right)\mathrm{J}_n(X)-K\mathrm{J}_n'(X)\right] \tag{3-41}$$

式中，$X=2n\xi\gamma\theta K$，$\xi=1/(1+\gamma^2\theta^2+K^2)$，$\phi$ 为 $x-y$ 平面的方向角，J_n 为第一类贝塞尔函数。图 3-17 给出的是典型的螺旋型波荡器基波、二次谐波电场相位分布情况。

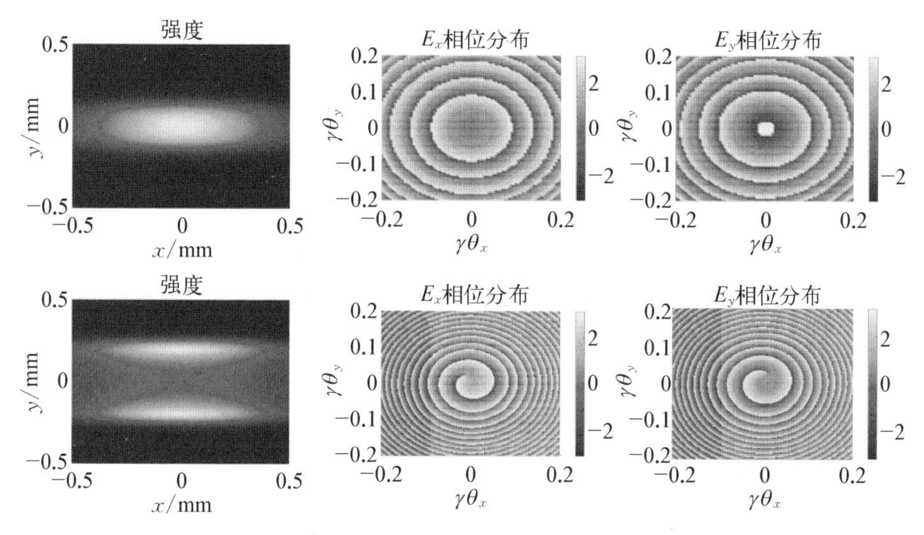

图 3-17　典型的螺旋型波荡器基波(上图)、二次谐波(下图)电场相位分布(彩图见附录)

3.5　亮度

光源亮度是同步辐射光源最重要的性能指标之一，自同步辐射光源诞生以来，光源设计者们为提高光源亮度付出了艰苦卓绝的努力，同时也取得了卓著的成果。

3.5.1　亮度定义

同步辐射源的亮度可以用多电子的 Wigner 辐射方程表示，在高斯近似的

情况下,可以将亮度定义简化为

$$B=\frac{\Phi(\omega)}{4\pi^2\Sigma_x\Sigma_{x'}\Sigma_y\Sigma_{y'}} \tag{3-42}$$

式中,$\Phi(\omega)$为辐射光子通量,即单位时间、0.1%BW 内发射的光子数,ω 为光子频率,Σ_x 和Σ_y 为辐射光束水平和垂直方向尺寸,$\Sigma_{x'}$ 和$\Sigma_{y'}$ 为辐射光束水平和垂直方向发散角。

考虑电子束穿过椭圆波荡器的同步辐射,波荡器在水平和垂直方向的磁感应强度可定义为

$$B_x=\begin{cases}B_{x0}\sin\left(\dfrac{2\pi s}{\lambda_u}+\phi_x\right), & |s|\leqslant N\lambda_u/2\\ 0, & |s|>N\lambda_u/2\end{cases} \tag{3-43}$$

$$B_y=\begin{cases}B_{y0}\sin\left(\dfrac{2\pi s}{\lambda_u}+\phi_y\right), & |s|\leqslant N\lambda_u/2\\ 0, & |s|>N\lambda_u/2\end{cases} \tag{3-44}$$

式中,B_{x0} 和 B_{y0} 分别为水平和垂直方向最大的磁感应强度,λ_u 为波荡器周期,ϕ_x 和 ϕ_y 分别为水平和垂直方向的磁场相位,N 为波荡器周期数,s 为沿波荡器轴线的纵向坐标。

为方便起见,假设电子束相空间呈高斯分布,用 $f_e(\boldsymbol{z})$ 表示,其中,$\boldsymbol{z}$ 为电子六维相空间矢量,可表示为

$$\boldsymbol{z}=\begin{bmatrix}x\\x'\\y\\y'\\z\\\delta\end{bmatrix}=\begin{bmatrix}z_\perp\\z\\\delta\end{bmatrix} \tag{3-45}$$

式中,x、y 和 z 分别为水平、垂直和纵向坐标,x' 和 y' 分别为水平和垂直方向发散角,δ 为相对能散。通常可以将电子束的横向($z_\perp$)和纵向(z, δ)分布分开来考虑,其相空间分布可表示为 $f_e(\boldsymbol{z})=f_\perp(z_\perp)f_l(z,\delta)$。电子束均方根(RMS)尺寸 $\sigma_{x,\text{eb}}$ 与 $\sigma_{y,\text{eb}}$、发散角 $\sigma_{x',\text{eb}}$ 与 $\sigma_{y',\text{eb}}$ 及能散 σ_δ 可定义为

$$\sigma_{x,\ \mathrm{eb}}^{2}=\langle x^{2}\rangle_{f_{\mathrm{e}}} \tag{3-46}$$

$$\sigma_{y,\ \mathrm{eb}}^{2}=\langle y^{2}\rangle_{f_{\mathrm{e}}} \tag{3-47}$$

$$\sigma_{x',\ \mathrm{eb}}^{2}=\langle x'^{2}\rangle_{f_{\mathrm{e}}} \tag{3-48}$$

$$\sigma_{y',\ \mathrm{eb}}^{2}=\langle y'^{2}\rangle_{f_{\mathrm{e}}} \tag{3-49}$$

$$\sigma_{\delta}^{2}=\langle \delta^{2}\rangle_{f_{\mathrm{e}}} \tag{3-50}$$

式中，下角标 f_{e} 表示对电子束分布空间求平均。

电子束通过波荡器后产生同步辐射，用 $\Phi_{r,\ 1}(\boldsymbol{r},\ \omega,\ \boldsymbol{z},\ s)$ 表示单电子在距离波荡器中心为 s 的平面内产生的频率为 ω 的通量密度，其中，$\boldsymbol{z}$ 为辐射电子相对于波荡器中心的相空间位置。对 $\Phi_{r,\ 1}(\boldsymbol{r},\ \omega,\ \boldsymbol{z},\ s)$ 进行傅里叶变换可以得到单电子辐射通量在角域的表示，即 $\Phi_{r,\ 1}(\boldsymbol{\theta},\ \omega,\ \boldsymbol{z},\ s)$。考虑电子的能散对通量密度的影响，可以通过对单电子通量在纵向电子相空间求平均来得到，表示为

$$\Phi_{r,\ 1,\ \mathrm{es}}(\boldsymbol{r},\ \omega,\ \boldsymbol{z}_{\perp},\ s)=\frac{1}{2\pi\sigma_{\delta}}\int_{-\infty}^{\infty}\Phi_{r,\ 1}(\boldsymbol{r},\ \omega,\ \boldsymbol{z},\ s)\mathrm{e}^{-\frac{\delta^{2}}{2\sigma_{\delta}^{2}}}\mathrm{d}\delta \tag{3-51}$$

下面，我们将用 $\Phi_{r,\ 1}(\boldsymbol{r},\ \omega,\ \boldsymbol{z}_{\perp},\ s)$ 来表示单电子通量密度，注意其只与电子束的横向相空间分布 $\boldsymbol{z}_{\perp}$ 相关。由于同步辐射的非相干性，我们可以忽略纵向相空间坐标。辐射光束尺寸 $\sigma_{r,\ \mathrm{pb}}$ 和发散角 $\sigma_{r',\ \mathrm{pb}}$ 可以定义为

$$\sigma_{r,\ \mathrm{pb}}^{2}=\frac{1}{\Phi_{1}}\int r^{2}\Phi_{r,\ 1}(\boldsymbol{r},\ \omega,\ \boldsymbol{z}_{\perp},\ s)\mathrm{d}\boldsymbol{r} \tag{3-52}$$

$$\sigma_{r',\ \mathrm{pb}}^{2}=\frac{1}{\Phi_{1}}\int \theta^{2}\Phi_{\theta,\ 1}(\boldsymbol{\theta},\ \omega,\ \boldsymbol{z}_{\perp},\ s)\mathrm{d}\boldsymbol{\theta} \tag{3-53}$$

式中，Φ_{1} 是总的单电子辐射通量，定义为

$$\Phi_{1}=\int\Phi_{r,\ 1}(\boldsymbol{r},\ \omega,\ \boldsymbol{z},\ s)\mathrm{d}\boldsymbol{r}=\int\Phi_{\theta,\ 1}(\boldsymbol{\theta},\ \omega,\ \boldsymbol{z},\ s)\mathrm{d}\boldsymbol{\theta} \tag{3-54}$$

对于多电子辐射的通量密度，可以通过将单电子辐射通量密度对电子束相空间分布求积分得到：

$$\Phi_{r}(\boldsymbol{r},\ \omega,\ s)=\int\Phi_{r,\ 1}(\boldsymbol{r},\ \omega,\ \boldsymbol{z},\ s)f_{\mathrm{e}}(\boldsymbol{z})\mathrm{d}\boldsymbol{z} \tag{3-55}$$

对于多电子辐射的通量密度,可通过对观察平面求积分得到

$$\Phi(\omega)=\int\Phi_r(\boldsymbol{r},\ \omega,\ s)\mathrm{d}\boldsymbol{r}=\int\Phi_\theta(\boldsymbol{\theta},\ \omega,\ s)\mathrm{d}\boldsymbol{\theta} \tag{3-56}$$

那么,电子束团的光束尺寸 Σ_x、Σ_y 和发散角 $\Sigma_{x'}$、$\Sigma_{y'}$ 满足如下关系:

$$\Sigma_x^2=\frac{1}{\Phi}\int r_x^2\Phi_r(\boldsymbol{r},\ \omega,\ s)\mathrm{d}\boldsymbol{r} \tag{3-57}$$

$$\Sigma_y^2=\frac{1}{\Phi}\int r_y^2\Phi_r(\boldsymbol{r},\ \omega,\ s)\mathrm{d}\boldsymbol{r} \tag{3-58}$$

$$\Sigma_{x'}^2=\frac{1}{\Phi}\int \theta_{x'}^2\Phi_\theta(\boldsymbol{\theta},\ \omega,\ s)\mathrm{d}\boldsymbol{\theta} \tag{3-59}$$

$$\Sigma_{y'}^2=\frac{1}{\Phi}\int \theta_{y'}^2\Phi_\theta(\boldsymbol{\theta},\ \omega,\ s)\mathrm{d}\boldsymbol{\theta} \tag{3-60}$$

在波荡器没有实质性误差及结构比较简单的情况下,亮度卷积理论成立。横向相空间位置为 $z_\perp$ 的电子产生的辐射通量密度由 $z_\perp=0$ 处的电子辐射通量密度转换得到,可表示为

$$\Phi_{r,\ 1}(\boldsymbol{r},\ \omega,\ \boldsymbol{z},\ s)=\Phi_{r,\ 1}(\boldsymbol{r}-Mz_\perp,\ \omega,\ \boldsymbol{0},\ s) \tag{3-61}$$

式中,$Mz_\perp$ 表示电子从波荡器中心到观察平面的自由传输的坐标线性变换。在卷积理论成立及辐射光通量近似呈高斯分布的条件下,多粒子辐射光束尺寸是电子束分布尺寸与单粒子辐射尺寸的卷积:

$$\Sigma_x^2=\sigma_{x,\ \mathrm{eb}}^2+\sigma_{r,\ \mathrm{pb}}^2 \tag{3-62}$$

$$\Sigma_y^2=\sigma_{y,\ \mathrm{eb}}^2+\sigma_{r,\ \mathrm{pb}}^2 \tag{3-63}$$

$$\Sigma_{x'}^2=\sigma_{x',\ \mathrm{eb}}^2+\sigma_{r',\ \mathrm{pb}}^2 \tag{3-64}$$

$$\Sigma_{y'}^2=\sigma_{y',\ \mathrm{eb}}^2+\sigma_{r',\ \mathrm{pb}}^2 \tag{3-65}$$

3.5.2 辐射通量

在考虑能散的情况下,单电子在单位频率内的波荡器辐射通量密度可表示为

$$\Phi_{r,1}(\boldsymbol{r},\ \omega,\ z_{\perp},\ s)=\frac{\mathrm{d}^3 N_{\mathrm{ph}}}{\mathrm{d}t(\mathrm{d}\omega/\omega)\mathrm{d}\boldsymbol{r}}$$

$$=\frac{c^2\alpha I_{\mathrm{b}}}{4\pi^2 e^3}\int_{-\infty}^{\infty}|\boldsymbol{E}_{\omega,1}(\boldsymbol{r},\ \boldsymbol{z},\ s)|^2\ \frac{\mathrm{e}^{-\frac{\delta^2}{2\sigma_\delta^2}}}{\sqrt{2\pi}\sigma_\delta}\mathrm{d}\delta \tag{3-66}$$

式中，c 为真空光速，α 为结构常数，I_{b} 为电子束流强度，e 为电荷常量。$\boldsymbol{E}_{\omega,1}(\boldsymbol{r},\ \boldsymbol{z},\ s)$ 是由相空间位置为 $\boldsymbol{z}$ 的单电子产生的频率为 ω 的辐射电场强度，可表示为

$$\boldsymbol{E}_{\omega,1}(\boldsymbol{r},\ \boldsymbol{z},\ s)=\frac{\mathrm{i}e\omega}{4\pi\varepsilon_0 c}\int_{-\infty}^{\infty}\frac{1}{\boldsymbol{R}(\tau)}\left\{\boldsymbol{\beta}(\tau)-\left[1+\frac{\mathrm{i}c}{\omega\boldsymbol{R}(\tau)}\right]\boldsymbol{n}\right\}\mathrm{e}^{\mathrm{i}\omega(\tau(s)+R/c)}\mathrm{d}\tau \tag{3-67}$$

式中，ε_0 为真空介电常数，$\boldsymbol{\beta}(\tau)$ 为电子横向归一化速度，$\boldsymbol{R}(\tau)$ 为从电子位置指向观察点的向量，$\boldsymbol{n}$ 为 $\boldsymbol{R}(\tau)$ 的单位向量。

在远场条件下，$|\boldsymbol{z}|\ll|\boldsymbol{R}|$，$|\boldsymbol{r}|\ll|\boldsymbol{R}|$，式(3-67)可改写为

$$\boldsymbol{E}_{\omega,1}(\boldsymbol{r},\ \boldsymbol{z})=\frac{\mathrm{i}e\omega}{4\pi\varepsilon_0 c}\ \frac{1}{R_0}\int_{-\infty}^{\infty}[\boldsymbol{\beta}(\tau)-\boldsymbol{n}]\mathrm{e}^{\mathrm{i}\omega[\tau(s)+R/c]}\mathrm{d}\tau \tag{3-68}$$

在小角近似下可表示为

$$\boldsymbol{n}=(\theta_x,\ \theta_y,\ 1-\theta^2/2) \tag{3-69}$$

$$\tau+R/c=\frac{1}{2c}\left[\frac{s}{\gamma^2}+\int_0^s[(\beta_x-\theta_x)^2+(\beta_y-\theta_y)^2]\mathrm{d}s+\theta^2 Z\right] \tag{3-70}$$

式中，$\theta^2=\theta_x^2+\theta_y^2$ 为观察角，Z 为波荡器中点与观察屏中点的距离。

在整个波荡器长度范围内，对电子通过波荡器辐射的电场强度表达式求长度积分，可以由单个波荡器周期内辐射电场强度表达式(3-68)的积分求和得

$$\boldsymbol{E}_{\omega,1}(\boldsymbol{r},\ \boldsymbol{z})=\frac{\mathrm{i}e\omega}{4\pi\varepsilon_0 c}\ \frac{1}{R_0}N\sum_n\boldsymbol{f}_n(\gamma,\ \theta_x,\ \theta_y)\mathrm{sinc}\left(n\pi N\ \frac{\omega-\omega_n}{\omega_n}\right)\mathrm{e}^{\mathrm{i}\omega\frac{\theta^2 Z}{2c}} \tag{3-71}$$

式中，ω_n 为第 n 次谐波的共振频率，$\omega_n=\dfrac{n\gamma^2}{\lambda_u}\dfrac{4\pi c}{1+K^2/2+\gamma^2\theta^2}$，参数 $f_n(\gamma,\ \theta_x,\ \theta_y)$ 可表示为

$$\boldsymbol{f}_n(\gamma,\ \theta_x,\ \theta_y)=\frac{\mathrm{i}\omega}{cR_0}\int_0^{\lambda_u}[\boldsymbol{\beta}(s)-\boldsymbol{n}]\mathrm{e}^{\frac{\mathrm{i}\omega_n}{2c}\left\{\frac{s}{\gamma^2}+\int_0^s[(\beta_x-\theta_x)^2+(\beta_y-\theta_y)^2]\mathrm{d}s\right\}}\mathrm{d}s \tag{3-72}$$

对于波荡器(水平与垂直波荡器偏转参数分别为 $k_x=\dfrac{eB_{y0}\lambda_u}{2\pi m_e c}$，$k_y=\dfrac{eB_{x0}\lambda_u}{2\pi m_e c}$)，定义：$k_1^2=k_y^2\cos^2(\phi_x-\phi_0)+k_x^2\cos^2(\phi_y-\phi_0)$，$k_2^2=k_y^2\sin^2(\phi_x-\phi_0)+k_x^2\sin^2(\phi_y-\phi_0)$，$qq=\dfrac{n}{4}\dfrac{k_1^2-k_2^2}{1+\frac{1}{2}(k_1^2+k_2^2)}$，$\phi_0=\dfrac{1}{2}\tan^{-1}\left(\dfrac{k_y^2\sin 2\phi_x+k_x^2\sin 2\phi_y}{k_y^2\cos 2\phi_x+k_x^2\cos 2\phi_y}\right)$。

波荡器辐射通量解析计算可由下式给出：

$$\Phi=C_0NI_b\frac{nk_1^2}{1+\dfrac{K^2}{2}}\overline{\mathrm{JJ}}^2(qq)F_f(\Delta,\ \xi)G(\Delta,\ k_1,\ k_2) \tag{3-73}$$

式中，$C_0=\dfrac{\alpha\,\mathrm{d}\omega/\omega}{e}=4.554\,649\,7\times10^{13}$ C/s 为常数，N 为波荡器周期数，I_b 为束流流强，$\overline{\mathrm{JJ}}^2(qq)=[\mathrm{J}_{\frac{n-1}{2}}(qq)-\mathrm{J}_{\frac{n+1}{2}}(qq)]^2+\dfrac{k_2^2}{k_1^2}[\mathrm{J}_{\frac{n-1}{2}}(qq)+\mathrm{J}_{\frac{n+1}{2}}(qq)]^2$，为推广的贝塞尔函数,其中 J 为贝塞尔函数。$F_f(\Delta,\ \xi)=\dfrac{2}{\sqrt{2\pi}\,\xi}\int_0^\infty\int_{-\infty}^\infty\theta\,\mathrm{sinc}^2[\pi(\Delta-2t)+\Theta^2]\mathrm{e}^{-t^2/2\xi^2}\mathrm{d}t\,\mathrm{d}\theta$，其中 $\xi=Nn\sigma_\delta$，$\Delta=Nn\dfrac{\omega-\omega_n}{\omega_n}$，$t=nN\delta$，$\Theta=\gamma_0\theta\left(\dfrac{\pi Nn}{1+K^2/2}\right)^{1/2}$；$G=\dfrac{1}{2}(1+\mathrm{e}^{\frac{a_\sigma^2}{2}})\left[1-\mathrm{erf}\left(\dfrac{a_\sigma}{\sqrt{2}}\right)\right]$ 为修正因子,其中 $a_\sigma=2m_a\dfrac{\mathrm{d}E}{E}$，$m_a=\dfrac{n^2(k_1^2+k_2^2)}{\omega_f^2\left[1+\frac{1}{2}(k_1^2+k_2^2)\right]}$，$\omega_f=0.632\,76$，为拟合参数。

下面，我们给出一个同步辐射光源亮度计算的实例。储存环及电子束参数如表 3-1 所示，波荡器参数如表 3-2 所示。

表 3-1　储存环及电子束参数

参　数	参 数 值	单　位
电子能量	3	GeV
电子束流强	500	mA
水平发射度 ϵ_x	0.9	nm
垂直发射度 ϵ_y	8	pm
β_x，β_y	1.84，1.17	m
能散 σ_δ	8.9×10^{-4}	
束流尺寸 σ_x，σ_y	40.7，3.06	μm
束流发散度 $\sigma_{x'}$，$\sigma_{y'}$	22.1，2.61	μrad

表 3-2　波 荡 器 参 数

参　数	参 数 值	单　位
波荡器长度 L_u	3	m
波荡器周期 λ_u	2	cm
周期数 N_u	150	
磁感应强度	0.978 870 7	T
最大 K 值	1.828	
波荡器间隙	6.72	mm

利用表 3-1、表 3-2 所示相关参数，通过式(3-42)、式(3-73)解析计算的波荡器辐射通量、波荡器亮度，及其与 SRW 模拟计算软件[38]计算结果的比较如图 3-18 所示。

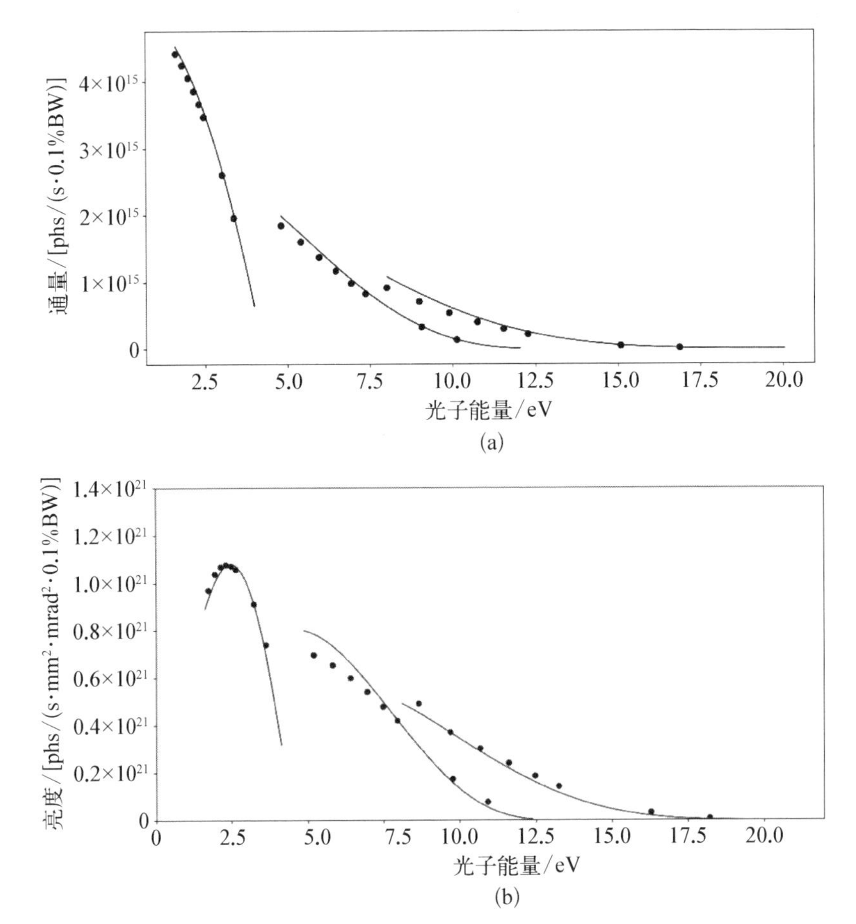

图 3-18　表 3-1、表 3-2 参数下的通量、亮度解析计算(线)与模拟计算(点)比较(三条线从左到右分别对应基波、二次谐波、三次谐波)

(a) 通量计算;(b) 亮度计算

3.6　相干性

随着同步辐射光源亮度的不断提高,相干衍射成像、X 射线关联谱学等实验方法学的不断涌现及加速器技术的不断成熟,第四代采用趋于衍射极限储存环的同步辐射光源在世界范围内如雨后春笋般蓬勃发展,同步辐射 X 光源的相干性也越来越受到学术界的重视。

对于波长为 λ 的高斯光束,其衍射极限发射度 $\epsilon_r(\lambda)=\sigma_r(\lambda)\sigma'_r(\lambda)$ 为

$$\epsilon_r(\lambda)=\frac{\lambda}{4\pi} \tag{3-74}$$

由于在电子发射度为零的条件下，单高斯模光束是完全相干的，因此，相干通量可以定义为

$$\Phi_{\mathrm{coh}}=B\left(\frac{\lambda}{2}\right)^2 \tag{3-75}$$

同步辐射的谱相干性可以由相干辐射通量占总辐射通量 Φ 的比例来表征[39]：

$$\zeta=\frac{\Phi_{\mathrm{coh}}}{\Phi}=\frac{(\lambda/4\pi)^2}{\epsilon_x\ \epsilon_y} \tag{3-76}$$

图 3-19 给出的是一个典型的相干辐射通量占总辐射通量的比例 ζ 与储存环发射度的关系，可以看出，发射度越小，同步辐射光源可用的相干同步辐射越多；X 射线光子能量越高，为达到同等的相干同步辐射比例，对电子束发射度要求就越高。一个典型的情况是，对于光子能量为 12.4 keV（波长为 1 Å）的硬 X 射线，为达到衍射极限，电子束的发射度需要降低到 10 pm 以下，甚至更低。

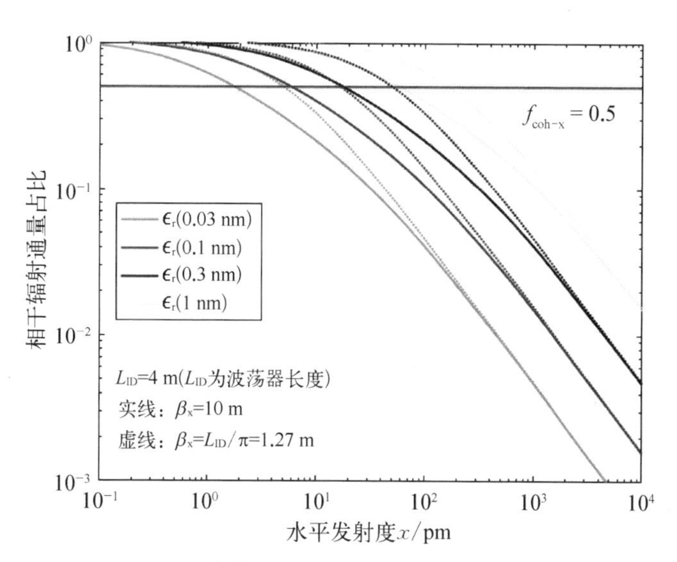

图 3-19　一个典型的相干辐射通量占总辐射通量的比例与储存环发射度的关系（彩图见附录）

基于统计光学理论[40]的同步辐射相干理论已经超出了本书讨论的范畴，感兴趣的读者可以参考 G. Geloni、R. Khubbutdinov 等人的工作[41-42]。

参考文献

[1] 徐松. 宋会要[M]. 上海：上海古籍出版社，2009.

[2] Schlickeiser R, Frahm R. Synchrotron radiation from outer space [J]. Synchrotron Radiation News, 2006, 19(5): 2-3.

[3] Liénard A. Champ Électrique et magnétique produit par une charge electrique concentrée enun point et animée d'un movement quelconque [J]. L'Eclairage Elec, 1898, 16: 5-14.

[4] Schott G A. Electromagnetic radiation [M]. Cambridge: Cambridge University Press, 1912.

[5] Iwanenko D, Pomeranchuk I. On the maximum energy attainable in a betatron [J]. Physical Review, 1944, 65(11-12): 343.

[6] Blewett J P. Radiation losses in the induction electron accelerator [J]. Physical Review, 1946, 69(3-4): 87-95.

[7] Elder F R, Gurewitsch A M, Langmuir R V, et al. Radiation from electron in a synchrotron [J]. Physical Review, 1947, 71(5): 829-830.

[8] Schwinger J S. On the classical radiation of accelerated electrons [J]. Physical Review, 1949, 75(12): 1912-1925.

[9] Tsu H Y. On the radiation emitted by a fast charged particle in the magnetic field [J]. Proceedings of the Royal Society A, 1948, 192: 231-246.

[10] Sokolov A A, Ternov I M. Synchrotron radiation [M]. New York: Pergamon Press, 1968.

[11] Sokolov A A, Ternov I M. Radiation from relativistic electrons [M]. New York: American Institute of Physics, 1986.

[12] Jackson J D. Classical electrodynamics [M]. New York: John Wiley, 1999.

[13] Blewett J P. Synchrotron radiation—1873 to 1947 [J]. Nuclear Instruments and Methods in Physics Research Section A, 1988, 266: 1-9.

[14] Pollock H C. The discovery of synchrotron radiation [J]. American Journal of Physics, 1983, 51(3): 278-280.

[15] Hasnain S S, Helliwell J R, Kamitsubo H. Fifty years of synchrotron radiation [J]. Journal of Synchrotron Radiation, 1997, 4: 315.

[16] Margaritondo G. Synchrotron light: a success story over six decades [J]. Rivista del Nuovo Cimento, 2017, 40(9): 411-471.

[17] Hoffman A. The physics of synchrotron radiation [M]. Cambridge: Cambridge University Press, 2004.

[18] Duke P J. Synchrotron radiation: production and properties [M]. New York: Oxford University Press, 2000.

[19] Wiedemann H. Synchrotron radiation [M]. New York: Springer-Verlag Berlin Heidelberg, 2003.

[20] Ciocci F, Dattoli G, Torre A, et al. Insertion devices for synchrotron radiation and free electron laser [M]. Singapore: World Scientific Publishing Co. Pte.

Ltd.，2000.
[21] Clarke J. The science and technology of undulators and wigglers [M]. Oxford: Oxford University Press，2004.
[22] Onuki H，Elleaume P. Undulators，wigglers and their applications [M]. London: Taylor & Francis，2003.
[23] Attwood D，Sakdinawat A. X-rays and extreme ultraviolet radiation [M]. Cambridge: Cambridge University Press，2016.
[24] Talman R. Accelerator X-ray sources [M]. Germany: Wiley-Vch Verlag，2006.
[25] Als-Nielsen J，McMorrow D. Elements of modern X-ray physics [M]. Singapore: John Wiley & Sons，Ltd，2011.
[26] 金光齐，黄志戎，瑞安·林德伯格. 同步辐射与自由电子激光：相干 X 射线产生原理[M]. 黄森林，刘克新，译. 北京：北京大学出版社，2018.
[27] Thompson A C，Kirz J，Attwood D T，et al. X-ray data booklet [R]. Berkeley: LBNL/Pub-490，2009.
[28] 刘祖平. 同步辐射光源物理引论[M]. 合肥：中国科学技术大学出版社，2009.
[29] 渡边诚，佐藤繁. 同步辐射科学基础[M]. 上海：上海交通大学出版社，2010.
[30] Halbach K. Design of permanent multipole magnets with oriented rare earth cobalt material [J]. Nuclear Instruments and Methods，1980，169: 1-10.
[31] Kulipanov G N. Ginzburg's invention of undulators and their role in modern synchrotron radiation sources and free electron lasers [J]. Physics-Uspekhi，2007，50(4): 368-376.
[32] Motz H. Applications of the radiation from fast electron beams [J]. Journal of Applied Physics，1951，22(5): 527-535.
[33] Motz H，Thon W，Whitehurst R N. Experiments on radiation by fast electron beam [J]. Journal of Applied Physics，1953，24(7): 826-833.
[34] Artamonov A S，Barkov L M，Baryshev V B，et al. First results on the work with a superconducting "snake" at the VEPP-3 storage ring [J]. Nuclear Instruments and Methods，1980，177(1): 239-246.
[35] Berndt M，Brunk W，Cronin R，et al. Initial operation of SSRL wiggler in SPEAR [J]. IEEE Transactions on Nuclear Science，1979，26(3): 3812-3815.
[36] Tanaka T，Kitamura H. SPECTRA: a synchrotron radiation calculation code [J]. Journal of Synchrotron Radiation，2001，8: 1221-1228.
[37] Sasaki S，McNulty I. Proposal for generating brilliant X-ray beams carrying orbital angular momentum [J]. Physical Review Letters，2008，100: 124801.
[38] Chubar O V. Precise computation of electron-beam radiation in nonuniform magnetic fields as a tool for beam diagnostics [J]. Review of Scientific Instruments，1995，66(2): 1872-1874.
[39] Hettel R，Borland M. Perspectives and challenges for diffraction limited storage ring light sources [C]//Proceedings of PAC 2013，Pasadena，CA，USA.
[40] Goodman J W. Statistical optics [M]. New York: Wiley，1985.

[41] Geloni G, Saldin E, Schneidmiller E, et al. Transverse coherence properties of X-ray beams in third-generation synchrotron radiation sources [J]. Nuclear Instruments and Methods in Physics Research Section A, 2008, 588: 463-493.
[42] Khubbutdinov R, Menushenkov A P, Vartanyants I A. Coherence properties of the high-energy fourth-generation X-ray synchrotron sources [J]. Journal of Synchrotron Radiation, 2019, 26: 1851-1862.

第4章
电子同步加速器

同步加速器是一种环形加速器，由澳大利亚科学家 M. Oliphant 发明。加速电子的同步加速器称为电子同步加速器。在同步加速器中，加速电子的单元为高频腔，高频腔内产生交变的电磁场，电子通过交变的电磁场时，电子束的能量得到补充。如果交变电磁场频率合适，使得电子束每次经过该处时感受到的都是加速电场，那么电子就可以被交变电场重复加速。同步加速器中的带电粒子在纵向上可以实现自动稳相，这一稳相原理是由 V. I. Veksler[1] 和 E. M. McMillan[2] 在 1944 年和 1945 年各自独立发现的。在固定周长的同步加速器中，电子的横向运动通过聚焦可以保持稳定，电子的能量随加速器中弯转磁铁强度的增强而增加。电子在同步加速器中周而复始地做循环往复运动，被高频腔重复加速，使得高能加速器的造价大幅度降低，因此同步加速器是获得高能粒子的一类重要加速器。同步辐射光源一般包含两种类型的电子同步加速器，一种称为增强器，它是典型的电子同步加速器，用于把来自直线预注入器的电子加速到光源的工作能量；另一种称为储存环，它是固定能量的同步加速器，用于在恒定束流能量下使电子束长期在环形加速器中往复循环，并通过弯转磁铁和安装在加速器直线节中的插入件产生同步辐射。本章将统一介绍这两种同步加速器的基础知识。

4.1 同步加速器单粒子动力学

在同步加速器中，电子在其环形轨道上做周期性循环运动，需要有稳定的运动方程解。电子在同步加速器中的运动主要由磁铁和高频腔的电磁场决定，这些外界的约束条件对于电子来讲是固定的，研究某一个电子的运动规律就可以得到其他电子的运动规律，因此由加速器电磁场引起的电子运动规律又叫单粒子动力学。单粒子动力学又可分为纵向运动和横向运动。

4.1.1 电子纵向运动

由于现代加速器中电子一般都是相对论粒子,运行速度接近光速,因此环形加速器周长确定后,回旋周期时间也就确定了。如果要保证电子束每次回旋经过高频电场时都能被加速,那么环形加速器的周长必须是高频波长的整倍数,这个整倍数称为谐波数。由于相对论粒子的质量与能量相关,根据磁刚度公式,电子的能量必须是与弯转磁铁对应的某一固定值,这样其运动的弯转半径才能与环形加速器的弯转半径匹配,并在环形加速器中稳定运行,这就需要满足纵向稳相原理[3](纵向聚焦原理)。当弯转磁铁磁场变化时,电子束的能量需要随之变化以保证电子束稳定运行,而电子束能量的变化需要高频腔来补充或吸收。

在周长为 C 的同步加速器中,偏离标称能量的粒子(简称偏能粒子)运行一周相位的变化为

$$\dot{\phi} = \omega_{\mathrm{rf}} \alpha_p \delta \tag{4-1}$$

式中,ω_{rf} 为高频角频率,α_p 为动量压缩因子或动量紧缩因子,$\delta = \dfrac{\Delta p}{p_0} = \dfrac{\Delta E}{E_0}$,为电子动量偏离设计动量相对值,其中,$\Delta p$ 为动量变化大小,p_0 为初始动量值,ΔE 为电子能量偏离设计能量 E_0 的大小。α_p 可通过下式计算:

$$\alpha_p = \frac{1}{C} \oint \frac{\eta}{\rho} \mathrm{d}s \tag{4-2}$$

式中,η 为色散函数,ρ 为二极磁铁偏转半径。

电子回旋一周,能量变化为

$$\dot{\delta} = eV_0 \frac{\omega_0}{2\pi \beta_0^2 E_0} (\sin \phi - \sin \phi_s) \tag{4-3}$$

式中,ω_0 为电子回旋角频率,$\omega_0 = \omega_{\mathrm{rf}}/h$,其中 h 为谐波数,ϕ_s 为同步相位,V_0 为高频腔压。

由式(4-1)与式(4-3)联立可得方程:

$$\frac{\mathrm{d}^2}{\mathrm{d}t^2}(\phi - \phi_s) = \frac{eh\omega_0^2 V_0 \alpha_p}{2\pi \beta_0^2 E_0} (\sin \phi - \sin \phi_s) \tag{4-4}$$

上述方程为相振荡方程,振荡周期为

$$\Omega = \omega_0 \sqrt{-\frac{ehV_0\alpha_p}{2\pi\beta_0^2 E_0}\cos\phi_s} \tag{4-5}$$

在同步加速器中，由于需要补充辐射损失的能量，振荡的平衡点不在 0 相位，这个平衡点称为同步相位 ϕ_s，如图 4-1 所示。ϕ_s处高频腔压为电子运行一圈的同步辐射能量损失，这样可以保证电子束能量稳定。在 $\alpha_p > 0$ 的情况下，$\phi_s = \arcsin(U_0/eV_0)$，这里 U_0 为同步电子回旋一周的辐射能量损失。

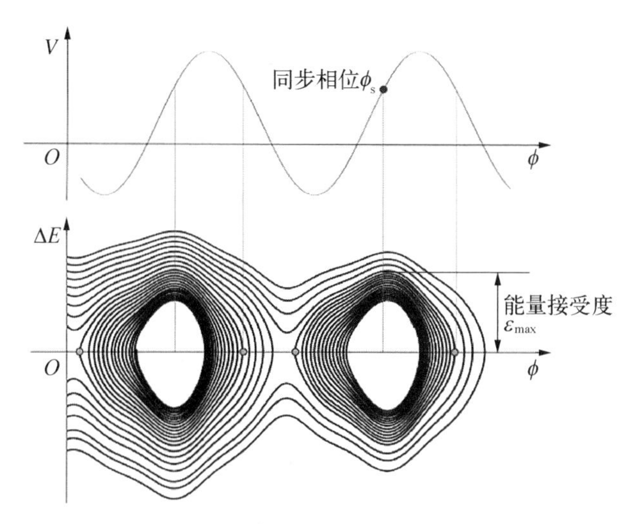

图 4-1　同步加速器束团纵向相空间

当电子能量偏高时，由于 $\alpha_p > 0$，电子运行一圈会在时间轴上落后，受到较弱的加速电场；当电子能量偏低时，电子会在时间轴上超前，受到较强的加速电场，形成反馈效果，保持电子能量的稳定，这是纵向聚焦的内在机制。正是有了纵向聚焦，电子束在同步加速器中才能稳定。一般情况下偏转磁场的变化时间远大于电子束回旋时间，因此磁场变化时，高频腔有足够的时间给电子束补充能量，使得电子束能量跟随磁场变化，实现加速(升能)。

在高频场中，纵向振荡幅度是有限的，当振荡幅度超过某个限值时，束流会丢失。这个限值称为纵向接受度，其中能量振幅最大值称为能量接受度 ε_{max}(见图 4-1)，是同步加速器中能稳定运行的粒子的最大能量偏差。

电子束的纵向运动还可以用能量势阱来描述，势阱表达式如下：

$$\Phi(\phi) = \frac{\alpha_p}{2\pi h E_0}\left\{\int_0^{\phi} eV_0 \sin[\omega_{rf}(\phi+\phi_s)]\mathrm{d}\phi - \int_0^{\phi} U_0 \mathrm{d}\phi\right\} \tag{4-6}$$

同步加速器的能量接受度可用下式计算：

$$\frac{\varepsilon_{\max}}{E_0}=\left[\frac{U_0}{\pi\alpha_p hE_0}F(q)\right]^{1/2} \tag{4-7}$$

式中，参数 $F(q)$ 及 q 分别为

$$F(q)=2\left[\sqrt{q^2-1}-\arccos(1/q)\right]$$
$$q=\frac{eV_0}{U_0} \tag{4-8}$$

电子束能稳定运行的相位区间如图 4-2 所示。

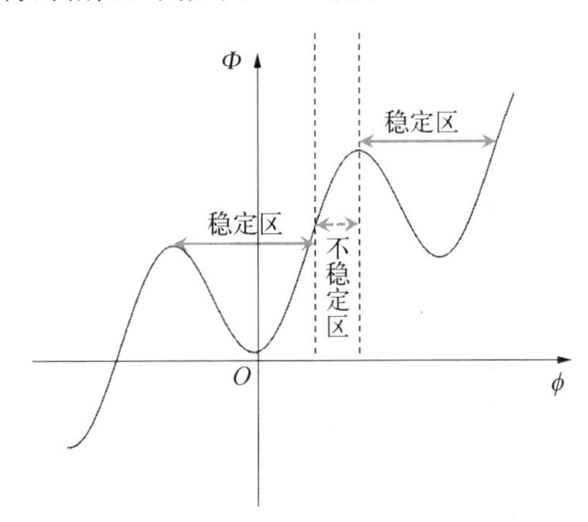

图 4-2 电子同步加速器纵向相稳定区

4.1.2 电子横向运动

最初建造的电子同步加速器都属于弱聚焦型。现代同步加速器都采用强聚焦，即聚焦磁铁、散焦磁铁和导向磁铁分离。聚焦磁铁、散焦磁铁实现电子束的横向约束，导向磁铁使电子束做圆弧运动。强聚焦原理是由美国布鲁克海文实验室的 E. D. Courant、M. S. Livingston 和 H. S. Snyder 等人于 20 世纪 50 年代发现的。强聚焦原理的发现使得加速器磁铁尺寸大为减小，从而使实现高能加速成为可能。现今建造的高能电子同步加速器一般都采用强聚焦原理。

横向强聚焦的电子束横向运动方程可参考第 2 章。在同步加速器中加速器周长是固定的，电子束的能量和弯转磁铁磁场强度成正比。横向运动受四极磁铁约束，其中约束横向运动最基本的结构就是 FODO 磁聚焦结构。在 FODO 磁聚焦漂移段中间加二极磁铁，则可以使电子束弯转，同时横向运动保持稳定，最终形成稳定的圆周运动，如图 4-3 所示。

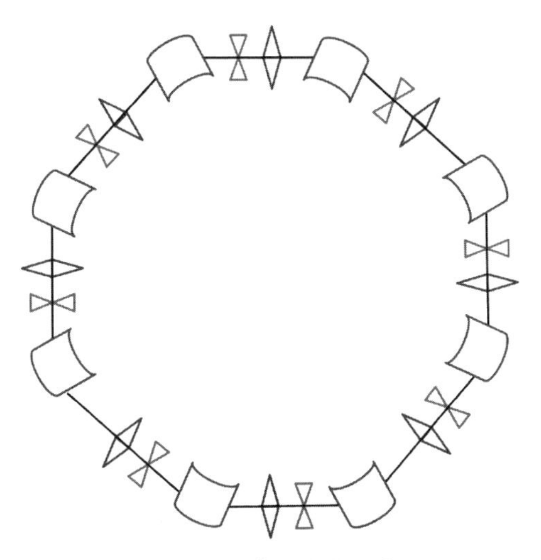

图 4－3　同步加速器示意图

电子束在环形加速器中运行一周的相移或相进展 ψ 除以 2π 称为工作点[4]：

$$\nu_{x,\ y}=\frac{\psi_{x,\ y}}{2\pi} \tag{4-9}$$

工作点也可以用 β 函数的积分表达：

$$\nu_{x,\ y}=\frac{1}{2\pi}\oint\frac{1}{\beta_{x,\ y}(s)}\mathrm{d}s \tag{4-10}$$

电子在环形加速器中稳定运动除了满足传输矩阵稳定性条件外，还要避免共振。当工作点满足式(4－11)时，将发生参数共振[5]：

$$\nu_{x,\ y}=\frac{n}{2}\quad (n=1,\ 2,\ 3,\ \cdots) \tag{4-11}$$

一旦发生参数共振，电子在同步加速器中将很快丢失。

除了式(4－11)，当工作点满足式(4－12)时（k_x、k_y、k 为正整数），则会发生非线性耦合共振。其中，满足“＋”号的解称为和共振，满足“－”号的解称为差共振。

$$k_x\nu_x \pm k_y\nu_y=k \tag{4-12}$$

低阶的非线性耦合共振在环形加速器中是非常危险的，会引起电子束的丢失。其中阶数通过下式计算：

$$|k_x|+|k_y| \tag{4-13}$$

上面论述的都是标称能量电子的运动。当电子能量偏离标称能量时，由于四极磁铁的聚焦参数 $K=K_x=K_y=\frac{ec}{E_0}\frac{\partial B_y}{\partial x}$ 与电子能量 E_0 有关，当电子能量发生偏离时，四极磁铁作用的焦距也发生了变化。电子能量越高，相对质量越大，焦距越长，因此电子运动一周的工作点也会越小，这个工作点随能量变化的量称为色品 ξ[6]，可用下式表示：

$$\xi=\frac{\Delta\nu_{x,\ y}}{\Delta E/E_0} \tag{4-14}$$

色品是由四极磁铁对不同能量的带电粒子聚焦力的差异造成的，这个色品也称为自然色品。水平方向(x)、垂直方向(y)的自然色品可通过下式计算：

$$\xi_{x,\ y}=-\frac{1}{4\pi}\oint\beta_{x,\ y}(s)K\,\mathrm{d}s \tag{4-15}$$

在正常情况下，如果环形加速器只有四极磁铁，那么自然色品都是一个负数。当色品绝对值较大时，偏能粒子的工作点会大幅度偏离设计值，并有可能碰到共振线，引起电子丢失。同时下面将会讲到色品为负数时，容易引起头尾不稳定性。因此要让电子在环形加速器中稳定运行，需要把色品校正到零附近。

色散[7]表示的是电子由能量偏差造成的横向轨道的偏差，在 2.3.2 节有关于色散 η 的详细介绍。色散是由二极磁铁引起的，即当电子能量不同时，通过同样的二极磁场，其偏转的半径、角度会有差异。这个差异最终表现为轨道的差异，其表达式如下：

$$\Delta x=\eta_x\frac{\Delta E}{E_0} \tag{4-16}$$

色散虽然由二极磁铁引起，但在经过四极磁铁时会出现放大或缩小。所以一个位置的色散由二极磁铁和四极磁铁共同决定。

要校正色品[8]，即让高能粒子获得更多的聚焦力，而低能粒子获得较少的聚焦力，首先就要区分高能粒子和低能粒子。而色散可以在横向区分高、低能粒子。在有色散的地方，不同能量的电子会走不同的轨道而分离。

为校正色品，需要设计一种磁铁，其聚焦系数 K_s 与横向位置成正比，这种磁铁就是六极磁铁，如图 4-4 所示。六极磁铁的场方程可以写为

$$B_x = -6K_2 xy \tag{4-17}$$

$$B_y = -3K_2(x^2 - y^2) \tag{4-18}$$

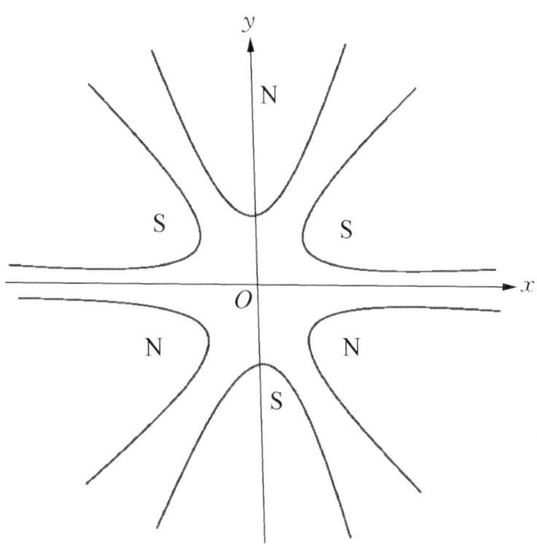

图 4-4　六极磁铁磁极

由此可得

$$K_s = \frac{ec}{E_0}\frac{\partial B_y}{\partial x} = -6\frac{ec}{E_0}K_2 x \tag{4-19}$$

式中，K_2 表征为六极磁铁强度。将六极磁铁放置在色散较大处，就可以使得偏能粒子获得额外的聚焦力或散焦力，从而将色品校正到零附近。

六极磁铁对色品的校正量可由下式计算：

$$\Delta\xi_{x,\ y} = \frac{1}{4\pi}\sum\beta_{x,\ y}(i)\eta(i)K_2(i) \tag{4-20}$$

式中，i 指的是不同的六极磁铁。为同时校正水平和垂直两个方向的色品，六极磁铁至少需要两组，一组聚焦，一组散焦。六极磁铁提供的是一个非线性场，当仅有色品校正六极磁铁的情况下，由于非线性太强，会造成能量接受度和动力学孔径(DA)很小。这里能量接受度是指能在环中稳定运行的最大偏能粒子的能量偏离量，动力学孔径是指由非线性引起的粒子能稳定运行的最大横向孔径。因此我们采用谐波校正技术来扩大动力学孔径和增大环的能量接受度。所谓的谐波六极磁铁是指放置在色散为零处的六极磁铁。通过优化谐波六极磁铁的位置和强度来抵消色品校正六极磁铁引起的高阶共振系数，将电子自由振荡频率随振荡幅度的漂移控制在一个较小的范围内，以避开一些危险的共振线，从而得到较大的动力学孔径。

4.2 电子束平衡态

同步加速器中电子束是聚束的束团，束团中电子在六维相空间的分布与初始状态无关，是量子激发和辐射阻尼最终平衡的结果。电子束平衡态的相空间尺寸决定了束流的主要参数：电子束发射度和能散。

4.2.1 量子激发和辐射阻尼

前面讨论了电子的纵向运动和横向运动，是单电子动力学行为。而电子束团包含大量的电子，电子在六维相空间有一个分布，这个分布的空间由量子激发和同步辐射阻尼的平衡决定。下面介绍电子同步加速器的电子束平衡态。

在电子同步加速器中，电子做圆周运动会沿运动轨迹的切线方向辐射电磁波，其辐射功率[9]可以表达为

$$P_s = \frac{2}{3} r_e m_0 c^2 \frac{c\beta^4 \gamma^4}{\rho^2} \tag{4-21}$$

式中，r_e 为电子经典半径，m_0 为电子静止能量，β 为相对速度，γ 为相对能量，ρ 为圆周半径。

如果以量子力学观点看，辐射不是连续的，光子是一个一个向外辐射的。一个电子跑一圈平均辐射的光子数为[10]

$$N \approx \frac{\gamma}{15} \tag{4-22}$$

并且每次辐射的光子能量具有随机性，即电子损失的能量具有随机性。这个随机性会造成电子剩余的能量出现差别，即电子束的能散会增大。这一过程称为量子激发。如果这一过程不能得到有效抑制，那么电子束能散会不断增长直至丢失。

在4.1节中，通过式(4-4)我们可以发现，如果粒子能量高于设计能量，同步辐射能量损失变大，那么纵向振动是带有阻尼的。而对于电子也确实如此，即高能粒子走一圈，辐射能量较多；低能粒子走一圈，辐射能量相对较少，

那么就可以形成一个反馈机制，保持电子束能量的稳定。这一过程称为同步辐射纵向阻尼。

电子束最终的能散由量子激发和同步辐射纵向阻尼最终达到平衡所决定。同步加速器中电子束能散为[10]

$$\frac{\sigma_{\varepsilon}}{E_0}=\sqrt{\frac{C_q\gamma^2}{J_s\rho}} \tag{4-23}$$

式中，C_q 为量子常数，$C_q=3.832\times10^{-13}$ m，J_s 为纵向衰减分配系数[11]。与 J_s 对应，还有横向衰减分配数 J_x、J_y，它们之间有一个重要的守恒定律，称为分配系数守恒定律[11]：

$$J_s+J_x+J_y=4 \tag{4-24}$$

电子束在三个方向的阻尼时间和衰减分配数密切相关：

$$\tau_{s,x,y}=\frac{2E_0}{J_{s,x,y}\langle P_s\rangle} \tag{4-25}$$

式中，尖括号〈 〉表示对全环求平均值。

与纵向阻尼对应的是横向阻尼，而横向阻尼的过程可以由图 4-5 解释。当电子辐射能量时，如果辐射方向偏离轴向，则光子会带走一部分电子的横向

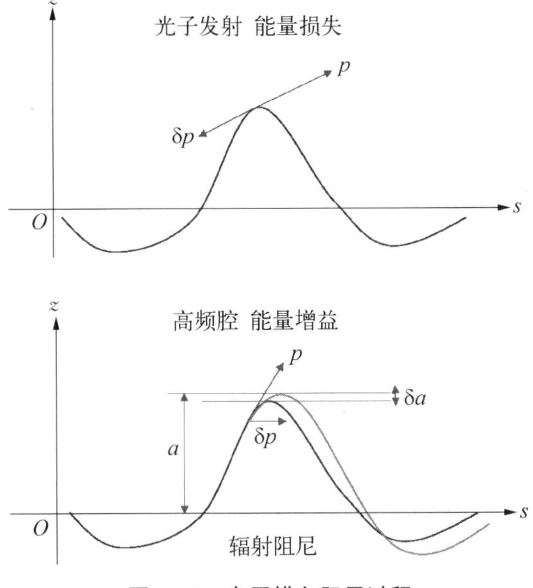

图 4-5　电子横向阻尼过程

动量。电子要在同步加速器中稳定运行，则需要高频系统补充能量，补充的这一部分能量对应的动量是沿着轴向的。因此这个过程会使电子的横向动量越来越小，形成横向同步辐射阻尼[12]。

前面说到同步辐射的量子激发效应会形成电子束的能散，那么同步辐射是否也会对横向运动产生影响呢？

电子束发射度是一个重要的概念，因为它与同步辐射光的亮度密切相关。电子束发出的同步辐射光亮度[13]定义为单位时间、单位横截面积、单位发散角、0.1%带宽(BW)内的光子数，它与电子束发射度近似成反比关系：

$$B_{\mathrm{avg}}(\lambda)=\frac{\Phi(\lambda)}{4\pi^2[\epsilon_r(\lambda)\otimes\epsilon_x(\mathrm{e}^-)][\epsilon_r(\lambda)\otimes\epsilon_y(\mathrm{e}^-)]}\tag{4-26}$$

式中，$\Phi(\lambda)$ 表示光子通量，即单位时间、0.1%BW 内发射的光子数；λ 为光子波长；$\otimes$表示卷积；$\epsilon_r(\lambda)$ 表示光子衍射造成的发射度；$\epsilon_x(\mathrm{e}^-)$ 与$\epsilon_y(\mathrm{e}^-)$ 分别表示电子水平与垂直发射度。$\epsilon_r(\lambda)$可表示为

$$\epsilon_r(\lambda)\approx\lambda/4\pi\tag{4-27}$$

量子激发影响横向发射度有两个途径，其中一个直接的途径是横向动量的激发。电子辐射光子时，光子方向与电子束曲线运动轨迹的切线方向一致，但不是所有的电子都平行于理想轨道，因此光子会带走一部分横向动量，这一部分动量是随机的，这会引起电子束横向动量的分散。在电子同步加速器中这一部分的贡献并不大。贡献大的那一部分是通过能散变化激起的横向振动。

如图 4－6 所示(x_ε 与 x_β 分别代表色散轨道与振荡轨道)，当电子束发生辐射的位置有色散时，电子束运行在色散轨道上；当发生量子辐射时，电子的能量会发生突变，但此时电子的横向位置和运动方向无法完成突变。由于能量

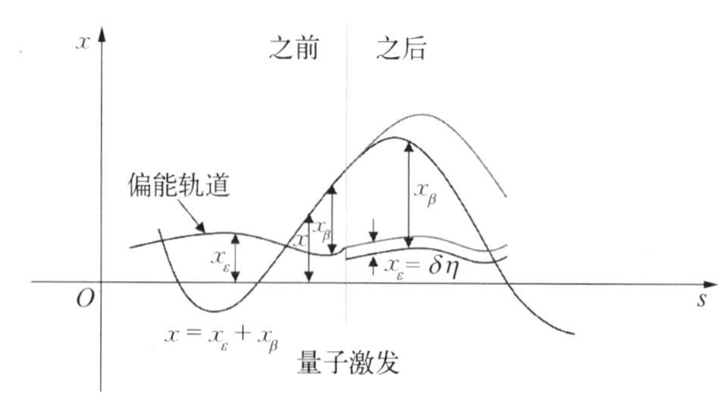

图 4－6　电子辐射前后横向色散轨道变化

注：δ 为能量偏差，η 为色散函数。

的变化，电子的平衡轨道将发生突变，此时电子的实际位置与平衡轨道并不重合，因此在接下来的运动中电子将围绕平衡轨道振荡。由于发生量子辐射是随机的，因此电子之间的振动幅度及相位也是随机的，从而形成横向运动的分散。电子束最终发射度的大小取决于这个激发过程和同步辐射横向阻尼之间的平衡。

从能散变化映射到横向振动的激发，不但取决于辐射发生处的色散函数 η，还与 β 函数有关。这里引入 $\mathcal{H}$ 函数[14]，它表示了该映射的关系（一般情况下环形加速器在同一水平面内，因此只有水平面上 η 不为零）。

$$\mathcal{H}=\gamma_x\eta_x^2+2\alpha_x\eta_x\eta'_x+\beta_x\eta'^2_x \tag{4-28}$$

式中，α_x、β_x、γ_x 为水平方向 Twiss 参数，η_x、η'_x 为水平方向色散、色散对 s 的导数。

电子束发射度的表达式为

$$\epsilon_x=C_q\gamma^2\frac{\langle\mathcal{H}\rangle}{J_x\rho} \tag{4-29}$$

式中，C_q 为量子常数，$\gamma=\dfrac{m}{m_0}$ 为电子的相对论归一化能量，也称为洛伦兹因子或相对论因子，J_x 为阻尼分配系数，ρ 为电子轨道弯转半径。

4.2.2 发射度优化方案

要减小同步加速器的发射度，就需要减小 $\mathcal{H}$ 函数。但是 $\mathcal{H}$ 函数的优化是有限度的，即存在一个最小值。

这里我们分析单独的一块均匀二极磁铁，假设二极磁铁中心为腰点，以二极磁铁中心为原点，在电子运动的 x 平面，$\mathcal{H}$ 函数各变量变化情况如下：

$$\beta(s)=\beta_0+\frac{s^2}{\beta_0} \tag{4-30}$$

$$\alpha(s)=-\frac{s}{\beta_0} \tag{4-31}$$

$$\gamma(s)=-\frac{1}{\beta_0} \tag{4-32}$$

$$\eta(s)=\eta_0+\frac{s^2}{2\rho} \tag{4-33}$$

$$\eta'(s)=\frac{s}{\rho} \tag{4-34}$$

可以求得单独这块二极磁铁 $\mathcal{H}$ 函数的最小平均值为

$$\langle \mathcal{H} \rangle = \frac{L^3}{12\rho^2} \frac{1}{\sqrt{15}} \tag{4-35}$$

式中，L 为二极磁铁长度。从式(4-29)和式(4-35)可以看出，发射度正比于 $(L/\rho)^3=\theta^3$，即正比于单块二极磁铁偏转角度 θ 的三次方。因此降低单块二极磁铁的偏转角度是降低发射度最有效的方法之一。但是减小二极磁铁偏转角度也有一定的限度，因为要实现式(4-35)，β_0、η_0 需要满足

$$\beta_0 = \frac{L}{2\sqrt{15}} \tag{4-36}$$

$$\eta_0 = \frac{L\theta}{24} \tag{4-37}$$

当偏转角度减小时，所需要的聚焦强度就会增加，但最终会受到工程技术的限制。满足式(4-35)的聚焦结构称为理论最小发射度(TME)聚焦结构。

TME 结构在 20 世纪 80 年代就已经有了深入研究，但并不适用于同步辐射光源，因为同步辐射光源特别是第三、四代同步辐射光源大量采用波荡器或扭摆器发光，波荡器安装在聚焦单元之间的直线节上。TME 结构聚焦单元外侧色散不为 0，在这样的地方安装波荡器或扭摆器会对电子束产生很大的扰动。因此一般情况下直线节处的色散函数要为 0。为实现这个目的，第三代光源普遍采用的是双弯铁消色散[15](DBA) 或三弯铁消色散[16](TBA)结构，如图 4-7、图 4-8 所示。一个 DBA 单元包括 2 块二极磁铁，若干块四极磁铁和

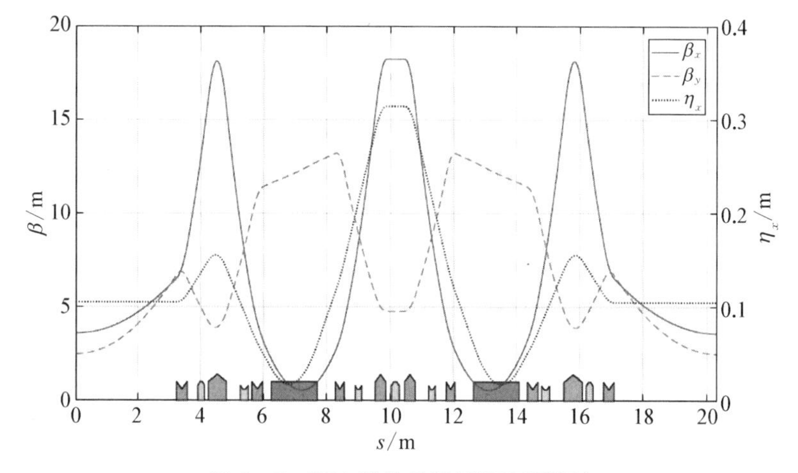

图 4-7　DBA 结构示例(彩图见附录)

六极磁铁。在二极磁铁处形成 β 函数腰点，减小发射度，色散在直线节处为 0，在二极磁铁中以纵向路径长度的二次方增长，在 DBA 中对称点用聚焦四极磁铁将其聚束，实现该四极磁铁中心的 α 为零，整个 DBA 以该四极磁铁为中心形成镜像。一个 TBA 单元包含 3 块二极磁铁，通过四极磁铁聚焦形成 3 个腰点。

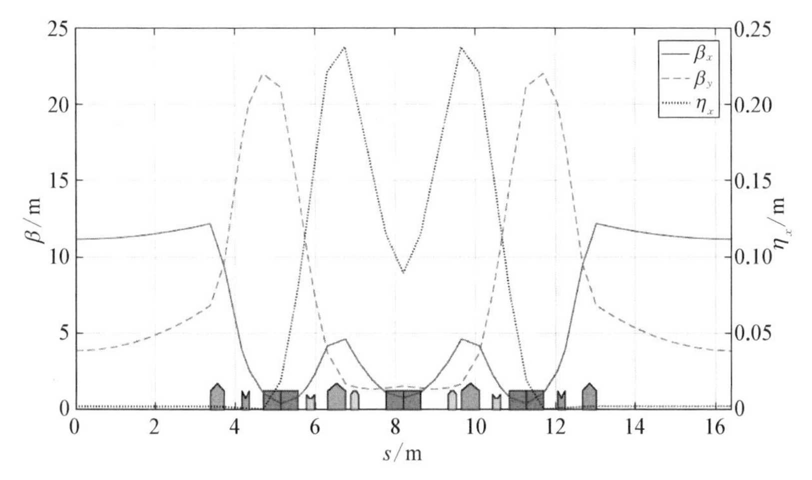

图 4-8　TBA 结构示例(彩图见附录)

为达到减小发射度的目的，第四代同步辐射光源普遍采用多弯铁消色散(MBA)[17]磁聚焦结构，一个 MBA 单元包含 M 块二极磁铁，每块二极磁铁的偏转角度都非常小，以达到降低发射度的目的。其中 MBA 中用得比较多的是 7BA 结构[18]，如图 4-9 所示。这类同步加速器电子束发射度在几十到几百皮米·弧度之间，比第三代同步辐射光源同步加速器小 1～2 个数量级。

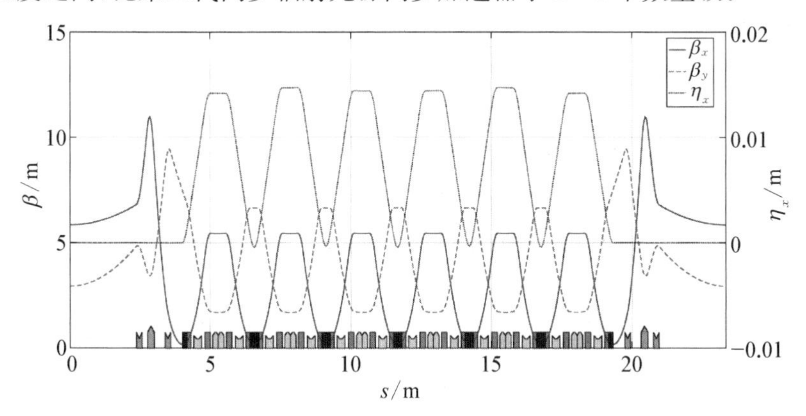

图 4-9　MBA 结构示例(彩图见附录)

同步加速器中经常用同步辐射积分函数来表达束流参数，同步辐射积分函数共有 5 个，分别用 I_1、I_2、I_3、I_4、I_5 来表示：

$$I_1 = \oint \frac{\eta}{\rho} \mathrm{d}s \tag{4-38}$$

$$I_2 = \oint \frac{1}{\rho^2} \mathrm{d}s \tag{4-39}$$

$$I_3 = \oint \frac{1}{|\rho^3|} \mathrm{d}s \tag{4-40}$$

$$I_4 = \oint \frac{(1-2n)\eta}{|\rho^3|} \mathrm{d}s \tag{4-41}$$

$$I_5 = \oint \frac{\mathcal{H}}{|\rho^3|} \mathrm{d}s \tag{4-42}$$

式中，I_1 与动量紧缩因子相关，I_2 与能量辐射损失有关，I_2、I_3、I_4 与束流相对能散有关，I_2、I_4、I_5 与束流发射度相关。

4.3 同步加速器的稳定运行

同步加速器为环形加速器，本身不产生电子，其中运行的电子需要外部注入，由于电子束在电磁场中运动所受到的是保守力场，因此当电子束注入同步加速器后，电子束将围绕其平衡轨道以一定振幅振荡前行，这样同步加速器需要有足够大的物理、动力学和能量孔径才能保证足够高的注入效率，同时还要保持平衡轨道的高稳定性。

4.3.1 电子束的注入

前面介绍了同步加速器的横向和纵向运动，电子在同步加速器中保持稳定的运动，产生稳定的同步辐射光，而同步加速器中的电子需要注入系统从前一级加速器(直线加速器或增强器)将电子注入至同步加速器。本节介绍同步加速器的注入。

在介绍环形加速器的注入之前，我们先介绍一下刘维尔定理(Liouville's theorem)，它是指电子束在保守力场中运动时，电子束所占据的相空间是守恒量。

刘维尔定理的推论就是，当不考虑同步辐射阻尼时，注入电子在同步加速器中的横向运动在相空间的轨迹沿着相椭圆循环。当运动圈数足够多时，电子束必定会运动到初始相位点，如图 4-10 所示。由于电子是从外部注入的，因此当电子再次运动到初始相位点时，电子一定会丢失。

我们一般把电子束从外部注入同步加速器的最后一块磁铁称为切割磁铁[19]。切割磁铁的一侧（注入电子束一侧）有偏转磁场，在另一侧（同步加速器一侧）则没有磁场。注入的电子束先通过切割磁铁进入，最后平行于同步加速器中的储存束，如图 4-11 所示。

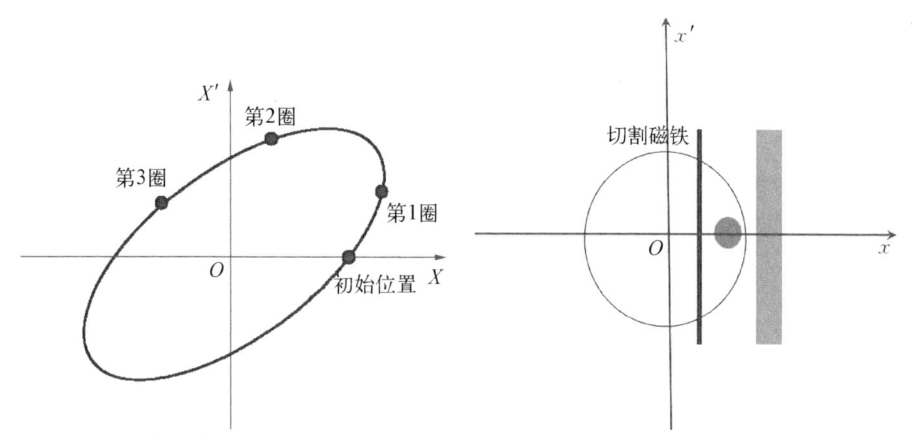

图 4-10　电子在水平相空间中的运动　　　图 4-11　电子束通过切割磁铁注入

为使注入电子束在后续运动中不被切割磁铁刮掉，电子束的平衡轨道在注入之后要远离切割磁铁，如图 4-12 所示。在实际运行中，操作过程如下：正常运行时，平衡轨道远离切割磁铁，当需要注入时，通过脉冲磁铁[20]形成局部凸轨，平衡轨道靠近切割磁铁，以使切割磁铁出口的注入束可进入同步加速器的接受相空间。注入后，脉冲磁铁磁场消失，束流轨道回到平衡位置而远离

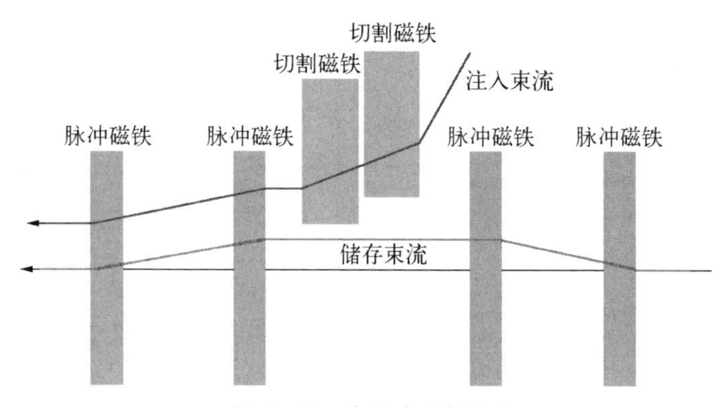

图 4-12　电子束凸轨注入

切割磁铁，可避免注入束在后续运动中被切割磁铁刮掉。这样的注入方法称为凸轨注入[19]，是最常用的注入方法。电子束注入后，经过同步辐射阻尼，振幅会逐渐减小，最终稳定在同步加速器中运行。

切割磁铁切割板有一定厚度，电子束也有一定尺寸，因此要保证振幅比较大的电子束在同步加速器中能继续存在，就必须留有足够的孔径（或称为接受度），如图 4－13 所示。

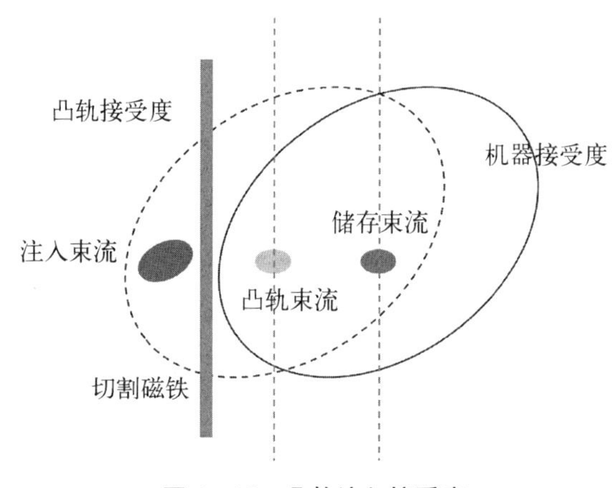

图 4－13　凸轨注入接受度

这里的孔径有两种形式。一个是物理孔径，就是电子束运动所经过的真空室截面，物理孔径必须足够大，以保证电子束在做大幅横向振动时不会碰到真空室；另一个是动力学孔径[21]，动力学孔径是指能保证电子束稳定运行的最大横向振幅，即粒子运动的稳定区。电子束振幅超过这个限值会丢失，其原因是非线性磁场引起的束流运动的紊乱。非线性磁场的主要来源是环里面安装的六极磁铁和八极磁铁。同步加速器中存在着许多非线性磁场元件或磁场分量，如色品校正六极磁铁及磁铁的多极场误差等。这些非线性量会导致振幅较大的粒子丢失，形成有限大小的动力学孔径。同步加速器的高效注入和长束流寿命等需要大动力学孔径，因此必须精心地优化六极磁铁的位置和强度，以确保足够大的动力学孔径。

当同步加速器中磁铁聚焦强度增强时，自然色品绝对值会很大，所需要的六极磁铁强度也会增强，动力学孔径会缩小。当动力学孔径小于 10 mm 时，凸轨注入就不再适用了。

在孔径比较小时可以采用的注入方法[22]有脉冲多极磁铁注入和在轴注入。

脉冲多极磁铁场型如图 4－14 所示，在轴线位置磁场为 0，使得脉冲多极磁铁工作时，储存束不受影响。注入束注入时在偏轴位置受到一个磁场作用力，使得电子束进入同步加速器的横向接受度空间。磁场在下一圈注入束到来时消失，以避免注入束被踢飞。脉冲多极磁铁注入需要同步加速器保持一定的孔径，以便在偏轴位置脉冲多极磁铁能产生足够大的磁场，一般要求孔径大于 5 mm。

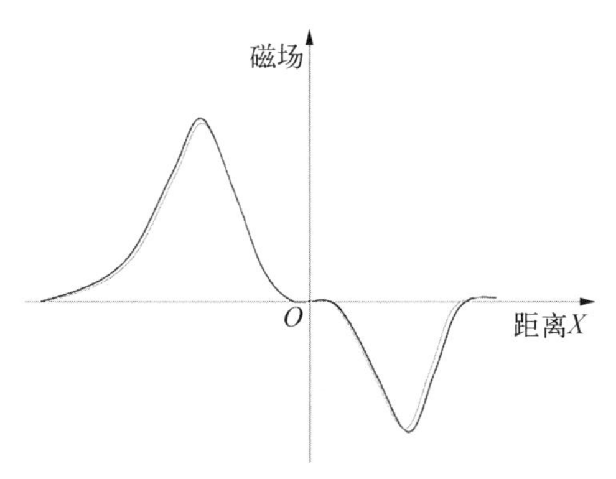

图 4－14　脉冲多极磁铁场型

当孔径进一步减小时，就需要考虑在轴注入。在轴注入是指注入束注入时正好在闭合轨道上。这需要在同步加速器中产生一个脉冲二极磁场。由于同步加速器中有储存束，因此储存束有可能会被踢飞。根据储存束是否被踢飞，在轴注入又分为置换注入和纵向注入。置换注入如图 4－15 所示，在同步加速器中产生一个脉冲二极磁场，注入束带偏角注入，经过二极磁场后偏角踢平，在闭合轨道上运动。而储存束原来在闭合轨道上运动，由于受到二极磁场的作用，产生偏角被踢飞。在这个过程中，新注入的大电荷束团替换了原来小电荷束团，完成流强的累积。二极磁场的脉冲宽度一般在几十纳秒，仅部分束团可见。

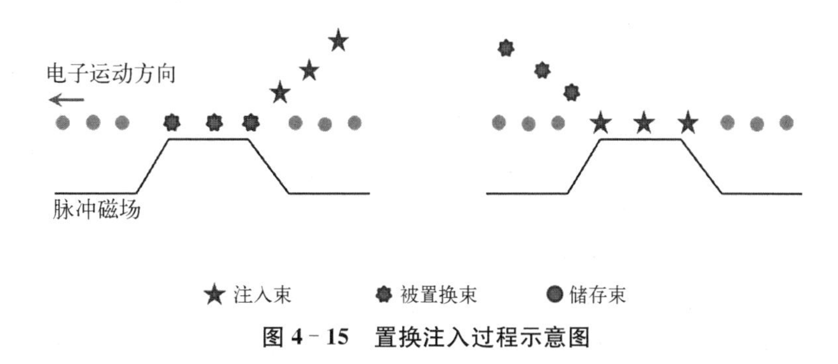

图 4－15　置换注入过程示意图

纵向注入[23]则是在同步加速器中产生一个超短脉冲二极磁场，脉冲宽度小于相邻两个储存束的时间间隔，因此储存束不会受这个超短脉冲磁场的影响。而注入束进入同步加速器的时序上位于两个储存束的中间，受到这个二极磁场的作用，注入后在闭轨上运行。但是在纵向相位上大幅度偏离同步相位，如图 4 - 16 所示。同步加速器必须有足够大的纵向接受度，电子束团经历大幅纵向振荡后，最终因同步辐射阻尼和储存束而合并，完成流强累积。

图 4 - 16　纵向注入过程示意图

为满足纵向注入的要求，注入过程需要脉冲宽度为几个纳秒的超短脉冲的冲击磁铁，但是制作这种冲击磁铁很有技术难度。纵向注入可以使用正弦波冲击磁铁和高频偏转腔作为备选方案。正弦波冲击磁铁[24]的脉冲宽度不需要小于两个相邻的储存束，但为了避免正弦波冲击磁铁在第二圈把注入束踢飞，脉冲宽度需要小于两倍的回旋周期。满足这种要求的脉冲宽度仅需几个微秒，这极大地降低了制作冲击磁铁的技术难度。而对高频偏转腔来说，由于很难控制其磁场建立的过程，正弦波冲击磁铁更易于实现纵向注入。

同步辐射光源储存环在运行过程中束流流强的变化会引起一系列的问题，如加速器和光束线器件热负载变化、消耗高频功率的变化、冷却水温的变化、束测元件响应的变化等，所有的变化最终都会影响同步辐射光的稳定。为了获得更加稳定的同步辐射光，可以采取每隔几分钟少量注入一部分电流的方法，使得同步加速器中的总流强在很小范围内波动（<1%），这样的运行模式称为恒流注入（top-up）运行模式。

要实现恒流注入运行，其先决条件是要有全能量的注入器，这样同步加速器可以工作在稳态，不需要升能过程。

为减小恒流注入运行对光源用户的干扰，在注入过程中光子安全光闸是一直打开的，这增加了辐射剂量安全的潜在风险。恒流注入模式及其物理过程与束流累计过程的注入并没有区别，但在辐射安全联锁上需要做特殊考虑，在光子安全光闸打开的情况下，要通过一系列的联锁逻辑装置保证辐射剂量的安全。

4.3.2　轨道畸变和轨道校正

在电子同步加速器的实际运行中，难免会有各种扰动，造成束流轨道相对于理想轨道偏移或称闭轨畸变。闭轨即闭合轨道，我们讨论的轨道畸变就是指闭轨畸变。对于畸变的轨道，我们需要将其校正到理想轨道或参考轨道上。本节介绍轨道畸变和轨道校正。

电子束在同步加速器中运行，稳态情况下电子束有一个平衡轨道，并且该轨道是闭合的，称为闭轨。理想情况下，束流相对于其理想轨道做 β 振荡。但在实际运行中会有各种干扰。在同步加速器的磁铁制造和安装准直过程中误差是难免的，因此，束流轨道相对于理想轨道有偏移，造成闭轨畸变[25]，其大小取决于场误差的大小和分布及观察处的 β 值。闭轨畸变会导致束斑大小变化、动力学孔径损失、注入效率降低、束流寿命减小等。

为用户提供高稳定的光是第三代同步辐射光源的基本要求，因此要求发光点的束流轨道高度稳定。影响束流轨道稳定的因素很多，四极磁铁位置偏差及弯转磁铁的场误差是产生闭轨畸变的主要因素，这些因素本质上可分为动态的和静态的两种。对静态的因素，如磁铁安装准直误差等，必须进行有效的静态校正；对动态的因素，如磁铁的电源纹波、地基的振动、环境隧道温度的改变等引起的噪声，则首先要剔除主要的噪声源，如采用高稳定性的磁铁电源以减少纹波，严格控制同步加速器的隧道温度的稳定性等，其次须采用适当的轨道反馈系统。

假设在加速器中某一处有一个二极磁场，造成束流的偏转为 $\Delta x'$，则这个二极磁场造成的轨道畸变[26]沿全环的变化为

$$\Delta x(s)=\frac{\Delta x'\sqrt{\beta_{x0}}}{2\sin(\pi\nu)}\sqrt{\beta_x(s)}\cos[\psi(s)-\pi\nu] \tag{4-43}$$

式中，β_{x0} 是二极磁场误差产生处的 β_x 函数，ν 为横向工作点，ψ 是相移或相进展。由于 β_x 函数为周期解，因此畸变后的轨道依然是闭合的。但需要注意的是，这里的畸变是小量，没有破坏加速器的线性解。如果畸变很大，非线性部分的影响不能忽略时，式(4－43)不再成立，有可能找不到闭合解，束流会丢失。

如果多处存在二极磁场误差，则轨道畸变为各畸变的线性叠加：

$$\Delta x(s)=\sum \Delta x_i(s) \tag{4-44}$$

对于畸变的轨道，我们需要对其进行校正，使其尽量回到参考轨道上来。轨道校正[26]有两种形式，一种是局部轨道校正，一种是全局轨道校正。轨道校正需要配置两类主要设备，一类是束流位置探测器(BPM)，用于测量轨道；一类是校正磁铁(也叫导向磁铁)，就是小型二极磁铁，用于偏转轨道。

局部轨道校正最简单的例子如图 4-17 所示，要控制 BPM 处的轨道，只需 3 块校正磁铁即可。3 块校正磁铁可以控制监测点的轨道，但不影响其他地方的轨道，从而实现局部的轨道控制。

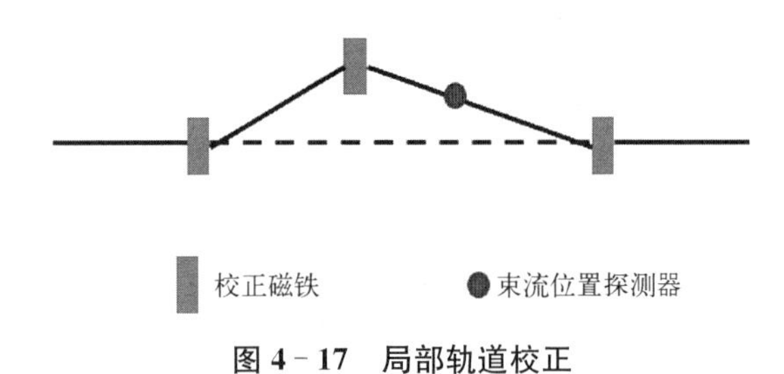

图 4-17　局部轨道校正

在介绍全局轨道校正之前，我们先来介绍响应矩阵。一般同步加速器里面都安装有若干个 BPM 和校正磁铁。当某块校正磁铁(即 i 号校正磁铁)偏转角度变化时，全环 BPM 的位置读数就会发生变化，记录这样一组变化量：

$$\begin{bmatrix} \Delta x_{1,i} \\ \vdots \\ \Delta x_{n,i} \end{bmatrix} \tag{4-45}$$

式中，n 为 BPM 的编号。全部校正磁铁分别改变一下偏转角则可以形成 m 组向量，将这些向量组合起来，就形成一个矩阵，这个矩阵称为响应矩阵[27]：

$$\boldsymbol{R} = \begin{bmatrix} \Delta x_{1,1} & \cdots & \Delta x_{1,m} \\ \vdots & \vdots & \vdots \\ \Delta x_{n,1} & \cdots & \Delta x_{n,m} \end{bmatrix} \tag{4-46}$$

则校正磁铁产生的轨道变化可以写为

$$\Delta \boldsymbol{X} = \begin{bmatrix} \Delta X_1 \\ \vdots \\ \Delta X_n \end{bmatrix} = \boldsymbol{R}\Delta\boldsymbol{\theta} = \begin{bmatrix} \Delta x_{1,1} & \cdots & \Delta x_{1,m} \\ \vdots & \vdots & \vdots \\ \Delta x_{n,1} & \cdots & \Delta x_{n,m} \end{bmatrix} \begin{bmatrix} \Delta\theta_1 \\ \vdots \\ \Delta\theta_m \end{bmatrix} \tag{4-47}$$

如果测得一个轨道畸变 ΔX_0，那么我们只要用校正磁铁产生一个 $-\Delta X_0$，就可以将全环的轨道校正回去，如图 4 - 18 所示。如果 $\boldsymbol{R}$ 矩阵有逆矩阵，则这个算法非常简单，用式(4 - 48)即可算得我们所需每一块校正磁铁的偏转量：

$$\Delta\boldsymbol{\Theta} = -\boldsymbol{R}^{-1}\Delta\boldsymbol{X}_0 \tag{4-48}$$

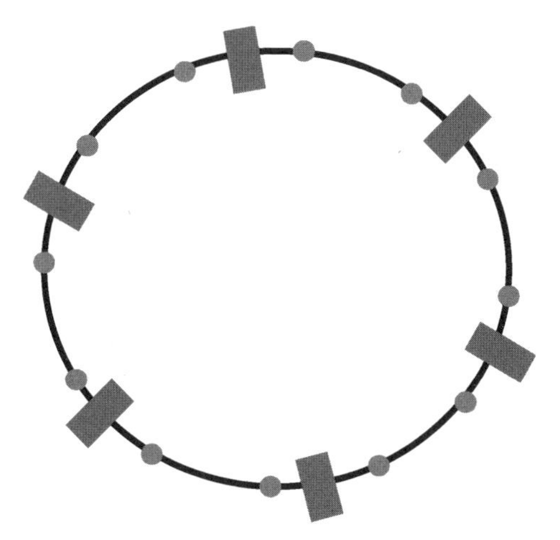

图 4 - 18　全局轨道校正

式中，$\boldsymbol{\Theta}$ 为偏转角组成的向量。

在多数情况下，$\boldsymbol{R}$ 不一定是方阵，因此没有逆矩阵。在实际工程中我们常用的方法是奇异值分解(SVD)法。一个矩阵可以做 SVD 奇异值分解：

$$\boldsymbol{R} = \boldsymbol{U\Sigma V}^{\mathrm{T}} \tag{4-49}$$

式中，$\boldsymbol{R}$ 为 $m \times n$ 维矩阵，$\boldsymbol{U}$ 为 $m \times m$ 维正交矩阵，$\boldsymbol{\Sigma}$ 为 $m \times n$ 维对角矩阵，对角元称为奇异值，其大小按降序排列，共有 $\min(m,\ n)$ 个，$\boldsymbol{V}$ 为 $n \times n$ 维正交矩阵。$\boldsymbol{R}$ 矩阵在进行 SVD 分解后，其伪逆矩阵可以由式(4 - 50)计算：

$$\boldsymbol{R}^{-1} = \boldsymbol{V\Sigma}^{-1}\boldsymbol{U}^{\mathrm{T}} \tag{4-50}$$

式中，$\boldsymbol{\Sigma}^{-1}$ 为 $n \times m$ 维对角矩阵，其对角元为 $\boldsymbol{\Sigma}$ 对角元的倒数。

在求得 $\boldsymbol{R}$ 的伪逆矩阵后，就可以通过式(4 - 49)进行求解算得校正磁铁的偏转量。

4.3.3　动力学孔径

同步加速器中由于使用了六极磁铁或八极磁铁，这些磁铁对电子束的作用是非线性的，当电子束的振幅增加时非线性效应会增加。当非线性效应达到一定程度时，非线性运动会造成电子束的丢失，维持电子束稳定运动不丢失的最大横向空间称为加速器的动力学孔径[28] (dynamic aperture)，即粒子运动的稳定区。

动力学孔径主要受六极磁铁的影响，同步加速器中存在着许多非线性磁场元件或磁场分量，如色品校正六极磁铁及磁铁的多极场误差等。这些非线性量会导致振幅较大的粒子丢失，形成有限大的动力学孔径。同步加速器的高效注入和长束流寿命等需要大动力学孔径，因此必须精心地优化六极磁铁的位置和强度，以确保足够大的动力学孔径[29]。在低发射度同步加速器设计中采用 MBA 磁聚焦结构，当二极磁铁数量(N)增加时，同步加速器的工作点和自然色品与 N 基本成正比关系，色散与 N^2 成反比关系。在不做特殊处理的情况下，六极磁铁的强度将与 N^3 成正比，此时动力学孔径将急剧萎缩，造成注入的困难与寿命的下降。仅有色品校正六极磁铁的情况下，由于非线性太强，相应的能量接受度和动力学孔径都很小，因此采用谐波校正技术来扩大动力学孔径和增大环的能量接受度。通过优化谐波六极磁铁的位置和强度来抵消色品校正六极磁铁引起的高阶场，将电子自由振荡频率随振荡幅度的漂移控制在一个较小的范围内，以避开一些危险的共振线，从而得到较大的动力学孔径。

同步加速器在设计过程中对工作点、色品和动力学孔径等都做了大量的优化工作。但是在实际运行过程中，磁场不一致性、多极场误差，以及插入件引入的四极和斜四极分量等的存在会破坏线性光学模型，导致了发射度的增长、动力学孔径和寿命的下降。在 MBA 同步加速器设计中通常采用两种方法扩大动力学孔径，一种方法是在六极磁铁处增加色散和 β 函数，降低所需六极磁铁的强度；另一种方法是控制六极磁铁之间的相位，使得非线性驱动项相消。图 4 - 19 显示了上海光

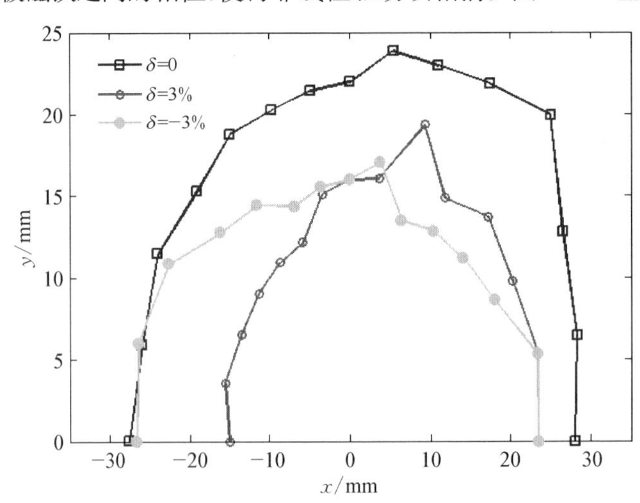

图 4 - 19　上海光源储存环长直线节中点的动力学孔径

源储存环长直线节中点的动力学孔径,包含能量偏差为 0 和±3%的情况[29]。

在分析动力学孔径时,我们常采用频率映射分析[30](frequency map analysis)方法。这种分析方法利用粒子振荡频率的扩散速率来标识非线性共振的宽度和强度,可以揭示影响或限制动力学孔径的更多信息,并以此来进一步优化同步加速器的非线性。频率映射分析最早用于研究天体物理中行星运动的稳定性问题,在 20 世纪 90 年代初由 S. H. Dumas 与 J. Laskar 引入加速器物理中,用来研究环形加速器中粒子运动的稳定性问题[31]。这种分析方法通过粒子频率随振幅的偏移和随时间的扩散来分析非线性共振对同步加速器全局动力学性质的影响,从而掌握更多、更精细的信息。美国 ALS 光源最早应用了这种分析方法,多篇文章相继发表,其中既有理论分析的结果,也有实验结果[32]。频率映射分析在进一步优化同步加速器的非线性、提高同步加速器运行性能、减弱插入件影响等方面都有广泛的用途[29]。

图 4-20 显示了上海光源储存环的 FMA[33],图中不同颜色表示运动的稳定性,红色代表混沌,蓝色代表稳定,没有点则代表粒子丢失。设计工作点处于距离各低阶结构共振较远的区域,一般来讲,高阶的结构共振对束流动力学影响较小,远离低阶结构共振有利于束流动力学的优化。若某阶共振线对束流动力学产生较大影响,则使得粒子在某位置受到较强的非线性力,导致混沌运动(相应区域的颜色为红色),甚至粒子丢失。一个优化的动力学孔径,其混沌区域或频率离散系数最大的区域应在孔径的边缘处,而孔径内部粒子运动的频率离散相对较小。这样受到非线性力扰动时,孔径将从外向内逐渐缩小。在频率空间,通过比较共振附近粒子运动的频率离散率(用颜色标度),可以直观地比较各共振的影响强弱,从而判断限制束流动力学的主要共振[33]。图中

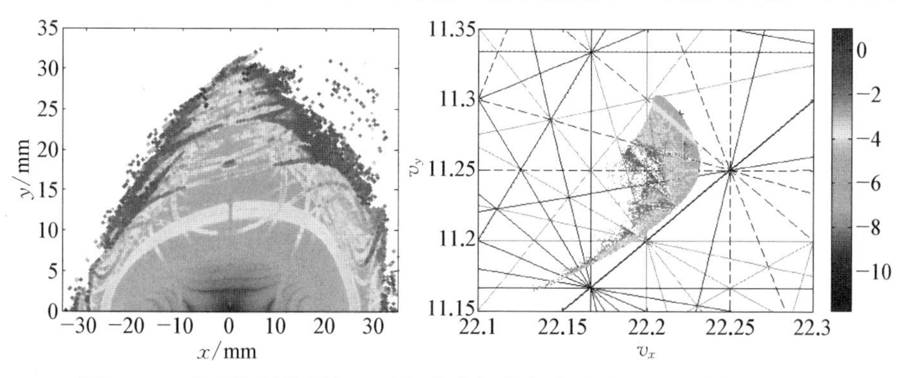

图 4-20　粒子初始位置(*x*-*y*)与自由振荡频率扩散系数的映射关系(颜色代表振荡频率扩散速率)(彩图见附录)

显示在动力学孔径内部没有很强的非线性共振，频率随振幅的偏移也控制在一个很小的范围内。

4.4 电子同步加速器中束流集体效应

束流集体效应是另一类束流动力学过程。它与一个束团的电荷量及束团中的电荷密度有关，是由电子束团和真空管壁、残余气体，以及电子和电子相互作用产生的效应。

4.4.1 束流不稳定性

电子束除了受外界电磁场作用外，它的运动还受它本身激发的电磁场影响。由于真空管道的电阻或管道的截面尺寸变化，当带电粒子通过真空管道时，会在真空室内产生感应电磁场，这个感应电磁场称为尾场[34]，如图 4-21 所示。尾场会反作用于电子束，当束团电荷量足够高时，这个作用会使得束流不稳定或丢失，这种现象称为不稳定性[34]。

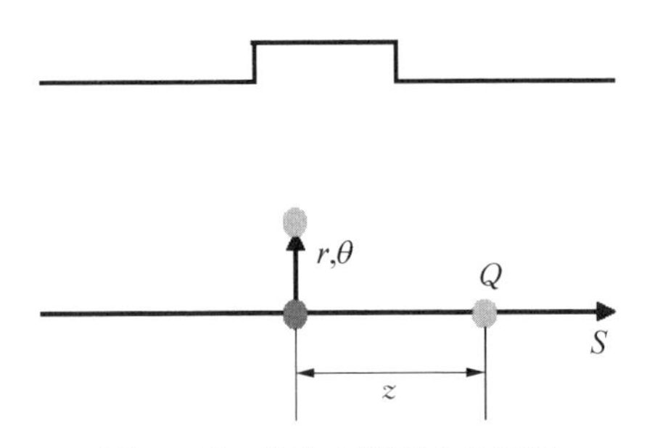

图 4-21 单位电荷产生的尾场

尾场可以用尾场函数[35]来描述，它表示的是单位电荷在管道中运行激发的电磁场对 s 距离后的检验电荷所施加的力，它是一个点电荷的格林函数。根据作用力，尾场又分为纵向尾场和横向尾场。尾场的实质是电磁场，只不过在加速器中我们要研究的是它对电子束的作用，因此尾场函数已经对时间做了积分，是以检验电荷到激发电荷的距离为变量的函数。

纵向尾场与横向尾场的表达式如下：

$$\boldsymbol{w}_{//m}(r,\ s)=-\left.\frac{\int_{-L}^{L}\boldsymbol{E}_{//m}(r,\ z,\ t)\mathrm{d}t}{Q}\right|_{z=vt-s} \tag{4-51}$$

$$\boldsymbol{w}_{\perp m}(r,\ s)=-\left.\frac{\int_{-L}^{L}[\boldsymbol{E}_{\perp m}(r,\ z,\ t)+\boldsymbol{v}\times\boldsymbol{B}_{m}(r,\ z,\ t)]\mathrm{d}t}{r_0 Q}\right|_{z=vt-s} \tag{4-52}$$

式中，$\boldsymbol{w}$ 为尾场函数，$\boldsymbol{E}$、$\boldsymbol{B}$ 为尾场的电场、磁感应强度，下标 m 代表阶数，下标⊥、//表示垂直、平行分量，Q 为检验电荷的电量，r_0 为激发电荷偏离轴心的距离，z 为激发电荷的纵坐标，$\boldsymbol{v}$ 为激发电荷的速度。

根据麦克斯韦方程组可以得到尾场的 Panofsky－Wenzel 定理：

$$\frac{\partial \boldsymbol{w}_{\perp}}{\partial s}=\frac{1}{r_0}\nabla_{\perp}\boldsymbol{w}_{//} \tag{4-53}$$

Panofsky－Wenzel 定理可以在已知横向尾场的情况下，直接求得纵向尾场；反之亦然。

在加速器中我们观察到的往往是束流的频谱，在做束流动力学分析时常常在频域中进行，因此我们将尾场函数做傅里叶变换得到的就是耦合阻抗[36]。耦合阻抗可以方便地用于束流动力学分析。

$$Z_{\perp}(\omega)=\mathrm{i}\frac{Z_0 c}{4\pi}\int_{-\infty}^{\infty}w_{\perp}(z)\mathrm{e}^{-\mathrm{i}\frac{\omega z}{c}}\frac{\mathrm{d}z}{c} \tag{4-54}$$

$$Z_{//}(\omega)=\frac{Z_0 c}{4\pi}\int w_{//}(z)\mathrm{e}^{-\mathrm{i}\frac{\omega z}{c}}\frac{\mathrm{d}z}{c} \tag{4-55}$$

式中，Z 表示耦合阻抗，Z_0 表示真空阻抗。

阻抗也可以分纵向阻抗和横向阻抗，它们分别与纵向和横向尾场相对应，单位分别为 Ω 和 Ω/m。耦合阻抗存在以下几点特性：

$$\mathrm{Re}(Z_{//}(\omega))=\mathrm{Re}(Z_{//}(-\omega)) \tag{4-56}$$

$$\mathrm{Im}(Z_{//}(\omega))=-\mathrm{Im}(Z_{//}(-\omega)) \tag{4-57}$$

$$\mathrm{Re}(Z_{\perp}(\omega))=-\mathrm{Re}(Z_{\perp}(-\omega)) \tag{4-58}$$

$$\mathrm{Im}(Z_{\perp}(\omega))=\mathrm{Im}(Z_{\perp}(-\omega)) \tag{4-59}$$

式中，Re、Im 分别表示复数的实部、虚部。

尾场函数和耦合阻抗所描述的都是加速器真空部件的特性，它们由结构的形状及材料电阻决定，与束流的性质无关。在加速器中另一个与阻抗有关的参量是束流能量损失因子，它的大小表示粒子由于尾场作用而丢失能量的情况及束流管道的发热程度。一般认为束流由于尾场作用而丢失的能量就是束流管道的发热量。在忽略束团横向尺寸时，束流能量损失因子 k_1 可以写为

$$k_1=\frac{1}{2\pi Q^2}\int Z_{//}(\omega)\ |\tilde{\rho}(\omega)|^2\mathrm{d}\omega \tag{4-60}$$

式中，$\tilde{\rho}$ 为电荷纵向分布的傅里叶变换，它与束团粒子密度分布的平方成正比，因此在束团长度减小时急剧增大。在同步辐射光源中，电子束团一般比较短，因此这也是一个在加速器设计时需要考察的量。与能量损失因子对应的束流能量损失功率为

$$P_{\text{loss}}=k_1QI \tag{4-61}$$

式中，Q 为束团的电荷量，I 为束流流强。

阻抗可以分为窄带阻抗和宽带阻抗[36]。窄带阻抗由类腔体结构产生，类腔体结构由于 Q 值较大，尾场衰减很慢，把尾场做傅里叶变换，就会形成窄带阻抗峰，其频率就是类腔体的谐振频率。如图 4－22 所示就是高频腔的阻抗(实部)。窄带阻抗由于对应的尾场衰减慢，会引起束团间的相互作用。

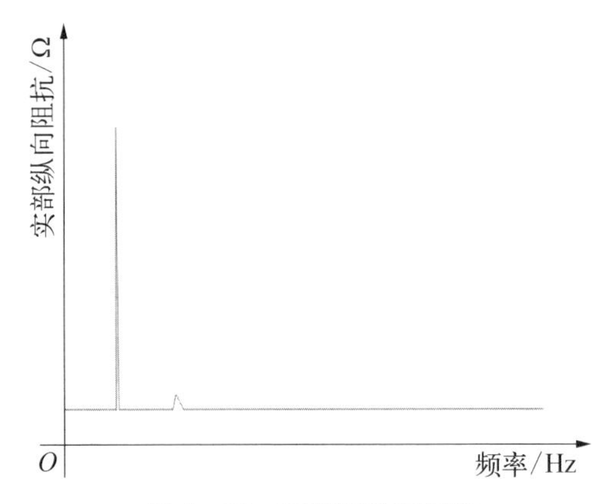

图 4－22　高频腔纵向阻抗

而对于微小的台阶等不光滑结构，尾场衰减很快，对应的阻抗没有明显的峰，这类阻抗称为宽带阻抗。宽带阻抗只引起束团内的相互作用。

同步加速器中有很多种类的不稳定性[34]，不稳定性是影响同步加速器运行流强的重要因素。当加速器中储存的流强大于不稳定性阈值时，束流振幅会增大，影响束流品质，严重时会引起电荷的部分或全部丢失。

由窄带阻抗引起的不稳定性称为束团耦合不稳定性，它是由束团间的相互作用造成的。它又可分为横向束团耦合不稳定性和纵向束团耦合不稳定性。其中由真空阻抗壁阻抗[37]引起的阻抗壁不稳定性最常见，影响也最严重。

阻抗壁的横向阻抗表达式为式(4-62),在低频时阻抗会非常大。如束流频谱和阻抗壁阻抗低频部分重合,则会产生很强的相互作用。

$$Z_{\perp}(\omega)=\frac{1}{\pi b^3}\sqrt{\frac{2\pi}{\sigma\,|\omega|}}\left[\mathrm{sgn}(\omega)-i\right] \tag{4-62}$$

式中,sgn 表示取符号,b 为真空室截面等效半径,σ 为金属电导率。

束流和尾场的相互作用方程式如下:

$$\ddot{y}_n+\omega_\beta^2 y_n=-\frac{c}{T_0}\frac{r_e}{\gamma}N_0\sum_k\sum_{m=0}^{h-1}w_{\perp}\left(-kC-\frac{m-n}{h}C\right)y_m\left(t-kT_0-\frac{m-n}{h}T_0\right) \tag{4-63}$$

式中,k 为电子运动圈数,C 为同步加速器周长,T_0 为电子运动一圈所需时间。束流的振荡可以假设为周期运动:

$$y_n^{\mu}(t)\propto\exp\left(2\pi\mathrm{i}\,\frac{\mu n}{h}\right)\exp(-\mathrm{i}\Omega_\mu t) \tag{4-64}$$

可以解得振荡周期:

$$\Omega_\mu-\omega_\beta\approx\frac{r_e c}{4\pi v_\beta}\frac{N_0}{\gamma}\sum_{m=0}^{h-1}\left[\sum_{k=0}^{\infty}w_{\perp}\left(-kC-\frac{m-n}{h}C\right)\mathrm{e}^{2\pi\mathrm{i}v_\beta k}\right]\mathrm{e}^{2\pi\mathrm{i}(\mu+v_\beta)\frac{m-n}{h}} \tag{4-65}$$

式中,Ω_μ 表示第 μ 个振荡模的振荡频率。r_e为电子经典半径,h 为谐波数(环形加速器的周长除以高频波长),m、n 为小于 h 的整数,N_0 为电子数。此时将方程右边做傅里叶变换,并以阻抗的形式表达:

$$\Omega_\mu-\omega_\beta\approx-\mathrm{i}\,\frac{4\pi}{Z_0 c}\frac{r_e c}{4\pi v_\beta}\frac{N_0}{\gamma}\frac{1}{T_0}\sum_{m=0}^{h-1}\sum_{p'=-\infty}^{\infty}Z_{\perp}(p'\omega_0+\omega_\beta)\mathrm{e}^{-2\pi\mathrm{i}(p'-\mu)\frac{m-n}{h}} \tag{4-66}$$

式中,ω_0 为回旋角频率,ω_β 为横向振荡角频率。

当Ω_μ 存在虚部并且系数小于0时,束流将变得不稳定。不稳定性增长时间为

$$\tau_{\perp}=\frac{1}{\mathrm{Im}(\Omega_\mu-\omega_\beta)} \tag{4-67}$$

不稳定性增长率表示为不稳定性增长时间的倒数:

$$\alpha_{\perp}=\tau_{\perp}^{-1} \tag{4-68}$$

其他类型的耦合不稳定性也可采用类似的方法解得，只是阻抗的表达式不一样。

耦合不稳定性有一类特殊的不稳定性称为鲁滨逊(Robinson)不稳定性[38]，如图 4-23 所示，它是由电子束和高频腔基模相互作用引起的。由于高频腔基模阻抗很大，因此鲁滨逊不稳定性是同步加速器中最重要的不稳定性。鲁滨逊不稳定性增长率表达式为

$$\alpha_{s}\approx\frac{Nr_{e}\alpha_{p}h\omega_{0}}{2\gamma T_{0}^{2}\Omega}\{\mathrm{Re}[Z_{0}^{/\!/}(h\omega_{0}+\Omega)-Z_{0}^{/\!/}(h\omega_{0}-\Omega)]\} \tag{4-69}$$

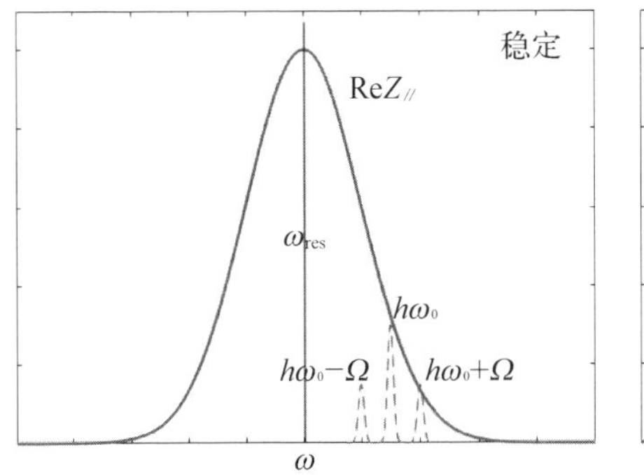

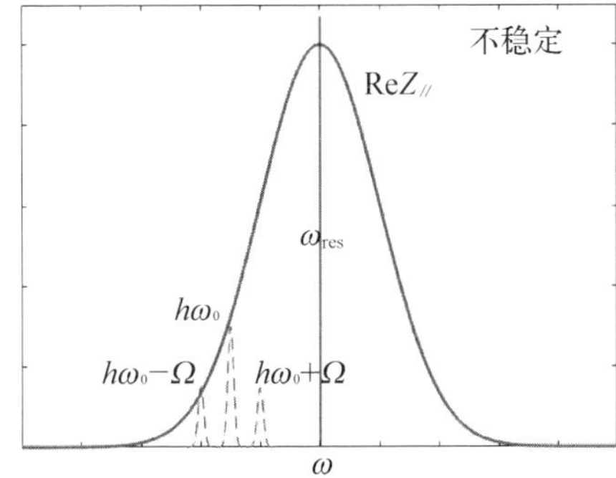

图 4-23　鲁滨逊不稳定性和束流边带的频谱关系

注：图中 ω_{res} 为高频腔谐振角频率。

式中，$Z_{0}^{/\!/}$ 为基模阻抗，Ω 为同步振荡频率。可以看到，鲁滨逊不稳定性取决于振荡频率的两个边带感受到的阻抗大小，当调谐合适时，鲁滨逊不稳定性增长率可以为负值，即束流是稳定的。

除了束团间的不稳定性外，还有束团内部的不稳定性[34]，常见的有头尾不稳定性、横向模耦合不稳定性、微波不稳定性等。

其中头尾不稳定性可以粗略采用二体运动来描述，将一个束团内的电子近似为两个点电荷，一个在头部，一个在尾部，头部电荷激起的横向尾场会使尾部电荷受到横向作用力。由于存在纵向振荡，头部电荷和尾部电荷会周期性交换。当尾部电荷跑到头部时，由于偏轴会激发更大尾场。如果此时头部电荷跑到尾部并在横向振荡方向与尾场作用力方向一致，就会形成正反馈，横向振幅会进一步增加，最终造成束流崩溃。头尾不稳定性可通过将色品校正到略微大于 0 而加以抑制。

横向模耦合不稳定性则更加复杂，这是因为横向阻抗会引起横向振荡频率的漂移。在分析时可以将振荡分阶，其中0阶振荡和−1阶振荡的频率随着电荷量的增加会最先交叉，此时束流振荡发生紊乱，引起束流不稳定。

微波不稳定性则是由纵向阻抗引起的。微波不稳定性会造成束团长度和能散的增加。

除了尾场外，同步加速器中还有几种其他作用源引起的不稳定性。其中相干同步辐射不稳定性是由同步辐射引起的不稳定性。电子束在经过弯转磁铁时，束团尾部电子辐射出的同步辐射光会追上头部的电子，同步辐射会造成头部电子能量的变化，形成相干同步辐射不稳定性。

同步加速器中还有离子和电子束团的相互作用。离子是真空管道中残余的气体分子在受到同步辐射照射或与电子束碰撞时产生的。离子和电子束团之间存在相互吸引力，当离子浓度较大时，会引起离子不稳定性。

4.4.2　束流寿命

在同步加速器中，电子周而复始地做圆周运动，个别电子有没有可能在某种情况下丢失呢？这个概率是有的，电子由小概率事件引起的丢失造成储存的流强降低的过程，可用束流寿命[10]来描述。

根据产生小概率电子丢失的机制，束流寿命可以分为量子寿命(τ_Q)、气体散射寿命(τ_s)和托歇克寿命(τ_T)。

束流最终的总寿命是各种寿命综合作用的结果：

$$\frac{1}{\tau}=\frac{1}{\tau_Q}+\frac{1}{\tau_S}+\frac{1}{\tau_T} \tag{4-70}$$

储存流强在寿命的影响下按指数降低：

$$I(t)=I_0\mathrm{e}^{-\frac{t}{\tau}} \tag{4-71}$$

我们先来介绍量子寿命[10]。在4.2节我们介绍过电子辐射同步光的量子效应，它会带来量子激发，在水平、垂直和纵向形成有限的空间分布，即对应各个方向的发射度。由于最后的稳态过程是经过充分运行后的平衡过程，电子在各个空间的分布可以很好地用高斯分布描述。在理想情况下高斯分布可以向偏离中心无限远的地方延伸。但在实际加速器中，无论在纵向还是横向都是有边界的。纵向的边界就是能量接受度，横向的边界就是加速器的孔径。

由于边界的存在，高斯分布偏离中心的电子在某个地方被截断了。被截断的这部分电子会丢失，但由于量子激发效应的存在，会不停地有电子被激发到高斯分布截断位置以外，造成电子不停地丢失。这样的机制引起的寿命称为量子寿命，其表达式为

$$\tau_Q=\tau_i\left(\frac{\sigma_i}{b_i}\right)^2 e^{(b_i/\sigma_i)^2/2} \tag{4-72}$$

式中，τ_i 为阻尼时间，σ_i 为电子束尺寸均方根值，b_i 为孔径，$i=x, y, z$ 表示水平、垂直、纵向。量子寿命随孔径剧烈变化，以上海光源垂直方向为例，当孔径尺寸 b_y 与电子束尺寸 σ_y 之比从 2 到 7 变化时，量子寿命会从毫秒量级变化到上千小时量级，如表 4-1 所示。

表 4-1　量子寿命随孔径变化

b_y/σ_y	2	3	4	5	6	7	300
量子寿命	12.8 ms	69.5 ms	1.3 s	74.6 s	3.52 h	1 720 h	$+\infty$

气体散射寿命[39]是电子和真空室内残余的气体分子碰撞造成的电子丢失引起的束流寿命。散射寿命又分为弹性散射[40]（卢瑟福散射）寿命和非弹性散射[41]（韧致辐射）寿命。与原子核发生弹性散射时电子横向动量会发生变化，当超出横向动量接受度时电子会丢失，从而引起的束流寿命称为弹性散射寿命。与原子核发生非弹性散射时电子能量会发生变化，当超出能量接受度时电子会丢失，从而引起的束流寿命称为非弹性散射寿命。

除了与原子核发生散射外，电子还会与残留气体分子的核外电子发生弹性散射[42]，造成电子能量的变化，其能量超出能量接受度时会丢失。

气体散射寿命与真空度有关，还与残余气体分子的碰撞截面有关。具体关系式如下：

$$\frac{1}{\tau_s}=\sigma_s cn \tag{4-73}$$

式中，σ_s 为散射电子损失截面，n 为残余气体分子密度。

托歇克寿命[42]是指电子束团内部电子间的弹性散射造成电子能量的变化，超出能量接受度时电子丢失而引起的束流寿命。托歇克寿命可以用下式计算：

$$\frac{1}{\tau_T}=\frac{r_e^2 cN}{8\pi\sigma_x\sigma_y\sigma_z}\frac{1}{\gamma^2\delta_{max}^3}C(\varepsilon) \tag{4-74}$$

式中，r_e为电子经典半径，N 为束团内电子数，σ_x、σ_y、σ_z 为束团各方向的尺寸，γ 为相对能量，δ_{max} 为能量接受度。参数 ε 及函数 $C(\varepsilon)$表达式如下：

$$\varepsilon = \left(\frac{\delta_{max}\beta_x}{\gamma\sigma_x}\right)^2 \tag{4-75}$$

$$C(\varepsilon) = \sqrt{\varepsilon}\left[-\frac{3}{2}e^{-\varepsilon} + \frac{\varepsilon}{2}\int_{\varepsilon}^{\infty}\frac{\ln\mu}{\mu}e^{-\mu}d\mu + \frac{1}{2}(3\varepsilon - \varepsilon\ln\varepsilon + 2)\int_{\varepsilon}^{\infty}\frac{e^{-\mu}}{\mu}d\mu\right] \tag{4-76}$$

从式(4-74)可以看出托歇克寿命与电子束相对能量和能量接受度关系非常密切。一般低能电子同步加速器中托歇克寿命比较短，是占主导的寿命。在高能同步加速器中，托歇克寿命可以达到几十小时。同时在加速器设计中增加能量接受度也是提高托歇克寿命最有效的方法。

4.5　插入件效应

第三、四代同步辐射光源安装了大量插入件[43]，包括波荡器和扭摆器，通过这些插入件获得了高通量和高亮度的同步辐射光。波荡器和扭摆器是一种特殊的组合磁铁，由方向相反的磁极对根据不同的设计需要按照相应的顺序排列而成，一般呈周期性结构，产生沿束流运动方向周期性变化的磁场。电子在通过不同磁极对的场区时，受到不同的洛伦兹力而不断来回偏转，并产生同步辐射，同时电子的运动轨迹仍保持在轴线附近，而辐射通量和亮度可以大幅度提高。

插入件的常见具体类型包括常温永磁扭摆器、真空内波荡器(IVU)、椭圆极化波荡器(EPU)及低温永磁波荡器(CPMU)。插入件的布局，既有常规的放置于直线节中部的方式，也有双斜插入件布局(dual canted insertion device)及可切换插入件布局，如双椭圆极化波荡器(DEPU)。

作为发光元件，与弯转磁铁相比，插入件具有极大的优势。首先，在插入件内轨道张角小，同步辐射集中在一个较小的范围内，大幅度提高了光子密度。其次，插入件可以通过调节磁隙或励磁电流来改变磁场强度，从而对同步辐射的能谱进行调节。再次，插入件可以产生不同偏振模式的同步辐射光。最后，插入件可以实现相干或准相干辐射。因此，插入件从概念的提出开始就受到极大的关注，并得到迅速发展和广泛应用。

大量采用插入件作为发光元件，是第三代同步辐射光源的重要特点之一。然而，插入件的引入可能会对束流造成一些不良影响[44]，包括闭轨扰动、线性光学畸变、动力学孔径缩小、发射度增长等。尤其是大量插入件同时运行时，不同插入件的作用叠加在一起，将对束流品质造成严重损害。同步加速器束流通过这些插入件，发出更强的同步辐射并造成粒子能量的附加损失，进而使束流的发射度和能散发生变化。插入件自身作为非线性磁场元件也会带来垂直聚焦效应等，导致同步加速器束流的工作点和 β 函数发生变化，产生明显的闭轨畸变。与此同时，同步加速器中磁聚焦结构原本的周期性也被破坏了，引起束流在六极磁铁处自由振荡相位的变化，导致附加共振，减小了动力学孔径。除此之外，在小间隙下的插入件还会对同步加速器的垂直接受度产生影响，降低束流寿命。对插入件效应进行研究并设计合理的补偿方案，是维持同步辐射光源稳定运行的一项重要工作。

为减小插入件对磁聚焦结构的影响，可以调整插入件两侧的多对四极磁铁电流参数，产生局部补偿，消除工作点和色散函数的变化带来的影响，改善动力学孔径。对于闭合轨道的影响，可以通过插入件轨道前馈来补偿。插入件轨道前馈通常采用插入件两侧独立的两块水平校正磁铁和两块垂直校正磁铁，给定合适的校正磁铁强度，补偿插入件对轨道的影响。

4.5.1 插入件对轨道的影响

理想的插入件对闭轨是透明的，即相当于漂移段。而对于现实中的插入件，其磁场不可能是完美的，磁场误差将引起闭轨畸变[45]。在分析中，我们将二极磁场误差看作源点处的一个冲力(kick)，冲力的大小及表现形式由磁场的误差形式决定。这样，在磁场误差的作用下，出射点处的横向坐标将发生变化：

$$\Delta x' = \frac{1}{B\rho}\int_0^L B_y(s)\mathrm{d}s = \frac{I_1}{B\rho} \tag{4-77}$$

$$\Delta x = \frac{1}{B\rho}\int_0^L \left[\int_0^s B_y(z)\mathrm{d}z\right]\mathrm{d}s = \frac{I_2}{B\rho} \tag{4-78}$$

式中，I_1 和 I_2 分别称为插入件磁场沿纵向的一次积分和二次积分，它们直接决定了插入件对轨道横向坐标的改变。

全环的闭轨也将因此而发生畸变。一般情况下，可使用薄透镜近似法将磁场误差对闭轨的影响简化为一个瞬间冲力的作用，即横向偏转角的变化。插入件不但会改变偏转角，也会产生横向位移。为了将这两方面的信息都表达出来，我们采用了两点冲击的做法，冲击点分别选在插入件的入口和出口，如图 4 - 24 所示，那么这两点处的冲击力需要满足如下关系：

$$\begin{cases}\Delta x' = \Delta x'_1 + \Delta x'_2 \\ \Delta x = \Delta x'_1 L_{\mathrm{ID}}\end{cases} \tag{4-79}$$

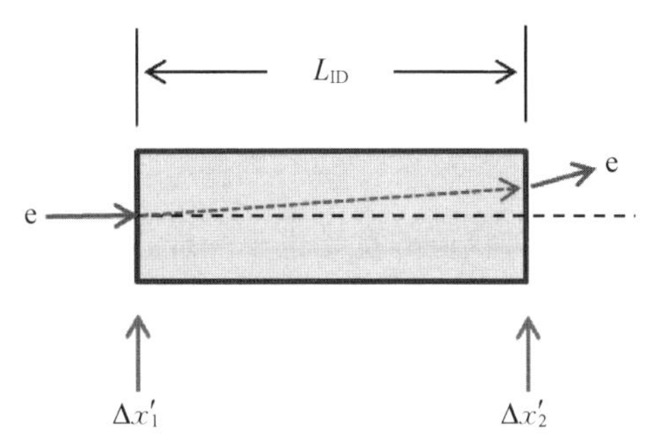

图 4 - 24　两点冲击法模拟插入件对闭轨的影响

式中，$\Delta x'_1$ 和 $\Delta x'_2$ 分别为插入件入口和出口处偏转角的改变量，L_{ID} 为插入件的总长度。

我们用 $\boldsymbol{M}_1$ 表示从插入件入口 s_1 到插入件出口 s_2 的传输矩阵，用 $\boldsymbol{M}_2$ 表示从插入件出口 s_2 继续运动一圈回到 s_1 的传输矩阵。那么，从 s_1 出发运动一圈的传输矩阵为 $\boldsymbol{M}_{\mathrm{cl}} = \boldsymbol{M}_2 \boldsymbol{M}_1$。假设新闭轨上的电子在从 s_1 入射前的初始状态为$(x_1,\ x'_1)$，入射后受到 $\Delta x'_1$ 的作用，然后穿过插入件到 s_2，再受到 $\Delta x'_2$ 的作用，最后围绕同步加速器运动一圈回到原点$(x_1,\ x'_1)$。整个过程的运动方程为

$$\begin{bmatrix} x_1 \\ x'_1 \end{bmatrix} = \boldsymbol{M}_2 \left(\begin{bmatrix} 0 \\ \Delta x'_2 \end{bmatrix} + \boldsymbol{M}_1 \left(\begin{bmatrix} 0 \\ \Delta x'_1 \end{bmatrix} + \begin{bmatrix} x_1 \\ x'_1 \end{bmatrix} \right) \right) \tag{4-80}$$

很容易得到

$$\begin{bmatrix} x_1 \\ x'_1 \end{bmatrix} = (I - \boldsymbol{M}_{\mathrm{cl}})^{-1} \left(\boldsymbol{M}_2 \begin{bmatrix} 0 \\ \Delta x'_2 \end{bmatrix} + \boldsymbol{M}_{\mathrm{cl}} \begin{bmatrix} 0 \\ \Delta x'_1 \end{bmatrix} \right) \tag{4-81}$$

这样我们就得到了插入件入口处新闭轨的坐标，通过任意两点间的传输矩阵，可以得到同步加速器上任意一点处的闭轨方程：

$$\begin{bmatrix} x \\ x' \end{bmatrix} = \boldsymbol{M}(s,\ s_1) \begin{bmatrix} x_1 \\ x'_1 \end{bmatrix} \tag{4-82}$$

同步加速器中的束流轨道稳定,可以通过全环的轨道反馈实现,常见的有慢轨道反馈(slow orbit feedback)和快轨道反馈(fast orbit feedback)。然而,利用全环的轨道反馈补偿插入件引起的闭轨畸变,会给轨道反馈系统带来很大压力,一般情况下使用插入件的轨道前馈补偿其引起的闭轨畸变。正如前面所述,要消除插入件对某一方向轨道的影响,可以在插入件的入口和出口处各放置一个该方向的校正子。若同时对水平和垂直轨道进行校正,则共需要 4 个校正子。前馈就是在插入件的两端放置校正子来局部补偿插入件的闭轨扰动,而不会对全环造成影响。

插入件在不同状态时对轨道的扰动也不一样,但其重复性一般比较好,因此,前馈系统都会提前建立一个前馈表。前馈表中包含一些主要的状态节点,及该节点处所需要的校正子强度。再利用插值的方式,即可得到任意状态下的校正子强度。

4.5.2 插入件对聚焦参数的影响

插入件在垂直方向将产生一个固有的聚焦作用,因而垂直工作点将发生漂移:

$$\Delta\nu_y = \frac{\langle \beta_y \rangle_{\mathrm{ID}}}{8\pi (B\rho)^2} B_{\mathrm{ID}}^2 L_{\mathrm{ID}} \tag{4-83}$$

式中,$\langle \beta_y \rangle_{\mathrm{ID}}$ 为插入件内 β_y 的平均值,B_{ID} 和 L_{ID} 分别为插入件的峰值磁感应强度和总长度。

垂直 β 函数的最大变化量为

$$\frac{\Delta\beta_y}{\beta_y} \approx \frac{2\pi\Delta\nu_y}{\sin(2\pi\nu_y)} \tag{4-84}$$

式中,ν_y 为不含插入件时的工作点。

插入件的四极磁场误差也会对束流光学造成额外的聚焦或散焦,从而造成光学畸变,并影响工作点。

插入件在发出同步辐射的同时,也会对束流的水平发射度造成衰减和激发两种作用,最终达到新的平衡。此时的发射度为

$$\epsilon_x = \epsilon_{x0} + \epsilon_{x0} f_\epsilon \tag{4-85}$$

插入件引起的发射度增长因子 f_ϵ 与插入件 $\langle\mathcal{H}\rangle$ 函数比例因子 $f_\mathcal{H}$ 分别如下：

$$f_\epsilon=\left(\frac{2\rho_0^2}{3\pi^2 f_\mathcal{H}\rho_{\mathrm{ID}}^3}-\frac{\rho_0}{4\pi\rho_{\mathrm{ID}}^2}\right)\left(\frac{L_{\mathrm{ID}}}{1+\frac{\rho_0}{4\pi\rho_{\mathrm{ID}}^2}L_{\mathrm{ID}}}\right) \tag{4-86}$$

$$f_\mathcal{H}=\frac{\langle\mathcal{H}\rangle_{\mathrm{dipole}}}{\langle\mathcal{H}\rangle_{\mathrm{ID}}} \tag{4-87}$$

式中，ρ_0、ρ_{ID} 分别为同步加速器弯转磁场、插入件峰值磁场对应的曲率半径，L_{ID} 为插入件的总长度，$\langle\mathcal{H}\rangle_{\mathrm{dipole}}$、$\langle\mathcal{H}\rangle_{\mathrm{ID}}$ 分别为 $\mathcal{H}$ 函数在弯转磁铁、插入件内的积分平均。

能散的平方具有与发射度类似的形式，因而，按照与发射度同样的方法，我们对能散的平方进行了处理，并写成如下形式：

$$\sigma_\delta^2=\sigma_{\delta 0}^2+\sigma_{\delta 0}^2 f_\delta \tag{4-88}$$

$$f_\delta=\left(\frac{2\rho_0^2}{3\pi^2\rho_{\mathrm{ID}}^3}-\frac{\rho_0}{4\pi\rho_{\mathrm{ID}}^2}\right)\left(\frac{L_{\mathrm{ID}}}{1+\frac{\rho_0}{4\pi\rho_{\mathrm{ID}}^2}L_{\mathrm{ID}}}\right) \tag{4-89}$$

插入件的高阶场误差会对束流的非线性动力学造成影响，平面型插入件的高阶场一般很小，而螺旋型插入件的非线性效应则相对较大。除了插入件的高阶场误差之外，在进行光学匹配时四极磁铁的强度会改变，也会导致非线性效应增强，引起动力学孔径的退化，并导致束流寿命和注入效率的减小。

4.6　同步加速器技术子系统

同步加速器由众多技术系统构成。这些技术系统主要包括磁铁技术、高频技术、电源技术、真空技术、机械技术、脉冲技术和束流测量技术等。

4.6.1　磁铁技术

带电粒子在加速器中运动，其横向运动主要靠磁场约束。在同步加速器中采用的磁铁主要有二极磁铁、四极磁铁和六极磁铁。加速器中使用的磁铁多数为电磁铁，电磁铁具有抗辐射、稳定性好以及磁场通过电流大、范围可调等优点。电磁铁一般由铁芯和励磁线圈构成。铁芯一般采用高导磁率的硅钢片制成，其作用是约束磁场使得磁场集中到铁芯内，并最终导向到磁极处产生所需要的场型。线圈一般由铜导线构成，对于电流比较大的电磁铁，铜导线是中空的，内部通去离子水以冷却焦耳热。

二极磁铁也叫导向磁铁，其作用是使带电粒子发生偏转，如图 4-25 所示。全环所有二极磁铁偏转的角度和应为 360°，以使带电粒子运动轨迹能形成闭合的圆周。

四极磁铁也叫聚焦磁铁，有四个磁极，如图 4-26 所示。其作用是使电子横向运动约束在设定范围内。四极磁铁的作用类似于光学中的凸透镜、凹透镜，对束流产生聚焦和散焦作用。因此加速器中四极磁铁的排布设计也称为束流光学设计。

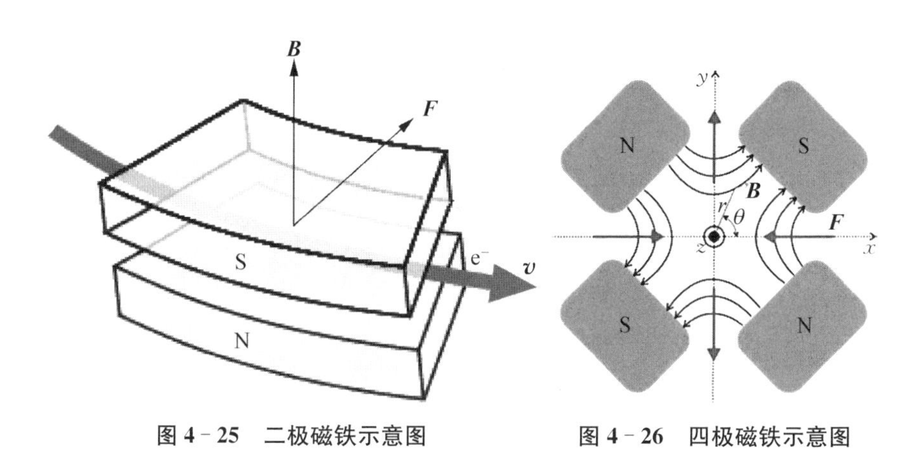

图 4-25　二极磁铁示意图　　图 4-26　四极磁铁示意图

4.6.2　高频技术

高频系统是同步加速器的重要组成部分之一。高频系统又称射频(RF)系统，主要作用是补充电子的同步辐射能量损失。束流从高频系统中获得能量，用以补偿因同步辐射造成的能量损失，获得纵向聚束电压以保证接受度，维持一定的束流寿命。但同时高频腔的高次模(HOM)将会引起束流的纵向和横向不稳定性，必须很好地加以控制。

高频系统由高频信号源、前级放大器、高频功率源或发射机、高频腔和低电平控制系统等组成。高频腔安装在同步加速器的直线节中。高频腔的类型可以分为常温型和低温超导型。与传统的常温高频腔相比，超导高频腔具有下列优点：① 常温高频腔通常采用无氧铜制造，高频频率为 500 MHz 时，表面电阻约为 6 mΩ。由于超导高频腔工作在超导状态，腔体的直流电阻几乎可以忽略，以铌材料为例，工作温度为 4.5 K，高频频率为 500 MHz，表面电阻约为 100 nΩ，要比常温下的铜的表面电阻低 4～5 个数量级。因此在高频腔形状大致相同的情况下，达到相同的高频电压时，超导高频腔的损耗要比常温高频腔的小得多，也就是说无载品质因数要高得多。根据研究设计，采用 8 个常温高频腔，总高频电压为 4 MV 时，高频腔的高频功率损耗达到了 286 kW。对于 CESR 型超导腔，$R_s/Q=89$ W，当单腔腔压为 1.5 MV 时，单腔功耗为 25 W；当单腔腔压为 1.8 MV 时，单腔功耗为 36 W；当单腔腔压为 2.0 MV 时，单腔功耗为 45 W，3 个超导腔的总腔耗小于 150 W。可以看到，在利用高频功率的有效性方面，超导高频腔远高于常温高频腔。高频功率源提供给超导高频腔的功率几乎全部用来补充束流的功率损失，大大提高了高频功率的利用率，节省了运行费用。② 由于超导高频腔的无载品质因数 Q_0 很高，高达 10^9，在采用较大的束流管道的情况下，仍可以维持很高的基模阻抗，同时降低高次模的阻抗。此外，因为采用了较大的束流管道，可以使高次模功率通过束流管道传播出来，在超导高频腔外用微波吸收材料加以吸收。这样进一步减小高次模的阻抗，从而减小高频腔引起的束流不稳定性。③ 在相同的高频频率下，超导高频腔的单腔加速电压比传统的常温高频腔的更高。通常常温高频腔的单腔加速电压一般是 350～900 kV，而超导高频腔的单腔加速电压一般可以达到 1.5～2.4 MV，是常温腔的 2～3 倍，这样就可以用较少的加速腔来达到所需要的高频电压，减少高频腔对同步加速器直线段的占用。

4.6.3　电源技术

磁铁系统离不开电源系统提供电力。早期的加速器电源受限于技术，多采用模拟电源。目前的电源系统多采用数字电源，提供高精度的直流稳流电源，为同步加速器的各个磁铁和线圈供电，在诸如输出稳定性和控制分辨率等电源性能指标上满足物理要求，在结构布局、电磁兼容性、可靠性和可维护性等方面满足工程要求，在长期可靠性和再现性等方面也有很高的要求。

电源的主要技术指标包括长时间电流回读漂移的稳定性、多次设置电流回读值差异的重复性、整流后残余的工频及谐波分量的纹波、控制和回读的最小步长分辨率等。不同类型的电源标准也不尽相同，通常对二极磁铁和四极磁铁电源的要求较高。

输出电流纹波系数 F_i 的定义如下：$F_i = DI_{p-p}/I_n$。其中，DI_{p-p} 为输出电流纹波峰-峰值，I_n 为电源额定输出电流。由于磁铁铁芯的涡流损耗和真空壁的涡流损耗，实际的磁场波动比相应的电流纹波小。

输出电流的稳定性是电源的最重要指标之一。环境变化对磁铁电源输出电流会产生影响，这些变化包括磁铁和电缆阻值的变化、电网的波动、调节电路及反馈器件的温度漂移等。影响稳定性的主要因素是设定和反馈及调节器本身由于温度变化而引起的温度漂移。采用数字电流反馈调节技术，输出电流的稳定性和输出电流的再现性只与 A/D 转换器有关，可以有效地提高电流稳定性指标。

将电源设备包括控制电路关机一段时间后重新开机，在相同的电流设定值下，输出电流同关机前的电流值可能有所差别。这个差别与额定电流的比值称为电源再现性。

电源的控制分辨率主要由电流反馈的 A/D 转换器的有效位数决定。对高精度 A/D 转换，其指标主要是有效位数和温度稳定特性，其温度稳定特性又取决于参考电压源的性能。为获得高精度、低漂移的电流反馈，电流取样部件和 A/D 转换器件通常需要温度控制。

电网扰动的影响与电源的类型及调节器的响应速度有关。直流源技术和开关电源技术的结合对抑制电网波动的影响有较好的作用。

4.6.4 真空技术

同步加速器真空系统设计的目标是尽可能满足同步辐射实验对高品质同步辐射的需求，如光通量下降速率尽可能小、束流的高稳定性和高供光效率等，由此确定了环真空系统的基本要求。同步加速器的真空系统提供束流超高真空环境，典型的束流运行状态的动态真空度约为 10^{-7} Pa，静态真空再提高 1 个数量级。同步加速器对真空系统的基本要求如下：① 很低的动态压强；② 很低的束流室阻抗，降低束流不稳定性，达到最大流强；③ 较高的真空室形状和位置精度，较高的热稳定性和机械稳定性，满足束测和束流稳定性的要求；④ 萃取合适光束输入光束线，安全吸收废弃的同步辐射并转移到真空室外；⑤ 安装新插入件时真空系统不必进行重大改造，留有持续发展的余地；⑥ 性能可靠、费用合理、维护方便。同步加速器物理要求规定了真空系统的工程设计目标和任务，真空系统和其他系统的关系制约了真空系统的设计，它们构成了真空系统的设计依据。

真空系统主要是由连通在一起的多段真空室组成，使用分子泵、离子泵等真空泵获得超高真空，使用真空规测量当前真空度。同步加速器真空系统一般选用带有真空前室(antechamber)的真空室，真空室包括束流室和真空前室，储存束流在束流室运行，真空泵和光子吸收器等设备与真空前室连接，束流室和真空前室之间设有狭缝。这样设计的真空前室有利于降低光子和二次电子对束流的影响，也能高效地降低动态真空度。

真空室由束流室和真空前室形成双真空室结构，两者由光束狭缝相连，光束狭缝兼有通过光束、隔离高频、对束流室抽气三个功能。双真空室使低发射度同步加速器允许采用的小截面束流室得以实现，既保证量子寿命足够大，又减小了磁铁体积，并解决了小弯转角二极磁铁的电子束与同步辐射光束分束难的问题，使位于磁铁外侧的抽气室、泵、吸收器等不与磁铁抢占空间，避开了磁铁的制约。泵和吸收器安装口开在抽气室上，解决了小截面束流室纵向流导小的问题，适应长束流寿命、低动态压力、高光电解析气载和真空泵数量多的要求，并可避免同步辐射直接轰击室壁，又不破坏束流室内壁平滑。

吸收器是同步加速器真空系统的重要部件。它们要吸收全部不用的同步辐射光，并安全转移到真空室外，同时作为引出光束的准直器，也是光电解析气载的主要发生源。光子吸收器主要用于吸收未通过引出孔进入光束线的高同步辐射功率密度光子，避免这些光子直接打到真空室壁上，造成真空室在短时间内熔化。

4.6.5　机械技术

加速器主体机械系统由磁铁、真空室、束测元件、高频腔、支架等工艺设备组装而成，是一个十分复杂且具有高精度定位要求的组合机械系统。该系统与光束线、公用设施、建筑结构直接关联。机械系统总体设计、总体安装及准直必须在综合考虑机械系统内部之间及与相关系统之间的这种复杂关系的基础上进行，它既受到关联系统的限制，同时也在很大程度上影响着其他系统的设计。

机械总体设计是在加速器物理设计基础上进行的，同时受到相关系统设计的限制，对机械总体设计的基本要求如下：① 关键元件的位置、尺寸满足加速器物理设计的要求；② 关键元件满足物理提出的机械稳定性要求；③ 系统内部元件间及不同系统元件间不能发生静态或动态干涉；④ 加速器系统与光束线、公用设施、建筑相互协调；⑤ 加速器元件在任何运行状态下必须是安全的，不能发生事故性元件损伤；⑥ 元件的结构、尺寸精度在目前的加工技术上能够实现；⑦ 元件的调节机构满足准直精度要求；⑧ 易于安装，并尽量缩短现场安装时间；⑨ 便于维护，在必要时能够较方便地拆卸、更换；⑩ 充分考虑并预测同步辐射加速器的发展与要求，留有发展余地。

引起加速器元件的位置不稳定的因素有三个方面，包括不可恢复位移、热位移及振动位移：① 地面沉降、地板应力释放、支撑系统应力释放等因素引起的元件位置改变是不可自主恢复的。除通过地板结构设计、支撑结构设计优化和采取一定的工艺措施使其变化量尽量小外，只有通过定期调整来保证加速器元件状态。② 由于隧道环境温度波动、冷却水温度波动、同步辐射功率改变等因素引起的元件位置改变，其周期在小时及10小时量级。除在公用设施设计中提高冷却水和空调的温度稳定性、采取恒流注入模式运行等措施外，在机械总体设计中，也要充分考虑提高机械稳定性的措施，如在降低支架结构的温度敏感性，提高支撑系统的温度稳定性，提高机械结构的位置恢复能力等方面加以重点考虑，并通过工艺措施来实现。③ 加速器元件的振动是影响束流稳定性的另一个重要因素。在加速器中，引起元件振动的主要因素有地面振动通过支架传递到元件上、冷却水通过加速器元件时引起的振动等。在机械总体设计及支撑系统、真空系统、磁铁系统、冷却系统设计中必须逐个明确可能引起机械振动的相关因素，并针对其采取切实有效的措施加以控制。特别是对于大地振动的传递，必须结合加速器现场的大地振动具体情况，采取针对性措施：首先避免加速器组件发生共振，其次考虑采取振动阻尼结构，以最大限度地降低共架结构对地面振动的放大效果。对于稳定性要求特别高的元件，考虑对其进行微振动实时监测，并将监测数据反馈到束流控制中。

同步辐射加速器主体由大量单个元件设备组装而成，其中磁铁、束流位置探测器等设备的定位精度直接关系到束流性能与稳定性，加速器的物理设计对其提出了非常高的就位精度及位置稳定性要求。大尺寸、狭长环形空间内的设备精确就位存在很大难度，对准直测量提出了非常高的要求。首先需要在特定空间内采用特殊技术措施，建立起准直测量控制网，并对测量网进行理论分析，通过优化来完善网形结构以获得高精度准直网，为设备的精确就位打下基础。在元件准直基准转移中，需要设计高精度的测量工装，选择合理转移方案，并充分利用测量设备优势，力求最大限度地减小中间误差。在设备安装准直中，需要制订严密的准直测量方案，严格控制操作工艺，减小人为因素带来的误差，并通过对各个环节的控制来提高准直测量精度及可靠性。

加速器准直测量的主要任务是采用适当的测量、定位技术，保证加速器部件的定位精度满足公差要求。加速器准直的主要工作如下：① 设计并建立高精度的测量控制网；② 对控制网进行精密测量并经平差计算后得到各网点的坐标值；③ 设计各类元件精密就位的测量方案；④ 标定各类磁铁的测量基准点相对于其磁中心的位置；⑤ 加速器部件（各类磁铁、高频腔、注入部件、各种束测部件及真空室、插入件等）及其支架安装在隧道地面上，根据各部件测量基准点的理论位置，以控制网点为基准对相应的加速器部件进行测量、准直、精确定位；⑥ 加速器建成后，地面的不均匀沉降、地下水位的变化等因素引起的地面运动，将导致磁铁等部件的缓慢移动，从而影响加速器的稳定性，因此还要确保定期监测控制网、定期进行元件监测和准直。

加速器元件标定的目的是建立准直靶标和元件自身几何中心或者物理中心的位置关系，在安装时通过准直元件上靶标的位置，实现元件的几何中心或物理中心与束流中心重合。在元件的设计与制造中，已经根据准直测量的要求将准直靶标设置在所要求的位置。在设备安装前，通过一定的方法并结合设备的测试，建立每个元件的几何中心或物理中心与靶标间的定量关系，按照一定的精度要求将其转移到靶标上。

为了减小外界振动对加速器元件的影响，必须采取隔振[43]措施，隔振可分为两类：一类是积极隔振，即用隔振器将振动着的机器与地基隔离开，减小振源；另一类是消极隔振，即将需要保护的设备用隔振器与振动着的地基隔离开。这里说的隔振器是由一根弹簧和一个阻尼器组成的模型系统。在实际应用中隔振器通常选用合适的弹性材料及阻尼材料，如木材、橡胶、充气胶垫、沙子、树脂水泥等。积极隔振是将振源隔离，防止或减小传递到地基上的动压力，从而抑制振动对周围环境的影响。对于支架而言，重点是消极隔振。消极隔振是将需要防振的物体与振源隔离开，防止或减小地基运动对物体的影响。

4.6.6　脉冲技术

同步加速器脉冲技术主要指注入和引出技术。第三代光源通常采用离轴注入技术，注入束轨道和储存束轨道分离。注入元件一般由若干块冲击磁铁和切割磁铁组成，所有冲击磁铁和切割磁铁置于长直线节。束流经高能输运线传输后，通过切割磁铁注入同步加速器，与此同时储存束在冲击磁铁的作用下形成一定高度的凸轨，将注入束流纳入同步加速器的接受度范围内。凸轨高度、切割板位置及注入束位置是影响环注入效率的最主要的参数。

注入引出切割磁铁的类型有常规脉冲型、直流型和涡流板型等。近十年发展起来的涡流板切割磁铁与常规磁铁比较，具有结构简单的特点，尤其是适合于用来制作薄切割磁铁。在采用适当的磁屏蔽措施后(磁芯屏蔽和束流真空管屏蔽)，涡流板切割磁铁的积分漏场可以减小为 100 mT·m 以下。与直流磁铁比较，涡流板脉冲磁铁的电源平均功率非常小(小于 1 kW，直流磁铁功率在 40 kW 以上)。随着电源技术的提高，涡流板切割磁铁的稳定性也可以达到 0.1%。

冲击磁铁设计中的一个前提条件是束流阻抗要小。为减小束流阻抗，通常采用陶瓷真空室+铁氧体磁轭的方案。陶瓷真空室的制作难度高，要求内壁镀膜薄且平整，承受热负荷能力强，这将成为要着重解决的技术关键之一。为了减小注入元件布局的长度，冲击磁铁采用了较高的磁通密度，因此选择合适的快响应、高饱和磁通密度的铁氧体磁芯也将是冲击磁铁研制需要解决的问题。

冲击磁铁的磁场波形选用半正弦波，有利于将脉冲磁铁磁场的频率与束流的结构频率拉开，同时也可使陶瓷真空室的镀膜厚度适当加大。磁场建立时刻的时间稳定性也是冲击磁铁的重要指标。时间的不稳定性来自多方面，其中氢闸流管的触发导通延迟时间的漂移是主要因素。在冲击量的误差分配中，时间不稳定性是重要成分，它对提高脉冲幅度稳定性和场分布均匀性非常重要。幅度重复稳定性要求优于±0.5%。

冲击磁铁的铁氧体陶瓷真空室方案的核心问题是陶瓷真空室的制备。难点不仅是陶瓷真空室本身，更重要的是真空室内表面的金属镀层及两端的金属法兰。金属镀层的第一个作用是减少束流的纵向阻抗。金属膜的厚度要厚到足以将束流的磁场包容在真空室内，具体的厚度选取与束团间隔时间有关。在多束团的情况下，其束团重复频率远高于冲击磁铁脉冲磁场的频率，比较容易设计一个适当的厚度，既允许脉冲磁场几乎没有衰减地穿过，又能将束流的电磁场很好地屏蔽掉。单束团的情况则不然，束团的重复频率与脉冲磁场的频率相当，甚至还要低(脉冲磁场的高频部分约为 2 MHz)，从理论上分析得不到满意的厚度。但世界上许多实验室的运行经验表明可以按多束团的情况设计。

厚度的选取除了必须考虑金属镀层对脉冲磁场的影响和对束流的电磁场屏蔽外，还必须考虑在金属镀层中因镜像电流的欧姆热损耗和因脉冲磁场感应的涡流热损耗所产生的总热量。金属镀层由于处于强电磁场和高电流密度的条件下，还必须保证均匀性、一致性和整体性，否则会出现打火、跳弧现象甚至损坏。

考虑到设计、加工和运输安装的方便，在满足物理要求的前提下，注入储存环的高能输运线束流通常由一块或两块切割磁铁实现偏转。注入切割磁铁选用涡流型切割磁铁，主要考虑其切割板可做得比较薄，相对而言结构较简单，容易满足真空结构和要求。

为降低漏场，薄切割磁铁采用了以下措施[43]：① 将磁铁设计成曲率半径等于束流偏转半径的弧形；② 考虑到注入对平顶的要求和脉宽对硅钢片厚度选取的影响，我们选用了脉冲底宽较窄的半正弦波脉冲电流励磁。

4.6.7　束流测量技术

束流测量系统用于测定和优化同步加速器各种物理参数，并通过多种反馈控制技术来满足用户对高稳定束流的要求。束流测量系统由多种束流探头、信号预处理电子学装置及数据采集和处理装置组成，实现对束流的位置、流强、截面、横向振荡频率等各种参数精确测量。

近年来发展起来的各种新技术，特别是数字化技术，已经在国内外的大型加速器和同步辐射光源上得到广泛应用，包括现场可编程逻辑器件(FPGA)、高速数字信号处理(DSP)及高速反馈技术、高速光纤通信网技术等。通常沿着同步加速器会设多个测量本地站，各种束流探头检出信号后，送到测量本地站进行分析处理，实现对有关机器参数的监测和控制。

束流测量系统的设计[43]遵循以下几条基本原则：① 满足长期稳定运行需求；② 宽量程、高灵敏度，满足初调时弱信号处理的要求；③ 满足在机器研究时的特殊需要。所有这些测量本地站都集成在实验物理及工业控制系统(EPICS)环境中，实现与整个加速器控制系统的数据连接。束流测量本地站的电子学插件由各种射频与微波电子学、高速 A/D 和 D/A 模块、数字滤波器以及各种常规电子设备等组成。

同步加速器束流位置测量系统包括闭轨位置测量、逐圈(turn-by-turn)位置测量和首圈(first turn)位置测量三大部分，由纽扣型(BPM)、前端电子学和数据采集系统组成。由于纽扣型束流位置探测器具有耦合阻抗低、占用纵向相空间小、结构简单、造价低等优点，所以在同步加速器上选用了纽扣型束流位置探测器。通常 BPM 的电极安装在真空室的内表面上，真空室的几何结构便决定了 BPM 除电极大小、位置外的其他几何结构。四纽扣型电极对称安装于上下水平面内。在此基础上，要首先对 BPM 的位置灵敏度进行优化设计，一般要求其灵敏度尽可能高，且在 x、y 方向的灵敏度接近。在考虑灵敏度的同时，也需考虑电极输出信号的强度对位置测量的影响。考虑的基本原则是电极输出信号不能太小，必须满足小流强下信号处理电子学对相应带宽内电极输出功率的要求；同时，信号强度也不能太大，必须保证大流强时真空密封结构上的发热在可以接受的范围内。

单圈束流位置测量系统对束流调试起重要作用，而逐圈束流位置测量系统是相空间测量系统、轨道联锁保护系统必不可少的组成部分。在同步加速器中，单圈和逐圈束流位置测量系统从电子学工作方式的角度看是一致的。这两种测量方式的不同之处在于不同信号输入功率所引起的分辨率的差异。单圈束流位置测量系统可以看成是流强很小的单束团运行模式下的逐圈束流位置测量系统。

为了使束流稳定在束团尺寸的 10%以内，需要采用反馈系统[43]控制束流振荡和漂移，采用束流轨道反馈系统稳定束流闭轨位置，采用横向反馈系统稳定多束团横向耦合振荡。束流轨道反馈系统由闭轨位置测量系统、数据处理系统和校正电源控制系统组成。反馈系统根据频率可划分为低速(静态)轨道反馈系统和快速(动态)轨道反馈系统。整个反馈系统的性能直接取决于闭轨位置测量精度、校正子精度、反馈系统跟随频率及跟随精度。由于真空室涡流的影响，其频率响应范围是有限的，因此真空室的频率响应对反馈系统影响最大。加速器需要选用恰当的反馈控制算法，以提高整个系统的跟随频率和精度。目前采用两种反馈控制器的设计方法：① 通过系统辨识得到真空室和校正子的频率响应曲线，然后根据它们设计模拟补偿控制器参数。对于不确定控制对象的参数，同时采用比例-积分-微分(PID)控制器来加以控制，通过模拟系统的设计方法来设计 PID 控制器参数。② 采用模拟滤波器转化为数字滤波器的算法，将真空室补偿控制器和 PID 控制器转换为数字化的控制算法。总之，束流轨道反馈系统是实现束流稳定性指标乃至加速器整体指标的关键系统之一。但是，人们对于设计这样的系统没有很多经验，在技术路线的选择上，尽量采用国内外最新同步光源成熟的设计方案，在兼顾提高系统性能的同时确保整个系统的可靠性。

由于电子同步加速器运行在大流强、多束团模式下，尤其插入件将引起很强的阻抗壁效应，从而产生横向多束团耦合振荡。这样，需要通过束流横向反馈系统抑制束流振荡到束团尺寸的 10%以内。

流强测量系统包括束流直流电流变压器(DCCT)和快速束流变压器(FCT)。其中DCCT是一种束流平均流强的绝对测量手段,并可由此计算束流的寿命。FCT是束流流强的相对测量手段,通过它们可以测量束团的峰值流强和分析束流脉冲结构。FCT输出信号可以直接用示波器测量。

自由振荡频率是机器的重要参数之一。它与束流性能的好坏及束流的稳定性密切相关。其他一些非直接测量参数如包络函数、色品也需要借助于自由振荡频率的测量计算而得到。束流横向自由振荡频率与回旋频率比值一般大于1,因此可以写成$Q=m+q$的形式,m为整数部分,q为小数部分。所谓自由振荡频率测量即是对Q值小数部分q的测量,m可以由逐圈的束流位置测量系统得到。

在同步加速器中,阻挡型的荧光靶截面测量仅用于束流的单圈测量,并趋向于由同步光截面测量和BPM测量来替代。另外,为提高束流的稳定性,减小由荧光靶引起的束流阻抗成为荧光靶截面测量设计的重点,目前仅在注入点处放置一个截面测量探测器。理想的荧光靶材料应具有很好的真空特性(低的出气率)、高发光效率和很强的抗辐射能力。

同步光束流诊断系统主要用于对同步加速器中电子束流的截面、束团长度(或称束长)等特性参数进行非破坏性测量。尤其对于第三代同步辐射光源,极小的发射度和极短的束长都只能通过光学手段进行检测。同步光束流诊断系统将有如下应用: ① 在同步加速器调束初期,定性观测单圈束流的注入、俘获和累积过程;② 在机器运行周期中,精确测量束流横向截面分布和发射度;③ 在机器运行周期中,精确测量束团长度;④ 在机器研究周期中,研究电子束流的横向及纵向动力学。根据机器调试和机器研究不同阶段的具体要求,同步光监测系统的建立也将分两个阶段进行。第一阶段采用同步加速器二极磁铁中引出的550 nm波段的可见光,建立一个包括常规电荷耦合器件(CCD)、快速光电二极管/实时示波器、光电倍增管(PMT)/微通道板(MCP)在内的综合监测平台,主要用于完成调试初期的同步辐射束斑监测、弱流强测量、束团长度粗测等任务。第二阶段可考虑在可见光监测平台上加装条纹相机及空间干涉仪,以实现束团长度和截面的精细测量;同时安装调试在另一个二极磁铁同步光引出口处的X射线针孔相机,以实现束团截面的实时监测。

为了满足以上测量要求,同步光束流截面诊断系统包括可见光的同步光测量装置和X射线同步光测量装置,这两个装置安装在两块偏转磁铁的后面。在同步加速器的调试阶段,电子束流流强较小,并且束流位置变化比较大,可用可见光同步辐射探测器监视同步加速器中的电子束。另外，通过使用条纹相机，可以测量电子束团长度。由于束流截面比较小，受衍射误差、曲轨畸变误差、景深误差的影响，直接采用可见光聚焦成像的办法难以精确测量电子束截面。因此，同步辐射可见光直接成像只能用作运行束团的光斑监测及初期的辅助调机工具。而精确测量电子束的截面必须加装空间干涉仪进行间接测量，或是采用同步辐射中的硬 X 射线来测量。

参考文献

[1] Veksler V I. A new method of accelerating relativistic particles [J]. Journal of Physics, 1944, 43(8): 346 - 348.

[2] McMillan E M. The synchrotron-a proposed high energy particle accelerator [J]. Physical Review, 1945, 68(5 - 6): 143.

[3] 刘祖平.同步辐射光源物理引论[M].合肥：中国科学技术大学出版社，2009.

[4] Mclachlan N W. The theory and application of mathieu functions [M]. Oxford: Clarendon Press, 1951.

[5] Wiedemann H. Particle accelerator physics [M]. Berlin Heidelberg: Springer Verlag, 1993.

[6] Gerald D. Introduction to accelerator physics: lecture 5, 6, 10 [R]. Los Angeles: USPAS, 2002.

[7] Livingood J J. Principles of cyclic particle accelerators [M]. New York: D. van Nostrand Company, 1961.

[8] Gerald D. Introduction to accelerator physics: lecture 20, 26 [R]. Los Angeles: USPAS, 2002.

[9] Jackson J D. 经典电动力学(下)[M].朱培豫，译.北京：人民教育出版社，1980.

[10] Sands M. The physics of electron storage rings [R]. Menlo Park: SLAC, 1970.

[11] Koch E E, Sasaki T, Winick H. Handbook on synchrotron radiation [M]. Amsterdam, The Netherlands: North Holland, 1983, 1A: 104.

[12] Winick H, Bienenstock A. Synchrotron radiation research [J]. Annual Review of Nuclear and Particle Science, 1978, 28: 33 - 113.

[13] Murphy J. Synchrotron light source data book [M]. New York: Brookhaven National Laboratory, 1990.

[14] 金玉明.电子储存环物理[M].合肥：中国科学技术大学出版社，2001.

[15] Robert A. Low emittance lattices [R]. Geneva: CERN 95 - 06, 1995, I: 147.

[16] Lee S Y. Accelerator physics [M]. 2nd Edition. Singapore: World Scientific Publishing Co. Pte. Ltd., 2004.

[17] Farvacque L, Carmignani N, Chavanne J, et al. A low-emittance lattice for the ESRF [C]//The 4th International Particle Accelerator Conference (IPAC 2013), Shanghai, China, 2013.

[18] Li C L, Feng C, Jiang B C. Extremely bright coherent synchrotron radiation production in a diffraction-limited storage ring using an angular dispersion induced microbunching scheme [J]. Physical Review Accelerators and Beams, 2020, 23: 110701.

[19] 赵籍九,尹兆升. 粒子加速器技术[M]. 北京: 高等教育出版社,2006.

[20] Dinkel J, Hanna B, Jensen C, et al. Development of a high quality kicker magnet system [R]. Chicago: Fermilab, FER - MILAB_TM_1843, 1993.

[21] Edwards D A, Syphers M J. An introduction to the physics of high energy accelerators (chapter 2, 3) [M]. New York: John Wiley & Sons, Inc. , 1993.

[22] Aiba M, Boge M, Marcellini F, et al. Longitudinal injection scheme using short pulse kicker for small aperture electron storage rings [J]. Physical Review Special Topics Accelerators and Beams, 2015, 18: 020701.

[23] Xiao A, Borland M, Yao C. On-axis injection scheme for ultra-low-emittance light sources [C]//Proceedings of the North American Particle Accelerator Conference, Pasadena, California, 2013.

[24] Wang K, Li C L, Bai Z H, et al. Longitudinal injection scheme for an ultra-low-emittance storage ring light source with a sine wave kicker [J]. Radiation Detection Technology and Methods, 2019, 3: 61.

[25] 刘乃泉. 加速器理论[M]. 2版. 北京: 清华大学出版社,2004.

[26] Hou J, Tian S Q, Zhang M Z, et al. Studies of closed orbit correction and slow orbit feedback for the SSRF storage ring [J]. Chinese Physics C, 2009, 33(2): 145.

[27] Safranek J. Experimental determination of storage ring optics using orbit response measurements [J]. Nuclear Instruments and Methods in Physics Research Section A, 1997, 388(1 - 2): 27 - 36.

[28] Chao A. Nonlinear dynamics in accelerator physics [J]. Chinese Journal of Physics, 1992, 30(7): 1013.

[29] 田顺强. 上海光源储存环非线性优化研究[D]. 上海: 中国科学院上海应用物理研究所,2009.

[30] Laskar J. The chaotic motion of the solar system: a numerical estimate of the size of the chaotic zones [J]. International Journal of Solar System Studies, 1990, 88 (2): 266.

[31] Dumas S H, Laskar J. Global dynamics and long-time stability in Hamiltonian systems via numerical frequency analysis [J]. Physical Review Letters, 1993, 70: 2975 - 2979.

[32] Robin D, Steier C, Laskar J, et al. Global dynamics of the advanced light source revealed through experimental frequency map analysis [J]. Physical Review Letters, 2000, 85(3): 558 - 561.

[33] 焦毅. FMA在环形加速器动力学分析中的应用[D]. 北京: 中国科学院研究生院,2008.

[34] Chao A W. Physics of cellective beam instabilities in high energy accelerators [M].

New York: John Wiley & Sons, Inc., 1993.

[35] Gerald D. Introduction to accelerator physics: lecture 2026 [R]. Los Angeles: USPAS, 2002.

[36] Chao A W. Beam instabilities, physics and engineering of high-performance electron storage rings and applications of superconducting technology [M]. Singapore: World Scientific Publishing Co. Pte. Ltd., 2002.

[37] Heifets S, Ko K, Ng C, et al. Impedance study for the PEP - Ⅱ B-factory [C]// KEK Proceedings 96 - 6, Ibaraki, 1996.

[38] Robinson K W. Stability of beam in radio frequency systems [J]. Cambridge Electron Accel, CEAL - 1010, 1964.

[39] Bocchetta C J. Lifetime and beam quality [R]. Geneva: CERN, 1998.

[40] Wiedemann H. Particle accelerator physics, basic principles and linear beam dynamics [M]. Berlin Heidelberg: Springer Verlag, 1993.

[41] Duff J L. Current and current density limitation in existing electron storage rings [J]. Nuclear Instruments and Methods in Physics Research Section A, 1985, 239 (1): 83 - 101.

[42] Bernardini C, Touschek B. Lifetime and beam size in a storage ring [J]. Physical Review Letters, 1963, 10(9): 407 - 409.

[43] 上海光源.上海光源国家重大科学工程设计报告[R].上海:中国科学院上海应用物理研究所,2006.

[44] Ropert A. High brilliance lattices and the effects of the insertion devices [R]. Geneva: CERN, 1990.

[45] Wiedemann H. Particle accelerator physics [M]. Berlin Heidelberg: Springer Cham, 1993.

第 5 章
电子直线加速器物理

1924 年，瑞典物理学家 G. Ising[1] 首次提出了利用交变电场加速粒子的加速原理，四年后，挪威物理学家 R. Wideröe[2] 根据 G. Ising 提出的加速原理，首次建成了一台直线加速器，将钾离子加速至具有 50 keV 的能量，成为基于射频技术的现代直线加速器的雏形。在第二次世界大战中，雷达技术的发展带动了高功率射频技术的发展，自此之后，基于射频技术的直线加速器得到了快速发展。起初电子直线加速器主要采用 S 波段(约 3 GHz)射频技术，后续又进一步发展了基于 L 波段(1.3 GHz)射频技术的超导电子直线加速器和基于更高频率如 C 波段(约 6 GHz)和 X 波段(约 12 GHz)的常温高梯度电子直线加速器。这些电子直线加速器在自由电子激光、同步辐射光源和电子直线对撞机等大科学装置中得到广泛应用。

本章主要介绍电子直线加速器的基本原理，详细内容可以参考相关资料[3-8]。

5.1 电子直线加速器物理基础

电子直线加速器物理基础主要包括电子束的射频加速原理、纵向运动和横向运动。

5.1.1 电子直线加速器的加速原理

用于自由电子激光装置的常温直线加速器通常基于行波加速原理，如图 5-1 所示，由若干数量的行波加速结构串联组成。在行波加速结构中，传输波长为 λ 的电磁场沿着束流方向 $+z$ 行进，在轴线位置只激励束流方向的电场 E_z，用于加速电子束团[3-6]。

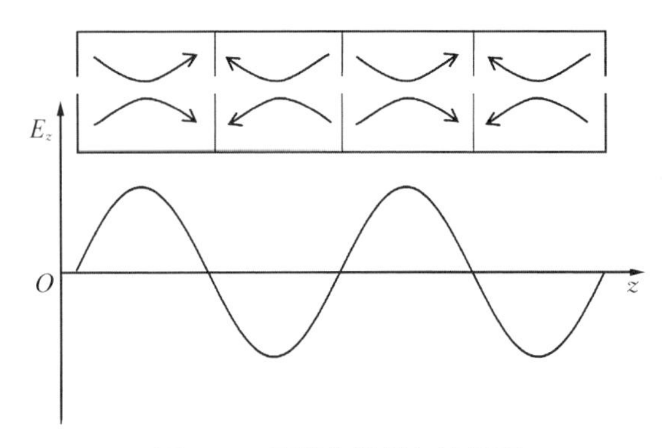

图 5-1 直线加速器加速原理

行波加速结构中，轴向电场表达式如下：

$$E_z(z,\ t)=E_z(z)\cos\left[\omega t-\int_0^L k(z)\mathrm{d}z+\phi\right] \tag{5-1}$$

式中，ω 是电磁场的谐振角频率，k 是电磁场的波数。这样，在行波加速结构中电磁场的相速度 $v_\mathrm{p}=\omega/k$。在电子直线加速器中，当电子速度 v 与相速度 v_p 一致时，电子才可以得到持续有效的加速。电子的静止能量只有 0.511 MeV，在加速过程中可以很快接近光速。在用于 FEL 的电子直线加速器中，注入器出口的电子束非常接近光速，因此在后续的主加速器中，行波加速结构的相速度都设计成光速，这样就可以持续有效地加速电子束。

在 FEL 直线加速器中，电子束团长度只有皮秒(ps)量级，在一个电磁场谐振周期中，占据的相位长度很短，因此在加速相位区间，电子束的电磁场相位可以保持不变，与电磁场保持同步。在式(5-1)中，右边的 $\omega t-\int_0^L k(z)\mathrm{d}z$ 等于 0，因此电子束获得的加速电压表达为式(5-2)，电子束获取的能量与其初始相位 ϕ 和行进的距离 L 有关。

$$V=E_z(z,\ t)L=E_z(z)L\cos\phi \tag{5-2}$$

用于自由电子激光装置的超导直线加速器通常基于经典的 9-cell 超导腔，利用驻波微波电场加速电子束团。与行波加速原理有所区别，驻波加速结构内部的加速电场只有时间相位，没有空间相位。电子束的加速原理可以由下式表达：

$$E_z(z,\ t)=E(z)\sin(\omega t+\phi) \tag{5-3}$$

因此，电子束团在驻波加速电场中的加速相位随时间产生变化，经过一个加速腔所获得的电压不仅与行进距离 L 有关，还与电子束团经过 L 的渡越时间有关，具体如下式所示：

$$V = E_0 TL\cos\phi \tag{5-4}$$

式中，T 为渡越时间因子，可以表达为

$$T = \frac{\int_{-\frac{L}{2}}^{\frac{L}{2}} E(z)\sin\left(\frac{2\pi z}{\beta\lambda}\right)\mathrm{d}z}{\int_{-\frac{L}{2}}^{\frac{L}{2}} |E(z)|\,\mathrm{d}z} \tag{5-5}$$

5.1.2　电子直线加速器的纵向运动

电子直线加速器中的电子分布在一定的纵向空间内形成电子束团，电子束团在一定的电磁场相位上保持稳定加速，如图 5－2 所示。其中，同步电子在加速过程中的速度 v 与电磁场相速度 v_{p} 保持一致，所处相位保持不变；电子束头部电子处于相对较低的相位，所感受的加速电场强度低，因此相对同步电子处于减速状态，逐渐落后并缩小与同步电子的距离；电子束尾部电子处于相对较高的相位，所感受的加速电场强度高，因此相对同步电子处于加速状态，逐渐追上并缩小与同步电子的距离。上述同步电子、头部电子和尾部电子的运动状态形成了电子束团在加速过程中稳定的纵向运动特征。

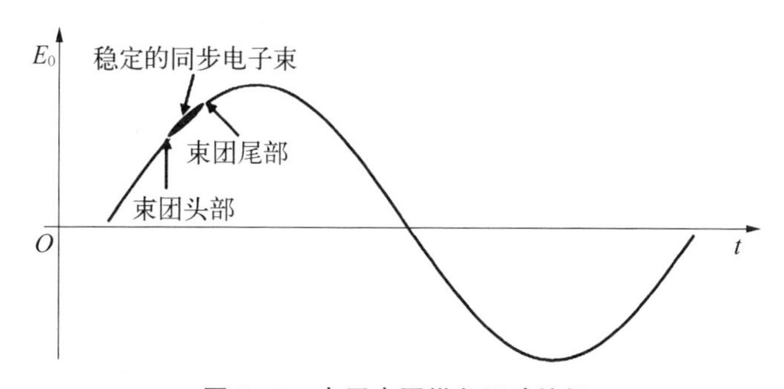

图 5－2　电子束团纵向运动特征

图 5－2 描述的电子直线加速器电子束团纵向运动特征与 4.1 节中描述的电子同步加速器的纵向运动类似。根据电子直线加速器的电子束团纵向运动特征和式(5－2)和式(5－4)的加速原理，可以获得电子纵向运动方程：

$$\gamma_{\mathrm{s}}^3\beta_{\mathrm{s}}^3\,\frac{\mathrm{d}^2(\phi-\phi_{\mathrm{s}})}{\mathrm{d}s^2} + 3\gamma_{\mathrm{s}}^2\beta_{\mathrm{s}}^2\left[\frac{\mathrm{d}}{\mathrm{d}s}(\gamma_{\mathrm{s}}\beta_{\mathrm{s}})\right]\left[\frac{\mathrm{d}(\phi-\phi_{\mathrm{s}})}{\mathrm{d}s}\right] +$$

$$2\pi \frac{qE_0 T}{mc^2 \lambda}(\cos\phi - \cos\phi_s) = 0 \tag{5-6}$$

式中，γ_s、β_s、ϕ_s 分别为同步粒子的归一化能量、参考粒子的归一化速度、参考粒子的相位，ds 为本地坐标系下电子在束流运动方向偏离参考粒子的距离，λ 为电磁场的传输波长。在电子直线加速器中，电子束基本处于光速，且能量增益较为缓慢，则 $E_0 T$、φ_s 和 $\gamma_s\beta_s$ 可以视为不变常量，代入下列系数转换：

$$w = \frac{W - W_s}{m_0 c^2}, \quad A = \frac{2\pi}{\gamma_s^3 \beta_s^3 \lambda}, \quad B = \frac{qE_0 T}{m_0 c^2} \tag{5-7}$$

经转换后，电子束团的纵向运动可以表示为

$$\frac{Aw^2}{2} + B(\sin\phi - \phi\cos\phi_s) = H_\phi \tag{5-8}$$

式(5－8)左边第一项为电子束动能，即电子与同步电子的动能差；左边第二项为电子束势能；右边为常量。根据式(5－8)可以描绘出电子束团纵向运动轨迹图 5－3，与图 4－1 类似，其中稳定运行的轨迹类似鱼的形状。图 5－3 中的下图表示电子束势能 U_ϕ 随相位的分布，在 $-\pi \leqslant \phi_s \leqslant 0$ 范围存在势阱，当 $-\pi/2 \leqslant \phi_s \leqslant \pi/2$ 时电子可以被加速，因此在 $-\pi/2 \leqslant \phi_s \leqslant 0$ 范围内存在稳定的纵向运动，可以同步地加速电子束。图 5－3 下图中的 $\phi_2 \leqslant \phi \leqslant -\phi_s$ 表示稳定的纵向运动加速区域。通过图 5－3 的纵向相空间可知，当 $\phi = -\phi_s$ 时，其导数 $\phi' = 0$，$w = 0$，因此 $H_\phi = B(\phi_s\cos\phi_s - \sin\phi_s)$。

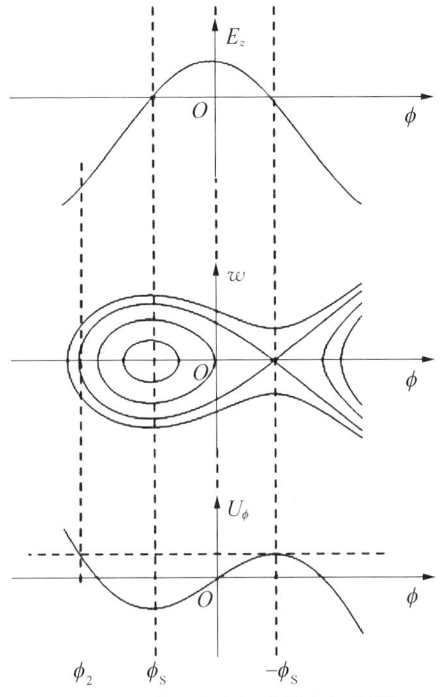

图 5－3　电子直线加速器电子束团纵向相空间振荡图

传统电子直线加速器具有聚束系统，其作用是将电子枪发出的电子束流进行纵向聚束，如将热阴极电子枪的连续宏脉冲束流聚束为微脉冲，并加速至相对论速度。为了提高电子束团的电荷量和俘获效率，通常采用二级聚束系统，其由次谐波预聚束器和聚束管组成，分别实现预聚束和主聚束功能。在聚束系统中，电子束团纵向运动满足：

$$\frac{\mathrm{d}E}{\mathrm{d}z}=-e\frac{V_{\mathrm{g}}}{L_{0}}\sin\phi$$
$$\frac{\mathrm{d}\phi}{\mathrm{d}z}=\frac{2\pi}{\lambda}\left(\frac{1}{\beta_{\mathrm{e0}}}-\frac{1}{\beta_{\mathrm{e}}}\right) \tag{5-9}$$

式中，e 为电子电量，V_{g}为谐振腔体的间隙电压，L_0为谐振腔体长度，ϕ 为参考粒子的微波相位，β_{e0} 和 β_{e} 分别为参考粒子和所关注的电子的速度与光速的比值。

5.1.3　电子直线加速器的横向运动

第 2 章详细描述了电子束在磁阵列结构中的横向运动原理，相关的横向运动公式如式(2-4)、式(2-5)所示。电子直线加速器的横向运动不仅包含四极磁铁内的横向运动，还体现在行波加速结构内部产生的横向 RF 聚焦和散焦力上。如图 5-4 所示，在加速结构的加速间隙两端，加速电场不再平行于轴线，因此在入口处，偏轴部分的电子会感受到电场聚焦力；同理，在出口处，偏轴部分的电子会感受到电场散焦力。在加速场作用下电子束出口能量高于入口能量，出口处感受到的散焦作用要弱于入口处的聚焦作用，因此总体效果表现为聚焦效果。这种综合 RF 聚焦效果在低能量电子束加速过程中表现得尤为明显，而在电子束进入高能区域后，这种综合 RF 聚焦效果则逐渐减弱。

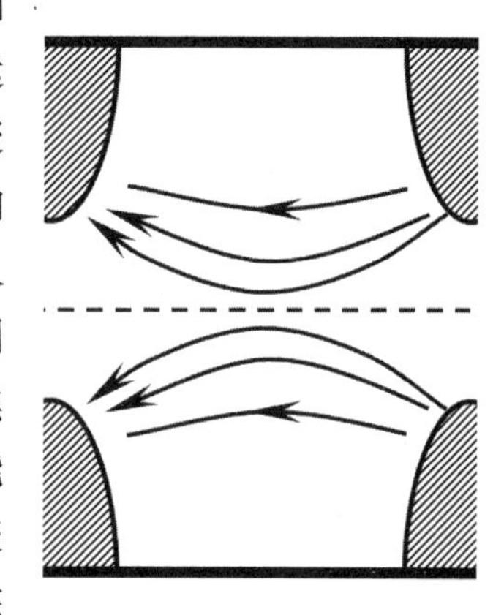

图 5-4　加速结构加速间隙的 RF 电场线

在式(2-4)、式(2-5)的基础上，增加行波加速结构的 RF 横向作用，则电子直线加速器的束流横向运动方程为[4]

$$\frac{\mathrm{d}^2x}{\mathrm{d}\tau^2}+[\theta^2F(\tau)+\Delta]x=0 \tag{5-10}$$

式中，$\theta^2=q\beta G\lambda^2/\gamma mc$，是一个无量纲参数，表征四极磁铁的聚焦力或者散焦力强度；$\Delta=\pi qE_0T\lambda\sin\phi/\gamma^3mc^2\beta$，也是一个无量纲参数，表征行波加速结构

的 RF 聚焦力或者散焦力；$\tau=s/\beta\lambda$ 表征归一化的束流纵向坐标；$F(\tau)$ 为周期性特征函数，特征值为 1、0 和 −1，分别表示四极磁铁的聚焦、漂移和散焦状态。因此，式(5-10)左边中括号内第一项表征了由四极磁铁产生的束流横向运动，第二项表征了由行波加速结构 RF 力产生的束流横向运动。

5.2 常温电子直线加速器

常温电子直线加速器基于常温微波技术，已发展了近百年时间，技术成熟，运行稳定，是众多大型直线加速器采纳的装置方案，也广泛应用于自由电子激光装置。在自由电子激光装置中，直线加速器由光阴极注入器和主加速器组成，光阴极注入器将在 5.4 节中详细介绍，本章中常温电子直线加速器特指主加速器，针对其主体结构、常温微波技术和尾场问题等方面展开详细介绍。

5.2.1 常温电子直线加速器构成

常温电子直线加速器主体由多个常温微波加速单元组成，同时结合束流压缩模块、同步定时系统、束测系统、束控系统、磁铁系统、电源系统、真空系统、机械支撑和工艺系统等，组成了完整的电子直线加速器。基于常温微波技术的某自由电子激光装置，如图 5-5 所示。电子直线加速器主要由 1 台 S 波段微波单元、10 套 C 波段微波单元和 2 台 X 波段微波单元组成，还包括了两级磁压缩模块、各类磁铁、真空组件和机械组件等，最终形成了一台复杂有序的庞大装置。

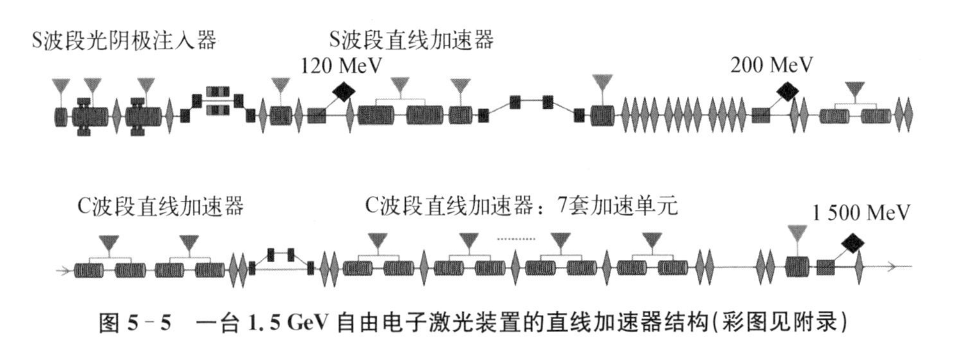

图 5-5 一台 1.5 GeV 自由电子激光装置的直线加速器结构(彩图见附录)

5.2.2 常温微波加速原理

常温电子直线加速器基于常温微波技术，在自由电子激光装置中通常采用基于行波加速原理的微波加速技术。本节将详细介绍微波原理、常温行波加速结构及系统设计等。

1）微波理论及特征参数

常温电子直线加速器的微波系统主要由各类真空微波结构组成，其基本形状为圆波导和方波导，其中类似圆波导的微波结构（加速结构和偏转腔）是其核心组装设备。根据真空内麦克斯韦方程组可以推导得出圆波导的横磁模（TM 模式）和横电模（TE 模式），TM 模式存在纵向电场，可以用于加速结构，TE 模式存在横向电磁力，可以用于偏转结构。

微波结构根据不同的边界条件可以激励不同的电磁场模式，成为特征模式。不同的 TM 模式以 TM_{nm}（当有 3 个边界条件时用 TM_{nmp} 表示）进行表达；同样，不同的 TE 模式按照边界条件个数分别用 TE_{nm} 与 TE_{nmp} 表示。在规则的圆波导中，TM 模式电磁场分布可以表达为

$$\begin{cases} E_z = E_m \mathrm{J}_n(k_c r)\cos[n(\phi-\phi_0)]\mathrm{e}^{-\mathrm{i}k_z z} \\ E_r = -\dfrac{\mathrm{i}k_z}{k_c}E_m \mathrm{J}_n'(k_c r)\cos[n(\phi-\phi_0)]\mathrm{e}^{-\mathrm{i}k_z z} \\ E_\phi = \dfrac{\mathrm{i}nk_z}{k_c^2 r}E_m \mathrm{J}_n(k_c r)\sin[n(\phi-\phi_0)]\mathrm{e}^{-\mathrm{i}k_z z} \\ H_z = 0 \\ H_r = -\dfrac{\mathrm{i}n\omega_0\varepsilon_0}{k_c^2 r}E_m \mathrm{J}_n(k_c r)\sin[n(\phi-\phi_0)]\mathrm{e}^{-\mathrm{i}k_z z} \\ H_\phi = -\dfrac{\mathrm{i}n\omega_0\varepsilon_0}{k_c}E_m \mathrm{J}_n'(k_c r)\cos[n(\phi-\phi_0)]\mathrm{e}^{-\mathrm{i}k_z z} \end{cases} \tag{5-11}$$

式中，E_z、E_r 和 E_ϕ 为柱坐标系中电场在各方向的分量，H_z、H_r、H_ϕ 为柱坐标系中磁场在各方向的分量，J_n 表示 n 阶贝塞尔函数，k_c 和 k_z 分别表示电磁场模式的横向和纵向波数，ε_0 为真空介电常数。根据式(5-11)，可以描绘出不同 TM 模式的电磁场分布，同理可以获得 TE 模式电磁场的分布。图 5-6 展示了比较典型的 TM_{01}、TM_{11} 和 TE_{01} 模式。

式(5-11)中 J_n 为 n 阶贝塞尔函数，并且该模式的本征值与横向和纵向分量满足以下关系：

$$k^2 = k_c^2 + k_z^2 \tag{5-12}$$

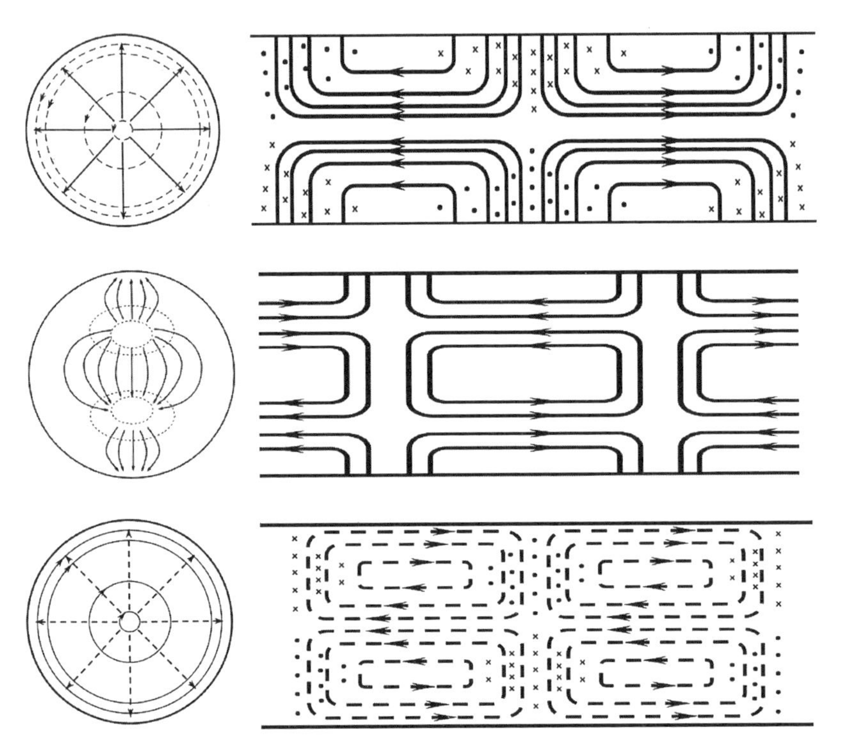

图 5-6　圆波导中的电磁场特征模式(从上到下依次为 TM_{01}、TM_{11}、TE_{01})

要保证 TM_{nm} 模式能够在圆波导中传播,必须满足条件 $k > k_c$,因此存在最低工作频率,称为截止频率,$\omega_c = 1/k_c$。式(5-12)表达了圆波导中电磁场特征模式的色散关系,如图 5-7 所示。在规则圆波导中传输的各类电磁场特征模式的最低工作频率由 k_c决定,随着频率的升高,其斜率无限趋近于光速曲线 $k = k_c$。

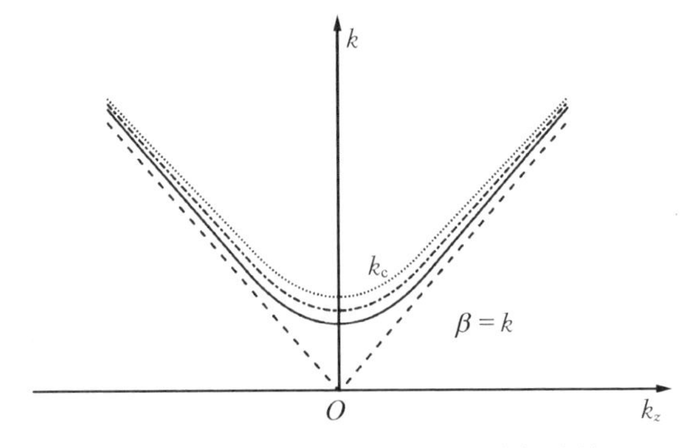

图 5-7　圆波导电磁场特征模式的色散关系

根据截止频率大小将 TM_{nm} 排列，其中最低阶模式为 TM_{01} 模式，也是电子直线加速器中加速结构采用的工作模式。根据式(5－11)可知，TM_{01} 模式电磁场只存在 E_z、E_r 和 H_ϕ 三个分量，如下所示：

$$
\begin{aligned}
E_z &= E_0 J_0(k_{01}r)\cos(k_z z)\exp[i(\omega t+\phi_0)] \\
E_r &= \frac{-k_z}{k_{01}} E_0 J_0'(k_{01}r)\sin(k_z z)\exp[i(\omega t+\phi_0)] \\
H_\phi &= \frac{-ik_z}{k_{01}c} E_0 J_0'(k_{01}r)\cos(k_z z)\exp[i(\omega t+\phi_0)]
\end{aligned} \tag{5-13}
$$

行波加速结构中，根据加速结构的几何尺寸，可以得到相应的本征物理量，包括谐振频率 f、品质因数 Q、相速度 β_p、群速度 v_g、衰减因子 τ、分路阻抗 R_s。

(1) 谐振频率 f　在式(5－11)和式(5－12)中，不同电磁场模式(TM_{nmp} 和 TE_{nmp})的谐振频率 f 都由对应的本征值决定。根据 $k=\omega\sqrt{\varepsilon_0\mu_0}=\dfrac{\omega}{c}$ 可得

$$
f=\frac{ck}{2\pi}=\frac{c}{2\pi}\sqrt{k_c^2+k_z^2} \tag{5-14}
$$

式中，c 为真空中的光速。在圆柱腔中，对于 TE 和 TM 模式，其谐振频率 f 分别为

$$
f_{TM_{nmp}}=\frac{ck}{2\pi}=\frac{c}{2}\sqrt{\left(\frac{p_{ni}}{\pi a}\right)^2+\left(\frac{p}{l}\right)^2} \tag{5-15}
$$

$$
f_{TE_{nmp}}=\frac{ck}{2\pi}=\frac{c}{2}\sqrt{\left(\frac{q_{ni}}{\pi a}\right)^2+\left(\frac{p}{l}\right)^2} \tag{5-16}
$$

式中，p_{ni} 为 n 阶贝塞尔函数的第 i 个根，q_{ni} 为 n 阶贝塞尔函数导数的第 i 个根。由式(5－15)和式(5－16)可得谐振频率与腔型尺寸的关系。图 5－8 为几个较低阶的模式图，根据该模式图，可以为腔体提供参考，选定合适的圆柱腔尺寸，保证工作模式与周围模式的谐振频率差最大化，进而防止模式跳变情况的发生。

(2) 品质因数 Q　谐振腔中，品质因数 Q 的定义为

$$
Q=\omega U/P \tag{5-17}
$$

式中，$\omega=2\pi f$，为角频率，U 为腔内储能，P 为损耗功率。对于一个单纯的谐

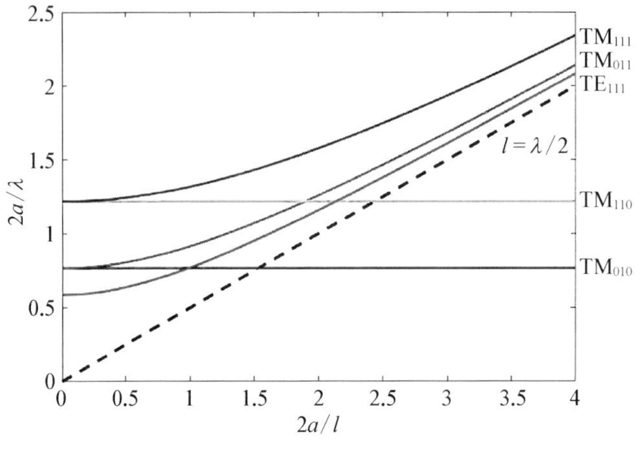

图 5-8 圆柱谐振腔模式图

振腔，$P=P_w$ 为微波在腔壁上损耗的功率，对应固有品质因数 Q_0。当谐振腔与外回路耦合时，P 还应包括外部损耗 P_{ext}，这使品质因数成为有载品质因数 Q_{load}：

$$Q_{load}=\frac{\omega U}{P_w+P_{ext}} \tag{5-18}$$

而外部品质因数定义为

$$Q_{ext}=\omega U/P_{ext} \tag{5-19}$$

因此三个品质因数之间有一个简单的关系，即

$$\frac{1}{Q_{load}}=\frac{1}{Q_0}+\frac{1}{Q_{ext}} \tag{5-20}$$

这些品质因数都是一个谐振腔系统中可以通过测量得到的物理量，但是在行波加速结构中，只有 Q_0 具有使用价值，因此只针对 Q_0 进行测量。

(3) 相速度 β_p　相速度定义为射频场中恒定相位沿加速结构轴线传播的速度，其定义式如下：

$$\beta_p=\frac{v_p}{c}=\frac{k}{\beta_0}=\frac{k}{\phi/D} \tag{5-21}$$

式中，ϕ/D 为单位距离上的相移，D 和 ϕ 分别为加速结构中的单腔长度和相移。

相速度 β_p 是非常重要的加速结构参数。为了更高效率地将微波能量转换至电子束，相速度需要与电子束速度同步匹配。在聚束段中，电子速度一直在增加，因此不同谐振腔需要配置不同的相速度，合理的相速度分配可以使得电子束团的聚束和加速效果最佳；在光速段，电子速度已经恒定在光速，因此相速度只要保持光速即可。

（4）群速度 v_g　在行波加速结构中，群速度 v_g（其归一化形式用 β_g 表示）表征微波功率流在行波加速结构中的传输速度。以盘荷波导为例，该参数大小强烈依赖于盘片孔径与工作波长之比。其定义如下：

$$\beta_g = \frac{v_g}{c} = \frac{\mathrm{d}k}{\mathrm{d}\beta_0} \tag{5-22}$$

或

$$\beta_g = \frac{P}{w} \tag{5-23}$$

式中，w 是储能密度，P 是功率流。

在行波加速结构中，群速度 v_g 是盘荷腔体的重要参数。如果群速度在合适的范围内沿加速结构依次线性减小，则可以实现等梯度的行波加速结构，该结构中各个腔体中心的轴向电场幅度相同，如果群速度沿加速结构相同，则为等阻抗结构，电场幅度将呈指数衰减。

根据式(5-22)和式(5-23)，群速度 v_g 的计算方法有两种，其中一种是利用色散曲线计算：

$$v_g = \frac{\mathrm{d}\omega}{\mathrm{d}\beta} = 2\pi D\,\frac{\mathrm{d}f}{\mathrm{d}\theta} \tag{5-24}$$

式中，ω 为色散模式谐振角频率，β 为对应色散模式的单腔相移长度比，D 为单腔长度，f 为色散模式频率，θ 为对应色散频率的单腔相移，可得

$$v_g = \frac{\mathrm{d}\omega}{\mathrm{d}\beta} = 2\pi D\,\frac{\mathrm{d}f}{\mathrm{d}\theta} = \pi D f_0 k \sin\theta \tag{5-25}$$

所以只要得到色散曲线便可以通过计算得到群速度 v_g。因为知道任意两个色散模式便可以得到色散曲线，所以由已知的两个色散模式谐振角频率便可以得到群速度。另一种方法是利用功率流定义式：

$$v_g = \frac{P}{W_{TW}} = \frac{\frac{1}{2}\int E_r H_\phi \mathrm{d}S}{\int_{单元长度} \frac{\varepsilon E^2}{2}\mathrm{d}V + \int_{单元长度} \frac{\varepsilon H^2}{2}\mathrm{d}V} \tag{5-26}$$

式中，P 为通过加速结构横截面的功率，W_{TW}为行波加速结构的单位储能，E 和 H 分别为电场强度和磁场强度，而 E_r 和 H_ϕ分别为相互垂直的横向电场强度和磁场强度，ε 为介电常数。

以上两种方法都能有效地计算群速度，其中第一种方法在实际微波测量中具有绝对优势，而且也适用于软件模拟计算，而第二种方法在软件模拟中可行，但在实际微波测量中较为复杂，可行性不高。

（5）衰减因子 τ　在均匀结构中不考虑电子束负荷时，单位长度的功率损耗与功率流成正比：

$$\frac{\mathrm{d}P(z)}{\mathrm{d}z} = -2\alpha P(z) \tag{5-27}$$

所以在均匀结构中，功率流和电场呈指数衰减：

$$\begin{cases} P(z) = P_0 \mathrm{e}^{-2\alpha z} \\ E(z) = E_0 \mathrm{e}^{-\alpha z} \end{cases} \tag{5-28}$$

式中，α 为衰减系数，衰减因子 τ 定义为

$$\begin{cases} \tau = \alpha L & （均匀结构） \\ \tau = \int_L \alpha(z)\mathrm{d}z & （非均匀结构） \end{cases} \tag{5-29}$$

衰减因子 τ 表征束流为零时功率经过加速结构一次的衰减量，常用单位为奈配，一奈配表示衰减量为 e 分之一，由此品质因数 Q 的定义可以改写为

$$Q = \frac{\omega U}{P} = \frac{\omega w}{P_l} = \frac{\omega w}{2\alpha P} = \frac{\omega}{2\alpha v_g} \tag{5-30}$$

所以品质因数 Q、群速度 v_g 和衰减因子 τ 是相关的，只要获得其中两个参数，便可以得出第三个参数的值。

（6）分路阻抗 R_s　分路阻抗 R_s 表示在一定的功率损耗下，结构提供的极大加速梯度，定义为

$$R_s = -\frac{E_0^2}{\mathrm{d}P/\mathrm{d}z} = \frac{\left[\int_0^l E(z)\mathrm{d}z/l\right]^2}{P_l} \tag{5-31}$$

式中，E_0 为加速结构平均加速电场，$E(z)$ 为加速电场分布。根据定义，分路阻抗越高，则功率的利用效率越高，得到的加速电场也越高，因此一般在加速结构设计的时候，尽量提高分路阻抗。

2）慢波加速结构

根据式(5-21)可得，图 5-6 中的规则圆波导的相速度大于光速 c，无法与相对论电子产生同步效果，电子束团只能产生能量振荡，最终能量累积为 0，因此无法用于电子束团的加速。为了解决该问题，人们提出了经典的慢波结构——盘荷波导，其基本结构如图 5-9 所示。在规则圆波导基础上，周期性地添加了盘荷结构，以此改变波导的色散关系，在 $2a$ 的中心孔径区域实现电磁场相速度小于等于光速，与相对论电子同步，从而提升电子束团能量。

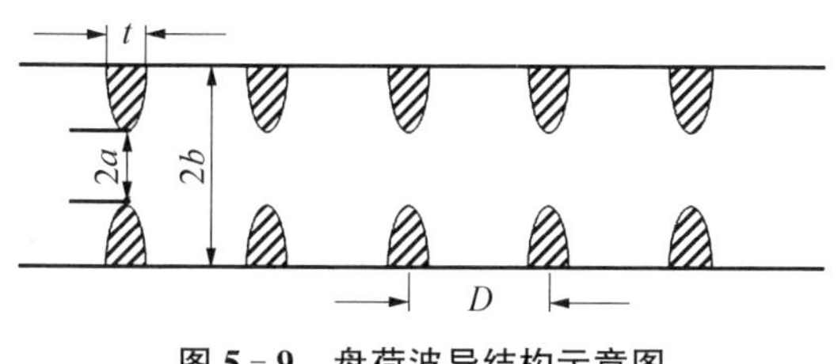

图 5-9　盘荷波导结构示意图

图 5-9 的盘荷波导为周期性结构，满足弗洛凯(Floquet)定理，即在周期长度为 D 的理想盘荷波导中，传输的 TM_{01} 模式满足以下特征：

$$
\begin{aligned}
E_z &= \mathrm{i}\sum_{n=-\infty}^{\infty} E_n \mathrm{J}_0(\chi_n r)\mathrm{e}^{\mathrm{i}(\omega t-\beta_n z)} \\
E_r &= -\sum_{n=-\infty}^{\infty} \frac{E_n\beta_n}{\chi_n}\mathrm{J}_1(\chi_n r)\mathrm{e}^{\mathrm{i}(\omega t-\beta_n z)} \\
H_\phi &= -\omega\varepsilon_0\sum_{n=-\infty}^{\infty} \frac{E_n}{\chi_n}\mathrm{J}_1(\chi_n r)\mathrm{e}^{\mathrm{i}(\omega t-\beta_n z)} \\
E_\phi &= H_r = H_z = 0
\end{aligned}
\tag{5-32}
$$

与规则圆波导电磁场分布式(5-11)相比，盘荷波导的电磁场分布呈现出空间谐波特征，电磁场分布由频率相同的众多空间谐波叠加而成。其中基模为 0 阶空间谐波，与规则圆波导的电磁场分布式(5-13)一致。经过空间谐波调制后，式(5-12)中的电磁场色散关系发生变化，如图 5-10 所示呈现通带特征，电磁场模式工作频率同时存在最低和最高值，不同电磁场模式之间存在阻带特征，其相速度可以等于光速，与相对论电子同步，产生有效的加速效果。

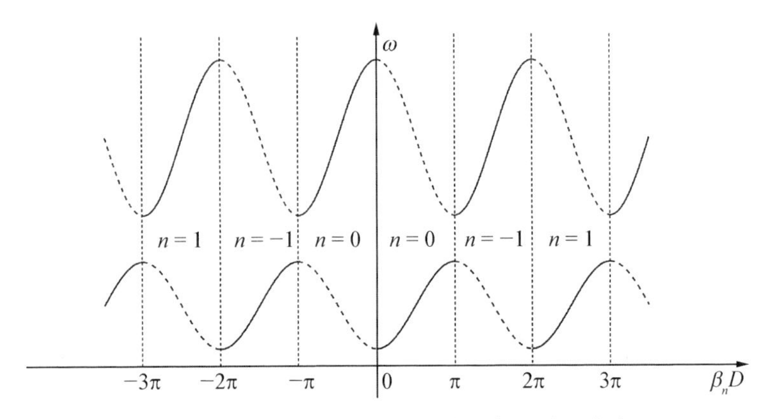

图 5-10　慢波结构——盘荷波导色散关系曲线

在慢波加速结构中，行波加速结构的功率沿加速管的分布如式(5-27)所示。如果 α 是常数，即行波加速结构中的每个腔体参数都相同，在行波加速结构中加速梯度呈现衰减特征，则称之为等阻抗行波加速结构；如果 α 不是常数，而沿着束流方向渐变，即行波加速结构中的腔体阵列参数呈现渐变特征，加速梯度沿束流方向保持不变，则称之为等梯度加速结构[8]。

在等阻抗行波加速结构中，行波加速结构的腔体阵列均匀，阻抗一致，α 不变，故从式(5-27)出发，经过推导可获得加速梯度分布和加速结构能量增益为

$$\begin{aligned} E(z) &= E_0 \mathrm{e}^{-\alpha z} \\ W &= \int_0^L E \mathrm{d}z = E_0 L[(1-\mathrm{e}^{-\tau})/\tau] \end{aligned} \tag{5-33}$$

式中，E_0 为行波加速结构中首个腔体的加速梯度幅值，L 为行波加速结构长度，$\tau = \alpha L$。等阻抗行波加速结构的结构均匀，制造简单，但是存在功率利用效率低，且容易产生强烈的高次模尾场等局限特征，影响电子束流的稳定性。为了改善等阻抗行波加速结构的局限特征，等梯度行波加速结构得到了发展，并成为目前同步辐射加速器和自由电子激光装置中的主流行波加速结构。

在等梯度行波加速结构中，腔体阵列沿着束流方向逐渐变化，腔体衰减系数 α 也逐腔渐变，但加速梯度沿着束流方向保持恒定不变。根据式(5-28)和式(5-31)，同时考虑等梯度行波加速结构中可以忽略分路阻抗的变化，则 $\dfrac{\mathrm{d}P}{\mathrm{d}z}$ 为常数，即行波加速结构中腔体的功率损耗相同。进一步推导后可得等

梯度行波加速结构的加速梯度 E_{acc} 为

$$E_{acc}=[P_0 R_s(1-e^{-2\tau})/L]^{1/2}=\text{常数} \tag{5-34}$$

式中，P_0 为行波加速结构的输入功率。根据式(5-34)，等梯度行波加速结构的能量增益为

$$W=E_{acc}L=[P_0 R_s L(1-e^{-2\tau})]^{1/2} \tag{5-35}$$

3) 常温电子直线加速器的尾场问题

在基于常温电子直线加速器的自由电子激光装置中，电子束团运行在单束团模式，避免了长程尾场(LRW)问题，但自由电子激光的运行特征引入了较为严峻的短程尾场问题，在初期设计及后期运行中需要重点考虑和解决，本书将针对短程尾场问题展开介绍。

自由电子激光装置的束流脉冲长度为飞秒量级，峰值流强为 kA 量级，因此具有很强的短程尾场(SRW)效应，而短程尾场对束流的横向发射度和纵向的能散产生影响，进而导致束流头尾的不稳定，甚至导致束流崩溃(BBU)效应。在结构设计过程中，一般通过增大加速管束流孔径来降低 SRW 的影响。SRW 与束流孔径 a 的关系如下[9]：

$$\begin{aligned}&\text{纵向}\quad \text{SRW}: W_l(s)=\frac{Z_0 c}{\pi a^2}e^{-1.16s^{0.55}}\\&\text{横向}\quad \text{SRW}: W_t(s)=\frac{2Z_0 c}{\pi a^4}e^{-0.89s^{0.87}}\end{aligned} \tag{5-36}$$

式中，s 表示以束团头部为起点，沿束流尾部方向的距离(单位为 mm)，真空波阻抗，$Z_0=377\ \Omega$。由式(5-36)可见，增大束流孔径 a 可以同时抑制横向和纵向的短程尾场。假设束流孔径半径由 a 增大至 $2a$，其短程尾场沿 s 的曲线变化如图 5-11 所示。

由图 5-11 可见，孔径 a 增加之后，横向短程尾场和纵向短程尾场都有很明显的减小。常温电子直线加速器由多个微波加速单元组成，包括几十甚至上百根加速结构，短程尾场以积分效应作用在电子束团上，在横向引起电子束团发射度增长，增长关系如下所示[10]：

$$\begin{aligned}&A=\int_0^L \frac{\beta}{2E}\langle W_T\rangle Ne^2 ds\approx 3.25\frac{\langle\beta\rangle Q\sigma_z}{ea^4 E_{acc}\times 10^9}\ln\frac{E_f}{E_i}\\&X'_f=AX_i+X'_i,\ X_f=X_i-AX'_i\end{aligned} \tag{5-37}$$

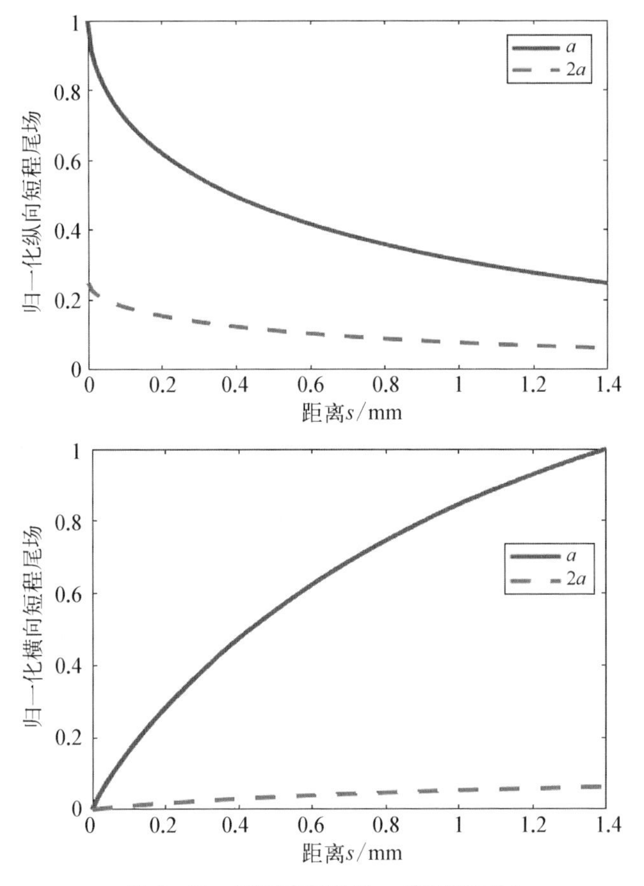

图 5-11　不同束流孔径 *a* 的短程尾场

式中，L、β、Q、σ_z、E_{acc}、E_i、E_f、X_i、X_i'、X_f 和 X_f'分别为电子直线加速器长度(m)、Twiss 参数(m)、电子束团电荷量(C)、电子束团长度(μm)、加速梯度(MV/m)、电子束团初始能量(MeV)、最终能量(MeV)、束团初始横向尺寸(μm)、初始发射角(μrad)、最终横向尺寸(μm)和最终发射角(μrad)。根据式(5-37)和直线加速器的设计指标，在限定发射度增长值的条件下，便可以获得加速结构的最小孔径 a。

5.3　超导电子直线加速器

自由电子激光装置中另一主流装置为超导电子直线加速器装置。相比于常温电子直线加速器，超导电子直线加速器装置可以运行在连续波模式，实现更高的平均束流功率，驱动更高平均功率的自由电子激光辐射。超导微波理论既满足麦克斯韦方程组，又符合超导体的特性。超导体的基本电磁现象主要有两个，即超导电性和迈斯纳效应。荷兰物理学家 K. 昂尼斯(K. Onners)在 1911 年发现了超导电现象：温度在临界温度 T_c 以下时，电阻为零。而外加磁场或者是超导体通电流均会破坏超导状态，因此临界温度、临界磁场强度和临界电流密度所构成的曲面将物体分为超导态和正常态两个区域。超导体的迈斯纳效应是独立于零电阻的重要特性。在任何情况下，超导态的物体内部磁感应强度 $\boldsymbol{B}$ 为 0，与过程无关[11]。

5.3.1　超导电子直线加速器构成

超导电子直线加速器是用超导加速腔体构成的加速器，安装在由液氦冷却的低温恒温器中，如图 5 - 12 所示。超导电子直线加速器与常温电子直线加速器一样，包括微波加速单元、磁铁系统、束流压缩模块、定时系统、束测系统、电源系统和机械支撑等。此外，超导电子直线加速器还配备了制冷系统。制冷系统的制冷量由制冷机提供，制冷机产生的液氦经过整套的氦存储分配系统，满足超导加速腔和磁铁等的冷却要求。

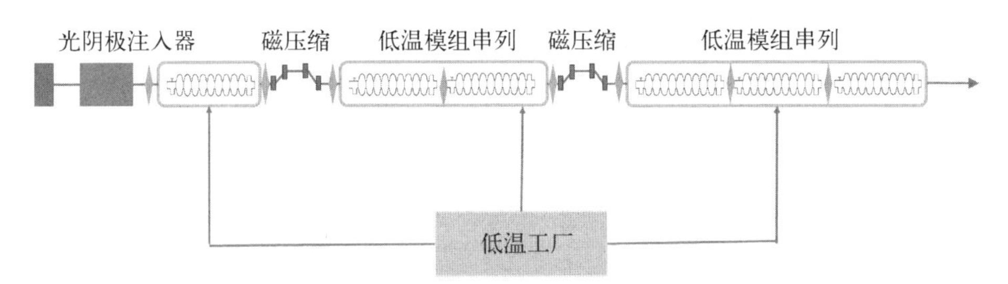

图 5 - 12　超导电子直线加速器组成示意图(彩图见附录)

5.3.2　超导微波加速技术

超导电子直线加速器采用超导微波加速技术，实现对单束团或多束团束流的加速。目前，用于自由电子激光装置的超导电子直线加速器都基于 9-cell 类型的超导驻波微波加速结构，部分微波加速技术理论如特征模式、谐振频率、品质因数和分路阻抗等，与 5.2 节中一致。下面将详细介绍超导微波加速技术，特别针对 9-cell 类型超导驻波加速结构展开。

9-cell 超导驻波加速结构由 9 个运行在 TM_{010} 模式的腔体组成，腔体工

作模式为 π 模,带电粒子在半个射频周期内穿过每个单元时,相邻单元的电场相位跳变 180°,保证电子束流能够获得连续加速。谐振腔的单腔长度通常为 $\beta\lambda/2$,λ 为加速结构在工作频率下的波长。常用的超导直线加速腔为 9-cell 驻波加速结构,最高加速梯度可达 35 MV/m,如图 5-13 所示。加速结构包括铌腔、输入耦合器、HOM 耦合器、观察窗和加强筋等。束流通过束流管进出结构。输入耦合器连接束流管上的端口,将射频功率馈入腔中,建立电磁场。高次模耦合器安装在右端口,用于提取束流激发的高次模功率;左端口安装信号探针,用于超导腔的功率校准和监测。波导处改进后,可消除波束线到冷陶瓷射频窗口的直接照射,以减少窗口处的充电和电弧。腔体调谐器机械连杆经过加强,可减少调谐器操作中的间隙。

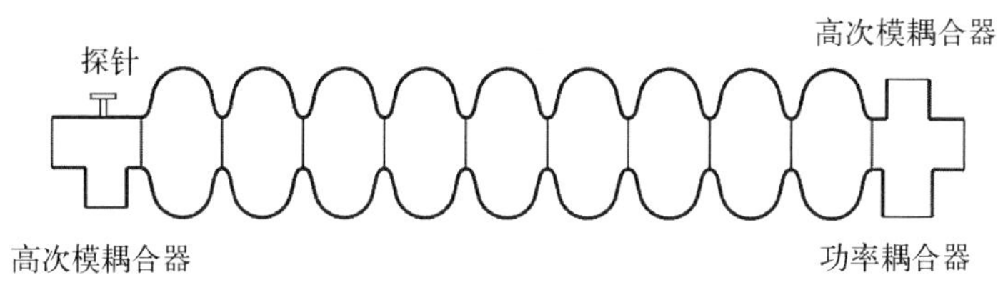

图 5-13　9-cell 驻波加速的结构示意图

1)驻波加速结构特征模式

图 5-13 中的 9-cell 超导驻波加速结构的工作模式为 π 模,即特征模式。根据腔体数目和耦合器的配置方式,驻波加速结构存在多个特征模式,根据图 5-14 所示的四种类型边界条件,存在不同数目的特征模式。图 5-14 的四种类型边界条件又可以分为磁边界和电边界两大类,其中左上角的磁边界类型为实际驻波加速结构的等效模型,由加速腔链和两端的漂移管组成,左下磁边界和右上电边界类型存在于冷测实验中,而右下电边界类型则存在于光阴极电子枪中。

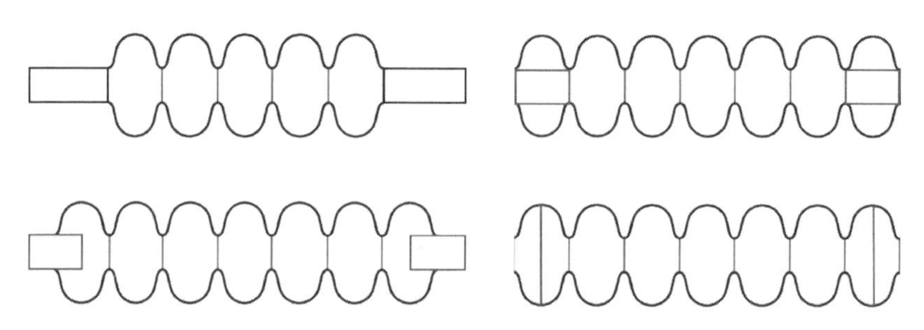

图 5-14　四种类型的驻波腔体模式

图 5 - 14 中的四种类型范例都包含了 N 个完整腔体，可以等效为 N 个完整的电回路，部分还包含了两个半腔或者两个漂移段，可以等效为两个电回路，根据等效电路理论，可以得到图 5 - 14 中四类结构的特征模式数目分别为 N(左上)、N(左下)、N(右上)和 $N+1$(右下)，其具体模式分布依次为[12]

$$
\begin{aligned}
&\frac{q\pi}{N+1},\ q=1,\ 2,\ \cdots,\ N\\
&\frac{q\pi}{N+1},\ q=1,\ 2,\ \cdots,\ N\\
&\frac{q\pi}{N},\ q=0,\ 1,\ \cdots,\ N-1\\
&\frac{q\pi}{N},\ q=0,\ 1,\ \cdots,\ N
\end{aligned}
\tag{5-38}
$$

由图 5 - 14 和式(5 - 38)可知，9-cell 驻波加速结构共存在 9 个特征模式，而最高模式本质上为 $\frac{9\pi}{10}$ 模式，经过两端的腔体修正后成为准 π 模式。

2) 极限电磁场

理论上，铌表面可承受的 E_{pk} 可达 100～200 MV/m，而 35 MV/m 加速梯度对应的峰值电场仅为 70～80 MV/m。因此，超导腔的最大加速梯度主要由腔壁上的峰值磁场 H_{pk} 决定。当峰值感应磁场 B_{pk} 达到铌材料的临界磁场时，超导腔将失超。为了保持超导状态，表面峰值磁场 H_{pk} 不得超过过热临界场 $H_{rf,\ crit}$。由于在同一个腔体，H_{pk}/E_{acc} 不变，则最大的加速梯度为

$$E_{acc}^{max}=\frac{H_{rf,\ crit}}{H_{pk}/E_{acc}} \tag{5-39}$$

式中，$H_{rf,\ crit}$ 表征材料属性，H_{pk}/E_{acc} 与腔型参数相关。

铌的最大临界温度为 9.26 K，最高过热临界场约为 200 mT。铌腔中的杂质会降低腔体在液氦温区的导热系数 κ，不利于腔壁的热传导。铌在 4.2 K 时的导热系数[单位为 W/(m·K)]在数值上约等于超导材料的剩余电阻率(RRR)的 1/4。铌的 RRR 可以通过各个不纯元素占的份额 f_i 计算：

$$\mathrm{RRR}=\frac{1}{\left(\sum_i f_i/r_i\right)} \tag{5-40}$$

式中，r_i 为不纯组分 i 的电阻系数。测试温度越低，铌的导热系数越小。当测试温度为 2 K 时，铌的导热系数不足铜的十分之一。高纯铌的 RRR 值可达 600。由于铌的杂质和晶格缺陷，实际的最大加速梯度要小于理论极限值：

$$E_{\mathrm{acc}}^{\max}=\frac{AH_{\mathrm{rf,\ crit}}}{\beta_{\mathrm{MAG}}H_{\mathrm{pk}}/E_{\mathrm{acc}}} \tag{5-41}$$

式中，A 为无量纲数，代表铌的不纯和晶格缺陷，$A\leqslant 1$；β_{MAG} 为微波表面缺陷造成的磁场增强因子，$\beta_{\mathrm{MAG}}\geqslant 1$。

3）场致发射、热不稳定性和二次电子倍增

场致发射电流随着表面电场的升高呈指数增加，提高超导腔的场强需要很高的功率，所以一旦场致发射发生，很难再继续提高场强。金属界面上的势垒限制着电子逸出腔壁面，Fowler - Nordheim 理论进一步给出了贯穿电流 I_{FN}：

$$I_{\mathrm{FN}}=j_{\mathrm{FN}}A_{\mathrm{FN}}=A_{\mathrm{FN}}\frac{e^{3}\beta_{\mathrm{FN}}E^{2}}{8\pi h\Phi t(y)^{2}}\mathrm{e}^{-\frac{8\pi\sqrt{2m_{\mathrm{e}}\Phi^{3}}}{3he\beta_{\mathrm{FN}}E}\nu(y)}$$
$$y=\sqrt{e^{3}\beta_{\mathrm{FN}}E/4\pi\varepsilon_{0}\Phi^{2}} \tag{5-42}$$

式中，逸出功 Φ、贯穿电流 I_{FN} 中的指数项来自其量子力学隧道效应，j_{FN} 为电流密度，h 为普朗克常数，m_{e} 和 e 分别为电子质量和电荷量，β_{FN} 为电场增强因子，$\nu(y)$ 和 $t(y)$ 为对镜像电荷的统计函数。在超导腔的实验中，观测到 $50<\beta_{\mathrm{FN}}<1\,000$，$10^{-18}\ \mathrm{m}^2<A_{\mathrm{FN}}<10^{-9}\ \mathrm{m}^2$。

在超导射频腔研究中，人们已经提出了许多消除场致发射的方法，最主要的是在腔的各个准备环节保持洁净。一开始，通过一些表面处理过程去除腔表面的缺陷，如机械抛光和化学抛光。最后，还要用高压纯净水冲洗来避免污染，通过热处理使一些发射点失去活力。然而，尽管非常注意保持清洁，仍不可避免地有一些粒子会混进腔体内，造成整个超导腔的失超。某些场致发射点会在对腔体的脉冲功率老炼过程中消失。测试时通过老炼过程来改善超导腔的性能，获得更高的加速梯度。尽管老炼过程消除了一定场强下的发射点，但在更高的场强下，新的场致发射点还会出现。随着表面电场的增加，不仅单个发射点消耗的射频功率会增加，发射点数量也会增加，出现比较大片的“星爆”。在高场强下，由于发射电流密度太高而产生的热量不能及时传走，超导腔中出现一些熔融的焊口和残骸，造成品质因数 Q 下降。

热不稳定性有可能由缺陷、场致发射、二次电子倍增效应和 BCS[①] 表面电阻所引起。关于超导体的热不稳定性的模型认为，腔表面有些区域（称为缺陷区）的临界磁场比较低，这些区域先转变为常导体。另一种模型认为，在超导腔内总有一些电阻缺陷。发生热失超时场强为 H_{tb}：

$$H_{tb}=\sqrt{\frac{4\kappa(T_c-T_b)}{r_d R_d}} \tag{5-43}$$

式中，κ 为与温度相关的导热系数，r_d 为缺陷的大小，R_d 为缺陷微粒的表面电阻，T_c 为临界温度，T_b 为液氦的温度。

没有缺陷时，射频表面产生的热流密度传到超流氦中，界面上的卡皮查温降 ΔT 正比于热流密度，内外表面对液氦的温差 ΔT_i、ΔT_o 关系如下：

$$\begin{gathered}\Delta T_i=T_i-T_b=\frac{Q'}{A}\left(\frac{\kappa}{d}+\frac{1}{h_k}\right)=\Delta T_o\left(\frac{\kappa}{d}h_k+1\right)\\ h_k=c_k T_b^n,\ \Delta T_o=T_o-T_b\end{gathered} \tag{5-44}$$

式中，Q' 为欧姆损耗功率，h_k 为卡皮查传热系数，单位为 W/(m·K)；系数 c_k 和指数 n 主要取决于界面状态和不同材料的电子声子相互作用的强度及材料的 RRR 值，通常大小为 $0.5<c_k<1.1$，$2.5<n<3.8$；d 为腔壁厚，T_i 和 T_o 分别为腔内外表面的温度，T_b 为液氦的温度，κ 为导热系数。

在射频结构中，二次电子倍增效应（MP）是一个谐振过程。大量电子造成雪崩效应，吸收射频功率，致使超导腔的场强无法继续增加。电子碰撞腔壁，造成温度升高并最终导致失超。在大多数情况下，可以选用椭圆形腔来避免 MP 现象。在射频场中，MP 会有很多不同的轨迹，最常见的是单点式和两点式。单点式二次电子倍增效应和两点式二次电子倍增效应的磁感应强度 B 与射频场的周期 T_{rf} 及回旋共振周期 T 相关，如下式所示：

$$\text{单点式：}B=\frac{2\pi m_e}{e}\frac{f_{rf}}{n}=0.358\frac{f_{rf}}{n},\ n=1,2,3,\cdots$$

$$\text{两点式：}B=\frac{2}{2n-1}\frac{2\pi m_e}{e}f_{rf}=0.715\frac{1}{2n-1}f_{rf},\ n=1,2,3,\cdots$$

---

① BCS 是指超导电性的微观理论，该理论以其发明者 J. Bardeen、L. N. Cooper、J. R. Schrieffer 的名字首字母命名。

$$f_{rf}=\frac{1}{T_{rf}},\ n=\frac{T}{T_{rf}} \tag{5-45}$$

式中，m_e 表示电子质量；f_{rf} 表示射频工作频率。

在超导腔的测试中，频率的变化不是很大，二次电子倍增效应障碍主要出现在几个固定的场强值上。两点式的 MP 在球形腔或椭圆形腔上很少出现，仅有的两点式 MP 位置位于赤道的对称点上。

二次电子倍增是限制超导腔加速性能的因素之一。二次电子倍增会吞噬高频能量和引起高能部分（如耦合器、窗口、高流强超导腔）崩溃。二次电子发射系数(SEC)的值 $\delta(K)$ 与材料有关，范围为几十电子伏到几千电子伏，其中 K 为冲击能量。冲击电子损失大部分能量，作用于腔壁上的电子。K 值越大，撞击出的二次电子数目越多。但是，如果冲击电子能量太大，穿透深度太远，激发的二次电子距离表面过远而不能从金属中逃逸，则 SEC 反而降低。因此，SEC 的值 $\delta(K)$ 随 K 值先增加后减少。由于二次电子发射发生在表面，表面状况（如温度、湿度）也影响二次电子发射系数。

4）表面电阻 R_s

表面电阻 R_s 在 $T_c/T>2$ 条件下，可表示为

$$R_s=A_s f^2 e^{-\Delta T/k_B T}+R_0 \tag{5-46}$$

式中，A_s 为与材料相关的常数，f 为超导腔的工作频率，ΔT 为温差，k_B 为玻尔兹曼常数，R_0 为剩余电阻，受多个因素影响。在二流体模型中，超导体的表面电阻 R_s 可以表示为

$$\begin{gathered}R_s=\mu_0^2\omega^2\sigma_n\lambda_p^3\Delta T\ln[\Delta T/\omega]e^{-\Delta T/T}/T \\ \sigma_n=ne^2 l/p_F,\ p_F=(3\pi^2 n)^{1/3}\hbar\end{gathered} \tag{5-47}$$

式中，σ_n 为材料正常态的导电率，正比于平均自由程 l。p_F 为费米动量，λ_p 为皮帕德穿透深度。在 $l\approx\xi_0$ 附近，表面电阻达到最小值。超导腔的温度从 4.2 K 降到 2 K 时，表面电阻将从几百纳欧减小到十几纳欧。

日本物理学家 K. Saito 还研究了铌的 RRR 值（RRR 等于 300 K 处的电阻率除以低温的剩余电阻率）对过热临界磁场 H_{sh} 的影响，发现 RRR 值对超导体的 H_{sh} 影响很小，即使 RRR 值约为 2 000，H_{sh} 的变化也小于 5%。所以对于高梯度的超导腔，仅仅靠提高 RRR 值是不行的。

5）渡越时间因子 T_t

由于电场随时间变化，电子的能量增益将减小，用渡越时间因子 T_t 修正：

$$T_t = \frac{E_{acc}}{E_0} = \frac{\left| \int_0^L E_z(r=0,\ z)\mathrm{e}^{\mathrm{i}\omega_0 z/c}\mathrm{d}z \right| / L}{\int_0^L E_z(r=0,\ z)\mathrm{d}z / L} \tag{5-48}$$

式中，E_0 为峰值电场平均值，E_{acc} 为有效加速梯度，L 为加速长度，ω_0 为本征频率。

6）几何结构因子 G

几何结构因子 G 是一个常量，表示为

$$Q_0 = \frac{G}{R_s},\ G = \frac{\omega_0 \mu_0 \int_V |H|^2 \mathrm{d}v}{\int_S |H|^2 \mathrm{d}s} \tag{5-49}$$

超导腔的温度从 4.2 K 降到 2 K 时，Q_0 将从 10^8 量级提高到 5×10^{10} 量级。在高梯度时，超导腔的场致发射引起一些非正常损耗，造成品质因数 Q_0 出现明显的陡降现象（Q - slope），Q_0 值从 10^{10} 量级降到 10^8 量级。

5.3.3　9-cell 驻波加速结构设计

超导腔可通过改变腔体几何参数来提高最大加速梯度。针对图 5 - 15 所示的腔型，可通过减小几何参数 R_b、a_I、b_I、a_D、b_D，提高最大加速梯度。目前，减小 B_{pk}/E_{acc} 主要通过减小束流管道的半径和增加腔的磁能体积来实现。同时，该优化增大了特性阻抗 R_a/Q_0 和几何因子 G 的值。$(R_a/Q_0)\times G$ 值的增加，表示相同的内储能条件下，超导腔可获得更高的 E_{acc}、更小的能量损耗 P_{loss}、更高的加速效率。然而，E_{pk}/E_{acc} 会增大，增加了单模和双模的损耗因子，降低了腔间的耦合系数，使基模的场随频率变化更敏感，尾场效应和次电子倍增效应增强。

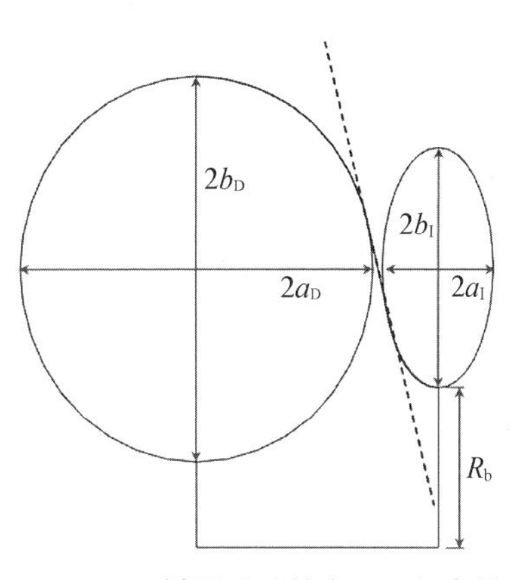

图 5 - 15　椭圆形腔的主要几何参数

1）腔体设计

加速结构多采用由球形演变而来的椭圆形腔，用于消除电子倍增效应。椭圆形腔也增加了刚度抵抗机械变形，并提供了一个更好的几何形状用于酸排水和水冲洗。椭圆形加速结构在设计上需选择频率、腔型相关参数、腔体个

数、束流孔径、工作的加速梯度、工作温度、输入耦合器和 HOM 耦合器类型。典型的超导特性包括选定频率下的微波表面电阻和设计加速场下的峰值表面电磁场。这些特性决定了在工作加速梯度下,所需的射频功率和工作温度。机械性能也在设计方面发挥作用,以确保在大气负荷和温差下的稳定性,尽量减少洛伦兹失谐,并保持麦克风失谐(microphonics)在可控状态。最后,输入输出功率耦合问题与腔体设计相互影响。总之,设计需要在存在竞争的需求中进行权衡。例如,输入耦合腔的功率容量越高,每个结构允许的腔体数量就越大。但是,处理长超导结构的困难限制了腔体数量。同时,大量的腔体数量会增加某些高次模留在加速结构中的概率。又比如,大孔径可以提升高次模在结构外的传播,但会增大表面电场和表面磁场的峰值。高表面电场会引起场致发射,场致发射随 E_{pk} 的增加呈指数增长。高表面磁场会引起超导击穿现象,也称为淬灭(quench)。最大峰值电场出现在盘片上,最大峰值磁场发生在赤道(equator)上。椭圆盘片的短轴越大,峰值电场越低,但腔间耦合也越低,增加了场平衡调谐难度。通过优化腔体形状可以最小化 E_{pk}/E_{acc},从而抑制场发射度增长。

2) 输入耦合器

输入耦合器(input coupler)必须在很宽的负载阻抗范围内工作,覆盖满束流负载到没有负载时的全反射。对于超导腔体,输入耦合器通常安装在加速结构末端的束管,而不是在腔体内部,避免淬灭场降低造成的场增强因子及电子倍增效应引起的场扰动。输入耦合器在腔和馈电波导之间提供一个真空屏障,以保持超导腔的清洁度。在调谐和冷却时,输入耦合器允许一定的机械灵活性和热收缩,形成可变的耦合强度(外部品质因数),从而满足不同的工作模式下室温和低温系统之间的热传导,使静态和动态热损失最小化。耦合器必须配备诊断元件以保证安全操作。耦合器设计需从射频频率、电磁场、功率级别、机械、冷却容易程度、静态热泄漏、热传导和所需的耦合可调节性等多方面考虑。波导耦合器只需要对外壁进行冷却,同样的功率条件下,波导耦合器的峰值电场更小。由于波导中存在截止频率,波导耦合器的尺寸一般大于同轴耦合器,增加了腔体和低温模块的机械和热复杂性。

输入功率 P_{in} 由工作腔压 V_c、平均束流电流 I_b、麦克风失谐和洛伦兹失谐共同决定:

$$P_{in}=\frac{V_c^2}{4Q_{ext}R/Q}\left[\left(1+\frac{I_b}{V_c}Q_{ext}\frac{R}{Q}\cos\phi_s\right)^2+\left(\frac{2Q_{ext}\delta\omega_m}{\omega}\right)^2\right] \tag{5-50}$$

式中，ϕ_s 为同步相位，$\delta\omega_m$ 为频率失谐的幅度，ω 为射频频率。在高 Q 超导腔中，环境的麦克风效应使腔谐振频率产生波动，从而产生场的振幅和相位调制，影响光束质量和射频系统性能。束流负载决定了最优外部品质因数 Q_{ext}：

$$Q_{ext}=\frac{V_c^2}{I_b\cos\phi_s}\frac{Q}{R} \tag{5-51}$$

3）高次模耦合器

当通过加速腔时，带电粒子束激发出很多分离的高次模（HOM）。高次模引起纵向的束流不稳定和能散增长，双极模、四极模和六极模使束流产生横向不稳定性和发射度增长。纵向能量损失 $U_{q,n}$ 和横向能量损失 $U_{q,d}$ 为

$$\begin{gathered} U_{q,n}=k_n e^2,\ k_n=\frac{\omega_n}{4}\frac{R_a}{Q_0} \\ U_{q,d}=k_d e^2\left(\frac{r}{a}\right)^2,\ k_d=\frac{a^2\omega_n}{4}\left(\frac{\omega_n}{c}\right)^2\frac{R_d}{Q_0} \end{gathered} \tag{5-52}$$

式中，ω_n 为 n 极模的频率，R_a/Q_0 为单极模的几何分路阻抗，r 为束团偏轴位移，a 为腔体孔径，R_d/Q_0 为双极模的阻抗，k_n 为纵向尾场损失因子，k_d 为横向尾场损失因子。

高次模耦合器的主要作用是消除单极模中的束流感应能，抑制单极模和双极模，避免能散和束流发射度恶化及多束团作用下的束流崩溃。为了避免低温损耗，必须从腔体中提取出单极模的束流感应功率，并将其沉积在较高温度。HOM 耦合器的设计关注高分路阻抗和高 Q 值，主要分为三种类型：波导型、束管型与同轴型。在设计中，HOM 耦合器对所有危险的高次模进行分析，找到最佳的优化设计。在多腔体的超导结构中，末端腔体的储能很少，高次模很难进一步引出并抑制。超导结构设计中采用减少腔体数量和扩大束孔直径的方法，或者改变末端腔体的形状，使末端腔体的频率和中间腔体相匹配，来增加末端腔体的储能；通过增强引出天线表面电场和增加极间耦合电容的方法，来提高 HOM 耦合器对高次模电场的引出能力。在束流动力学的要求下（$Q_{ext}\sim10^5$），大多数双极模都会受到较强的阻尼。太电子伏特超导直线加速器（TESLA）9-cell 采用同轴型 HOM 耦合器，由同轴谐振腔、耦合天线和负载回路构成，通过向末端腔体方向移动 HOM 耦合器获得更高的

占空比和更强的阻尼，同时需要改进 HOM 耦合器的冷却条件。同轴型 HOM 耦合器的高电场区域容易受到电子倍增效应和相关加热的影响。束流管道也可以看作是一条传输线，用来耦合截止频率以上的高次模。

5.4 电子注入器

电子注入器是同步辐射装置和自由电子激光装置的电子发射源。同步辐射装置的主流注入器基于热阴极电子枪，能量为 100～300 MeV，但随着光源技术的发展，同步辐射装置采用全能量电子注入器方案，电子束流能量达到几个吉电子伏特。自由电子激光装置基于光阴极微波电子枪，主要采用光阴极注入器方案。本节详细介绍电子注入器的相关原理和细节。

5.4.1 光阴极注入器

光阴极注入器是高亮度注入器的主流方案，是自由电子激光装置的首选技术。光阴极注入器可以实现低发射度，并直接产生皮秒级别的短电子束团，省去了传统电子直线加速器的聚束设备，无论在发射度还是能散方面都取得了较大提升。本节详细介绍空间电荷效应、热发射度和发射度补偿原理等内容。

1）光阴极注入器主要构成

如图 5－16 所示，光阴极注入器由驱动激光、电子枪、聚焦线圈和高能加速器等组成。驱动激光产生皮秒级激光脉冲，利用光电效应在电子枪光阴极表面轰击出皮秒级电子脉冲，并根据发射度补偿原理通过预加速电子枪和发

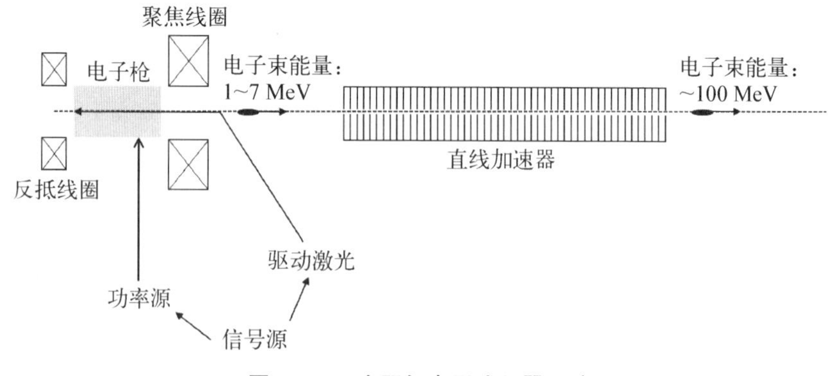

图 5－16 光阴极电子注入器系统

射度补偿线圈，消除低能量区域的空间电荷发射度，最后通过加速管快速提升能量，摆脱低能量的空间电荷力区域而进入光速区域，实现低发射度和高亮度电子束团，为直线加速器的束流品质奠定基础[13]。

2）光阴极注入器原理

归一化发射度是光阴极注入器的主要考虑目标，由热发射度、RF发射度、空间电荷发射度、多极场发射度和耦合发射度等组成，如式(5－53)所示。光阴极电子枪经过多年的原理性改进和技术提升，归一化发射度大幅度降低，基本消除了RF、空间电荷、多极场及耦合等效应引起的发射度增长，最终主要取决于热发射度水平。

$$\epsilon_{\mathrm{n}}=\sqrt{\epsilon_{\mathrm{th}}^{2}+\epsilon_{\mathrm{sc}}^{2}+\epsilon_{\mathrm{rf}}^{2}+\epsilon_{\mathrm{mp}}^{2}+\epsilon_{\mathrm{bz}}^{2}+2\eta\epsilon_{\mathrm{sc}}\epsilon_{\mathrm{rf}}^{2}} \tag{5-53}$$

热发射度来源于电子枪阴极内部的热运动电子，该热运动遵循费米-狄拉克(Fermi-Dirac)分布模型。激光作用在电子枪阴极产生光电效应，电子在金属-真空边界发射过程中遵循反射-折射定理，即横向动量保持不变，$p_x^{\mathrm{in}}=p_x^{\mathrm{out}}$，如图5－17所示。在电子发射过程中，最大发射角$\theta_{\mathrm{out}}^{\max}$为$\frac{\pi}{2}$，超过该角度发射的电子则返回金属内部，无法穿过边界进入真空，同时也决定了进入真空的光电子的最大入射角$\theta_{\mathrm{in}}^{\max}$，对应了最大横向动量。

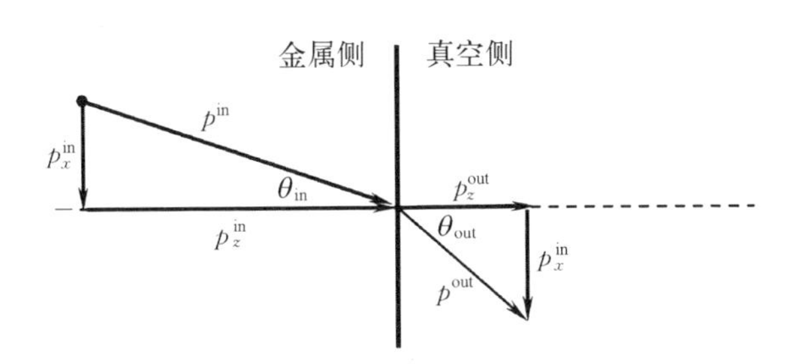

图5－17　金属-真空边界光电效应的动量关系

根据图5－17的光子发射原理，可以推导出在理想条件下的热发射度结果，如式(5－54)所示。可见在理想条件下，热发射度由激光横向尺寸σ_x、激光光子能量$\hbar\omega$、阴极材料的电子逸出功Φ_{eff}决定。由式(5－54)知，激光横向尺寸即发射电子束团横向尺寸越小，热发射度越低，但是横向尺寸受空间电荷效应限制(本节后续详述)，存在最小极限。为了解决该问题，可通过提高阴极表面电场强度，突破空间电荷效应限制，降低热发射度；而激光光子能量越接近阴极材料的电子逸出功，热发射度就越低，但同时也降低了光阴极材料的量子效率，为了解决该问题，除无氧铜阴极材料之外，光阴极材料还尝试采用了半导体阴极，提高量子效率：

$$\epsilon_{\mathrm{n}}=\sqrt{\langle x^{2}\rangle}\ \frac{\sqrt{\langle p_{x}^{2}\rangle}}{mc}=\sigma_{x}\sigma_{p_{x}}=\sigma_{x}\sqrt{\frac{\hbar\omega-\Phi_{\mathrm{eff}}}{3mc^{2}}} \tag{5-54}$$

式(5－54)表达了在理想金属-真空边界条件下的热发射度情况，但在实际加工技术中，边界表面不是理想的光滑边界，存在几十纳米量级的粗糙度，因此光电子在发射时会引起热发射度增长，同时阴极表面的电场也因表面粗糙产生横向电场，增加热发射度。综合考虑后，热发射度包含了固有发射度、表面粗糙度引起的发射度和表面电场引起的发射度[14]：

$$\frac{\epsilon_{\text{固有+粗糙+电场}}}{\sigma_{x}}=\sqrt{\frac{(\hbar\omega-\varphi_{\mathrm{eff}})}{3mc^{2}}\left[1+\frac{(a_{n}k_{n})^{2}}{2}\right]+\frac{\pi eE_{0}}{4k_{n}mc^{2}}(a_{n}k_{n})^{2}} \tag{5-55}$$

式中，右边第一项为理想热发射度，第二项为微观表面倾斜引起的热发射度增长，第三项为阴极电场引起的热发射度增长。

为了克服空间电荷力效应，电子枪典型的腔体分布为 $n+\frac{1}{2}$ 模式，电磁场模式为 TM_{01} 模式，如此可以在阴极表面形成高梯度加速电场，克服空间电荷效应限制，如图 5－18 所示。

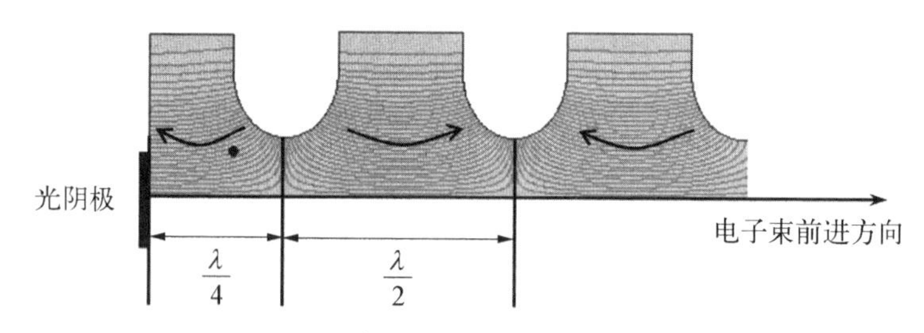

图 5－18　电子枪 TM_{01} 模式电磁场分布

在电子枪射频结构中，TM_{01} 模式电磁场只存在三个分量[见式(5－13)]。基于 TM_{01} 电磁场，在腔体的盘片位置交替存在横向聚焦和发散电场，在电子枪出口之前相互抵消，在电子枪出口处则形成了发散效应，引起 RF 效应的发射度增长：

$$\epsilon_{\mathrm{rf}}^{\mathrm{total}}=\frac{eE_0}{2mc^2}\sigma_x^2\sigma_\phi\sqrt{\cos^2\phi_{\mathrm{e}}+\frac{\sigma_\phi^2}{2}\sin^2\phi_{\mathrm{e}}} \tag{5-56}$$

式中，右边第一项为一阶总的 RF 发射度，当电子束团在电子枪出口的相位 ϕ_{e} 为 90°时，一阶发射度为 0；右边第二项为二阶 RF 发射度，在 ϕ_{e} 为 90°时最大。二阶 RF 发射度相比一阶 RF 发射度为极小量，并且无法消除，因此 RF 发射度抑制主要集中在一阶 RF 发射度上，如图 5-19 所示，总体的 RF 发射度在 90°处存在极小值，因此在电子枪出口处要保证电子束的射频相位为 90°，消除一阶 RF 发射度，实现 RF 总发射度最小。

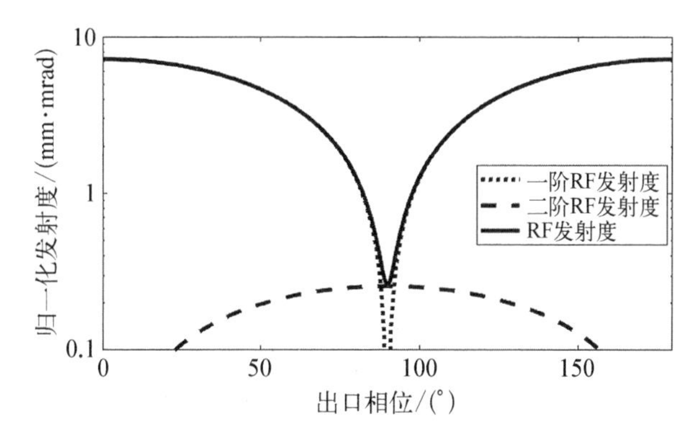

图 5-19　RF 发射度与电子束出口相位的关系

在 TM$_{01}$ 模式的电磁场中，电子束团的纵向长度会受到压缩，如下式所示：

$$\Delta\phi_\infty=\left(1-\frac{\cos\phi_0}{2\alpha\sin^2\phi_0}\right)\Delta\phi_0 \tag{5-57}$$

式中，$\alpha=\dfrac{eE_0}{2mc^2k_z}$。由式(5-57)可见，电子束通过电子枪后，存在束团压缩现象。为了保证图 5-19 中的 RF 发射度在电子束出口处接近最小值，通常要求 $\alpha>1$，同时为了避免发生电子束团头尾互换的过压缩现象，要保证式(5-57)右边括号内的值大于 0。

在光阴极电子枪中，空间电荷效应是影响光阴极电子枪性能的主导因素，不仅可以限制光阴极发射的电荷量，还可以改变电子束团的纵向、横向特征。

光阴极电子枪的发射电荷不仅受到阴极材料的量子效率(QE)影响，同时也受到空间电荷力限制。电子束团从光阴极材料发射至真空，并在光阴极表面附近形成电子薄层，与带正电荷的光阴极形成了电容，在电容两极间形成空间电荷电场 E_{SCL}，限制阴极表面发射电子的电荷密度增加，称为空间电荷限制(SCL)，如图 5-20 所示。当空间电荷电场达到阴极表面的加速梯度 E_{acc} 时，发射电荷密度达到极限，如式(5-58)所示：

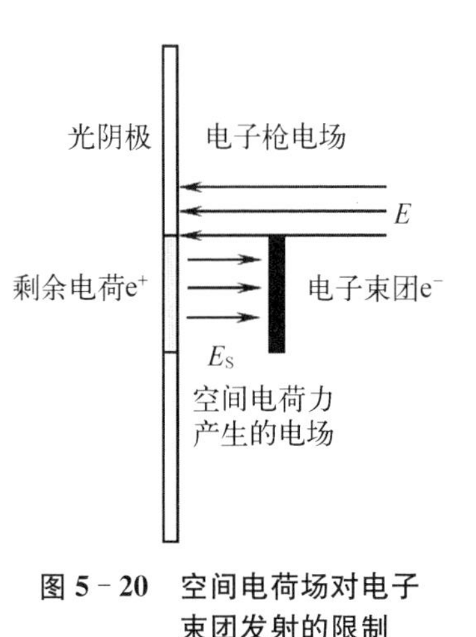

图 5-20　空间电荷场对电子束团发射的限制

$$E_{SCL}=\frac{Q}{A\varepsilon_0}=\frac{\sigma}{\varepsilon_0} \tag{5-58}$$
$$\sigma_{SCL}=\varepsilon_0 E_{acc}\sin\phi_0$$

式中，σ_{SCL} 表示空间电荷限制的最小横向尺寸。根据空间电荷限制原理，当电子枪阴极工作在固定的加速梯度时，电子束团横向尺寸受此限制，存在最小值，根据式(5-55)可知，电子束团的热发射度也存在最小值。

电子束团形状及电荷分布均匀性都可以引起空间电荷发射度增长。根据 Kim 提出的发射度增长理论，电子束团形状引起的空间电荷发射度为

$$\epsilon_i^{sc}=\frac{\pi}{4}\frac{1}{ak_z\sin\phi_0}\frac{I}{I_0}\mu_i(A),\ i=x\text{ 或 }z \tag{5-59}$$

式中，I 为电子束团的峰值流强，I_0 为特征流强，$I_0=17\text{ kA}$，$\mu_i(A)$为空间电荷因子。$\mu_i(A)$与电子束团的形状因子相关，如高斯分布束团的形状因子为 $\frac{\sigma_x}{\sigma_z}$，圆柱分布束团的形状因子为 $\frac{a}{L}$。经过分析可得，圆柱分布电子束团的横向和纵向空间电荷因子都远小于高斯分布电子束团，因此当前的光阴极电子枪通过激光整形技术实现均匀分布的激光束，制造均匀的圆柱形电子束团，以降低空间电荷引起的横向和纵向发射度，提高束流数值。

电子束团的横向微观不均匀性也会引起发射度增长。如图 5-21 所示，假设在横向界面上，电子束团存在微观的电荷密度调制，则会引起发射度增长：

$$\epsilon_{n,\,sc}=\sigma_x \frac{4r_0}{\sqrt{\pi}R}\sqrt{\frac{I}{I_0}} \tag{5-60}$$

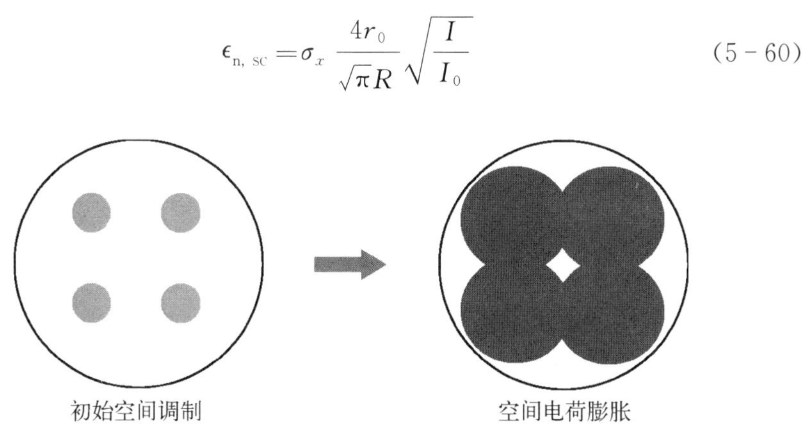

图 5-21 电子束团横向界面的微观电荷密度调制

式(5-59)和式(5-60)显示,空间电荷发射度不受电子束团能量和加速梯度影响,这是由于该理论模型是基于非相对论电子假设提出的,因此在该范围内,电子束发射度只能通过增强电荷密度均匀性来降低。在实际光阴极注入器中,电子束团受到电子枪和加速管加速,电子能量不断得到提升,进入相对论电子范围,空间电荷力逐渐减弱,在整个过程中可以利用发射度补偿理论来大幅度减小电子束团的归一化发射度。发射度补偿理论由美国物理学家B. E. Carlsten最先提出,基于投影发射度(projected emittance)和切片发射度(slice emittance),投影发射度可以通过重新准直排列切片电子束团来降低。

发射度补偿理论将电子束团在纵向相空间上分割成极细的切片结构,相互之间无耦合作用,每片切片的发射度相同且很小,接近热发射度值。每片切片的横向相空间存在一定角度,如图5-22所示,因此所有切片经过相空间投影后形成的总体发射度变得很大。如果将电子束切片重新准直排列,所有切片重叠一致,则其投影后的相空间椭圆与切片发射度相同,这就是发射度补偿理论的基本原理。

发射度补偿理论的基本流程如图5-22所示。电子束团从光阴极发射后,初始的切片发射度基本重叠,但是不同切片感受的空间电荷力不同,其横向相空间产生发散角度,在受到螺线管透镜作用后,所有切片相空间都顺时针产生不同的旋转角度,之后在漂移段中,电子束团切片会重新准直排列一致,使投影发射度最小。此时电子束团在进入加速结构后,受到相应的加速梯度的加速,进入相对论范围,空间电荷力与洛伦兹力基本相互抵消,投影发射度值得到固定,接近切片发射度(热发射度)水平。

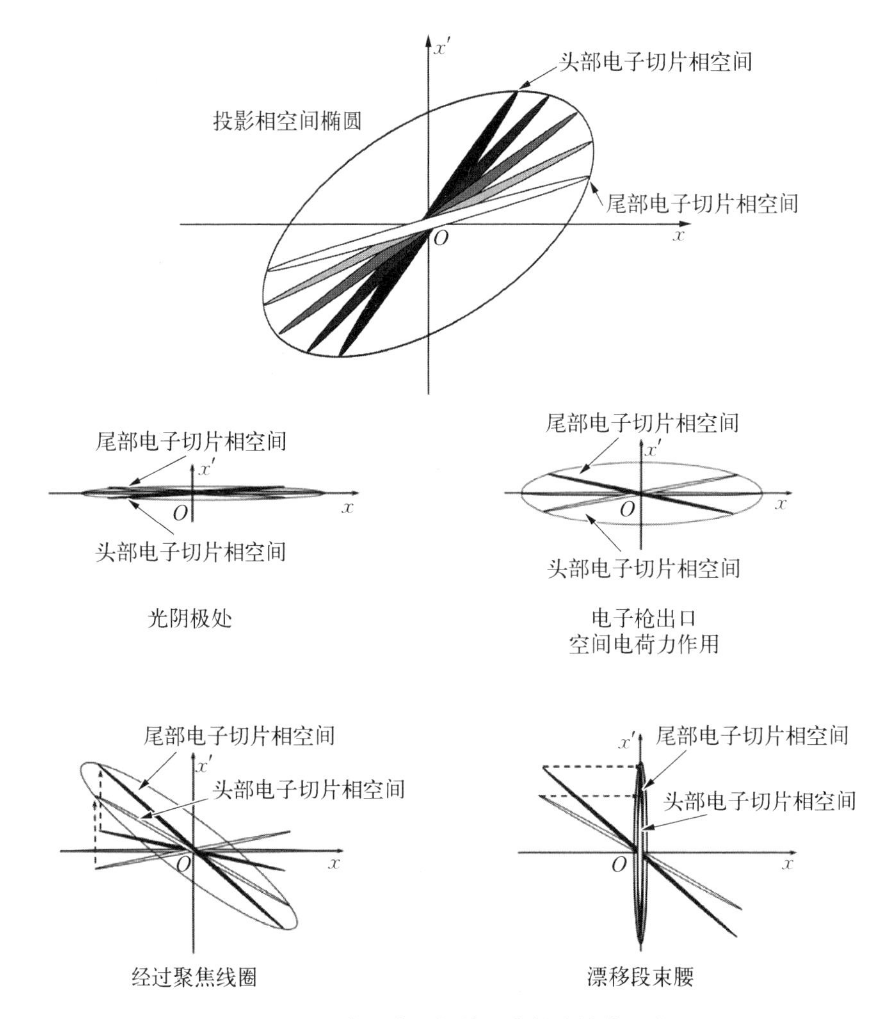

图5-22　电子束团切片及发射度补偿理论

5.4.2　同步辐射光源注入器

同步辐射光源自第二代之后，开始建设专用的加速器装置产生同步辐射光，通常由电子直线加速器和电子同步加速器组成。同步辐射光源中电子增能部分存在两种组合形式，一种由预注入器和增强器组成，另一种由全能量电子直线加速器组成。电子注入器一般基于电子直线加速器技术，通常实现百兆电子伏特的能量级别，采用传统的成熟技术，经济稳定。随着自由电子激光技术的发展，人们提出了同步辐射装置与自由电子激光结合，形成先进光源集群的发展观念，同步辐射装置与自由电子激光装置共用直线加速器，能量达到几个吉电子伏特，同步辐射装置将实现同能量注入，省去了增强器装置。下面将重点介绍传统的同步辐射装置注入器，新型的高能注入器与自由电子激光装置类似，已经在前面有详细介绍，在此仅简单介绍采用该方案的装置情况。

1）同步辐射装置的预注入器

传统同步辐射装置的电子注入器具有技术成熟、成本经济的优势，广泛应用于同步辐射装置中，能量从100 MeV到几百兆电子伏特不等，典型结构包括热阴极电子枪、次谐波预聚束器、聚束管、主加速器和终端束流诊断及引出装置等，如图5－23所示。热阴极电子枪产生较长的非相对论电子束团脉冲，经过次谐波预聚束器产生能量调制和预聚束功能；然后经过行波聚束管完成聚束过程，形成多个脉冲的短电子束团；再经过由多根加速管组成的主加速器加速至目标能量，达到相对论状态；最终电子束团通过加速器终端的引出系统，注入增强器或者电子储存环。加速器终端也提供束流诊断功能，用于电子直线加速器的调试和稳定运行反馈。

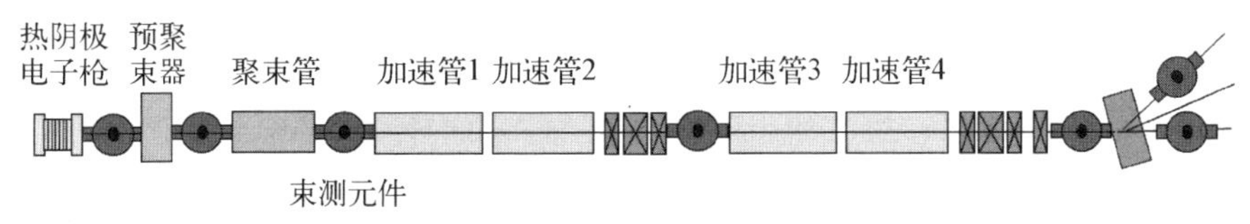

图5－23　同步辐射装置的电子注入器结构(彩图见附录)

直线加速器的电子枪采用栅控热阴极电子枪，整个电子枪系统由电子枪本体、高压电源、单脉冲和多脉冲调制器、监控单元组成。其本体结构如图5－23所示，阳极为0电位，阴极处于负高压状态，阴极材料为钡钨，栅极接较低的栅偏电压，只有在阴栅间加的电压高于栅偏压时，电子才被阳极拉出。

热阴极电子枪的工作性能受导流系数P影响，根据Child's定理，导流系数可以定义为

$$P=\frac{I}{U^{\frac{3}{2}}} \tag{5-61}$$

式中，I是电子注电流，单位为A；U为注电压，单位为V。导流系数表征了电子枪发射电流的能力，也是电子注空间电荷强度的度量，并体现了电子枪的结构特点和尺寸大小。通常加速器热阴极电子枪的导流系数约为0.2 μP，为弱流光学系统，而速调管电子枪的导流系数约为2 μP，属于强流光学系统。热阴极电子枪的发射度可以表示为

$$\epsilon_{\mathrm{n}}=2r_{\mathrm{c}}\left(\frac{k_{\mathrm{B}}T}{mc^{2}}\right)^{\frac{1}{2}} \tag{5-62}$$

式中，k_B 为玻尔兹曼常数（1.38×10^{-23} J/K），r_c为阴极半径，m 为电子的静止质量。对热阴极电子枪来说，k_BT 约为 0.1 eV（氧化阴极温度 $T=1\,160$ K），因此发射度由阴极的面积和工作稳定点决定。

同步辐射装置的热阴极电子枪具备大流强、多束团和单束团电子模式，以缩短光源的注入时间，因此，电子枪本体结构、栅偏压和脉冲功率源等都是在高束流流强的情形下优化的。近年来同步辐射光源的恒流注入模式要求其注入器可以提供稳定的弱束流，因此热阴极电子枪还需具备弱流强模式运行。为了使得电子枪能稳定地工作在低流强模式，可以采用适当加大栅偏压或降低脉冲功率源输出功率等方法。热阴极电子枪通常采用 E-gun 程序进行模拟计算，典型的电子束运动轨迹如图 5-24 所示。

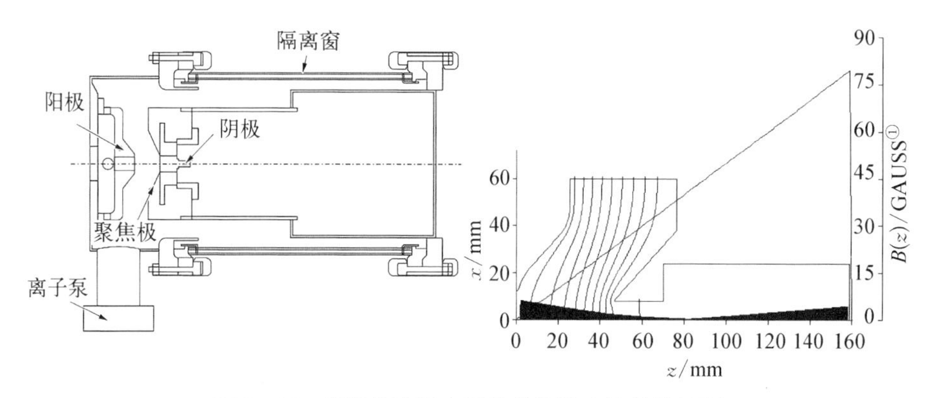

图 5-24　栅控热阴极电子枪结构及束流传输特征

注：① 1 GAUSS$=10^{-4}$ T。

电子枪出口的电子束团还未达到相对论速度，电子飞行速度较低，因此采用预聚束器进行能量调制，实现速度压缩，以此提高后续聚束管的俘获效率，增加电子束团的电荷量和注入效率，如上海同步辐射光源（SSRF）采用了 500 MHz 的次谐波预聚束器。聚束参数 R 是预聚束器的特征参数：

$$R=\frac{\pi\alpha L}{\lambda\beta_{e0}} \tag{5-63}$$

式中，β_{e0} 为同步电子相对速度，$\alpha=\dfrac{V_g}{V_0}$，为预聚束器的调制深度。通过优化调制深度 α、漂移长度 L，实现不同的预聚束参数，达到不同的设计目标。预聚束器中电子的纵向相空间轨迹如图 5-25(a)所示。

电子束团经过预聚束器之后产生了初步的聚束效果，然后进入聚束管完成聚束过程，并达到相对论速度，其纵向轨迹如图5-25(b)所示。最终，电子经过若干光速加速结构得到加速，能量达到设计目标，经过引出和注入系统进入增强器或储存环。

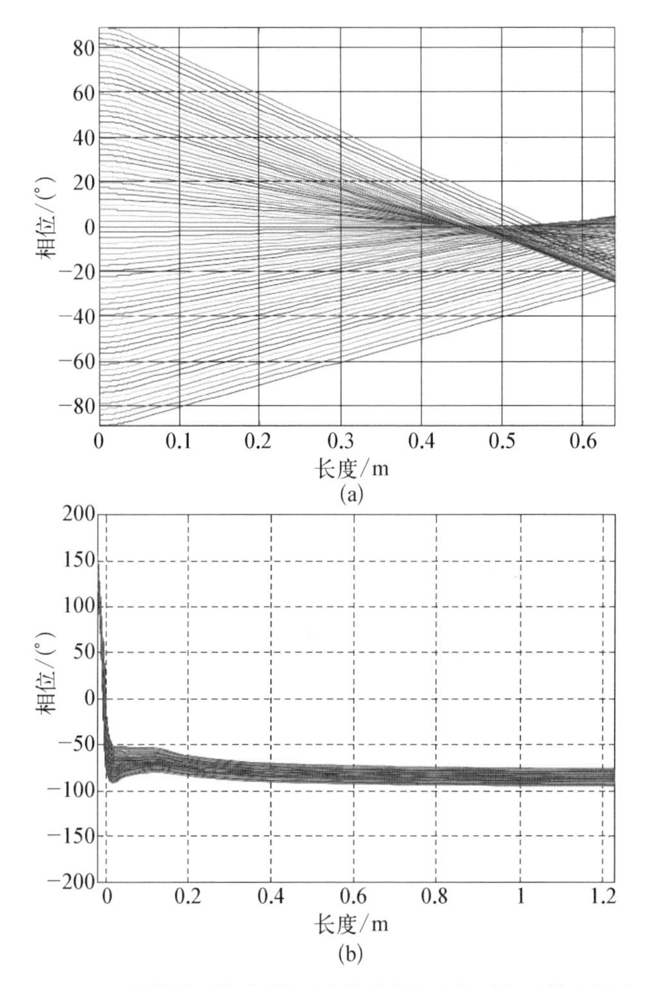

图5-25 次谐波预聚束器(a)和聚束管(b)典型电子纵向轨迹

注入器的横向聚焦系统主要布局在聚束系统，低能的非相对论电子受到空间电荷散焦力和加速管散焦力双重作用，导致束流品质变差，因此需要增加横向聚焦的磁透镜和螺线管，以约束电子束团，保持束流品质。

磁场设计的目的是约束低能电子束的包络，使其有效传输；减小低能电子束在漂移空间中的发射度的增长；补偿高频场的散焦力。在电子枪的出口放置一个短透镜(有铁轭的螺线管线圈),其余各处放置一般的螺线管线圈。假设低能电子束流为 Brillouin 层流束,则为克服空间电荷的横向散焦而使束流保持恒定的半径 r_0 所需要的螺线管磁场 B_0 如下式所示:

$$(B_0 r_0)^2 = 7 \times 10^{-7} \frac{I}{\sqrt{V}} \tag{5-64}$$

由于电子束在聚束管中纵向受到聚焦的高频加速场的作用,因此在横向受到散焦的高频场的影响。为了获得良好的束流品质,需外部添加轴向磁场以抵消聚束管中高频场的横向散焦作用。抵消聚束管中高频场的横向散焦作用所需要的螺线管磁场 B_0 为

$$B_0 = \frac{2\sqrt{\pi} m_e c}{e} \sqrt{\frac{e E_0 \lambda}{m_e c^2} \frac{1}{\beta \gamma}} \tag{5-65}$$

2) 全能量电子注入器

在自由电子激光技术快速发展的背景下,国际上提出了同步辐射装置和自由电子激光装置集群效应,充分协调和发挥不同类型光源的应用效果,因此同步辐射装置和自由电子激光装置共用电子直线加速器,实现同步辐射电子束流的满能量注入,避免使用增强器,以产生更好品质的电子束团。该类型的电子注入器与自由电子激光装置的电子直线加速器一致,其工作原理及相应技术已在前面详述,在此不再介绍。

在目前国际上,瑞典的同步辐射光源装置 MAX-Ⅳ 采用了全能量电子注入器,分别达到 1.5 GeV 和 3.0 GeV 电子束能量,然后直接注入两个独立的储存环加速器,产生同步辐射光[15]。日本的 8 GeV 超级光子储存环(SPring-8)也拟采用全能量注入器。SPring-8 与紧凑型自由电子激光装置 SACLA 建于共同地点,设计能量都为 8 GeV,将来通过升级改造,SACLA 的 8 GeV 的电子直线加速器兼容同步辐射装置 SPring-8 的注入器功能,实现满能量注入。

5.5 电子束操控技术原理

自由电子激光装置的优越性能对电子直线加速器提出了多项技术挑战,因此引导出了多项先进的束流操控和测量技术,如束流压缩、激光加热及相空

间扫描重建(TOMO)等技术。

5.5.1　束团压缩

无论是自由电子激光还是对撞机，对束团的亮度都有极高的要求，这就需要获得发射度足够小、长度足够短、流强足够高的电子束团。那么可以在光阴极上就产生这样的束团吗？答案是不能。因为在光阴极上，流强和发射度是相互制约的一系列参数，难以同时满足，同时镜像电荷力也会限制高流强的发射，这意味着电子枪产生的电子束通常发射度较低，但电子束团的峰值流强也很低。如果要获得较高的峰值流强，就需要对电子束进行压缩。束团长度的压缩有多种方法，最常用的办法是速度压缩和磁压缩，我们将分别进行介绍。

1）速度压缩

要实现对束团的压缩，最直观的办法就是使电子束头部速度低于电子束尾部，这样在电子束传输的过程中就可以自然地实现电子束的压缩。而电子束的速度与电子束的能量相关联，亦即只要使电子束的头部能量低于尾部能量就可以依靠电子束不同部分的速度差实现压缩，这种压缩称为速度压缩。

实现速度压缩的方式也很简单，在电子束能量比较低时通过微波元件——聚束器(buncher)，使得电子束获得头部能量低、尾部能量高的线性能量啁啾，电子束在下游的漂移段由于不同部分的速度差而实现压缩。通过调节聚束管的强度可以改变电子束的能量差，从而改变电子束的压缩。实现速度压缩的过程如图5-26所示。

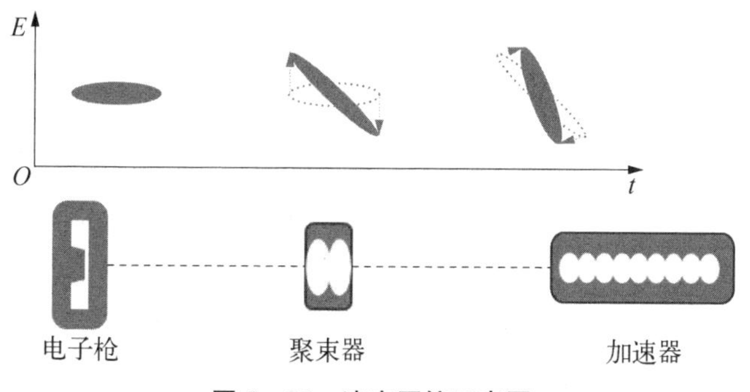

图5-26　速度压缩示意图

速度压缩通常用于电子束能量较低而电子束初始的束团长度较长的情况。目前国际上使用速度压缩的装置主要有日本的SACLA，美国超导硬X射线自由电子激光装置LCLS-Ⅱ和我国上海高重频硬X射线自由电子激光装置

(SHINE)。日本的SACLA采用的是热阴极电子枪，电子束在注入器中能量很低，束团很长，如果直接传输至直线加速器中用磁压缩对束团进行压缩的话会受到较大的非线性影响，因此需要先采用速度压缩对束团进行预压缩。而美国的LCLS-Ⅱ和我国的SHINE装置都是连续波的自由电子激光装置，注入器采用VHF型电子枪。虽然与日本采用光阴极电子枪的SACLA不同，但相似的是注入器中电子束的能量都比较低，束团较长，因此也需要采用速度压缩。此外，超快电子衍射(UED)装置由于规模较小，无法使用磁压缩，因此也常使用速度压缩来提高其时间分辨率。

速度压缩结构简单，只需要在注入器中插入可以引入能量啁啾的聚束管即可；而且布局紧凑，非常适合紧凑型的电子束源。但速度压缩通常用于电子束能量较低时，此时电子束受到的空间电荷力的影响较大。电子束的束长与发射度是相互制约的参量，而聚束管的电压、聚焦线圈的强度都会影响束团长度和发射度，这为高亮度电子束的调试带来了较大的挑战。

2) 磁压缩

如前面介绍，速度压缩结构简单紧凑，目前很多装置都采用了速度压缩。但由于电子束的静止能量很小(0.511 MeV)，可以很容易加速到光速，所以速度压缩并不适用于高能电子束。此时，我们通常采用磁压缩的方法来实现对束团长度的压缩，磁压缩的原理如第二章的图2-11所示，相关理论可以参考式(2-3)、式(2-65)与式(2-66)。

按照磁压缩的工作原理，磁压缩的压缩倍数与电子束的啁啾大小有关，与磁铁的场强和长度(对应于电子束的偏转角度)有关，也与磁铁之间漂移段的长度有关。调节电子束的能量啁啾或者磁压缩的纵向色散系数，都可以方便地调节电子束的压缩。在实际的直线加速器中，为了研究不同束团长度对所产生辐射的影响，一般要求磁压缩器的压缩倍数可以灵活调节。同时对于高能量的直线加速器，通常采用两级或三级磁压缩，这样可以分担每一级压缩的强度，降低相干同步辐射(CSR)等效应的影响。

需要指出的是，由于噪声涨落或者驱动激光的能量抖动，初始的电子束流会有一定程度的密度调制，在束流的加速和传输过程中由于纵向相空间电荷(LSC)效应[16]、相干同步辐射效应[17]等的作用而积累了能量调制，这部分能量调制在束流经过磁压缩时又会重新转换成密度调制。这些密度调制或能量调制都远大于电子束的初始能量/密度调制，严重影响束流和辐射的品质，这些效应称为微束团不稳定性效应。研究表明，电子束的切片能散直接影响微束团的不稳定性效应。在实际的机器中，通常使用激光加热器(LH)来增加电子束的切片能散，从而达到抑制微束团不稳定性效应的作用。

在短波长，特别是硬X射线自由电子激光装置中，通常需要对束团压缩上百倍。此时由于电子束的能量啁啾并非线性，而磁压缩的纵向色散系数也非线性，这些高阶项对束团压缩过程的影响不可忽略。在实际的装置中，为了避免能量啁啾和磁压缩的非线性高阶项对束团压缩造成的纵向不均匀性，通常使用谐波腔来补偿压缩过程中的二阶非线性项。

5.5.2　激光加热

在基于光阴极注入器的直线加速器中，光阴极注入器产生的电子束切片能散很小(约几个千电子伏特量级)。而短波长的自由电子激光装置通常要对电子束进行多次加速和压缩，在电子束的产生、加速、压缩和传输过程中由于相干同步辐射效应、纵向相空间电荷效应和尾场效应等，会产生很强的微束团不稳定性效应。电子束产生伊始会有来自白噪声或驱动激光的能量涨落导致的密度调制，而这种微束团不稳定性效应会使电子束的密度调制在加速和传输过程中不断积累能量调制。当电子束在经过磁压缩时内部积累的能量调制又会转变成密度调制，这就导致了最终电子束初始的密度调制会在直线加速器下游产生很强的能量调制和密度调制，严重破坏了电子束的品质。电子束微束团不稳定性可以用下游与上游电子束密度调制的比值，即微束团不稳定性的增益来表示：

$$G_{\mathrm{MBI}}=\left|\frac{b_{\mathrm{f}}}{b_{0}}\right|=Ck\ |R_{56}|\ \frac{I_{0}}{\gamma_{0}I_{\mathrm{A}}}\ \frac{|Z(k)|}{Z_{0}}\exp\left(-\frac{1}{2}C^{2}k^{2}R_{56}^{2}\ \frac{\sigma_{\gamma}^{2}}{\gamma_{0}^{2}}\right) \tag{5-66}$$

式中，C 为压缩倍数，k 为调制波数，I_0 为特征电流强度(17 kA)，I_{A} 为临界电流强度，$I_{\mathrm{A}}=\beta\gamma I_0$，$\beta$ 为电子相对速度，γ 为电子相对能量，Z_0 为自由空间阻抗，Z 为电子束阻抗，R_{56} 为磁压缩系数，σ_γ 和 γ_0 分别为电子束的能散和能量。

美国的LCLS团队率先提出了使用激光加热器来增加电子束的切片能散，用于抑制微束团的不稳定性[18]。

激光加热器的结构如图5-27所示，由四块二极磁铁、一段波荡器和若干束流测量元件组成。四块二极磁铁的极性按照“正负负正”的顺序依次摆放，结构与磁压缩器类似。在四块二极磁铁中间摆放一段波荡器。当电子束通过两块二极磁铁以后在波荡器中与加热激光相互作用，产生能量调制。当电子束通过下游的两块二极磁铁时，产生的能量调制又会转化成密度调制。当电子束、加热激光、波荡器、二极磁铁等设备的参数选择合适时，电子束的能量调制会被均匀抹掉，从而增加了电子束的切片能散。通过调节激光的强度即可方便地调节电子束切片能散的大小。研究表明，当电子束的横向尺寸与激光的尺寸相当时，电子束的切片能散均匀分布，激光加热的效果最好。相反，如果电子束的尺寸远大于或远小于激光的尺寸时，电子束的切片能散会呈现单峰或马鞍型。在实际机器运行中，为了抵抗激光和电子束横向的抖动，通常要使激光的横向尺寸比电子束的尺寸大 20%～50%。

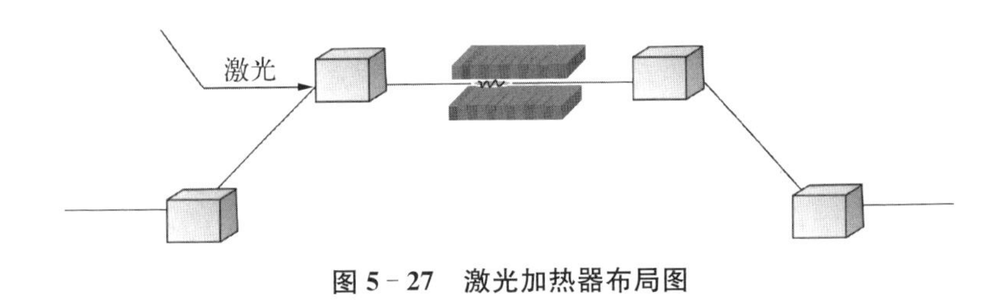

图 5－27　激光加热器布局图

5.5.3　束流相空间重建技术

对于自由电子激光装置而言，除了前面介绍的束流的产生、加速、压缩等元件以外，束流的测量亦是非常重要的组成部分，相当于自由电子激光装置的“眼睛”。

束流的各种参数的测量、品质的评估，乃至最终电子束相空间的重构对加速器的设计、相空间的操控等都具有非常重要的意义。电子束的纵向相空间测量与重构通常利用“分析磁铁加偏转腔”的方法来实现，而电子束的横向相空间重构方法很多，在此着重介绍一下基于计算机断层扫描(CT)技术的电子束相空间重构。

基于计算机断层扫描技术的相空间重构是一种利用物体的投影重建目标二维图像的方法，因此，重建算法是 CT 技术的核心部分。不同算法的理论基础不同，因而优缺点也很明显。重构速度快的算法对噪声抵抗力较差，要求较高的数据完备性；而抗噪声能力强的算法对数据完备性要求不高，但计算量较大,耗时较长。国际上主流的算法主要有三种:最大熵重建法(MENT)[19]、代数重建法(ART)[20]和滤波反投影(FBP)算法[21]。

在直线加速器中,要对电子束的横向相空间进行重构,需要对电子束的横向投影进行采集。束团的横向投影可以在观测靶(YAG/OTR 靶等)上得到。当电子束经过四极磁铁、漂移段或其他传输元件时,电子束团会在传输元件的作用下受到旋转、拉伸和剪切的作用。通过改变观测靶上游传输元件(通常是四极磁铁)的强度,可以得到不同的束斑图像,而电子束的横向相空间则可以通过这些束斑的图像用重建算法得到。

需要指出的是,在通常情况下,束团横向相空间的分布为长且窄的椭圆,如果相空间变得非常窄,用这种相空间得到的投影通常不能非常准确地反映相空间的真实分布,导致重构出的结果比较依赖投影角度的选择,使得结果误差较大。而电子束的归一化相空间分布更接近圆(除非电子束发生某种"畸变"),因此在归一化相空间中进行重构准确性会大大提高。真实相空间和归一化相空间的关系为

$$\begin{bmatrix} x \\ x' \end{bmatrix} = \begin{bmatrix} \sqrt{\beta_x} & 0 \\ -\dfrac{\alpha_x}{\sqrt{\beta_x}} & \dfrac{1}{\sqrt{\beta_x}} \end{bmatrix} \begin{bmatrix} x_N \\ x'_N \end{bmatrix} \tag{5-67}$$

式中,α_x 和 β_x 为电子束的 Twiss 参数。

图 5-28 给出了以 FBP 算法为例重构出的上海软 X 射线自由电子激光装置(SXFEL)中的电子束的归一化相空间和真实相空间。

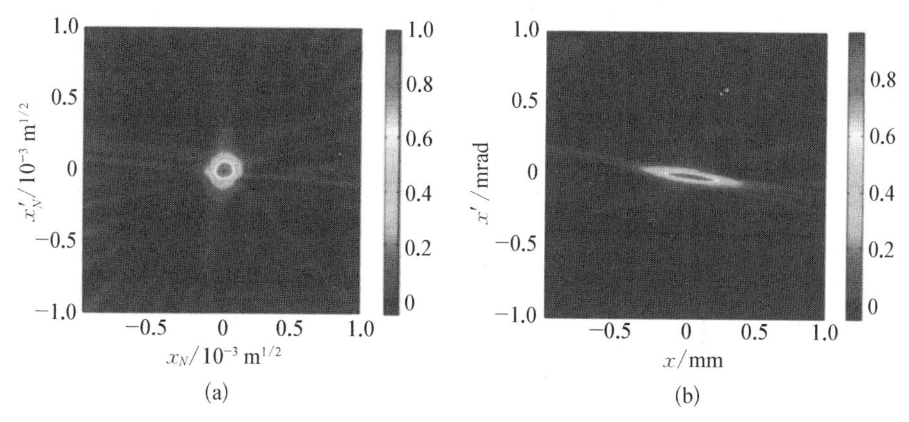

图 5-28　FBP 算法重构的 SXFEL 装置的电子束归一化(a)和真实相空间(b)(彩图见附录)

5.6 电子直线加速器的技术系统

电子直线加速器是由多种技术系统构建成的综合性科学装置，包含了微波系统、驱动激光系统、同步定时系统、磁铁系统、束流测量系统、束流控制系统、电源系统、真空系统、机械系统和工艺系统等。

1）微波系统

微波系统是电子直线加速器的主体，涵盖了注入器、主加速段和束流测量等部分。微波单元是微波系统的基本单元，若干或者几十上百套微波单元串联组成了电子直线加速器的装置主体。每套微波单元的结构类似，主要包括脉冲电源、高功率速调管、低电平控制系统、能量倍增器、加速结构和波导系统等。

在自由电子激光和同步辐射装置的微波系统中，典型的常温微波单元由 50 MW 的微波脉冲功率源驱动，最高重复频率为 100 Hz。经过能量倍增器进行功率倍增后，产生 150 MW 的峰值脉冲功率，通过波导系统传输至加速结构，建立 20～40 MV/m 的加速电场，并以串联方式将电子束加速至更高能量。为了在固定时间内产生更多的电子束团，部分自由电子激光装置采用超导微波系统，以多脉冲或者连续波形式运行，电子束重复频率为 1 kHz～1 MHz，其中连续波超导微波单元通常由连续波模式的固态功率源驱动，在 9-cell 的超导加速腔中激励 15～20 MV/m 的加速电场，将电子束加速至具有几个吉电子伏特的能量。

电子直线加速器的电子束稳定性很大程度上受到微波系统幅度-相位稳定性的影响。微波系统幅相稳定性主要来自各个有源设备的信号噪声和抖动，如参考信号、低电平系统、固态信号源、脉冲电源和速调管等，这些噪声和抖动经过叠加放大后，最终通过加速电场的幅相抖动作用于电子束，产生纵向和横向的不稳定性。为了获得稳定的电子束，根据物理需要对微波系统提出相应的幅相稳定性要求，比如在自由电子激光装置中，幅度抖动的均方根要求低于万分之四，相位抖动的均方根要求低于 0.09°（S 波段）、0.18°（C 波段）和 0.36°（X 波段），以满足电子直线加速器电子束的纵向和横向稳定性要求。

2）驱动激光系统

基于光阴极注入器的电子直线加速器包含了驱动激光系统，与电子枪的光阴极作用，利用光电效应产生电子束团。驱动激光的功率、横向和纵向分布及稳定性都会显著影响电子枪发射束流的品质，是光阴极注入器的核心技术系统。

自由电子激光装置需要一定电荷量的电子束团，一般在100 pC～1 nC范围内，电荷量主要由驱动激光功率决定。不同光阴极具有不同的量子效率，其中铜阴极或者半导体阴极最常用，半导体阴极的量子效率高，需要的驱动激光功率低，铜阴极的量子效率低，需要较高的驱动激光功率。

驱动激光的横向和纵向分布对电子束品质的影响较大，最终影响自由电子激光装置的性能。驱动激光束斑的横向尺寸决定了电子枪电子束的热发射度，尺寸越小，热发射度越小，同时均匀横向或者截断高斯的横向分布可以产生最优的空间电荷分布，可以抑制电子束的发射度增长，产生品质最优的电子束分布。

根据自由电子激光运行模式，电子枪的初始电子束团长度大约为10 ps，同样由相同长度的驱动激光脉冲驱动光阴极产生。驱动激光纵向分布会同时影响电子束的横向和纵向品质。均匀纵向分布的驱动激光产生电子束团可以抑制头尾发射度增长，提高电子束团品质。均匀分布的激光脉冲需要利用2^N（一般$N>3$）个高斯分布短脉冲叠加形成，但同时也会引入纵向的微脉冲噪声分布，经过后续的磁压缩作用，噪声分布经过放大后产生显著的微脉冲分布，极大地降低了自由电子激光的辐射性能。因此在自由电子激光装置中需要对驱动激光的纵向分布进行有效优化，以同时满足电子束横向和纵向的品质要求。

3）同步定时系统

电子直线加速器是综合性的科学装置，包含了名目繁多的各类设备，需要保证所有设备的运行同步一致，才能有效地加速、测量和控制电子束。同步定时系统提供了电子直线加速器同步运行的技术条件，可以分为同步和定时两项技术。

电子直线加速器的同步系统可以实现10～100 fs的同步精度，通常用于驱动激光-微波相位和激光-电子束的同步控制。在电子直线加速器中，驱动激光与微波相位必须严格保持同步，如此才能保证由驱动激光产生的电子束团与微波相位保持同步，产生稳定的微波加速，进而实现电子束的横向和纵向稳定。

定时系统产生多路触发信号，做一定分布后以控制电子直线加速器的所有设备，实现统一触发，完成电子束产生、微波加速、束流测量和束流控制的协调一致。定时系统的触发抖动要求实现皮秒级别的稳定性，利用本地设备在触发时间上的冗余度，可以实现电子直线加速器所有设备的精准协作。

4）磁铁系统

电子直线加速器的电子束沿着直线路径传输，因此用于控制电子束路径的磁铁系统简洁，磁铁数量少。电子直线加速器的磁铁种类分为二极磁铁、四极磁铁、聚焦螺线管和校正子。二极磁铁用于束流能量测量；四极磁铁用于电子束匹配和横向聚焦的 FODO 磁聚焦结构；聚焦螺线管集中在光阴极注入器中，用于电子枪发射度补偿，校正子用于电子束流轨道校正，保证电子束沿着束流中心传输。

根据电子直线加速器的物理设计，对不同磁铁提出磁场强度、好场区、均匀度误差和线性度误差等要求，以满足电子束品质的物理要求。在安装时，磁铁的准直度要满足误差要求，以保证所有磁铁的磁中心都在电子束中心线的误差范围内。

5）束流测量和控制系统

束流测量系统是电子直线加速器的眼睛，对电子束的运行状态进行监测，通常分为在线和介入式器件。在线测量设备包括用于束流流强测量的积分束流变压器（ICT）、束团长度探测器（BLM）和束流位置探测器（BPM），介入式器件包括用于束流界面测量的钇铝石榴石（YAG）靶和光学渡越辐射（OTR）靶等测量设备。根据物理需求，对束流测量器件的测量分辨率、响应速度和响应带宽等提出指标要求，以满足电子束测量的需求。

电子直线加速器的束流控制系统通常基于实验物理及工业控制系统（EPICS）框架，搭建基于以太网为链接手段的三层网络架构，包括底层设备、中层输入输出控制器（IOC）和上层用户控制界面。上层用户控制基于 EPICS 控制系统，通过束流测量实时监测电子束状态，并利用上层多种控制算法，控制底层激光、微波、电源和磁铁设备，实现对电子束状态的反馈调整，维持电子直线加速器的稳定运行。

6）其他技术系统

除了上述技术系统之外，电子直线加速器还包括电源系统、真空系统、机械系统和工艺系统等。

电源系统为所有磁铁和速调管聚焦线圈提供恒定的直流功率，其稳定性水平将通过各类磁铁影响电子束的稳定状态。电子直线加速器根据各类磁铁的磁场强度和响应速度要求，对各类电源的功率水平和响应速度提出要求，同时根据电子束的物理要求，对各类电源的稳定性提出相应的指标要求。

真空系统由各类真空管道、真空泵、真空阀和真空计组成，在电子直线加速器的电子束管段和微波传输空间建立一个超高真空环境，以满足电子束和高功率微波运行环境要求。电子直线加速器的真空系统通过真空阀分割为几个区域，通过真空计实时监测真空环境，并与联锁系统相连，一旦发生真空泄漏事故，将启动联锁保护并关闭真空阀，隔断真空异常区域，保护电子直线加速器设备安全。

机械系统为电子直线加速器提供机械支撑、机械准直和振动隔离等技术支持，保证电子直线加速器在良好的环境下运行，所有束流元件的安装均在束流中心线误差范围内。

工艺系统包含了水、电和气的技术支持，为电子直线加速器的稳定运行提供技术保障。

参考文献

[1] Ising G. Prinzip Einer Methode Zur Herstellung Von Kanalstrahlen Hoher Voltzahl [J]. Arkiv För Matematik, Astronomi Och Fysik, 1924, 18: 1 - 4.

[2] Wideröe R. Über ein neues Prinzip zur Herstellung hoher Spannungen [J]. Archiv Für Elektrotechnik, 1928, 21: 387 - 406.

[3] Lapostolle P M. Linear accelerator [M]. Amsterdam: North-Holland Publication, 1970.

[4] Wangler T P. RF linear accelerators [M]. Weinheim: WILEY-VCH Verlag GmbH & Co. KgaA, 2008.

[5] 刘乃泉. 加速器理论[M]. 2版. 北京：清华大学出版社，2004.

[6] 林郁正. 低能电子直线加速器[R]. 北京：清华大学，1999.

[7] 裴元吉. 电子直线加速器设计基础[M]. 北京：科学出版社，2013.

[8] 姚充国. 电子直线加速器[M]. 北京：科学出版社，1986.

[9] Bane K, Timm M, Weiland T. The short-range wakefields in the SBLC linac [R]. Hamburg, Germany: DESY, 1997.

[10] Schulte D. X-band technology, requirement for structure tests and its application for SASE FEL [R]. Ankara: Ankara University, 2013.

[11] Padamsee H. RF superconductivity for accelerators [M]. Weinheim: WILEY-VCH Verlag GmbH & Co. KGaA, 2008.

[12] 童德春. 加速器微波技术[R]. 北京：清华大学，2006.

[13] Rao T, Dowell D H. An engineering guide to photoinjectors [M]. North Charleston, SC: CreateSpace Independent Publishing Platform, 2013.

[14] Dowell D H. Quantum efficiency and thermal emittance of metal photocathodes [J]. Physics Review Special Topics-Accelerators and Beams, 2009, 12, 074201.

[15] Eriksson M, Berglund M, Brandin M, et al. The Max - Ⅳ design: pushing the

envelope [C]//Proceeding of PAC, 2007: 1277 - 1279.

[16] Saldin E L, Schneidmiller E A, Yurkov M V. Longitudinal space charge-driven micro-bunching instability in the TESLA test facility linac [J]. Nuclear Instruments and Methods in Physics Research Section A, 2004, 528: 355.

[17] Huang Z, Kim K J. Formulas for coherent synchrotron radiation microbunching in a bunch compressor chicane [J]. Physics Review Special Topics-Accelerators and Beams, 2002, 528: 355 - 359.

[18] Qiang J, Mitchell C E, Venturini M. Suppression of microbunching instability using bending magnets in free-electron-laser linacs [J]. Physics Review Letters, 2003, 111: 054801.

[19] Hock K M, Ibison M G. A study of the maximum entropy technique for phase space tomography [J]. Journal of Instrumentation, 2013, 8 (2): P02003.

[20] Andersen A H, Kak A C. Simultaneous algebraic reconstruction technique (SART): a superior implementation of the art algorithm [J]. Ultrasonic Imaging, 1984, 6 (1): 81.

[21] Stratakis D, Kishek R A, Li H, et al. Tomography as a diagnostic tool for phase space mapping of intense particle beams [J]. Physics Review Special Topics-Accelerators and Beams, 2006, 9 (11): 112801.

第6章 自由电子激光基础

几十年来，同步辐射光源已经历了三代的发展，并正在向横向相干性更好和亮度更高的衍射极限储存环即第四代光源发展。新一代相干光源的典型代表是自由电子激光(FEL)，其特点是通过加速器产生的高品质电子束与南北极交替排列的磁铁阵列——波荡器相互作用从而产生具备激光品质的高功率相干辐射，输出的辐射既可覆盖第三代同步辐射光源广阔的光谱范围，同时又具备常规激光的相干性和超高亮度与飞秒级($1\ \mathrm{fs}=10^{-15}\ \mathrm{s}$)超短脉冲的特质，并具有按照需求调节时间结构的优异特性。与典型的第三代同步辐射光源相比，自由电子激光的峰值亮度高9～10个数量级，光脉冲短3个数量级，相干性提高3个数量级以上。这些特点突破了现有常规激光和同步辐射光源的许多禁区，使得自由电子激光自诞生之日起就备受人们的青睐并引起业界的广泛重视。

6.1 自由电子激光基本原理

自由电子激光的基本思想如下：当具有相对论能量的自由电子通过横向周期性变化的磁场时，各个电子的同步辐射谱会在一个特定的波长上相干叠加，产生相干辐射；若合理选择波荡器和电子束参数，使电子和相干辐射之间的相位关系满足共振条件，则大多数电子将处于释放能量状态，即电磁场被相干放大。

假设有一个与电子运动方向相同的坐标系，这个坐标系相对于实验室坐标系做高速运动，则电子在其中的运动速度不大。在这个坐标系中波荡器相对于电子做高速运动，由相对论的基本原理可知，波荡器的波长将缩短，由于多普勒效应，波荡器中光的波长将变长。合理选择运动坐标系相对于实验室坐标系的运动速度,使得波荡器的波长与辐射光的波长相等,则这两个波的叠加将形成一个驻波,有波节和波腹,于是电子便在一个驻波中运动。在电动力学的理论中,上述情况相当于电子在一个有质动力场中运动,并且上述驻波的波节对应有质动力势位能的底部,波腹对应位能的顶部。由电动力学的基本理论知,电子将向低势能方向运动,因此在位能底部会聚集越来越多的电子,即电子聚集形成微聚束。由于电子相对运动坐标系并不是完全静止的,电子的速度比运动坐标系的速度略大,则微聚束将继续向高势能方向运动,这使得电子的速度减慢,电子束整体把能量交给光场,于是光场得到放大。

经过几十年的发展,目前 FEL 的基本理论已经比较成熟。本章将简要介绍 FEL 的基本原理和基本物理过程,较为详细、完整的 FEL 理论可参阅文献[1-5]。

6.1.1 自由电子激光装置的基本构成和特点

自由电子激光是一种使用相对论电子束通过周期性变化的磁场以受激辐射方式放大电磁波的新型强相干光源。自由电子激光装置通常由电子加速器、波荡器和光束线站系统三部分组成,其中电子加速器可为直线型或储存环型。绝大多数自由电子激光都是由电子直线加速器驱动的,其典型结构如图 6-1 所示。用于自由电子激光的直线加速器一般由电子枪和主加速器组成,电子枪提供品质优异的电子束,主加速器将此电子束加速至波长所要求的能量并保持其束流性能不退化,之后电子束被注入磁铁极性交替变换的波荡器中,电子因做扭摆运动而在其前进方向上自发地发射电磁辐射,辐射场与电子束相互作用,满足共振关系时,电子的动能将不断地传递给光辐射,从而使辐射场强不断增大。按照放大机制,自由电子激光可分为低增益和高增益两种:低增益自由电子激光的放大器部分由波荡器和光学谐振腔组成;高增益自由电子激光的放大器仅由波荡器或外加常规种子激光系统组成。

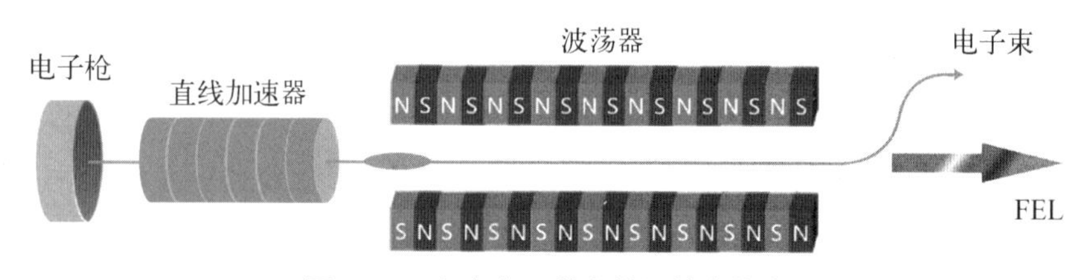

图 6-1 自由电子激光装置基本构成

相对于传统激光器,FEL主要有以下三方面的优点:

(1) 功率高。传统激光器由于受到工作介质损伤阈值、散热、非线性效应等的限制,难以输出非常高的平均功率,而FEL的工作环境为真空,不存在热效应积累的问题,其输出功率由电子束的功率决定,理论上不存在绝对的上限。

(2) 光谱覆盖范围广且连续可调。传统激光器只能输出特定频率的激光,只有较少的几种激光器,如准分子激光器和二氧化碳激光器可以有较窄的调节范围。由FEL的原理可知,其输出波长在理论上不受限制,通过调节电子束和波荡器参数可以实现从太赫兹到X射线的任意波段的输出,且通过改变电子束能量或波荡器间隙等参数,一台FEL也可以在一定范围内连续调节输出激光的波长。

(3) 光束质量好。FEL可输出光谱窄、相干性好的光束,而且其光脉冲的时间结构也很优异,输出脉冲长度可在皮秒到阿秒量级范围内调节,脉冲的时间结构也可根据需要做出相应调节。

FEL的上述突出优点使得其在固体表面物理、半导体物理、凝聚态物理、光谱学、非线性光学、生物学、化学、医学、材料科学、能源、通信、国防科学等诸多方面有十分重要的应用。FEL是探索微观世界的理想探针,能为多个学科开辟全新的研究领域,而FEL装置的建设也能推动相关高新技术和设备的发展。

6.1.2　共振条件与相干辐射放大

与常规激光不同,自由电子激光以真空中的相对论电子束为工作介质,由自由电子产生的电磁辐射的相干叠加和放大而产生。相对论电子束在经过一对由北极(N)和南极(S)构成的偏转磁铁时,将沿其圆周运动轨道的切线方向发射出波长在一定范围内连续分布的同步辐射。自由电子激光发光所依赖的核心器件为波荡器,它是由一系列N极与S极交替排列的磁铁阵列构成,如图6-2所示。电子束经过波荡器扭摆前进,通过合理选择电子束和波荡器的参数,电子束在经过每一对磁铁时所发出的同步辐射将会在电子束的前进方向和固定的波长上相干叠加,即产生较强的相干辐射,此相干辐射又会在波荡器中与电子束本身相互作用,在电子束中产生尺度在辐射波长量级的微结构,从而进一步增强相干辐射直至达到饱和。这种强相干辐射就是自由电子激光,其波长与电子束能量和波荡器参数有如下关系:

$$\lambda_s = \frac{\lambda_u}{2\gamma^2}\left(1 + \frac{K^2}{2}\right) \tag{6-1}$$

式中，λ_s 为自由电子激光谐振波长，λ_u 为波荡器周期，γ 为相对论电子的共振能量，K 为描述波荡器强度的无量纲参数。

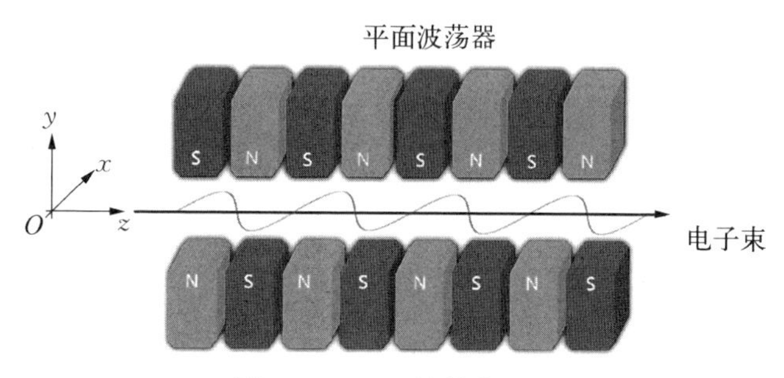

图 6-2　FEL 的基本原理

为形象地理解 FEL 的共振条件，我们画出了电子束在波荡器中与辐射光相互作用的过程，如图 6-3 所示(画出三个周期)。电子束在波荡器磁场的作用下，在 x 方向扭摆，轨迹大致为正弦曲线，也即电子束有了横向速度分量 $\boldsymbol{v}_x$，这为电子束与辐射光之间的能量交换提供了基础，假设辐射光的横向电场场强为 $\boldsymbol{E}$，电子电荷量为 e，可知当 $e\boldsymbol{E}\cdot\boldsymbol{v}_x<0$ 时，电子将能量交给光场，光场将放大，而当 $e\boldsymbol{E}\cdot\boldsymbol{v}_x>0$ 时，光场将能量交给电子，电子束将加速。由于电子束有了横向速度，纵向的平均速度减小，也即电子束相对于光场的延迟增大。当满足共振关系时，每经过一个波荡器周期，辐射光场相对电子束向前滑移一个辐射波长 λ_s，此即滑移效应，如图 6-3 所示。在此条件下，电子与辐射光发生持续的能量交换，由于电子束团长度一般远长于辐射光的波长，电子束把能量一直交给辐射光场，辐射光强度就持续放大，较强的辐射光场在波荡器中与电子束持续相互作用，在电子束中产生微聚束，微聚束进一步增强辐射光

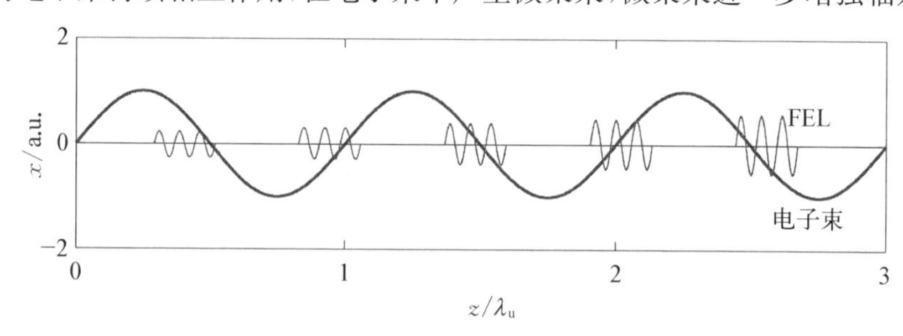

图 6-3　滑移效应与共振条件示意图

场,进而产生相干辐射,直至辐射光达到饱和,这就是 FEL 产生的基本物理过程。下面我们将介绍 FEL 的基本理论,具体推导电子束与辐射光场相互作用及辐射光场强增益的过程。

6.2 低增益自由电子激光

低增益自由电子激光单次增益较小,辐射场幅度相位变化较慢,需要的波荡器一般较短。本节先推导 FEL 的共振条件和摆方程,之后推导小信号增益方程。

6.2.1 摆方程

如第 3 章所述,电子在波荡器中的运动方程可写为

$$x=\frac{K}{\gamma k_u}\sin(k_u z) \tag{6-2}$$

式中,K/γ 决定了电子束在波荡器中运动的张角,$k_u=2\pi/\lambda_u$,z 是波荡器的纵向位置。

电子束在波荡器中运动产生的辐射场前进方向与电子束相同,场方程可写为

$$\boldsymbol{E}=\hat{\boldsymbol{x}}E_0\cos(k_s z-\omega_s t+\theta_0) \tag{6-3}$$

式中,$\hat{\boldsymbol{x}}$ 表示 x 方向的单位矢量,辐射光的频率 $\omega_s=ck_s=2\pi c/\lambda_s$。电子在波荡器中有横向运动,其运动速度为

$$v_x=\frac{Kc}{\gamma}\cos(k_u z) \tag{6-4}$$

而电子束总的运动速度为一定值:

$$v=c\sqrt{1-1/\gamma^2} \tag{6-5}$$

则电子束沿 z 方向的速度可近似写为

$$v_z=c\left(1-\frac{1+K^2/2}{2\gamma^2}\right)-\frac{K^2c}{4\gamma^2}\cos(2k_u z) \tag{6-6}$$

由于电子束有横向的运动速度,可与横向电场发生能量交换,电子束的能

量变化可写为

$$mc^2\frac{\mathrm{d}\gamma}{\mathrm{d}t}=e\boldsymbol{E}\cdot\boldsymbol{v}_x=\frac{eE_0Kc}{\gamma}\cos(k_\mathrm{u}z)\cos(k_\mathrm{s}z-\omega_\mathrm{s}t+\theta_0)$$
$$=\frac{eE_0Kc}{2\gamma}\{\cos[(k_\mathrm{s}-k_\mathrm{u})z-\omega_\mathrm{s}t+\theta_0]+\cos[(k_\mathrm{s}+k_\mathrm{u})z-\omega_\mathrm{s}t+\theta_0]\}$$
(6 - 7)

可知当 $e\boldsymbol{E}\cdot\boldsymbol{v}_x<0$ 时，电子束将能量交给光场，光场将放大，而当 $e\boldsymbol{E}\cdot\boldsymbol{v}_x>0$ 时，光场将能量交给电子束，电子束将加速，这是逆自由电子激光(IFEL)过程。式(6 - 7)最后将有质动力势相位写为两部分，先对第一部分相位求导，得到

$$\frac{\mathrm{d}}{\mathrm{d}t}[(k_\mathrm{s}-k_\mathrm{u})z-\omega_\mathrm{s}t+\theta_0]\approx 2k_\mathrm{u}c \tag{6-8}$$

即经过一个波荡器周期，此相位变化 4π，为一快振荡项，对能量交换无贡献，可略去，即将有质动力势相位写为

$$\theta=(k_\mathrm{s}+k_\mathrm{u})z-\omega_\mathrm{s}t+\theta_0 \tag{6-9}$$

对其求导得到

$$\frac{\mathrm{d}\theta}{\mathrm{d}t}=(k_\mathrm{s}+k_\mathrm{u})v_z-ck_\mathrm{s} \tag{6-10}$$

对式(6 - 10)在一个波荡器周期上求平均，并考虑到 $k_\mathrm{u}/k_\mathrm{s}\ll 1$ 可得

$$\frac{\mathrm{d}\theta}{\mathrm{d}t}=(k_\mathrm{s}+k_\mathrm{u})\bar{v}_z-ck_\mathrm{s}=ck_\mathrm{s}\left(\frac{k_\mathrm{u}}{k_\mathrm{s}}-\frac{1+K^2/2}{2\gamma^2}\right) \tag{6-11}$$

为使电子束与辐射场进行持续的能量交换，需要有质动力势相位不随时间变化，即 $\mathrm{d}\theta/\mathrm{d}t=0$，也就是要求电子束能量 γ、波荡器周期 λ_u 和波荡器参数 K 与辐射光波长之间满足如下关系：

$$\frac{k_\mathrm{u}}{k_\mathrm{s}}=\frac{\lambda_\mathrm{s}}{\lambda_\mathrm{u}}=\frac{1+K^2/2}{2\gamma^2} \tag{6-12}$$

由此我们得到了 FEL 的共振条件，也是电子束和辐射光持续相互作用的条件。实际情况中，电子束的能量并不完全满足共振条件，会偏离一点。若定义共振能量为 γ_r，则上式可写为

$$\lambda_s = \frac{\lambda_u}{2\gamma_r^2}(1 + K^2/2) \tag{6-13}$$

定义电子能量失谐参数为

$$\eta = \frac{\gamma - \gamma_r}{\gamma_r} \ll 1 \tag{6-14}$$

则共振条件下的电子相位方程可写为

$$\frac{\mathrm{d}\theta}{\mathrm{d}t} = 2k_u c\eta \tag{6-15}$$

电子能量变化式(6-7)可写为

$$\frac{\mathrm{d}\eta}{\mathrm{d}t} = \frac{1}{\gamma_r}\frac{\mathrm{d}\gamma}{\mathrm{d}t} = -\frac{eE_0K[JJ]c}{2\gamma\gamma_r mc^2}\sin\theta \tag{6-16}$$

式中，[JJ]为贝塞尔函数的差：

$$[JJ] = J_0\left(\frac{K^2}{4+2K^2}\right) - J_1\left(\frac{K^2}{4+2K^2}\right) \tag{6-17}$$

将式(6-15)和式(6-16)由时间坐标改为空间坐标，并利用 $c\mathrm{d}t \approx \mathrm{d}z$ 与 $\gamma_r \approx \gamma$ 可得

$$\begin{cases} \dfrac{\mathrm{d}\theta}{\mathrm{d}z} = 2k_u\eta \\ \dfrac{\mathrm{d}\eta}{\mathrm{d}z} = -\dfrac{eE_0K[JJ]}{2\gamma_r^2 mc^2}\sin\theta \end{cases} \tag{6-18}$$

式(6-18)中的两个方程相结合，可得到著名的FEL摆方程：

$$\frac{\mathrm{d}^2\theta}{\mathrm{d}z^2} + \Omega_s^2 \sin\theta = 0 \tag{6-19}$$

式中，$\Omega_s^2 = eE_0K[JJ]/2k_u mc^2\gamma_r^2$，为同步振荡频率，对于低增益情况可以假设辐射场基本不变，此时同步振荡频率可以认为是一个常数，故可对式(6-19)进行积分得到：

$$\left(\frac{\mathrm{d}\theta}{\mathrm{d}z}\right)^2 \Big/ 2 - \Omega_s^2\cos\theta = U = 常数 \tag{6-20}$$

可见式(6-20)类似于保守力场的表达式，其中U对应机械能，而$-\Omega_s^2\cos\theta$即有质动力势。图 6-4 给出了电子能量变化与相位的关系，从中可以看到电子在相空间的运动为顺时针方向旋转，其中相位在区间$[(2n-1)\pi,\ 2n\pi]$的电子将获得能量，而在区间$[2n\pi,\ (2n+1)\pi]$的电子将失去能量，所以要使电子束将能量不断地交给辐射场，多数电子相位应保持在$[2n\pi,\ (2n+1)\pi]$区间内。

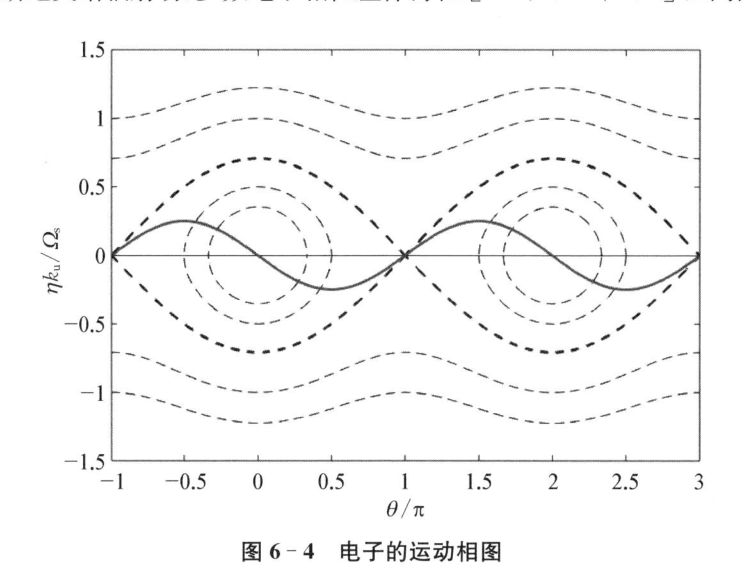

图 6-4　电子的运动相图

6.2.2　小信号增益

低增益 FEL 以带有反射镜的光学谐振腔 FEL 为代表，主要应用在太赫兹波段、红外和可见光波段，它的基本工作原理是通过光学谐振腔将电子束产生的自发辐射进行多次反射、不断放大，最后达到饱和输出。光学谐振腔 FEL 结构比较简单，由两个反射镜和一个短波荡器组成，对电子束要求较低，输出激光的相干性也很好，但由于在深紫外和 X 射线波段缺乏合适的反射材料，导致低增益 FEL 很难向短波长方向发展。

在低增益模式下，电子束与光场相互作用程度比较小，相互之间能量交换也比较少，故辐射场的变化很小，在此条件下可假设辐射光场强E_0基本不变。若假设电子的初始相位分布θ_0是均匀的，则在电子束中得到能量和失去能量的电子数应该相同，此时总体上辐射场不发生变化，然而通过观察摆方程式(6-18)可以发现，由于电子能量存在失谐η(小量)，导致初始相位分布并不均匀，电子能量变化也不均匀，从而改变了辐射场的功率。用微扰法解方程式(6－18),将 θ 和 η 微扰展开如下：

$$\begin{cases}\theta=\theta_0+\varepsilon\theta_1+\varepsilon^2\theta_2^2+\cdots\\ \eta=\eta_0+\varepsilon\eta_1+\varepsilon^2\eta_2^2+\cdots\end{cases}\tag{6-21}$$

式中,ε 为小量,其零阶近似为

$$\begin{cases}\dfrac{\mathrm{d}\theta_0}{\mathrm{d}z}=2k_{\mathrm{u}}\eta_0\\ \dfrac{\mathrm{d}\eta_0}{\mathrm{d}z}=0\end{cases}\Rightarrow\begin{cases}\theta_0(z)=2k_{\mathrm{u}}\eta_0 z+\phi_0\\ \eta_0=\text{常数}\end{cases}\tag{6-22}$$

一阶近似为

$$\begin{cases}\dfrac{\mathrm{d}\theta_1}{\mathrm{d}z}=2k_{\mathrm{u}}\eta_1\\ \dfrac{\mathrm{d}\eta_1}{\mathrm{d}z}=-\sin\theta_0\end{cases}\Rightarrow\begin{cases}\theta_1(z)=\dfrac{1}{\eta_0}\left[\dfrac{\sin\theta_0(z)-\sin\phi_0}{2k_{\mathrm{u}}\eta_0}-z\cos\phi_0\right]\\ \eta_1(z)=\dfrac{\cos\theta_0(z)-\cos\phi_0}{2k_{\mathrm{u}}\eta_0}\end{cases}\tag{6-23}$$

二阶近似为

$$\begin{aligned}&\frac{\mathrm{d}\eta_2}{\mathrm{d}z}=-\theta_1(z)\cos\theta_0(z)\\ &\quad\Rightarrow\eta_2(L_{\mathrm{u}})=-\frac{1}{\eta_0}\int_0^{L_{\mathrm{u}}}\mathrm{d}z\left[\frac{\cos\theta_0(\sin\theta_0-\sin\phi_0)}{2k_{\mathrm{u}}\eta_0}-z\cos\theta_0\cos\phi_0\right]\end{aligned}\tag{6-24}$$

式中,L_{u} 为波荡器的长度。将式(6－22)中的 $\cos\theta_0\sin\theta_0$、$\cos\theta_0\sin\phi_0$ 和 $\cos\theta_0\cos\phi_0$ 对 ϕ_0 取平均得到

$$\begin{cases}\langle\cos\theta_0\sin\theta_0\rangle_{\phi_0}=\dfrac{1}{2}\langle\sin 2\theta_0\rangle_{\phi_0}=0\\ \langle\cos\theta_0\sin\phi_0\rangle_{\phi_0}=\langle[\cos(2k_{\mathrm{u}}\eta_0 z)\cos\phi_0-\sin(2k_{\mathrm{u}}\eta_0 z)\sin\phi_0]\sin\phi_0\rangle_{\phi_0}\\ \qquad\qquad\qquad\quad=\dfrac{1}{2}\sin(2k_{\mathrm{u}}\eta_0 z)\\ \langle\cos\theta_0\cos\phi_0\rangle_{\phi_0}=\dfrac{1}{2}\cos(2k_{\mathrm{u}}\eta_0 z)\end{cases}\tag{6-25}$$

这样可以得到 $\eta_2(L_u)$ 对 ϕ_0 的平均值为

$$\langle\eta_2(L_u)\rangle_{\phi_0}=-\frac{1}{2\eta_0}\int_0^{L_u}dz\left[\frac{\sin(2k_u\eta_0 z)}{2k_u\eta_0}-z\cos(2k_u\eta_0 z)\right]$$
$$=\frac{k_u L_u^3}{4}\left(\frac{2x\sin x\cos x-2\sin^2 x}{x^3}\right)=\frac{k_u L_u^3}{4}\frac{d}{dx}\left(\frac{\sin x}{x}\right)^2 \tag{6-26}$$

式中，$x=k_u\eta_0 L_u$，此式便是著名的小信号增益公式。这里我们定义归一化小信号增益方程：

$$g(x)=-\frac{d}{dx}\left(\frac{\sin x}{x}\right)^2 \tag{6-27}$$

图 6-5 给出了归一化小信号增益函数曲线，从图中可以看到，最大增益出现在 $x=k_u\eta_0 L_u=2\pi\eta_0 N\approx 1.3$ 处，其中 N 为波荡器周期数。相应地，最优的初始电子能量失谐条件为

$$\eta_0=\frac{1.3}{2\pi N}\approx\frac{1}{5N} \tag{6-28}$$

可见最优的初始电子能量失谐仅与波荡器周期数有关。

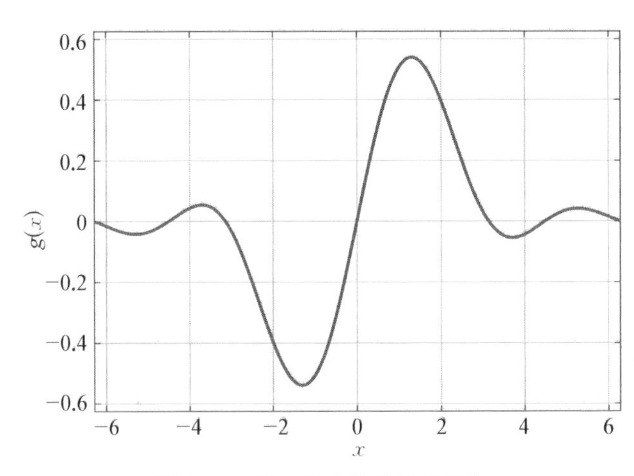

图 6-5　归一化小信号增益函数

应该指出，上述推导仅在微扰展开的小量 $\varepsilon\ll 1$ 的情况下成立，当辐射功率逐渐增大以至此条件不满足时，FEL 的增益开始逐渐降低，从物理图像上

看，此种情况对应有质动力相稳定区内的电子被俘获并向加速相位旋转，即辐射光开始失去能量，FEL 进入饱和的阶段。FEL 达到饱和的标志为初始相空间坐标为 $(\theta,\ \eta)=(0,\ \eta_{\max}/2)$ 的电子旋转至 $(\theta,\ \eta)=(0,\ -\eta_{\max}/2)$，其中 $\eta_{\max}=\sqrt{\varepsilon}/k_{\mathrm{u}}L_{\mathrm{u}}$ 为图 6-4 中相稳定区的最大值，即电子经历了同步振荡的半个周期：

$$\Omega_{\mathrm{s}}L_{\mathrm{u}}=\sqrt{\varepsilon}=\pi \tag{6-29}$$

此时辐射场获得的能量增益最大，考虑一个周期内的所有电子对辐射功率的贡献，可写出 FEL 的饱和功率为

$$P_{\mathrm{sat}}=P_{\mathrm{beam}}\eta_{\max}\approx\frac{P_{\mathrm{beam}}}{2N} \tag{6-30}$$

式中，$P_{\mathrm{beam}}=\gamma mc^{2}I/e$ 为电子束的功率，I 为流强。即在饱和时，电子束将其能量的 $1/2N$ 交给辐射光。

6.3　高增益自由电子激光

高增益 FEL 利用高品质的电子束单次通过一个足够长的波荡器实现了光场的指数增益，并最终实现高功率 FEL 的饱和输出，是向短波长方向发展的有效途径。但是高增益 FEL 对电子束品质的要求非常高，现在所有的高增益 FEL 装置都是建立在先进的加速器技术基础之上的。本节介绍高增益 FEL 的基本理论。

6.3.1　高增益 FEL 方程

当 FEL 运行在高增益模式下时，电子束单次通过波荡器即与光场发生很大的能量交换，此时光场不再是常数。电子束在与强光场相互作用的过程中形成群聚，群聚的电子束反过来进一步增强辐射的光场，从而形成一个正反馈的过程。

辐射的横向麦克斯韦电场方程可以写为

$$\left[\left(\frac{1}{c}\ \frac{\partial}{\partial t}\right)^{2}-\left(\frac{\partial}{\partial z}\right)^{2}-\nabla_{\perp}^{2}\right]E_{x}=-\frac{1}{\varepsilon_{0}c^{2}}\left[\frac{\partial J_{x}}{\partial t}+c^{2}\ \frac{\partial\rho_{\mathrm{e}}}{\partial x}\right] \tag{6-31}$$

式中，$\nabla_{\perp}^{2}$ 为横向拉普拉斯算子，ε_{0} 为真空介电常数，ρ_{e} 为电子电荷密度，J_{x}

为横向电流密度：

$$J_x = ecK\cos(k_u z)\sum_{j=1}^{N_e}\frac{1}{\gamma}\delta(\boldsymbol{x}-\boldsymbol{x}_j(t))\delta(z-z_j(t)) \tag{6-32}$$

一般地，光场可以写为

$$E_x = E\cos(k_s z - \omega_s t + \phi) \tag{6-33}$$

这里引入光场相位和振幅慢变（SVPA）近似，假设光场的快变部分为 $e^{i(k_s z-\omega_s t)}$，而光场的相位 ϕ 和场强 E 为 z 和 t 的慢变函数，在一个辐射波长内变化很小。定义光场复振幅为

$$\widetilde{E}(z,\ t) = Ee^{i\phi}/2 \tag{6-34}$$

则式(6-33)可写为

$$E_x = \widetilde{E}e^{i(k_s z-\omega_s t)} + \widetilde{E}^* e^{-i(k_s z-\omega_s t)} \tag{6-35}$$

定义

$$\left(\frac{1}{c}\frac{\partial}{\partial t}\right)^2 - \left(\frac{\partial}{\partial z}\right)^2 = D_+ D_- \tag{6-36}$$

式中，$D_\pm = \frac{1}{c}\frac{\partial}{\partial t} \pm \frac{\partial}{\partial z}$，注意到：

$$\begin{aligned} D_-[\widetilde{E}e^{i(k_s z-\omega_s t)}] &= -2ik_s\widetilde{E}e^{i(k_s z-\omega_s t)} + e^{i(k_s z-\omega_s t)}(D_- \widetilde{E}) \\ D_+[\widetilde{E}e^{i(k_s z-\omega_s t)}] &= e^{i(k_s z-\omega_s t)} D_+ \widetilde{E} \end{aligned} \tag{6-37}$$

则式(6-31)可写为

$$e^{i(k_s z-\omega_s t)}(-2ik_s D_+ - \nabla_\perp^2)\widetilde{E} + e^{-i(k_s z-\omega_s t)}(2ik_s D_+ - \nabla_\perp^2)\widetilde{E}^* = -\frac{1}{\varepsilon_0 c^2}\frac{\partial J_x}{\partial t} \tag{6-38}$$

对式(6-38)两边在固定位置做如下定积分：

$$\frac{1}{\Delta t}\int_t^{t+\Delta t} e^{-i(k_s z-\omega_s t)}\mathrm{d}t \tag{6-39}$$

在 $\lambda_s/c \ll \Delta t \ll N\lambda_s/c$ 区间内，$\widetilde{E}$ 可视为常数，式(6-38)等号左边第二项消失，等号右边分部积分得

$$-\frac{1}{\varepsilon_0 c^2}\frac{1}{\Delta t}\int_t^{t+\Delta t}\mathrm{e}^{-\mathrm{i}(k_s z-\omega_s t)}\frac{\partial J_x}{\partial t}\mathrm{d}t=\frac{\mathrm{i}\omega_s}{\varepsilon_0 c^2}\frac{1}{\Delta t}\int_t^{t+\Delta t}\mathrm{e}^{-\mathrm{i}(k_s z-\omega_s t)}J_x\mathrm{d}t \tag{6-40}$$

将横向电流密度表达式(6-32)代入式(6-40)中,并利用关系式

$$\delta(z-z_j(t))=\frac{1}{v_z}\delta(t-t_j(z)) \tag{6-41}$$

得到

$$(2\mathrm{i}k_s D_+ +\nabla_\perp^2)\widetilde{E}=-\frac{\mathrm{i}\omega}{\varepsilon_0 c^2}\frac{1}{\bar{v}_z\Delta t}\frac{ecK}{\gamma}\sum_{j\in[z,\ \Delta t]}\mathrm{e}^{-\mathrm{i}(k_s z-\omega_s t_j)}\cos(k_u z)\delta(\boldsymbol{x}-\boldsymbol{x}_j) \tag{6-42}$$

引入电子束的平均电子密度:

$$\frac{1}{\bar{v}_z\Delta t}\sum_{j\in[z,\ \Delta t]}\delta(\boldsymbol{x}-\boldsymbol{x}_j)=n_e(z-\bar{v}_z t,\ \boldsymbol{x}) \tag{6-43}$$

在 SVPA 近似下麦克斯韦方程可写为

$$\left(\frac{\partial}{\partial z}+\frac{1}{c}\frac{\partial}{\partial t}+\frac{\nabla_\perp^2}{2\mathrm{i}k_s}\right)\widetilde{E}=-\chi_2\langle\mathrm{e}^{-\mathrm{i}\theta_j}\rangle_\Delta \tag{6-44}$$

式中,

$$\chi_2=\frac{eK[\mathrm{JJ}]}{4\varepsilon_0\gamma}n_e(z-\bar{v}_z t,\ \boldsymbol{x}) \tag{6-45}$$

把式(6-44)中的变量由 $(z,\ t)$ 变为 $(z,\ \theta)$ 需要用到

$$\left.\frac{\partial}{\partial z}\right|_t+\frac{1}{c}\left.\frac{\partial}{\partial t}\right|_z=\left.\frac{\partial}{\partial z}\right|_\theta+k_u\left.\frac{\partial}{\partial\theta}\right|_z \tag{6-46}$$

方程(6-44)可写为

$$\left(\frac{\partial}{\partial z}+k_u\frac{\partial}{\partial\theta}+\frac{\nabla_\perp^2}{2\mathrm{i}k_s}\right)\widetilde{E}=-\chi_2\langle\mathrm{e}^{-\mathrm{i}\theta_j}\rangle_\Delta \tag{6-47}$$

为使 FEL 方程无量纲化,需要引入皮尔斯参数 ρ,将 z 和 θ 归一化,$\bar{z}=2k_u\rho z$,相位方程可以写为

$$\frac{\mathrm{d}\theta}{\mathrm{d}\bar{z}}=\bar{\eta} \tag{6-48}$$

式中，$\bar{\eta}=\eta/\rho$。定义归一化复光场振幅如下：

$$\tilde{a}=\frac{\chi_1}{2k_{\mathrm{u}}\rho^2}\tilde{E} \tag{6-49}$$

式中，$\chi_1=eK[\mathrm{JJ}]/2\gamma_0^2mc^2$，则能量方程可以写为

$$\frac{\mathrm{d}\bar{\eta}}{\mathrm{d}\bar{z}}=\tilde{a}\mathrm{e}^{\mathrm{i}\theta}+\tilde{a}^*\mathrm{e}^{-\mathrm{i}\theta} \tag{6-50}$$

式中，$\tilde{a}^*$ 为 $\tilde{a}$ 的复共轭。光场方程(6-47)可以写为

$$\left(\frac{\partial}{\partial z}+k_{\mathrm{u}}\frac{\partial}{\partial\theta}+\frac{\nabla_\perp^2}{4\mathrm{i}k_{\mathrm{s}}k_{\mathrm{u}}\rho}\right)\tilde{a}=-\frac{\chi_1\chi_2}{4k_{\mathrm{u}}^2\rho^3}\langle\mathrm{e}^{-\mathrm{i}\theta_j}\rangle_\Delta \tag{6-51}$$

将式(6-51)等号右边归一化，即得到皮尔斯常数的表达式为

$$\rho=\left(\frac{\chi_1\chi_2}{4k_{\mathrm{u}}^2}\right)^{1/3}=\left[\frac{1}{8\pi}\frac{I}{I_{\mathrm{A}}}\left(\frac{K[\mathrm{JJ}]}{1+K^2/2}\right)^2\frac{\gamma\lambda_1^2}{\sum_{\mathrm{A}}}\right]^{1/3} \tag{6-52}$$

式中，$I_{\mathrm{A}}=ec/r_{\mathrm{e}}=17\,045\ \mathrm{A}$ 为 Alfrén 电流强度，$\sum_{\mathrm{A}}=2\pi\sigma^2$ 为电子束的横向截面面积。皮尔斯常数 ρ 是高增益 FEL 中一个非常重要的参数，它常用于估算 FEL 的饱和功率和饱和长度等。

6.3.2 一维解析

理论上可以对一维的 FEL 方程进行解析，首先要忽略场 $\tilde{a}$ 对 $\boldsymbol{x}$ 和 θ 的依赖：

$$\begin{cases}\dfrac{\mathrm{d}\theta_j}{\mathrm{d}\bar{z}}=\bar{\eta}_j\\[2ex]\dfrac{\mathrm{d}\bar{\eta}_j}{\mathrm{d}\bar{z}}=\tilde{a}\mathrm{e}^{\mathrm{i}\theta_j}+\tilde{a}^*\mathrm{e}^{-\mathrm{i}\theta_j}\\[2ex]\dfrac{\mathrm{d}\tilde{a}}{\mathrm{d}\bar{z}}=-\langle\mathrm{e}^{-\mathrm{i}\theta_j}\rangle_\Delta\end{cases} \tag{6-53}$$

方程(6-53)是一般 FEL 模拟程序中经常用到的基本方程，这里我们定义三

个集体变量：复光场振幅 $\tilde{a}$、群聚因子 $b=\langle \mathrm{e}^{-\mathrm{i}\theta_j} \rangle$ 和集体动量 $p=\langle \bar{\eta}_j \mathrm{e}_j^{-\mathrm{i}\theta_j} \rangle_\Delta$。在饱和前这三个集体变量都小于1，因此可得到

$$\begin{cases} \dfrac{\mathrm{d}\tilde{a}}{\mathrm{d}\bar{z}}=-b \\ \dfrac{\mathrm{d}b}{\mathrm{d}\bar{z}}=-\mathrm{i}p \\ \dfrac{\mathrm{d}p}{\mathrm{d}\bar{z}}=\tilde{a} \end{cases} \tag{6-54}$$

这三个一次方程相互耦合，可以简化为

$$\frac{\mathrm{d}^3\tilde{a}}{\mathrm{d}\bar{z}^3}=\mathrm{i}\tilde{a} \tag{6-55}$$

假设光场的变化规律为 $\mathrm{e}^{-\mathrm{i}\mu\bar{z}}$，则可以得到其色散方程为

$$\mu^3=1 \tag{6-56}$$

它有三个根，分别为

$$\begin{cases} \mu_1=1 \\ \mu_2=\dfrac{-1-\sqrt{3}\mathrm{i}}{2} \\ \mu_3=\dfrac{-1+\sqrt{3}\mathrm{i}}{2} \end{cases} \tag{6-57}$$

方程(6-55)的一般形式的解为

$$\tilde{a}(\bar{z})=\sum_{l=1}^{3} C_l \mathrm{e}^{-\mathrm{i}\mu_l \bar{z}} \tag{6-58}$$

式中，系数 C_l 可以通过初始条件 $\tilde{a}(0)$、$b(0)$ 和 $p(0)$ 确定：

$$\begin{cases} \tilde{a}(0)=C_1+C_2+C_3 \\ \left.\dfrac{\mathrm{d}\tilde{a}}{\mathrm{d}\bar{z}}\right|_0=-b(0)=-\mathrm{i}(\mu_1 C_1+\mu_2 C_2+\mu_3 C_3) \\ \left.\dfrac{\mathrm{d}^2\tilde{a}}{\mathrm{d}\bar{z}^2}\right|_0=\mathrm{i}p(0)=-\mathrm{i}(\mu_1^2 C_1+\mu_2^2 C_2+\mu_3^2 C_3) \end{cases} \tag{6-59}$$

在此条件下光场方程的解为

$$\widetilde{a}(\bar{z})=\frac{1}{3}\sum_{l=1}^{3}[\widetilde{a}(0)-\mathrm{i}b(0)/\mu_l-\mathrm{i}p(0)\mu_l]\mathrm{e}^{-\mathrm{i}\mu_l\bar{z}} \tag{6-60}$$

当 $\bar{z}\gg 1$ 时，辐射光场处于指数增益阶段，此时增益 μ_3 占主导，而振荡项 μ_1 和衰减项 μ_2 可以忽略，此时光场为

$$\widetilde{a}(\bar{z})=\frac{1}{3}[\widetilde{a}(0)-\mathrm{i}b(0)/\mu_3-\mathrm{i}p(0)\mu_3]\mathrm{e}^{-\mathrm{i}\mu_3\bar{z}} \tag{6-61}$$

式(6-61)括号中的第一项代表外部注入的种子信号，第二项和第三项代表由初始噪声(密度调制和能量调制)起振的自放大自发辐射。

当没有外部注入的种子信号 $[\widetilde{a}(0)=0]$ 并且电子束没有初始能量调制 $[p(0)=0]$ 时，辐射光场强度在指数增益阶段的变化可写为

$$\langle\widetilde{a}\widetilde{a}^*\rangle\approx\frac{1}{9}\langle|b(0)|^2\rangle\mathrm{e}^{z/L_{\mathrm{G1D}}} \tag{6-62}$$

式中，$z/L_{\mathrm{G1D}}=\sqrt{3}\,\bar{z}=2\sqrt{3}\,k_{\mathrm{u}}z\rho$，$L_{\mathrm{G1D}}$ 为 FEL 的一维增益长度：

$$L_{\mathrm{G1D}}=\frac{\lambda_{\mathrm{u}}}{4\pi\sqrt{3}\rho} \tag{6-63}$$

6.3.3 三维估算

光场方程(6-51)不能进行三维解析求解，一般需借助计算机进行数值求解。然而在进行高增益 FEL 设计和估计时，最重要的是三维的皮尔斯常数。对高斯分布的电子束，谢明通过求解三维色散方程，给出了非常实用的三维拟合公式[6]，指出了考虑电子束能散、发射度及光场的衍射等问题时三维增益长度与一维增益长度之间的关系如下：

$$L_{\mathrm{G3D}}=L_{\mathrm{G1D}}(1+\Lambda) \tag{6-64}$$

式中

$$\begin{aligned}\Lambda=&a_1\eta_{\mathrm{d}}^{a_2}+a_3\eta_{\varepsilon}^{a_4}+a_5\eta_{\gamma}^{a_6}+a_7\eta_{\varepsilon}^{a_8}\eta_{\gamma}^{a_9}+\\&a_{10}\eta_{\mathrm{d}}^{a_{11}}\eta_{\gamma}^{a_{12}}+a_{13}\eta_{\mathrm{d}}^{a_{14}}\eta_{\varepsilon}^{a_{15}}+a_{16}\eta_{\mathrm{d}}^{a_{17}}\eta_{\varepsilon}^{a_{18}}\eta_{\gamma}^{a_{19}}\end{aligned} \tag{6-65}$$

这里引入了衍射参数、发射度参数和能散参数：

$$\begin{cases} \eta_{\mathrm{d}} = \dfrac{L_{\mathrm{G1D}}}{2k_{\mathrm{s}}\sigma^2} \\ \eta_{\epsilon} = \dfrac{2L_{\mathrm{G1D}}}{\bar{\beta}k_{\mathrm{s}}\epsilon} \\ \eta_{\gamma} = \dfrac{4\pi L_{\mathrm{G1D}}\sigma_{\gamma}}{\lambda_{\mathrm{u}}} \end{cases} \tag{6-66}$$

式中，$\bar{\beta}$ 为电子束 β 函数的平均值，ϵ 为发射度，σ_{γ} 为能散。19 个拟合常数分别为

$$\begin{gathered} a_1 = 0.45,\ a_2 = 0.57,\ a_3 = 0.55,\ a_4 = 1.6,\ a_5 = 3, \\ a_6 = 2,\ a_7 = 0.35,\ a_8 = 2.9,\ a_9 = 2.4,\ a_{10} = 51, \\ a_{11} = 0.95,\ a_{12} = 3,\ a_{13} = 5.4,\ a_{14} = 0.7,\ a_{15} = 1.9, \\ a_{16} = 1\,140,\ a_{17} = 2.2,\ a_{18} = 2.9,\ a_{19} = 3.2 \end{gathered} \tag{6-67}$$

通过三维增益长度可反推三维皮尔斯常数为

$$\rho_3 = \frac{\lambda_{\mathrm{u}}}{4\pi\sqrt{3}\,L_{\mathrm{G3D}}} \tag{6-68}$$

6.4　X 射线自由电子激光主要运行机制

运行机制是 FEL 物理研究的核心内容之一，不同的运行机制决定了 FEL 不同的输出特性，下面介绍一些典型的高增益 FEL 运行机制，包括振荡器型、自放大自发辐射（SASE）[7-8] 和外种子型，其中振荡器型为低增益 FEL，而 SASE 和外种子型都是高增益 FEL。

6.4.1　振荡器型

在低增益自由电子激光中，电子束与光场之间的能量交换小，光场每次通过波荡器时只能获得较小的能量增益。通常低增益 FEL 中电子束峰值流强较低，波荡器也较短。典型的低增益 FEL 为振荡器型 FEL，如图 6－6 所示，其波荡器放置于光学谐振腔之中，依靠光学谐振腔使返回的辐射光场与电子束相互作用，光场经多次放大到足够的强度后使电子束产生群聚，进而产生受激辐射并最终达到饱和输出，世界上第一台自由电子激光器就是基于振荡器模式的。

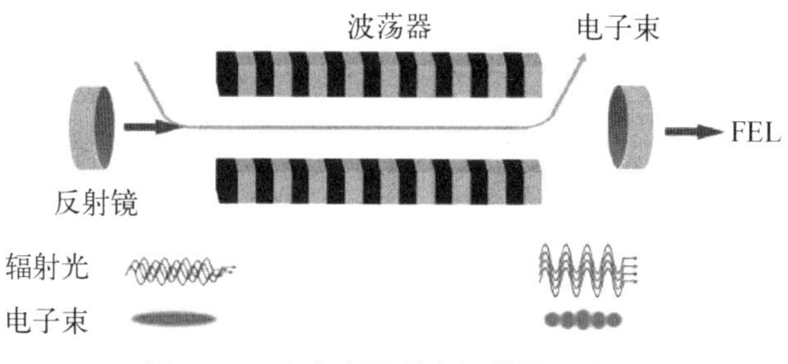

图 6-6　自由电子激光振荡器示意图

为得到较高的输出功率，振荡器型 FEL 需要使用高重频的电子束，在起振阶段仅有电子束产生的自发辐射，此辐射被腔镜反射而在谐振腔中不停振荡，与随后到达谐振腔中的电子束继续相互作用而产生增益，当 FEL 的增益大于谐振腔的损耗和输出之和时，FEL 功率进入持续增长阶段，为描述这一过程，我们假设辐射第 i 次与电子束同向通过光腔时，辐射功率的增益为 G_i，光腔的反射率为 R，此时谐振腔内的辐射功率可写为

$$P_i = R(1+G_i)P_{i-1} \tag{6-69}$$

由 6.2 节我们知道，随着功率的增加，FEL 的单程增益将逐渐变小，在谐振腔中，当 G_i 减小至 $R(1+G_i)=1$ 时，即辐射场的增益与腔镜损失相等时，FEL 达到饱和。优化条件下低增益 FEL 的饱和输出功率 $P_{\text{sat}} \approx P_{\text{beam}}/2N$[见式(6-30)]，此时腔内的辐射光功率为

$$P_{\text{os}} = \frac{P_{\text{beam}}}{2N(1-R)} \tag{6-70}$$

目前振荡器型 FEL 多用于太赫兹和远红外波段，在真空深紫外及更短的波长范围，由于缺乏合适的反射材料，振荡器型 FEL 难以工作。近些年来，加速器技术和晶体反射材料的发展使得在硬 X 射线波段实现 X 射线自由电子激光振荡器(XFELO)成为可能[9-10]，未来 XFELO 有望为用户提供横向纵向全相干、稳定的 X 射线光源。

6.4.2　自放大自发辐射

为将 FEL 向短波长拓展，人们发展了电子束单次通过波荡器进行增益放大的高增益机制，其中最为简单有效的就是 SASE[7-8]，如图 6-7 所示。SASE 不需要外部种子激光驱动，初始的辐射信号来源于电子束的噪声。

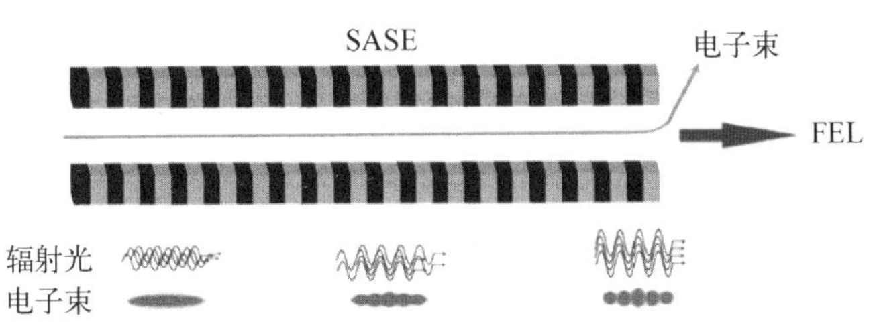

图 6－7　自放大自发辐射示意图

根据方程(6－61)，若没有外加的种子信号，电子束中不存在初始的群聚，则总体上没有自发辐射产生，也就没有 FEL 增益的过程。但在实际情况中，电子在能量和相位上都存在随机涨落，这种初始的随机噪声会导致自发辐射的产生，随后自发辐射被放大，其最终辐射的幅度和相位都存在随机涨落，并不具备很好的纵向相干性。图 6－8 给出了典型的 SASE－FEL 沿波荡器长度 z 的功率增益和电子束群聚因子及相空间演化的过程。在波荡器中，由于电子束和辐射光之间存在速度差，电子每经过一个波荡器周期，就会落后辐射光一个波长，相应的辐射光相对于电子束向前滑移一个波长，这称为 FEL 的滑移效应。由于滑移效应的存在，电子束中前面的电子将不断地被后面的辐射光追上并发生相互作用从而产生能量调制。在经过一段波荡器后，由于波荡器的色散作用，能量调制转化为密度调制，电子束将在一个波长范围内形成微

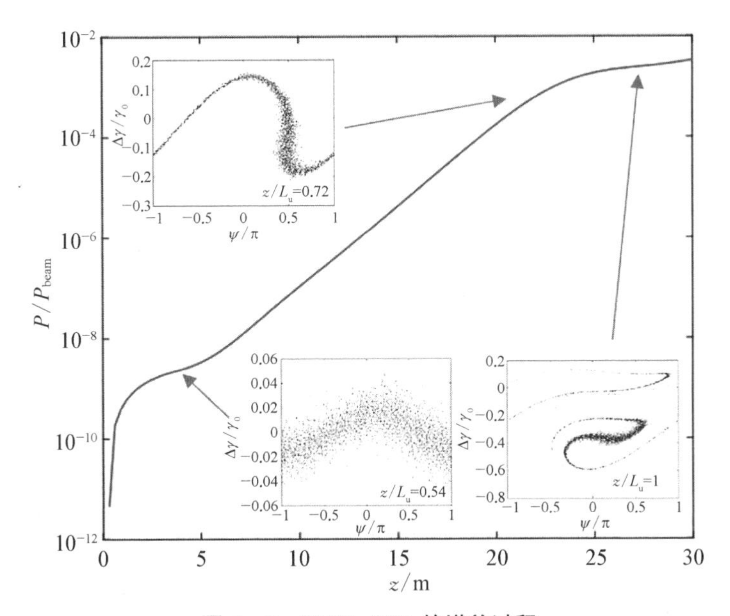

图 6－8　SASE－FEL 的增益过程

聚束。由方程(6-62)可知微聚束的形成将大大增强辐射的强度,而辐射强度的增强反过来又加强电子束的群聚,这样形成了一个正反馈的过程,即导致了辐射功率的指数增益。然而,这种指数增益并不是无限制的,群聚增强的同时会导致电子束能散的增大,当电子束的切片能散增大到一定数量级时,波荡器的色散将导致大部分群聚的电子落入从辐射场获得能量的相位,此时辐射场将不再增强而进入饱和振荡区域(见图 6-8)。

SASE 所产生的 FEL 纵向仅是部分相干的,定义辐射光在一个增益长度内的滑移距离为

$$L_c = \frac{\lambda_s}{\lambda_u} L_G \tag{6-71}$$

这个距离又称为合作长度,SASE 的辐射光在 $2\pi L_c$ 的尺度上相干。一般来讲,电子束的束长 L_b 远大于合作长度 L_c,这就导致了电子束的辐射脉冲在纵向呈毛刺状的分布,如图 6-9 所示,毛刺的数目为

$$M = L_b / 2\pi L_c \tag{6-72}$$

整个输出脉冲强度的分布呈 γ 分布:

$$p(W) = \frac{M^M}{\langle W\rangle \Gamma(M)} \left(\frac{W}{\langle W\rangle}\right)^{M-1} \exp\left(-M \frac{W}{\langle W\rangle}\right) \tag{6-73}$$

式中,W 为单个脉冲的强度,$\langle W\rangle$ 为平均脉冲强度,$\Gamma(M)$ 为 M 的 Γ 函数,其分布的标准偏差为 $1/M^{1/2}$。由高增益 FEL 的基本理论还可以得到 SASE 的一些其他基本特性:① 增益长度 $L_G = \lambda_u / 4\pi\sqrt{3}\rho$;② 饱和功率 $\sim \rho P_{beam}$;③ 饱和长度 $L_s \sim \lambda_u/\rho$;④ 辐射带宽 $\Delta\omega_s/\omega_s \sim \rho$。

SASE 作为现今高增益 FEL 装置的主流方案,其优点是输出波长连续可调、结构相对简单,只需要将电子束通过一个较长的波荡器就可以输出高功率的 FEL。但其缺点也十分明显:由于 SASE 初始阶段靠电子束的噪声起振,导致其辐射的中心波长和脉冲能量的抖动都较大,在随后的指数增益过程中,初始噪声不断放大。虽然由于滑移效应的影响,SASE 所产生的辐射是部分相干的(一个合作长度内),光谱带宽也会随之明显减小,但饱和处 FEL 的纵向相干性仍然不能让人满意。

改善 SASE 纵向相干性的一个有效手段是采用自种子运行模式[11-12],如图 6-10 所示,其原理是将 SASE 的波荡器分为两段,中间用一个 X 射线单色

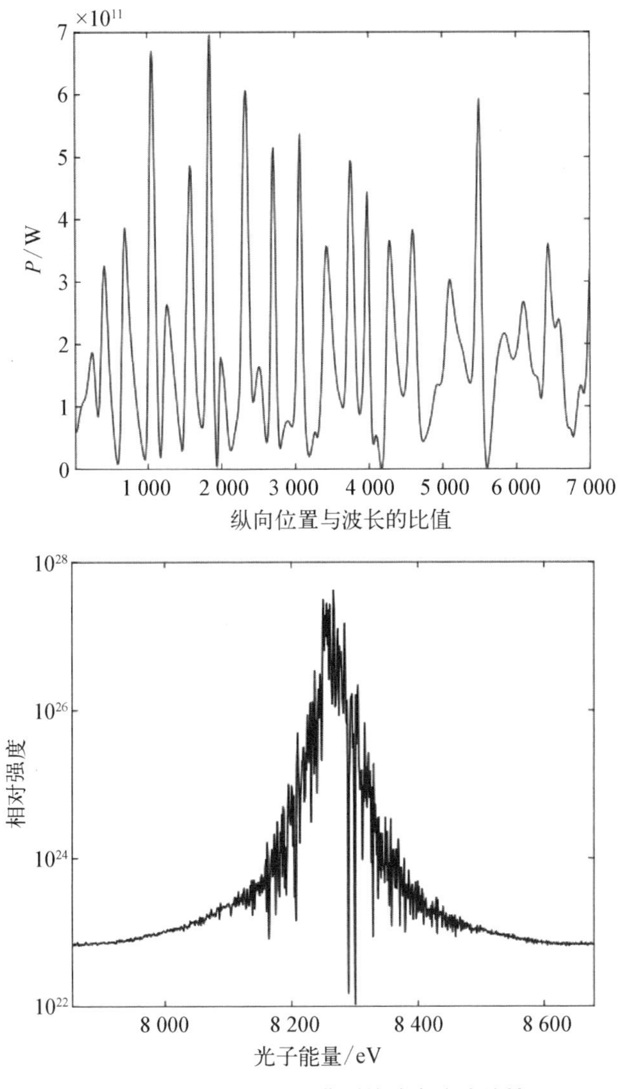

图6-9　SASE-FEL典型的输出脉冲特性

器隔开,电子束在通过第一段波荡器时产生足够强的SASE光,但FEL还远未达到饱和(FEL1),此辐射脉冲经过单色器后变成全相干的X射线辐射,之后被送到后面的第二段波荡器中作为种子激光由同一个电子束继续放大直至达到饱和输出(FEL2)。X射线自种子运行模式已经在美国的LCLS[13-14]、日本的SACLA[15]和韩国的PAL-XFEL[16]光源装置上得到了实验的验证,实验结果表明,通过采用自种子模式,SASE的带宽可以减小1～2个数量级,大大提高了 FEL 的光谱亮度，但同时自种子 FEL 仍存在脉冲能量抖动大等问题。

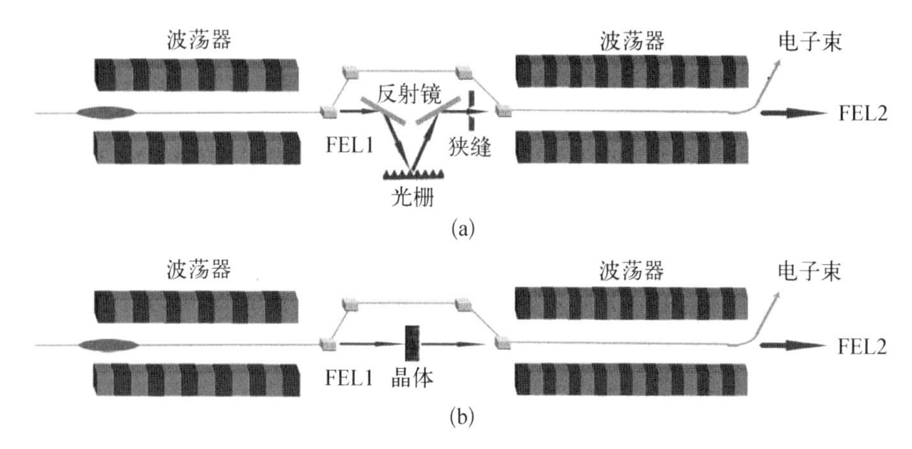

图 6－10　用于改善 SASE 纵向相干性的自种子运行模式

(a) 基于光栅单色器的软 X 射线自种子模式；(b) 基于晶体单色器的硬 X 射线自种子模式

6.4.3　外种子型自由电子激光

彻底改善高增益 FEL 相干性的有效途径是引入常规激光作为种子激光与电子束相互作用，我们将这一类 FEL 运行机制统称为外种子型，其特点是输出辐射继承了种子激光的特性，即具有很好的相干性及稳定性。最简单的外种子型运行机制是外种子直接驱动型 FEL，其原理是将常规激光与电子束同时注入波荡器，当满足共振关系时，种子激光将与电子束相互作用并不断放大直至饱和输出。

外种子直接驱动型 FEL 结构简单，输出辐射品质好，但波长受到种子激光波长的限制。若想得到输出波长在 200 nm 以下的辐射，只能采用高次谐波产生(HHG)作为初始输入的种子光[17]，但 HHG 技术目前尚不成熟，所以外种子直接驱动型 FEL 并未得到很大的发展。在随后的研究中人们发现当电子束中包含微聚束时，它的群聚因子将自然地含有高次谐波分量，若采用种子激光与电子束在波荡器中的相互作用来形成电子束群聚，之后再连接一个共振在种子激光高次谐波上的波荡器来放大高次谐波辐射，则可以有效地将辐射波长向短波长方向推进，人们将这一运行机制称为谐波放大[18]。之后基于这一运行机制人们又提出了高增益高次谐波产生(HGHG)的种子型 FEL 原理[19-20]。HGHG 机制的提出大大拓展了外种子驱动型 FEL 光谱的覆盖范围，是向短波长推进的有效手段。HGHG 采用两段波荡器结构，并在两段波荡器之间加入色散段，如图 6-11 所示。

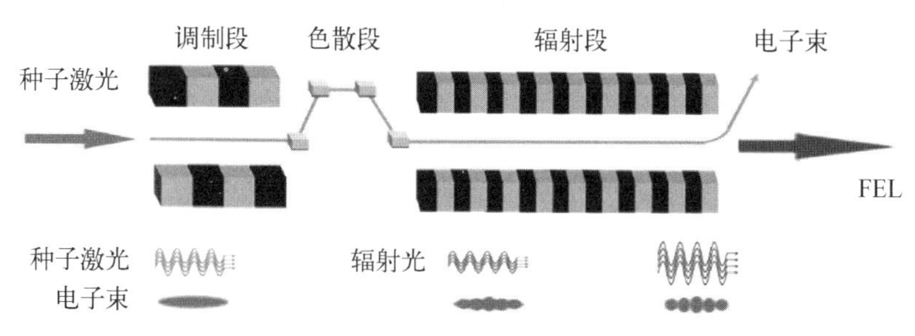

图 6-11　高增益高次谐波 FEL

在第一段波荡器中，种子激光对电子束进行能量调制，由于第一段波荡器较短，可以认为其工作在低增益模式下，光场可视为一不变量，在调制段出口处的最大能量调制可写为

$$\Delta\gamma=\frac{k_1 a_1 a_{\mathrm{m}} l_{\mathrm{m}}[\mathrm{JJ}]}{\gamma} \tag{6-74}$$

式中，k_1 为种子激光的波数，l_{m} 为波荡器的长度，a_1 和 a_{m} 分别为种子激光和波荡器的无量纲矢量势峰值除以$\sqrt{2}$。这里假设电子束的初始能散为高斯分布，其均方根值为 σ_γ，定义电子能量对电子束中心能量的偏移为 $p=(\gamma-\gamma_0)/\sigma_\gamma$，则电子束的初始相空间分布可以写为

$$f_0(p)=\frac{N_0}{\sqrt{2\pi}}\exp\left(-\frac{1}{2}p^2\right) \tag{6-75}$$

式中，N_0 为单位长度内的电子数。定义电子通过调制段后获得的最大能量调制与电子束切片能散的比值为调制深度 $A=\Delta\gamma/\sigma_\gamma$。经过调制段后可以简单地认为电子束能量调制的大小呈正弦分布：

$$p'=p+A\sin(k_1 s) \tag{6-76}$$

式中，s 为电子束的纵向位置。则电子束的相空间分布将变为

$$f_1(\zeta,\ p)=\frac{N_0}{\sqrt{2\pi}}\exp\left[-\frac{1}{2}(p-A\sin\zeta)^2\right] \tag{6-77}$$

之后电子束经过色散段，能量调制转化为密度调制。假设色散段的强度为 R_{56}，则电子的纵向位置将发生变化：

$$s' = s + R_{56} p\sigma_{\gamma}/\gamma \tag{6-78}$$

这里的 p 代表电子束经过能量调制后的能量偏移。此时电子束的相空间分布为

$$f_{\mathrm{HGHG}}(\zeta,\ p) = \frac{N_0}{\sqrt{2\pi}} \exp\left\{-\frac{1}{2}[p - A\sin(\zeta - Bp)]^2\right\} \tag{6-79}$$

式中，$B = R_{56} k_1 \sigma_{\gamma}/\gamma$，为无量纲的色散段强度参数。将电子束的相空间分布对能量偏移 p 积分可以得到电子束的密度分布：

$$N(\zeta) = \int_{-\infty}^{\infty} f_{\mathrm{HGHG}}(\zeta,\ p)\,\mathrm{d}p \tag{6-80}$$

电子束的密度分布可用群聚因子来衡量，其定义式为

$$b = \frac{1}{N_0}\ |\langle \mathrm{e}^{-\mathrm{i}a\zeta} N(\zeta) \rangle| \tag{6-81}$$

式中，尖括号〈〉表示求平均值。经过密度调制的电子束在一个种子激光波长的尺度上形成了微聚束，对电子束的流强分布进行傅里叶变换可知密度调制在高次谐波上有自然分量，即存在高次谐波的群聚因子。HGHG 的 k 次谐波群聚因子的表达式为

$$b_k = \mathrm{J}_k(kAB) \exp\left(-\frac{1}{2} k^2 B^2\right) \tag{6-82}$$

将经过密度调制的电子束放入辐射段(共振在种子激光的高次谐波上)，电子束在辐射段一开始(一般为两个增益长度内)就有较强的相干谐波辐射产生(CHG)，其辐射增益的特点为光场强度与波荡器长度成正比，也即辐射功率增长与波荡器长度成平方关系。辐射段前两个增益长度内的相干谐波辐射峰值功率可用下式进行简单估算：

$$P_{\mathrm{coh}} = \frac{Z_0 I_{\mathrm{p}}^2 K^2 b_{\mathrm{k}}^2 [\mathrm{JJ}]^2}{32\pi \Sigma_{\mathrm{A}} \gamma^2} (2L_{\mathrm{G}})^2 \tag{6-83}$$

式中，$Z_0 = 377\ \Omega$，为真空阻抗，I_{p} 为电子束峰值流强。经过两个增益长度后，辐射场已经很强，足够用于对电子束进行进一步能量调制，此时 FEL 进入指数增益阶段，辐射功率明显增强，直至电子束能散过大，FEL 达到饱和。在计

算指数增益的三维增益长度时需考虑种子激光所引入的电子束附加能散，在辐射段入口处，电子束的切片能散可简单估算为

$$\sigma_{\gamma^2}=\sigma_{\gamma}\sqrt{1+\frac{A^2}{2}} \tag{6-84}$$

HGHG 的饱和峰值功率可用下式进行估算：

$$P_{\mathrm{s}}=1.6\rho\times\left(\frac{L_{\mathrm{G1D}}}{L_{\mathrm{G3D}}}\right)^2\frac{\gamma m_{\mathrm{e}}c^2 I_{\mathrm{p}}}{e} \tag{6-85}$$

HGHG 的饱和长度即 FEL 达到饱和所需的波荡器长度 L_{s} 可由下式估算：

$$L_{\mathrm{s}}=L_{\mathrm{G3D}}\left[\ln\left(\frac{P_{\mathrm{s}}}{P_{\mathrm{coh}}}\right)+2\right] \tag{6-86}$$

在辐射段中 HGHG 与 SASE 的不同之处在于电子束的初始群聚，在 HGHG 中电子束已经产生了很强的相干群聚，这导致其在辐射段的前两个增益长度内产生的辐射也是相干的，从而保证了 HGHG 最终输出辐射的相干性和稳定性。

受到电子束能散的限制，单级 HGHG 的谐波转换次数一般为 10 次左右，较适合用于产生真空深紫外波段的 FEL。为将 HGHG 进一步向 X 射线波段推进，人们又提出了级联 HGHG[21-22] 和回声谐波产生(EEHG)运行机制[23-24]。其中级联 HGHG 的结构如图 6-12 所示，它将多级 HGHG 通过磁压缩结构(chicane)连接，所采用的种子激光脉宽一般远短于电子束的长度，在第一级中，种子激光与电子束的尾部发生作用并发出相干辐射 FEL1，电子束经过级间磁压缩结构后被延迟，即辐射光向前滑移，并与电子束头部的“新鲜束团”部分发生相互作用，并在第二级中发出相干辐射 FEL2，此称为新鲜束团技术。级联 HGHG 中上一级的辐射光为下一级的种子光，因而总的谐波转换效率为各级谐波次数的乘积。通过两级 HGHG 级联就可以实现软 X 射线波段的全相干辐射输出，目前国际上已有多台高增益 FEL 装置将 HGHG 和 HGHG 级联作为基本运行模式[25-29]。

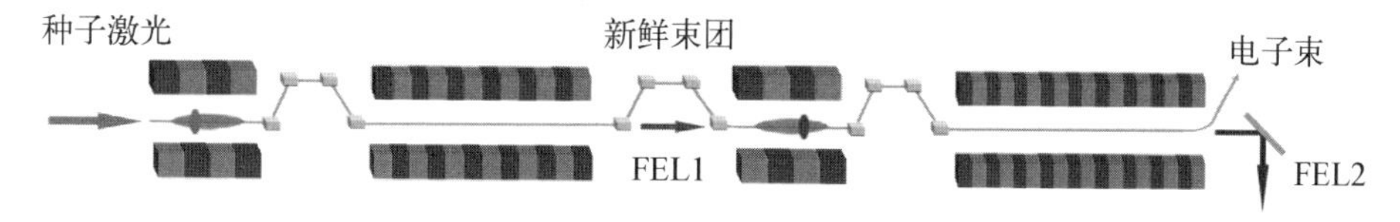

图 6-12　级联 HGHG 运行模式

EEHG 与 HGHG 的不同之处在于采用了两个调制段和色散段来产生回声效应，其结构如图 6－13 所示，其优势在于在引入较小的电子束附加能散的前提下就能产生超高次谐波的群聚。

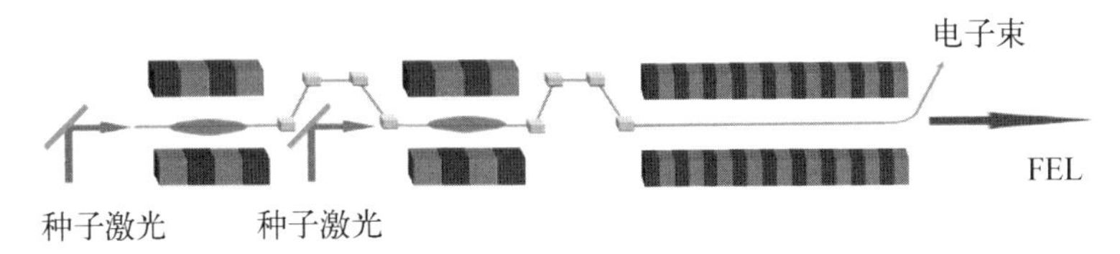

图 6－13　EEHG 运行模式

在经过第一个调制段和色散段之后，EEHG 电子束相空间分布的表达式与 HGHG 辐射段入口处电子束相空间分布的表达式(6－79)一致。假设 EEHG 第一个种子激光引入的能量调制为 A_1，第一个色散段的强度为 B_1，则将式(6－79)重新写为

$$f_2(\zeta,\ p)=\frac{N_0}{\sqrt{2\pi}}\exp\left\{-\frac{1}{2}[p-A_1\sin(\zeta-B_1 p)]^2\right\} \tag{6-87}$$

EEHG 所用的第一个色散段强度远大于 HGHG 的色散段强度，即在色散段中，电子束的群聚将在某一处得到优化，之后随色散的增加又逐渐消失。在色散段出口处电子束在相空间中将呈现出能带结构，电子的能量将变为

$$p'=p+A_2\sin(k_2 s+\varphi) \tag{6-88}$$

式中，A_2 为第二个种子激光引入的调制深度，k_2 为第二个种子激光的波数，φ 为第二个种子激光相对于第一个种子激光的相位。经过第二个色散段后，电子的位置将发生变化：

$$s'=s+R_{56}^{(2)}p\sigma_\gamma/\gamma \tag{6-89}$$

这里的 p 代表电子束在第二个色散段入口处的能量偏移，同样定义第二个色散段的强度 $B_2=R_{56}^{(2)}k_1\sigma_\gamma/\gamma$，得到 EEHG 辐射段入口处的电子束相空间分布为

$$f_{\mathrm{EEHG}}(\zeta,\ p)=\frac{N_0}{\sqrt{2\pi}}\exp\Big[-\frac{1}{2}\{p-A_2\sin(K\zeta-KB_2 p+\varphi)-A_1\sin[\zeta-(B_1+B_2)p+A_2B_1\sin(K\zeta-KB_2 p+\varphi)]\}^2\Big] \tag{6-90}$$

式中，$K=k_2/k_1$。此时，电子束中的群聚再次出现，并出现在更短的波长尺度上。回顾EEHG的整个调制过程，电子束的群聚先出现后消失然后再次出现，正如“回声”一样。

同样将式(6-90)对 p 积分，并对密度调制进行傅里叶变换得到EEHG的群聚因子为

$$b_{n,m}(\zeta,\ p)=\Big|\mathrm{J}_m[-(Km+n)A_2B_2]\cdot$$
$$\mathrm{J}_n\{-A_1[nB_1+(Km+n)B_2]\}\exp\left\{-\frac{1}{2}[nB_1+(Km+n)B_2]^2\right\}\Big| \tag{6-91}$$

通过数值分析可以发现EEHG群聚因子的最大值出现在 $n=\pm1$ 处，并随着 n 的增大而迅速减小。为了保证两个色散段色散强度的方向相同，一般取 $n=-1$，此时式(6-91)变为

$$b_{-1,m}(\zeta,\ p)=\Big|\mathrm{J}_m[-(Km-1)A_2B_2]\cdot$$
$$\mathrm{J}_1\{A_1[B_1-(Km-1)B_2]\}\exp\left\{-\frac{1}{2}[B_1-(Km-1)B_2]^2\right\}\Big| \tag{6-92}$$

群聚的谐波次数为 $k=n+Km$。

为优化EEHG的群聚因子，分别考虑式(6-92)右边各项因子取得最大值的条件：当 $m>4$ 时，贝塞尔函数 J_m 的最大值出现在 $m+0.81m^{1/3}$ 处，约为 $0.67/m^{1/3}$。所以为优化 $\mathrm{J}_m[-(Km-1)A_2B_2]$ 这一项，需要使

$$(Km-1)A_2B_2=m+0.81m^{1/3} \tag{6-93}$$

为找出 $\mathrm{J}_1\{A_1[B_1-(Km-1)B_2]\}\exp\left\{-\frac{1}{2}[B_1-(Km-1)B_2]^2\right\}$ 的优化条件，先引入一个变量 $\xi=B_1-(Km-1)B_2$，对 ξ 求导并求导数函数的零点得到：

$$A_1[\mathrm{J}_0(A_1\xi)-\mathrm{J}_2(A_1\xi)]=2\xi\mathrm{J}_1(A_1\xi) \tag{6-94}$$

方程(6-94)有无穷多个解，其中第一个解为EEHG的优化条件，综合考虑方程式(6-93)和式(6-94)便得到了全部优化条件，当满足优化条件时，群聚因子的大小与谐波次数有如下关系：

$$b_k \approx \frac{0.39}{(k+1)^{1/3}} \tag{6-95}$$

EEHG 辐射段中 FEL 增益的过程与 HGHG 相似，对饱和功率与饱和长度等可做类似估算。

级联 HGHG 和 EEHG 都已被证明是拓展外种子型 FEL 短波长覆盖范围的有效手段[30-35]，然而其谐波转换效率仍不足以产生 1 nm 以下的相干辐射，若进一步拓展外种子型 FEL 的短波长覆盖范围，可采用 EEHG-HGHG 混合级联，甚至两级 EEHG 级联的模式[36-37]。EEHG-HGHG 混合级联目前已在上海软 X 射线 FEL 装置上获得验证。EEHG-HGHG 混合级联模式第一级采用 EEHG 模式，具备较高的谐波转换效率和较好的光谱特性，第二级采用 HGHG，在低次谐波具有更强的群聚因子，因而 EEHG-HGHG 混合级联具备产生亚纳米波段全相干 FEL 的能力。

另外，在产生超高次谐波时，所有的外种子型 FEL 运行模式都面临着电子束品质退化和初始噪声放大等问题，对于这些问题，还需要开展进一步的理论和实验研究。

6.5 X 射线自由电子激光发展前沿

在前面几节中我们介绍了 FEL 的基本原理和主要运行模式，在本节中我们将定性地描述 FEL 的辐射特性、应用及未来的发展趋势。

1）短波长

相比于传统激光器，高增益 FEL 的优势首先在于其可产生 X 射线波段的相干辐射，且波长覆盖范围从原理上没有限制。X 射线是在原子/分子尺度上揭示物质结构和生命现象的理想探针。X 射线 FEL 的出现又为 X 射线光源的性能带来了本质的提升，使许多过去难以想象的实验成为现实。经过长期研究探索，特别是在加速器技术方面一系列的重大突破，从 20 世纪 90 年代开始，短波长高增益 FEL 进入了实验工程阶段。由于 X 射线 FEL 有着巨大的发展潜力和应用前景，世界各科技强国都在大力发展它。

2）全相干

X 射线 FEL 的高亮度和高通量等特性将使得在纳米尺度上对团簇物质进行研究成为可能。X 射线 FEL 的相干特性又为纳米分辨的 X 射线全息和相干X射线成像技术开辟了新天地。通过使用X射线FEL,人们将有能力对分子内部结构变化过程进行X射线全息摄影,这将极大地帮助我们了解物质三维微观结构的动态演化过程。

SASE-FEL已经具有很好的横向相干性,但纵向相干性较差,表现为在时间和光谱分布上存在毛刺结构。在现有的硬X射线FEL装置中,改善SASE纵向相干性的一个有效手段是采用自种子运行机制,但是自种子运行机制受电子束中心能量抖动的影响较大,这导致其输出辐射脉冲能量的抖动也较大。改善FEL纵向相干性和稳定性的另外一种有效手段就是采用外种子型FEL,受到种子激光波长和谐波转换次数的限制,目前外种子型FEL多用于软X射线FEL。采用HHG种子激光或进一步提高谐波转换效率以产生更短波长的辐射是外种子型FEL未来的发展方向。

3）高峰值功率

激光场强一旦超过某个阈值,强非线性效应将开始出现并占主导地位。经聚焦后的X射线FEL一般可以提供$10^{15}\sim10^{18}$ W/cm^{2}的超高功率密度,这将为高频区非线性高场物理打开全新的研究领域,帮助科学家研究多电子原子、分子和离子内的高场和多光子过程,以及作为“光子剪刀”用于研究强场中的分子动力学。

为进一步提高高增益FEL的功率,最直接的办法是提高电子束的能量,然而提高电子束能量代价较大,在不改变电子束能量的前提下,也有一些方法可用于提高FEL的峰值输出功率：一般在高增益FEL中,虽然电子束的功率很高,但FEL的转换效率却受到饱和功率的限制,这使得电子束仅能将一小部分能量传递给FEL。FEL的饱和一般是由电子束的中心能量降低而偏离共振能量或是在一个辐射波长内大部分电子都进入加速相位所导致的。为延缓FEL的饱和过程,首先可以采用具有锥度间隙的波荡器,使波荡器中心磁场强度的变化与电子束的中心能量的变化相匹配,这样电子束将一直满足共振条件而不断发出辐射。若能进一步将有锥度的波荡器与自种子运行机制相结合,就能大幅度提高FEL的饱和功率。另外,还可以在FEL接近饱和处通过移相器来不断改变电子束的相位,使得一个辐射波长内的大部分电子重新进入失去能量的相位,从而继续把能量传给FEL。

4）可灵活操控的输出特性

X射线FEL的飞秒级超短强脉冲将使得在原子跃迁、化学键形成或断裂,以及凝聚态物质结构转变等过程的特征时间尺度上观察原子态和分子结构的实验成为可能。X 射线 FEL 超短强脉冲可以单独使用，也可以与台式激光器或第三代同步辐射光的光脉冲组成新一代的时间分辨"泵浦-探测"实验工具，在这些实验中，X 射线 FEL 光脉冲能有效地用作原子、分子和纳米物质状态演变时瞬态过程中冻结画面照相术的频闪闪光，并将使动力学和瞬态过程的研究进入亚皮秒至阿秒区的时间精度。

在泵浦-探测实验中，若两束激光波长相同，则可以对物质的某一特定的激发态进行激发和测量。然而，在更多的情况下，我们需要研究包含多个激发态的动力学系统，这时需要泵浦和探测光的光子能量有所区别，且可以相互独立地调谐。双色/多色 FEL 是近年来在高增益 FEL 领域迅速发展起来的一种前沿技术，其原理是采用一些新型的 FEL 运行机制，使得同一团电子束在波荡器中可以连续发射出两个具有不同光子能量的超短辐射脉冲，且两个脉冲的时间延迟和中心波长都可以连续、独立地调谐。由于两束脉冲由同一团电子束发出，因而它们之间的相对时间抖动很小，相对时间间隔调节的精度可达阿秒量级。这种新型双色运行模式的出现大大拓展了 FEL 的应用范围，使得采用 FEL 研究一些原子内层电子能级的超快基本化学反应与超快相变过程成为可能。

为获得短波长、超短脉冲、全相干和高功率的 FEL，人们还在不断地提出新的运行机制。另外随着 FEL 装置的建成和使用，FEL 用户还在不断提出新的需求，这些新的需求也不断推动着 FEL 向前发展。

参考文献

[1] Pellegrini C, Marinelli A, Reiche S. The physics of X-ray free-electron lasers [J]. Reviews of Modern Physics, 2016, 88(1): 015006.

[2] Kim K J, Huang Z, Lindberg R. Synchrotron radiation and free-electron lasers [M]. England: Cambridge University Press, 2017.

[3] 金光齐，黄志戎，瑞安·林德伯格. 同步辐射与自由电子激光——相干 X 射线产生原理[M]. 北京：北京大学出版社，2018.

[4] 惠钟锡，杨震华. 自由电子激光[M]. 北京：国防工业出版社，1995.

[5] Feng C. Theoretical and experimental studies on novel high-gain seeded free-electron laser schemes [M]. Germany: Springer, 2015.

[6] Xie M. Design optimization for an X-ray free electron laser driven by SLAC linac [C]//Proceedings of the 1995 Particle Accelerator Conference, 1995, Dallas Texas. IEEE, 1995, 1: 183 - 185.

[7] Kondratenko A M, Saldin E L. Generating of coherent radiation by a relativistic electron beam in an ondulator [J]. Particle Accelerators, 1980, 10: 207 - 216.

[8] Bonifacio R, Pellegrini C, Narducci L M. Collective instabilities and high-gain regime free electron laser [C]//AIP Conference Proceedings. American Institute of Physics, 1984, 118(1): 236 - 259.

[9] Kim K J, Shvyd'ko Y, Reiche S. A proposal for an X-ray free-electron laser oscillator with an energy-recovery linac [J]. Physical Review Letters, 2008, 100 (24): 244802.

[10] Shvyd'ko Y V, Stoupin S, Cunsolo A, et al. High-reflectivity high-resolution X-ray crystal optics with diamonds [J]. Nature Physics, 2010, 6(3): 196 - 199.

[11] Feldhaus J, Saldin E L, Schneider J R, et al. Possible application of X-ray optical elements for reducing the spectral bandwidth of an X-ray SASE FEL [J]. Optics Communications, 1997, 140(4 - 6): 341 - 352.

[12] Geloni G, Kocharyan V, Saldin E. A novel self-seeding scheme for hard X-ray FELs [J]. Journal of Modern Optics, 2011, 58(16): 1391 - 1403.

[13] Ratner D, Abela R, Amann J, et al. Experimental demonstration of a soft X-ray self-seeded free-electron laser [J]. Physical Review Letters, 2015, 114(5): 054801.

[14] Amann J, Berg W, Blank V, et al. Demonstration of self-seeding in a hard-X-ray free-electron laser [J]. Nature Photonics, 2012, 6(10): 693 - 698.

[15] Inoue I, Osaka T, Hara T, et al. Generation of narrow-band X-ray free-electron laser via reflection self-seeding [J]. Nature Photonics, 2019, 13(5): 319 - 322.

[16] Min C K, Nam I, Yang H, et al. Hard X-ray self-seeding commissioning at PAL-XFEL [J]. Journal of Synchrotron Radiation, 2019, 26(4): 1101 - 1109.

[17] Lambert G, Hara T, Garzella D, et al. Injection of harmonics generated in gas in a free-electron laser providing intense and coherent extreme-ultraviolet light [J]. Nature Physics, 2008, 4(4): 296 - 300.

[18] Bonifacio R, Souza L D S, Pierini P, et al. Generation of XUV light by resonant frequency tripling in a two-wiggler FEL amplifier [J]. Nuclear Instruments and Methods in Physics Research Section A, 1990, 296(1 - 3): 787 - 790.

[19] Yu L H. Generation of intense uv radiation by subharmonically seeded single-pass free-electron lasers [J]. Physical Review A, 1991, 44(8): 5178.

[20] Yu L H, Babzien M, Ben-Zvi I, et al. High-gain harmonic-generation free-electron laser [J]. Science, 2000, 289(5481): 932 - 934.

[21] Yu L H, Ben-Zvi I. High-gain harmonic generation of soft X-rays with the "fresh bunch" technique [J]. Nuclear Instruments and Methods in Physics Research Section A, 1997, 393(1 - 3): 96 - 99.

[22] Wu J, Yu L H. Coherent hard X-ray production by cascading stages of High Gain Harmonic Generation [J]. Nuclear Instruments and Methods in Physics Research Section A, 2001, 475(1 - 3): 104 - 111.

[23] Stupakov G. Using the beam-echo effect for generation of short-wavelength radiation [J]. Physical Review Letters, 2009, 102(7): 074801.

[24] Xiang D, Stupakov G. Echo-enabled harmonic generation free electron laser [J].

Physical Review Special Topics-Accelerators and Beams, 2009, 12(3): 030702.
[25] Allaria E, Castronovo D, Cinquegrana P, et al. Two-stage seeded soft-X-ray free-electron laser [J]. Nature Photonics, 2013, 7(11): 913 - 918.
[26] Liu B, Li W B, Chen J H, et al. Demonstration of a widely-tunable and fully-coherent high-gain harmonic-generation free-electron laser [J]. Physical Review Special Topics-Accelerators and Beams, 2013, 16(2): 020704.
[27] Allaria E, Castronovo D, Cinquegrana P, et al. Two-stage seeded soft-X-ray free-electron laser [J]. Nature Photonics, 2013, 7(11): 913 - 918.
[28] 余永，李钦明，杨家岳，等. 大连极紫外相干光源[J]. 中国激光，2019，46(1): 0100005.
[29] Zhao Z T, Wang D, Gu Q, et al. SXFEL: A soft X-ray free electron laser in China [J]. Synchrotron Radiation News, 2017, 30(6): 29 - 33.
[30] Xiang D, Colby E, Dunning M, et al. Demonstration of the echo-enabled harmonic generation technique for short-wavelength seeded free electron lasers [J]. Physical Review Letters, 2010, 105(11): 114801.
[31] Xiang D, Colby E, Dunning M, et al. Evidence of high harmonics from echo-enabled harmonic generation for seeding X-ray free electron lasers [J]. Physical Review Letters, 2012, 108(2): 024802.
[32] Zhao Z T, Wang D, Chen J H, et al. First lasing of an echo-enabled harmonic generation free-electron laser [J]. Nature Photonics, 2012, 6(6): 360.
[33] Hemsing E, Dunning M, Garcia B, et al. Echo-enabled harmonics up to the 75th order from precisely tailored electron beams [J]. Nature Photonics, 2016, 10(8): 512 - 515.
[34] Feng C, Deng H, Zhang M, et al. Coherent extreme ultraviolet free-electron laser with echo-enabled harmonic generation [J]. Physical Review Accelerators and Beams, 2019, 22(5): 050703.
[35] Ribič P R, Abrami A, Badano L, et al. Coherent soft X-ray pulses from an echo-enabled harmonic generation free-electron laser [J]. Nature Photonics, 2019, 13(8): 555 - 561.
[36] Feng C, Zhao Z T. Hard X-ray free-electron laser based on echo-enabled staged harmonic generation scheme [J]. Chinese Science Bullentin, 2010, 55: 221.
[37] Zhao Z T, Feng C, Chen J H, et al. Two-beam based two-stage EEHG-FEL for coherent hard X-ray generation [J]. Science Bullentin, 2016, 61: 720.

第 7 章 光阴极电子枪和射频加速技术

光阴极电子枪和射频加速技术是电子直线加速器中最为核心的技术主体，其中光阴极电子枪涵盖了光阴极、常温微波电子枪和超导微波电子枪，射频加速技术涵盖了常温微波、高梯度加速和超导加速等技术。

本章将简要介绍相关技术，详细内容可以参考文献[1—5]。

7.1 光阴极电子枪技术

注入器是加速器装置的核心组件之一，是获得高品质电子束的重要工具。光阴极产生的电子束的主要性质取决于入射的激光特性，具有较小的初始发射度，可以通过控制激光的参数来控制电子束团的初始横向尺寸、长度和电流强度等基本参数。因此，光阴极注入器可以产生极高亮度的电子束，其概念自 1985 年提出以来，一直是加速器领域的研究热点。在光阴极注入器中，光阴极电子枪和光阴极制备是最核心的关键技术，代表了光阴极注入器的发展水平。

7.1.1 典型光阴极电子枪

电子束团从阴极产生时，能量非常低(10^{-2}～10^{-1} eV)，电子枪需要将阴极发射出来的电子束团快速地加速到一定能量，以实现对空间电荷引入的发射度进行补偿。目前主流的电子枪类型主要有直流(DC)电子枪、微波电子枪。虽然直流电子枪可以在任意重复频率下工作，但由于打火的限制，其梯度及加速能量较低，不利于电子束发射度的补偿。而光阴极微波电子枪因其具有高的加速场强(约 100 MV/m)和较小的归一化发射度(补偿后)的特点，自从 20 世纪 80 年代后期问世以来，一直是加速器领域的研究热点。发展至今，光阴极微波电子枪的理论和设计流程已经基本成熟，并已在 LCLS、SXFEL、SwissFEL、FLASH 等国际上众多加速器装置中使用。

目前，按照使用和普及的程度，主要存在三种典型光阴极电子枪：常温脉冲光阴极电子枪、常温连续波光阴极电子枪和超导光阴极电子枪。

1) 常温脉冲光阴极电子枪

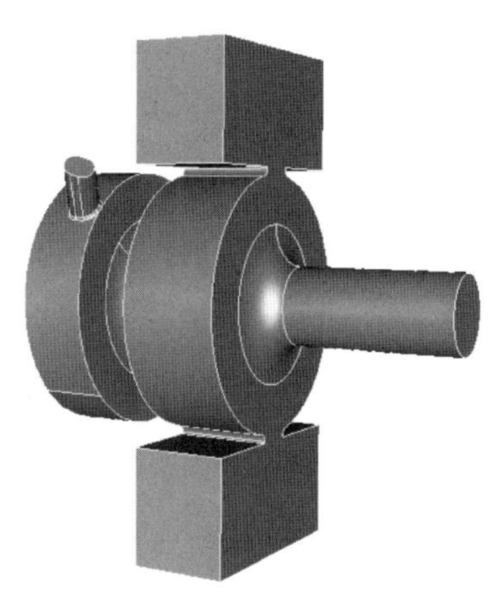

图 7-1 典型的 1.6-cell S 波段光阴极微波电子枪模型

目前主流的光阴极注入器通常采用常温脉冲光阴极电子枪，其中 1.6-cell S 波段光阴极微波电子枪应用尤为广泛，如图 7-1 所示。该光阴极微波电子枪广泛应用于电子直线加速器中，在电荷量为 250 pC 的情况下，美国直线加速器相干光源（LCLS）的电子枪实现了 0.4 mm·mrad 的极限归一化发射度[6]。光阴极微波电子枪由 S 波段 1.6 腔结构组成，光阴极位于首腔腔体端面，利用高功率微波在光阴极表面建立 120 MV/m 的最高加速电场，将光电子快速地拉出并加速。

光阴极注入器最显著的特征为低发射度，其发射度由热发射度、RF 发射度和空间电荷发射度组成。射频电场产生的发射度可以通过调节电子束发射相位压缩至最小，空间电荷发射度也可以利用发射度补偿原理压缩至最小，相对而言，热发射度不能通过后期措施降低，是光阴极注入器发射度的主要来源。

热发射度与驱动激光的横向面积、光阴极材料特性和表面粗糙度有关。电子束的横向尺寸主要由空间电荷力决定，因此阴极表面电场梯度越高，相同电荷条件下，电子束的最小横向尺寸越小，电子束的热发射度也就越小。S 波段的阴极表面电场极限为 120 MV/m，为进一步减小束流横向尺寸和热发射度。前沿研究着力于更高微波频率的电子枪研究，如 C 波段和 X 波段电子枪，对应的阴极表面梯度分别为 200 MV/m 和 300 MV/m。

2) 常温连续波光阴极电子枪

常温连续波电子枪本身由加速结构（腔体）、高功率耦合器、调谐器组成。由于加速结构中建立的射频电场直接与电子束流相互作用，并决定电子束流的初始特性，因此腔体是电子枪的核心设备。

常温连续波光阴极电子枪一般工作在甚高频（VHF）频段，因此也称为

VHF电子枪，主要射频参数包括频率、阻抗、无载品质因数、最大电场和最大磁场等。在腔体设计过程中，研究人员将根据上述VHF电子枪的各种参数进行二次电子倍增、热分布和热机械变形等模拟分析，最终得到满足要求的腔体优化设计。通常电子枪要求加速间隙较短，因此重入式结构是VHF电子枪设计的首选方案。重入式腔体一般是指有单个或者两个深入腔体内的鼻锥，以单鼻锥结构为例，如图7-2所示。

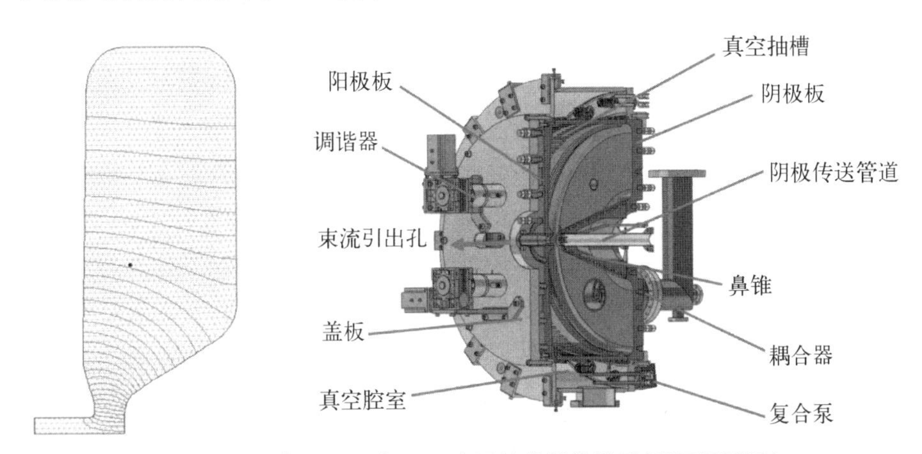

图7-2　单鼻锥重入式VHF电子枪参数化模型(彩图见附录)

VHF电子枪在参数化基础上对电子枪腔体的尺寸进行优化，重点优化腔体的分路阻抗、腔体的功耗、腔壁表面的功率密度、阴极梯度、最大电场梯度等。优化过程中采用两种手段，一种是手动对腔体主要尺寸参数进行扫描以选择较优数值；另一种是开发了多目标优化算法进行腔体尺寸参数迭代优化。由于腔形尺寸变量较多，且目标值之间存在竞争关系，传统手动优化方案不仅工作量巨大，而且不容易获得局部最优值。随着优化算法的发展，多目标优化算法已被引入射频腔形优化中，通过对算法进行优化设置，不仅能提高腔体的设计效率，相比人工手段更容易获得腔体的最佳性能。表7-1给出了经过两种方法优化后最终获得腔形所对应的射频性能[7]。

连续波运行的常温射频电子枪工作时，在射频加热、射频电磁场、腔体材料释气等因素作用下，腔体内部环境十分复杂。由于场致发射、电离等物理现象，会有电子从射频腔体内表面发射出来，进入射频腔体内部，并从电磁场中获得能量。其中一部分从表面发射的电子在射频电磁场的作用下会回轰表面，并产生二次电子，而二次电子将可能再次进入射频腔体内部。当射频电磁场的幅度及射频腔体的形状符合某种条件时，二次电子的产生和回轰位置将

表 7-1　162.5 MHz VHF 重入式电子枪射频性能

参　数	数　值
电子枪频率 f/MHz	162.5
电子枪腔体长度 L/cm	35.7
电子枪腔体半径 R/cm	39
电子枪加速电压 V/kV	750～1 000
电子枪功率损耗 P_s/kW	63.5～117.1
最大表面功率密度/(W/cm^2)	18～32
光阴极面电场强度 E/(MV/m)	24.6～32.8
品质因数 Q	34 000
特征阻抗(R/Q)/(Ω/m)	248.3

固定在 1～2 个点上；如果射频腔体材料的二次电子倍增系数大于 1，也就是说平均 1 个回轰电子可以产生 1 个以上的二次电子，二次电子的数量将随着回轰次数不断增长。二次电子倍增产生后会不断地消耗电磁场能量，使得腔体负载加大，并产生失配，最终导致反射增大，使射频腔体不能正常工作。由于这一过程有可能发生在任意一个电场/磁场强度下，因此二次电子倍增可以在电子枪腔体的建场过程中产生，从而导致腔体不能有效建场，达不到正常的工作参数，所以在腔体的设计中要竭力避免这一现象的出现。

二次电子倍增现象的出现需要具有引起倍增的初始电子，且需要电子的运动状态和射频电磁场满足一定的共振条件，因此，在电子枪设计阶段需要优化能防止二次电子倍增发生的腔体结构尺寸，以改变腔体内电磁场分布，破坏二次电子倍增的共振关系；同时，在电子枪加工阶段，需要对电子枪表面进行精细处理，降低因场增强引起的电子发射，降低腔体内表面的二次电子倍增系数，从而最终实现对二次电子倍增效应的抑制。

由于电子枪内腔是工作在常温区下的导体，在连续波模式运行下，内腔表面将产生很高的热负载，引起腔体升温并产生热变形，导致频率改变。在内外压差及温升的共同作用下，还会在腔体上产生内应力，导致结构强度出现隐患。因此，一方面需要对电子枪进行良好的冷却，让电子枪工作在一个合理的温区内，并依据热分析模拟计算结果对冷却水系统提出性能参数要求。另一方面要对电子枪在热、支撑约束、真空压差及重力的共同作用下的应力、变形进行分析计算，校核强度和形变，并计算调谐变形量与调谐力的关系，以及在调谐力作用下引起的结构内应力。对于电子枪温度、受力等多物理场分析可采用商业的多物理场模拟软件(如ANSYS、COMSOL等)来实现，通过仿真软件对水冷、机械结构等参数进行优化，最后获得满足要求的性能。

3) 超导光阴极电子枪

超导注入器，即采用超导电子枪作为装置注入器，超导电子枪系统的组成主要包括低温恒温器、特殊设计的腔体、驱动激光及功率源，其结构如图7-3所示。超导电子枪相比于常温电子枪而言具有更高的梯度，如连续波运行的常温电子枪，可以达到20 MV/m的加速梯度，而L波段的超导腔的加速梯度可以达到25 MV/m，相当于在阴极位置处能获得48 MV/m的加速梯度[1]。

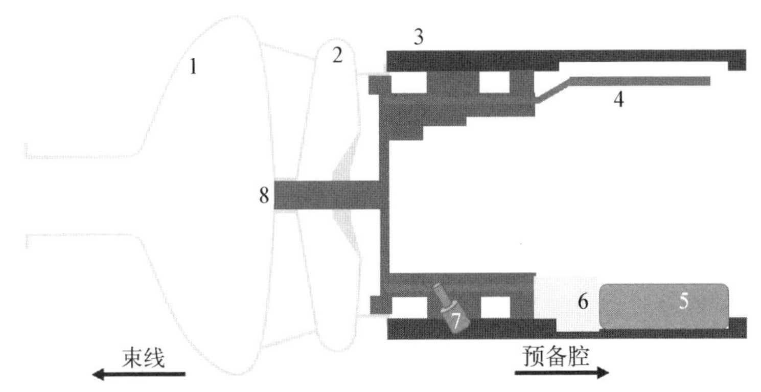

1—铌腔；2—扼流法兰过滤器；3—冷却插入器；4—液氮管；5—陶瓷隔离窗；6—热隔离窗；7—三级同轴过滤器；8—阴极。

图7-3　超导腔示意图(彩图见附录)

超导技术的进步和发展为光阴极微波电子枪的发展提供了新的技术可能。随着对高平均流强、低发射度电子源需求的提升，超导电子枪以热损低、效率高、加速梯度高、连续波(CW)模式运行等优点已成为未来高亮度、高平均流强领域的一个主要发展方向之一。表7-2罗列了国际上超导电子枪的研制现状。从表中可以看出，超导电子枪作为高平均流强电子源，相比常温射频电子枪在阴极梯度、电子枪加速能量方面具有极大潜力。德国电子同步加速器研究所(DESY)已经论证，采用铌阴极时，电子枪阴极加速梯度约可至40 MV/m。

虽然，腔体材料的超导特性为超导电子枪带来众多优势，但由于超导技术的发展现状、超导材料自身特性等因素也为超导电子枪的发展带来许多挑战，如发射度补偿螺线管对超导腔体超导性的干扰，以及超导电子枪与高量子效率光阴极之间的兼容性问题等。

表 7-2 国际超导电子枪研制现状

参　数	BNL	DESY	HZB	HZDR	KEK	Wisconsin
频率/MHz	112	1 300	1 300	1 300	1 300	200
目标加速梯度/(MV/m)	22.5	40	9	9	25	40
测试加速梯度/(MV/m)	15	40（铌阴极） 22(铅阴极)	10	9	—	29（无阴极） 20(碲化铯阴极)
目标能量/MeV	2	3.7	2.3	4.5	2	4
测试能量/MeV	1.2	—	2.5	～4.5	—	2.9(无阴极) 2(碲化铯阴极)

7.1.2 光阴极制备技术

光阴极材料是电子束的产生源头，其性能直接关系着束团的品质。根据电子获得外加能量的方式及使电子克服阻碍逸出的力的方式，发射过程可以分为以下四种基本形式：热电子发射、场致电子发射、光电子发射、次级电子发射。体内电子依靠吸收入射激光光子能量来跃迁至真空能级的阴极称为光阴极。该种阴极产生的束团结构由驱动激光的横、纵向分布决定，通过调节驱动激光脉冲长度，可以产生高亮度的电子束团，因此在自由电子激光器等对高亮度电子束具有极大需求的先进光源和加速器装置中受到越来越多的关注。

不同的应用领域对光阴极的性能要求也各不相同。在低重频、高亮度领域，如低重频自由电子激光装置、超快电子衍射装置等，要求光阴极具有较低本征发射度、合适的量子效率及一定的环境兼容性；而在能量回收型直线加速器、高重频自由电子激光装置（如 SHINE、LCLS-Ⅱ）等高平均流强应用背景下，更加强调光阴极的量子效率（一般不低于 10^{-3} 量级），以降低对驱动激光系统功率水平的要求，从而降低驱动激光系统的成本。

为满足不同装置的要求，光阴极的种类也是多种多样的。目前，常见的应用到加速器中的光阴极主要有金属光阴极和半导体光阴极。其中，金属光阴极是一种传统的光阴极材料，它具有响应快、寿命长、激光损坏阈值高、电场击穿阈值高、对工作环境真空要求低等优点，为很多自由电子激光装置和电子成像装置所采用。但由于其量子效率较低(约 10^{-5} 量级)，且通常需要由紫外激光驱动，这对驱动激光系统提出了很高的要求，在一定程度上限制了该种光阴极的发展。对于半导体光阴极，如碱基锑化物(K_2CsSb)光阴极、碱金属碲化物(Cs_2Te)及 NEA Ⅲ-Ⅴ族化合物(GaAs：Cs)光阴极等，其量子效率相比金属光阴极得到极大提高，但典型的高量子效率半导体光阴极需要在高真空条件或极高真空条件下工作，如负电子亲和势砷化镓或多碱金属化合物光阴极通常工作在约 10^{-9} Pa 或更低真空度条件下，且其寿命一般较短，对设备的制造和成本提出了很高的要求。可以看出，虽然光阴极已经有一百多年的研究历史，但目前仍有很多技术难关尚待攻克[1]。

表 7-3 给出了几种典型光阴极的特性。

表 7-3　几种典型光阴极特性

类　型	材　料	真空/Pa	量子效率	功函数/eV	时间响应/ps	(ϵ_N/光斑半径)/(μm/mm)
金属光阴极	Cu	10^{-7}	10^{-5}～10^{-4}	4.6	<0.001	～1
正电子亲和势(PEA)	Cs_2Te	10^{-7}	0.01～0.2	3.5	～1	0.5～1.2
	K_2CsSb	10^{-8}	0.01～0.2	2.1	～1	～1
负电子亲和势(NEA)	GaAs	10^{-9}	0.1～0.7	1.4	～100	0.2～0.4

作为加速器中使用的电子源材料，光阴极的性能参数要求一方面来自电子束的品质要求，如一定驱动激光能量下能够确保产生足够的电荷量、束团具有较低的本征发射度、电子束纵向具有符合要求的上升沿和下降沿等；另一方面光阴极需要满足装置的运行稳定性和环境要求，如一定的运行寿命、工作环境兼容性等。基于以上要求，光阴极的性能表征参数主要有量子效率、本征热发射度、响应时间、工作寿命、工作环境真空要求等。下面具体介绍几个关键表征参数。

量子效率代表光阴极的光电发射本领，是光阴极的重要特性之一。对于线性电子发射机制，量子效率(QE)代表指定单色光的一个光子入射到光阴极上所能激发出的光电子数，可以用公式表示如下：

$$QE = \frac{N_e}{N_p} \tag{7-1}$$

式中，N_e为光阴极发射的光电子数，N_p为入射到光阴极上的光子数。可以看出，要获得一定的电荷量/光电子数量，光阴极材料的量子效率越高，所需的驱动激光脉冲能量越低。这对控制驱动激光系统的造价、实现难度及运行风险都具有重要意义。目前常见的几种光阴极材料，量子效率差别较大。对于金属光阴极，其量子效率通常在 10^{-4}～10^{-5} 量级（如铜、镍等）。而半导体光阴极的量子效率可至 0.01～0.1 量级（如 K_2SbCs、Cs_2Te 等）。在实际应用中，需要结合其他参数，在不同应用背景中合理选择光阴极材料。

本征发射度是阴极固有的发射度，与光电子发射机理相关，是整个装置中束流发射度的下限。假定光阴极的发射半径为 R，且均匀发射，发射电子的初始动能为 E_k，发射电子的初始速度与位置无关，则光阴极的本征热发射度可由下式得到：

$$\epsilon_{th}=\beta\gamma\sqrt{\langle x^2\rangle\langle x'^2\rangle-\langle xx'\rangle^2}=\frac{R}{2}\sqrt{\frac{2E_k}{m_e c^2}} \tag{7-2}$$

受工作环境，如真空条件、粒子轰击、激光轰击等因素和材料自身特性影响，光阴极具有有限的使用时长，即寿命。为确保加速器装置的有效运行时间，需要降低光阴极的更换频率，这就要求所采用光阴极具有足够长的寿命。光阴极寿命有两种描述方式。其中一种是运行寿命，指光阴极安装到位运行后，其量子效率下降至原来的 1/e 所需的时间。这种描述方式未考虑装置的重复频率、束团电荷量等因素，可用于同一装置在相同运行模式下，不同光阴极之间寿命的比较。不同装置及运行模式条件下，仅可用来较为粗略地对比光阴极寿命性能。光阴极寿命的另外一种表征方式是电荷量寿命，是指光阴极量子效率下降至原来的 1/e 时，由光阴极发射的所有电子的总电荷量。该描述方式是从光阴极光电子发射本身进行评估的，在一定程度上能够反映光阴极的工作持续能力。但由于光阴极的寿命不仅与材料自身的特性有关，还对工作环境条件极其敏感，因此，抛开工作环境条件等因素来评估对比光阴极寿命并不十分科学。

光阴极的光电发射能力与光阴极材料表面能级结构密切相关，光阴极材料表面物理吸附环境中残余气体，甚至与之发生化学反应，会破坏光阴极表面能级结构，提高阴极材料表面势垒，增加材料内部光电子逸出难度。同时，光阴极对环境中残余气体的大量吸附也会降低光阴极的寿命。因此，光阴极通常对工作环境的真空条件有一定要求。通常金属光阴极对工作环境的真空要求较低(约 10^{-8} Pa),而半导体光阴极对环境真空要求往往较高,以锑钾铯为例,其对工作环境真空要求约为 10^{-10} Pa。

不同的真空要求会使加速器装置的建设成本及装置的设计复杂度有很大差别,因此,在进行光阴极材料选择时,需要合理考虑所选光阴极的工作真空要求,以确保其在可接受范围内。

1) 金属光阴极

金属光阴极是最早应用于加速器的传统光阴极材料,常见的金属光阴极材料主要有铜、镁、镍等。该类光阴极具有寿命高(若干年)、激光损坏阈值高、电场击穿阈值高、工作环境真空要求低(～10^{-7} Pa)、本征热发射度较低(约 0.5 μm/mm),以及与超导腔兼容等优点。由于金属材料具有较高的功函数,该类光阴极通常需要紫外激光进行驱动,且光阴极的量子效率往往不高(10^{-4}～10^{-5} 量级)。受限于金属光阴极量子效率、商用驱动激光器功率水平和材料损伤阈值,金属光阴极很难应用于高平均流强领域。

在寿命及环境兼容性方面,金属光阴极具有其他光阴极无可比拟的优势,为了克服金属光阴极量子效率的不足,人们提出了许多新技术并将其应用至金属光阴极研发中,激光清洗技术便是其中之一。近几年,随着激光清洗技术的发展,研究发现清洗后的金属光阴极的量子效率可得到显著提高。如清洗后的镁光阴极量子效率约可达 0.3%,提高了 1～2 个数量级,十分接近高重频自由电子激光装置,如上海高重频硬 X 射线自由电子激光装置(SHINE)项目、美国 LCLS-Ⅱ等项目对光阴极量子效率达到约 0.5%的指标要求。此外,对金属光阴极表面改性以降低阴极材料的功函数,也是提高金属光阴极量子效率的一个有效方法。实验上观测到,在光阴极表面沉积几至几十埃的 Cs-Br,铜光阴极的量子效率可出现约 50 倍的提高,铌光阴极的量子效率可出现约 350 倍的提高。除此之外,借助微纳结构促进光阴极对入射光子的吸收来提高光阴极的量子效率也是一个可行的方法,例如国际上已通过实验证实,将表面等离子体引入金属光阴极中,光阴极的光电子发射能力也可以显著提高。以上这些探索研究,均为金属光阴极在中高平均流强背景中的应用提供了重要的指导意义。

根据光阴极的类型及工作模式不同,其光电子发射机制也各不相同,有单光子线性光电子发射、多光子非线性光电子发射、场助光电子发射、热助光电子发射等。单光子线性光电子发射模式是最早发现并采用的光阴极光电子发射工作模式。发展至今,人们对其已有较完善的理解和一定的掌控度,因此,该模型是当前应用至各加速器装置中的光阴极的主流光电子发射工作模式。

目前，已有很多理论模型对该种光电子发射机制进行描述，如“三步”模型和“一步”模型等。其中，“三步”模型是业内比较认可的一种光阴极光电子发射机制描述模型，其结果也与实验有较好的吻合，由美国物理学家 W. E. 斯派塞(W. E. Spicer)提出。对于金属光阴极的光电子发射过程也可采用斯派塞的“三步”模型进行描述，如图 7-4 所示。

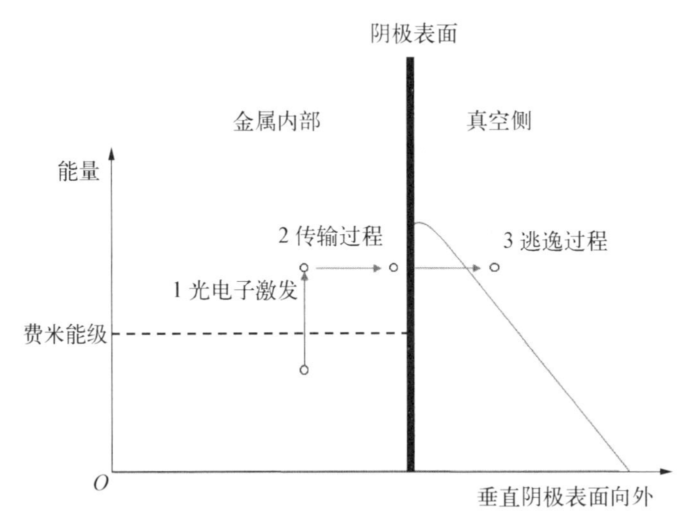

图 7-4　金属光阴极光电子“三步”发射模型

如图 7-4 所示，斯派塞的“三步”光电子发射模型将光阴极光电子发射过程分为三个阶段：入射光子吸收和光电子产生；电子运动至光阴极表面；光电子逸出光阴极表面。

当驱动激光照射光阴极表面时，一部分光能量被光阴极反射，剩下的会被材料内电子吸收，并将其激发至更高能量占据态。电子被激发后的能量状态不仅与入射激光的光子能量有关，还与电子激发前所处的能态有关，且激发过程符合能量守恒定律。对于金属材料，体内电子的初始态密度分布符合费米-狄拉克分布，可由以下公式给出：

$$f(E)=\frac{1}{e^{\frac{(E-E_{F})}{k_{B}T}}+1} \tag{7-3}$$

式中，E_F 为费米能级，k_BT 为金属中电子气的热激发能量。被激发的电子的态密度分布可由 $f(E+\hbar\omega)$ 给出。电子被激发后，将在光阴极材料体内漂移扩散运动。不同于半导体光阴极，对于金属光阴极，电子-声子散射可忽略，电子-电子散射起主要作用。为了控制光阴极热发射度,入射驱动激光的光子能量小于两倍的光阴极材料功函数,那么一旦发生电子-电子散射,散射电子与被散射电子都将无法发射出光阴极表面。在阴极深度 s 处,单位长度上电子不被散射的概率可由下式给出:

$$f(s,\ E,\ \theta,\ \omega)=\frac{1}{\lambda_{\text{opt}}(\omega)}\mathrm{e}^{-s\left[\frac{1}{\lambda_{\text{opt}}(\omega)}+\frac{1}{\lambda_{\text{e-e}}(E)\cos\theta(E)}\right]} \tag{7-4}$$

式中,E 为电子的能量,θ 为电子运动方向相对表面法向向量的夹角,ω 为光子频率,λ_{opt} 为光阴极的光学吸收深度,与材料特性和入射光子能量密切相关,$\lambda_{\text{e-e}}$ 为光阴极内电子-电子散射的平均自由程,与电子的能量有关。那么,电子传输至阴极表面的概率 $F_{\text{e-e}}(s,\ E,\ \theta,\ \omega)$ 可由式(7-4)对深度 s 积分得到。

传输至光阴极表面的光电子,如果其能量高于表面势垒,将发射至光阴极外部。由图 7-5 可知,金属光阴极的表面电势由阴极材料的功函数、镜像电荷势能和外加电场势能共同决定。经肖特基功函数修正后的金属的有效功函数 ϕ_{eff} 可由下式确定:

$$\phi_{\text{eff}}=\phi_{\text{w}}-\phi_{\text{Schottky}}=\phi_{\text{w}}-e\sqrt{\frac{eF_{\text{a}}}{4\pi\varepsilon_0}} \tag{7-5}$$

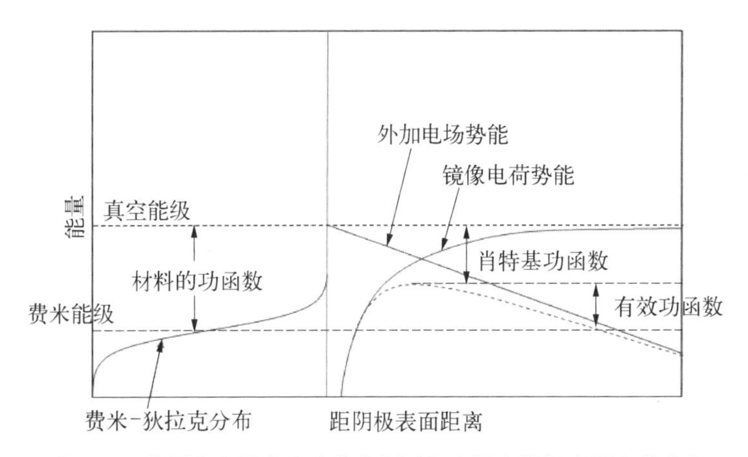

图 7-5　金属内电子态密度分布(左)和金属光阴极表面电势分布

式中,ϕ_{w} 为材料功函数,ϕ_{Schottky} 为肖特基功函数,F_{a} 为肖特基势垒,它是镜像电荷电场和外加电场的总和。基于光电子发射"三步"过程,另根据光阴极量子效率的定义式(7-1),金属光阴极的量子效率可由下式给出:

$$\mathrm{QE}(\omega)=\left[1-R(\omega)\right]\frac{\int_{E_F+\phi_{\mathrm{eff}}-\hbar\omega}^{\infty}\mathrm{d}E\left[1-f_{\mathrm{FD}}(E+\hbar\omega)\right]f_{\mathrm{FD}}(E)\int_{\cos\theta_{\max}(E)}^{1}\mathrm{d}(\cos\theta)F_{\mathrm{e\text{-}e}}(E,\ \omega,\ \theta)\int_{0}^{2\pi}\mathrm{d}\Phi}{\int_{E_F-\hbar\omega}^{\infty}\mathrm{d}E\left[1-f_{\mathrm{FD}}(E+\hbar\omega)\right]f_{\mathrm{FD}}(E)\int_{-1}^{1}\mathrm{d}(\cos\theta)\int_{0}^{2\pi}\mathrm{d}\Phi} \tag{7-6}$$

式中，$R(\omega)$为光阴极对驱动激光的反射率。在采取一定的合理近似并通过数学方法处理之后，金属光阴极的量子效率可简化为

$$\mathrm{QE}(\omega)\approx\frac{1-R(\omega)}{1+\lambda_{\mathrm{opt}}(\omega)/\lambda_{\mathrm{e\text{-}e}}(\omega)}\frac{(\hbar\omega-\phi_{\mathrm{eff}})^2}{8\phi_{\mathrm{eff}}(E_F+\phi_{\mathrm{eff}})} \tag{7-7}$$

从式(7－7)可以看出，在一定的驱动激光光子能量和外加电场条件下，金属光阴极的量子效率与反射率、能态关系、电子-电子散射平均自由程等材料的固有属性有关。

此外，基于“三步”光电子发射模型及适当的边界条件，可以推导出金属光阴极的热发射度 ϵ_n 的表达式(7－8)。因后面章节对热发射度推导有类似介绍，在此不做具体描述。

$$\epsilon_n=\sigma_x\sigma_{px}=\sigma_x\sqrt{\frac{\hbar\omega-\phi_{\mathrm{eff}}}{3mc^2}} \tag{7-8}$$

式中，σ_x 为光阴极发射面的横向尺寸。通过式(7－8)可以看出，金属光阴极的本征发射度与束斑尺寸、入射光子能量和有效功函数有关。结合光阴极的量子效率公式可以看出，一味地降低 $\hbar\omega-\phi_{\mathrm{eff}}$ 虽然可以降低光阴极的热发射度，但也将造成光阴极的量子效率下降。因此，为获得高亮度束团，在选择金属光阴极参数及入射驱动激光参数时，应兼顾光阴极的量子效率和发射度。

2) 半导体光阴极

在能量回收型直线加速器和高重频自由电子激光装置发展的驱动下，国内外众多研究机构均已经开展了半导体光阴极的研究，并已取得显著成果。相比金属光阴极，半导体光阴极的量子效率明显提高(约 10%)，可满足目前高平均流强应用要求。然而，受材料特性限制，每种光阴极材料都有其自身的局限性。目前，主流的半导体光阴极主要可分为碱基锑化物光阴极(代表光阴极有 K_2CsSb、Cs_3Sb)、碱金属碲化物光阴极(典型代表有 Cs_2Te)，以及 NEA Ⅲ-Ⅴ族化合物(典

型代表有 GaAs：Cs)。理论研究和实验测试发现以 K_2SbCs、Cs_3Sb 等为代表的碱基锑化物在可见光的量子效率大于1%，极大地降低了对驱动激光系统的功率要求，降低了光学整形难度。然而，受制备工艺水平和材料自身特性的限制，目前该类型光阴极对真空环境要求较高(10^{-8}～10^{-9} Pa)，而且其寿命较短，在高平均流强应用背景中仍具有一定的局限性。实验测试发现碲化铯光阴极在紫外频段的量子效率大于0.5%，寿命(量子效率衰减到原来的1/e所需时间)大于10天，热发射度小于1 mm·mrad/mm，响应时间小于1 ps，暗电流在20 MV/m加速梯度的条件下小于1 μA，真空度要求约 10^{-8} Pa，也是一种极佳的可应用于中高平均流强的光阴极材料。且相比多碱基光阴极，碲化铯光阴极制备工艺相对成熟，已广泛地应用在光电探测等领域。然而，碲化铯光阴极工作在紫外波段，需要将红外激光3倍频(或4倍频)放大，但倍频效率通常较低，这无疑增大了激光系统的功率需求负担；较高功率水平的基频光还增加了光学系统运行的稳定性，从而最终影响装置运行的可靠性。此外，紫外波段激光横纵向整形手段有限，也是限制该类光阴极应用的一个因素。GaAs光阴极材料为负电子亲和势材料，具有量子效率高、本征热发射度低等优点，但其寿命对环境真空具有极高的敏感度(10^{-9}～10^{-10} Pa)，极大地增加了光阴极制备、传输装置与电子枪的真空系统复杂性和成本，以及装置的运行难度。

碱基锑化铯光阴极、碱基碲化铯光阴极、砷化镓光阴极通常需要在极高真空下实现光阴极薄膜的生长制备或激活。实现薄膜沉积的工艺多种多样，包括热蒸发沉积、磁控溅射薄膜沉积、分子束外延等制备方式。其中应用最多的制备工艺为热蒸发沉积方法。

下面将以中科院上海高等研究院光阴极制备技术团队搭建的双碱光阴极制备装置为例，介绍双碱光阴极的制备条件和制备工艺。

因锑钾铯光阴极对真空环境中 O_2、H_2O、CO_2 等残余气体组分具有极高的敏感度，为了实现高品质锑钾铯光阴极制备，且要实现光阴极极高真空下的转移和传输，需要对制备装置的真空度、制备部件及运动部件进行合理设计和工艺处理。图7-6所示为锑钾铯光阴极制备装置。

如图7-6所示，该套制备装置主要包含两个主腔室和两个蒸发源腔室。两个主腔室中，一个用于锑钾铯光阴极制备及测量，称为制备室。它是光阴极制备装置的核心腔室，集成了光阴极制备所需的组件(如蒸发源组件、光电流测量组件、膜厚测量组件等)、光阴极运动传输组件、真空系统及温度控制组件。另一个主腔室用于光阴极基底的装载及清洗，称为装载室。两个腔室之间采用金属阀

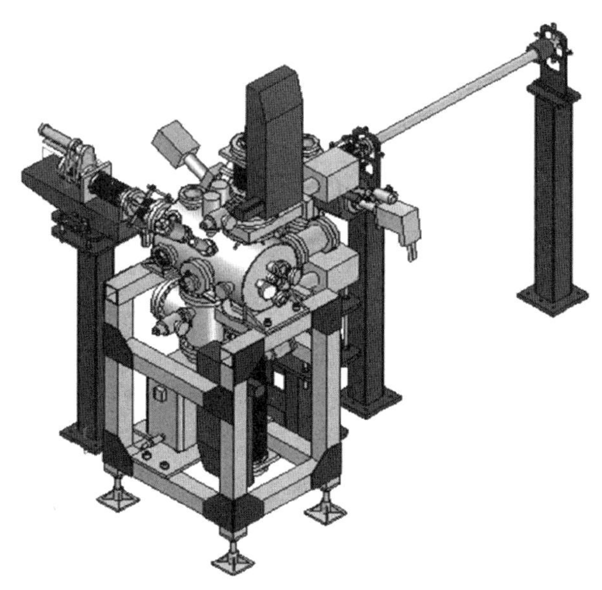

图 7-6　锑钾铯光阴极制备装置示意图

隔离，以确保互相之间不受影响。光阴极/基底在不同腔室之间的传输由磁力杆完成。两个蒸发源腔室与制备室之间也采用全金属门阀隔离。光阴极/基底在制备室与装载室之间的传输由磁力杆完成。

实现高品质锑钾铯光阴极制备，需要做到以下几点：制备过程中污染源的严格控制与杜绝；合理稳定的制备工艺和配方；制备过程的控制和状态的准确测量。为了控制制备过程污染源，除了需要对腔室及设备组件进行清洗烘烤、维持极高真空条件及采用较低释气材料加工制备装置组件外，还需要选用高纯度的蒸发源材料和基底材料，并对基底表面认真清洗。实验中我们选用钼材料作为光阴极基底材料，首先对基底进行机械抛光。实验中，受限于设备条件，抛光精度约为 50 nm。之后将基底置于丙酮、乙醇、去离子水中进行超声清洗，再用干燥氮气吹干后装入装载室，最后由装载室传送进入制备室中。

时至今日，国际上已发展了顺序蒸镀、二元共蒸、三元共蒸等多种不同的制备工艺。中科院上海高等研究院光阴极制备技术团队在实验中采用了钾、铯二元共蒸工艺。基于锑钾铯光阴极制备装置，对基底温度、沉积速率等参数进行反复优化后，获得如图 7-7 所示的制备工艺。首先，采用光阴极卡爪组件上的卤素灯对光阴极基底加热至 300℃，以进行加热高温清洗；之后，降低卤素灯功率，将基底温度维持在 75℃，并检查腔室真空状态；对锑源进行加热除气后，将锑源移动至工作位，缓慢增加锑源电流，控制制备腔室真空优于 5×10^{-7} Pa，待膜厚仪速率至约 0.1 Å/s 时，打开挡板，在光阴极基底表面沉积锑薄膜至 10 nm 左右，关闭挡板，把锑源电流降为零；将锑源退回蒸发源腔室，并将钾源和铯源移动至工作位，缓慢地同时增加钾源和铯源电流，并观察真空状态，确保其优于 5×10^{-7} Pa，待膜厚仪达到一定速率后，打开挡板，进行钾和铯元素的沉积，观察光电流的状态至最大后，关闭挡板，关闭蒸发源电源，降低基底温度，将钾源和铯源退回蒸发源腔室。整个制备过程实时记录各元素沉积的薄膜厚度、真空状态、基底温度、光电流大小及基底表面的反射率变化。

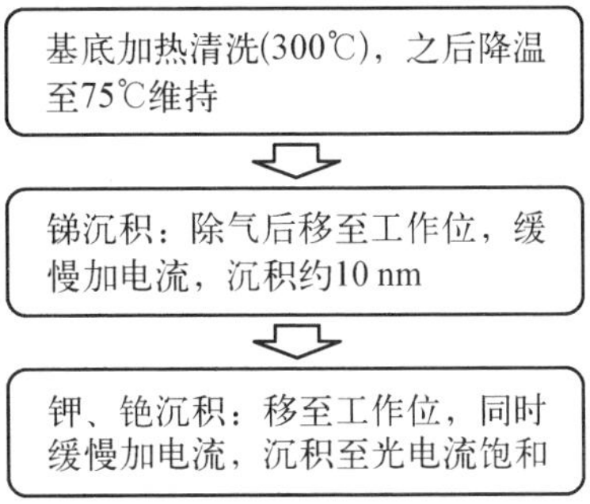

基底加热清洗(300℃)，之后降温至75℃维持

⇩

锑沉积：除气后移至工作位，缓慢加电流，沉积约10 nm

⇩

钾、铯沉积：移至工作位，同时缓慢加电流，沉积至光电流饱和

图 7-7　锑钾铯光阴极制备工艺流程图

7.2　常温射频加速技术

常温射频加速技术在电子直线加速器中应用最为广泛，是同步辐射装置注入器和自由电子激光装置直线加速器的关键技术主体，本节将详细介绍相关的常温射频加速技术的设计和高梯度加速技术等内容。

7.2.1　常温射频加速技术设计

常温电子直线加速器的核心主体为微波系统，由若干套相同或相似的微波单元组成。微波单元包括微波结构、功率源和低电平控制，同时还包括真空、机械和工艺等辅助设备，其中以加速结构和能量倍增器为代表的微波结构技术集中体现了电子直线加速器的核心设计要求，满足和实现电子束流品质目标。本节将详细介绍关键微波结构和微波单元系统的设计及实现。

1）常温加速结构

在自由电子激光装置中，考虑到微波稳定性和功率利用率等因素，电子直线加速器采用等梯度行波加速结构。该加速结构以盘荷波导为基础，与输入、输出耦合器组成行波加速结构，其群速度满足[3]

$$v_{\mathrm{g}}=\frac{\omega L}{Q}\{[1-(1-\mathrm{e}^{-2\tau})z/L]/(1-\mathrm{e}^{-2\tau})\} \tag{7-9}$$

在此条件下，沿着腔链的加速梯度将保持恒定不变，其中全局衰减因子 τ 约为 0.6，可以兼顾微波稳定性和功率利用效率。

根据电子直线加速器的总体目标，按照下列顺序完成加速结构的设计：

(1) 根据电子直线加速器的设计能量和长度，合理确定加速结构的加速梯度；

(2) 根据电子直线加速器的束流品质要求和式(5-37)，确定加速结构的最小平均束流孔径 $2a$；

(3) 基于总体的加速梯度和最小平均束流孔径的要求，根据 5.2.2 节介绍的加速结构的微波参数特征，利用优化算法计算得到最优的等梯度加速结构设计，并获得初步的加速结构的尺寸和微波参数；

(4) 利用三维电磁场模拟软件核算初步结构，核定和修正加速结构的尺寸和微波参数；

(5) 利用三维粒子束流动力学模拟软件，基于三维电磁场结构，开展束流动力学模拟，确定束流品质满足电子直线加速器设计要求，最终确定加速结构的设计参数；

(6) 根据加速结构的尺寸，综合考虑真空、机械和工艺等因素，完成加速结构的机械设计。

加速结构的加工制造要求非常严格，要求采用天然或人工宝石刀进行机械加工，实现优于 5 μm 的精度和 0.2 μm 的粗糙度，并结合钎焊进行高于 700℃的高温焊接，对于高加速梯度要求的加速结构，甚至要求采用更高要求的扩散焊接或金铜焊接，焊接温度达 1 000℃或更高。加速结构在整个加工制造过程中，要保持环境的恒温恒湿，才能实现稳定加工制造工艺水平，达到微波设计指标。图 7-8 所示为典型的 C 波段高梯度加速结构[8-10]。

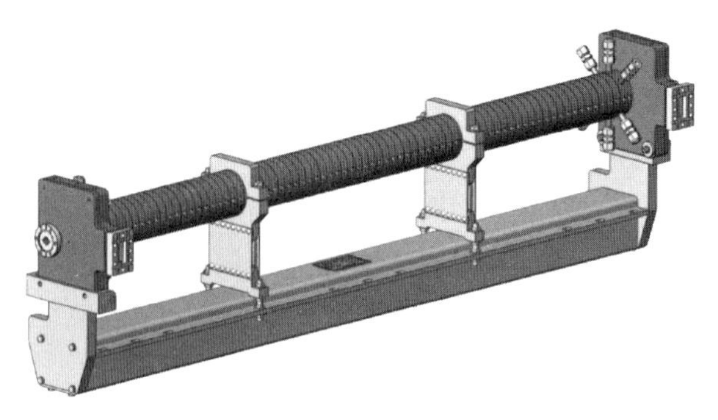

图 7-8　C 波段高梯度加速结构

加速结构完成加工制造后，需要进行低微波功率测试和调谐——“冷测”，保证加速结构的电场分布均匀度、单腔相位误差、整管累计误差、驻波比等达到设计目标。冷测需要在恒温恒湿环境中进行，有多种实施方法，目前最为先进的冷测方法基于非谐振微扰原理，如图 7－9 所示，采用非接触式测量和调谐，既可以实现高精度调谐，还不损伤加速结构内壁，以此实现优异的微波性能。

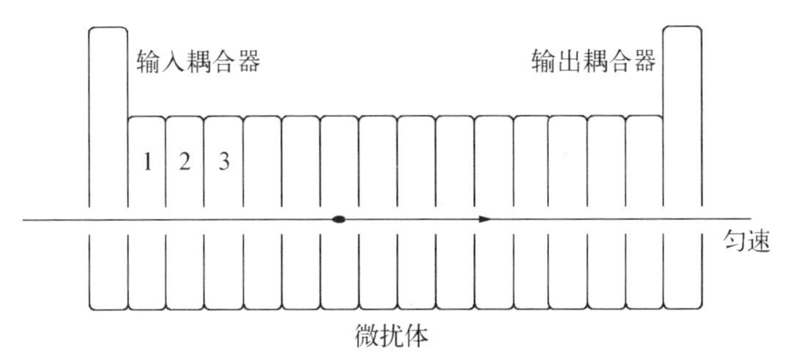

图 7－9　非谐振微扰原理调谐方法

2）常温微波系统单元

图 7－10 所示为电子直线加速器中的典型微波加速单元，加速单元核心由微波结构、功率源和低电平系统组成，同时还包括定时、同步、控制、真空、机械和工艺等辅助系统和设备。

微波结构包括加速结构、能量倍增器和波导系统。其中核心设备加速结构已经在前面详述。能量倍增器用于提升功率源输出水平，提高功率利用率，在功率源水平不足的条件下，是实现高加速梯度不可或缺的设备，其结构如图 7－11 所示。

功率源为微波加速单元提供高微波功率，约为几十兆瓦，脉冲长度为微秒量级，通过波导系统传输至能量倍增器和加速管。功率源包括高压脉冲调制器和速调管。高压脉冲调制器产生几十千伏的直流高压脉冲，作用于有源真空器件——速调管，最后产生高功率的微波脉冲。

低电平控制系统监测整个微波加速单元的工作状态，如速调管输出、加速管输入，并根据比例-积分-微分（PID）算法，通过对信号源进行幅相调制，对整个微波加速单元进行幅相反馈控制，实现微波加速单元稳定运行，保证电子束流的稳定性。

所有的微波单元通过定时同步系统进行控制，有序地实现步调一致的

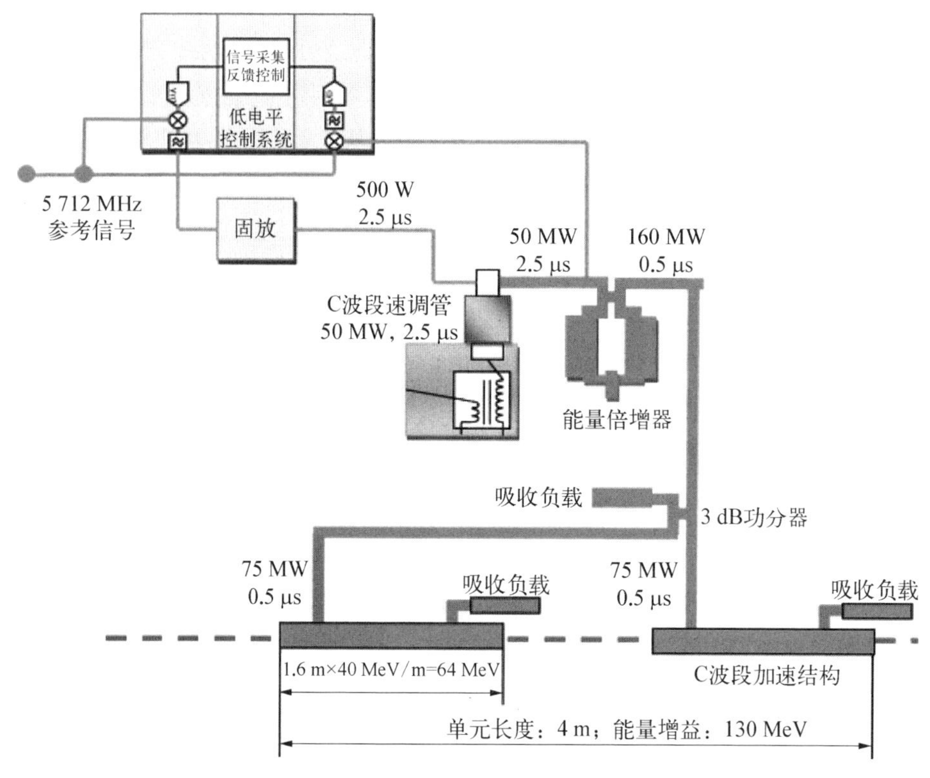

图 7-10　典型的 C 波段微波加速单元

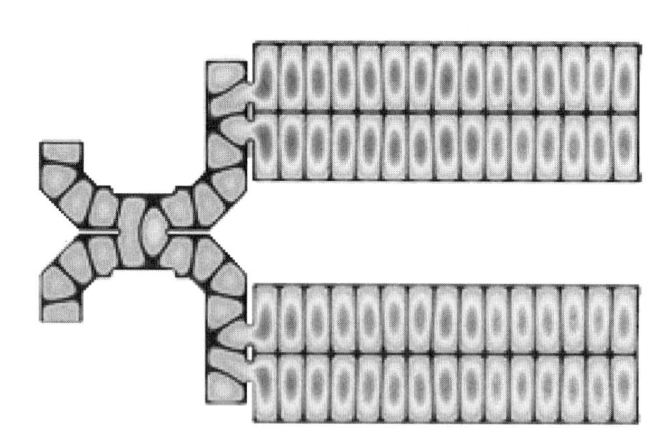

图 7-11　能量倍增器电磁场模拟图(彩图见附录)

协同工作，并通过实验物理及工程控制系统(EPICS)控制网络，在上层实现可视化界面控制，最终组合成完整功能的电子直线加速器，为自由电子激光装置提供稳定可靠的电子束流。

7.2.2　常温高梯度加速技术

20 世纪 80 年代，为满足下一代电子直线对撞机束流品质和紧凑型装置的要求，美国斯坦福直线加速器中心（SLAC）、日本高能加速器研究机构（KEK）及欧洲核子研究中心（CERN）开始致力于常温高梯度加速结构的研究和技术攻关。经过近 30 年的发展，加速梯度不断提升，工作状态也更加稳定，其工作频率涵盖 C 波段、X 波段及 30 GHz。目前高梯度行波加速结构不仅用于紧凑型电子直线对撞机（CLIC）装置，还广泛用于紧凑型 X 射线自由电子激光装置建设。

20 世纪 80 年代末 90 年代初，随着高能物理领域的深入研究，第一代电子直线对撞机逐渐退出历史舞台，接替其位置的是具有更高对撞能量（太电子伏特量级）和更高对撞亮度的下一代电子对撞机，CLIC 就是其中一个候选者。高能量意味着需要规模巨大的直线加速器提供加速电场，考虑其建造成本，高梯度的加速结构成为紧凑型直线对撞机的关键技术之一，同时考虑高亮度对束流品质和重复频率的要求，加速结构需要具备高梯度、高重频和高束流品质的性能。

经过 30 多年的发展，高梯度加速技术还未达到当初的设计目标，但也初步形成了完整的技术储备，加速梯度水平也已经在传统水平基础上有了较高提升。进入 21 世纪后，自由电子激光装置的发展同样也促进了高梯度加速技术的发展，逐步地将高梯度加速技术应用于电子直线加速器中，如日本 SPring-8 紧凑型自由电子激光装置（SACLA）和我国软 X 射线自由电子激光装置（SXFEL）将 C 波段高梯度加速技术发展为成熟技术，实现了 40 MV/m 的运行加速梯度，比传统的 S 波段加速梯度提高了近一倍。为了满足电子直线加速器小型化的发展，高梯度加速技术还逐渐应用在小型加速器中，如超快电子衍射（UED）、超快电子显微镜（UEM）、应用加速器等领域。

1）高梯度加速技术基本理论

高梯度加速技术的核心研究内容是对“打火”规律的探索，“打火”是在极端电磁场环境下引起的电子场致发射，进而引起“雪崩”效应产生等离子体形态，改变微波结构的电磁特征，导致微波结构无法正常工作。“打火”规律的探索经历了静电高压、强电场致发射、磁热力学效应、实验统计和电磁场综合效应的原理研究，推动着高梯度加速技术的深入发展，逐步实现更高的目标。

高梯度加速技术的理论起源于 1928 年 R. H. Fowler 和 L. Nordheim 建

立的高场环境下的场致发射理论，即著名的Fowler-Nordheim公式[11]。1957年，W. D. Kilpatrick发展了真空环境下的射频和直流高压结构的“打火”标准[12]。根据Kilpatrick“打火”标准和加速结构分路阻抗特征[3]，工作频率越高，则结构“打火”的电磁场阈值和分路阻抗就越高，因此在一定功率源水平下，能够实现的稳定加速梯度也就越高。在此基础上，同时考虑束流品质要求，20世纪80年代末和90年代初，C波段(5 712 MHz)、X波段(11 424 MHz)和30 GHz的加速结构得到研究和发展，其共同目标是高加速梯度和高束流品质，实现高性能紧凑型电子直线对撞机。

“打火”现象还可以通过优化电磁场分布的方法进行抑制。在加速结构中，高磁场引起高电流密度，产生局部高热量，导致温度上升，根据微波功率的脉冲特性，上升温度用下式表示[13]：

$$\Delta T=\frac{|H_{\parallel}|^{2}\sqrt{t}}{\sigma\delta\sqrt{\pi\rho' c_{\varepsilon}k}} \tag{7-10}$$

式中，$H_{\parallel}$为金属腔壁上的切向磁场，t为微波功率脉冲长度，σ为电导率，δ为趋肤深度，ρ'为材料密度，c_{ε}为比热容，k为金属热导率。根据式(7-10)中的温度变化，同时配合微波的周期重复性，便可以产生热应力疲劳，容易引起真空击穿，形成“打火”现象。该问题与峰值磁场、脉冲长度、材料等都有关系，而高电场则更加直接，引起真空击穿放电，因此需要进行峰值电磁场优化。在加速结构中，峰值电磁场的影响主要集中在耦合器耦合孔和加速腔(cell)的盘片终端，因此耦合器的选择和盘片终端形状优化，尤其是处于馈入功率高峰处的输入耦合器的设计，对抑制“打火”问题具有举足轻重的作用，是提升加速梯度的瓶颈问题。

G. Loew和J. Wang的研究工作表明，在不考虑打火限制的情况下，加速梯度与工作频率的平方根成正比，C波段的工作频率为S波段的2倍，理论上可以实现1.4倍的加速梯度。同时考虑到实际的制造工艺和运行环境，高加速梯度会引起射频击穿，即打火现象。一般认为射频击穿由材料表面的场致发射过程所诱发，并伴随着等离子体激发、表面熔融等复杂的物理过程。统计研究发现，结构的打火率(BDR)与表面电场梯度E、脉冲宽度τ相关，近似满足经验公式[14]：

$$\mathrm{BDR}\propto E^{30}\tau^{5} \tag{7-11}$$

从而在宏观系统层面上提供了优化设计依据。同时通过多组实验和理论分析发现，打火率与微波结构的功率/功率流密度相关，A. Grudiev 等根据大量实验结果和局部发射点电磁场分析提出了影响打火率的影响因子——修正坡印亭矢量[15]：

$$S_c = \mathrm{Re}(\bar{S}) + \frac{1}{6}\mathrm{Im}(\bar{S}) \tag{7-12}$$

2）高梯度加速技术设计与实现

根据上述分析，通过耦合器结构优化、加速腔体结构优化、功率脉冲长度优化及材料选择可以改善电磁场分布带来的“打火”效应，具体如下[16]。

(1) 耦合器结构优化。典型耦合器结构通过磁耦合方式将微波功率导入和导出加速结构，其耦合孔是矩形传输波导与耦合腔之间的接口，耦合孔的边壁较薄，如图 7－12 所示。在高梯度加速结构的研究过程中，人们发现传统耦合器结构易引起“打火”问题，主要由耦合孔附近的高电场和高磁场引起，导致尖端放电和表面热应力疲劳，因此需要改进传统耦合器结构，改善电磁场分布，降低峰值电磁场强度。目前有两种方法可行，其一是在传统磁耦合方式基础上，将耦合孔壁增厚，并将尖端改为弧形终端。如图 7－12 所示，改进型耦合孔附近的磁场得到抑制，因此可以有效地降低表面热应力疲劳效应。其二是改变耦合器的耦合方式，改为电耦合方式，电耦合模式可以避免磁耦合模式的磁场热疲劳效应，同时耦合腔体内的电场强度较低。如果结合双口耦合模式耦合器，在耦合孔附近不存在磁场，可直接消除热疲劳效应，同时双口耦合模式可以将高功率分流，因此也大大降低了耦合孔高功率波导的耐压要求，如图 7－13 所示。综上所述，采用电耦合的双口耦合器可以有效地改善电磁场分布，减小电击穿和热疲劳效应产生的打火问题。

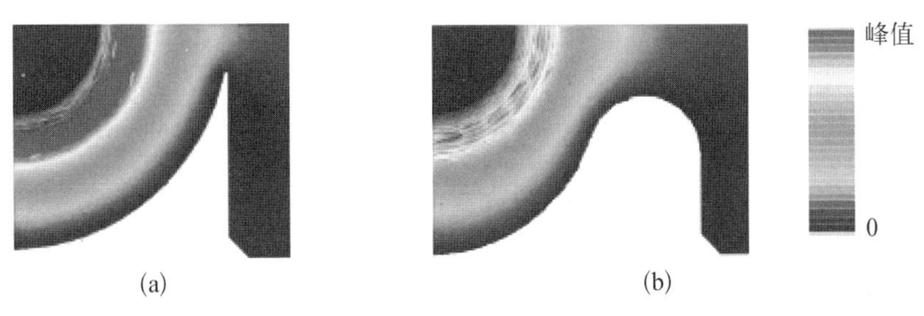

图 7－12　两种电磁场分布比较(彩图见附录)

(a) 传统磁耦合；(b) 改进型磁耦合

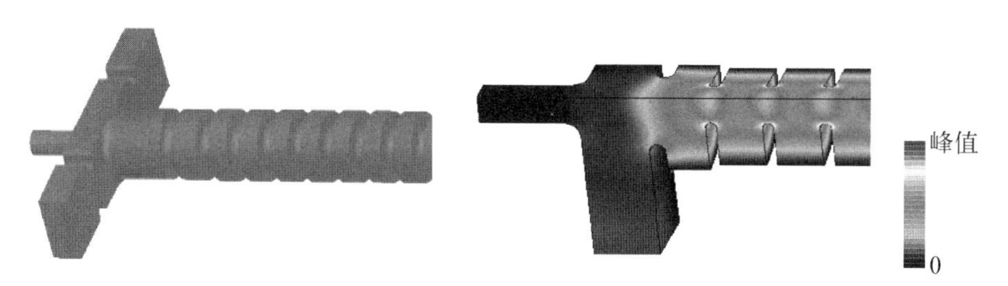

图 7-13　电耦合结构及双口耦合器电场分布(彩图见附录)

(2) 加速腔体结构优化。加速结构中,除了耦合器外加速腔体部分也是“打火”问题的重点关注对象,但主要考虑加速腔体中盘片终端的电场打火问题。在加速腔中,峰值集中在盘片终端,通常盘片终端采用圆弧形,以此降低峰值电场。进一步研究发现,采用椭圆形状可以更大程度地增加电力线接触面积,降低电力线密度,从而有效地降低电场强度,其改进方案如图 7-14 所示。

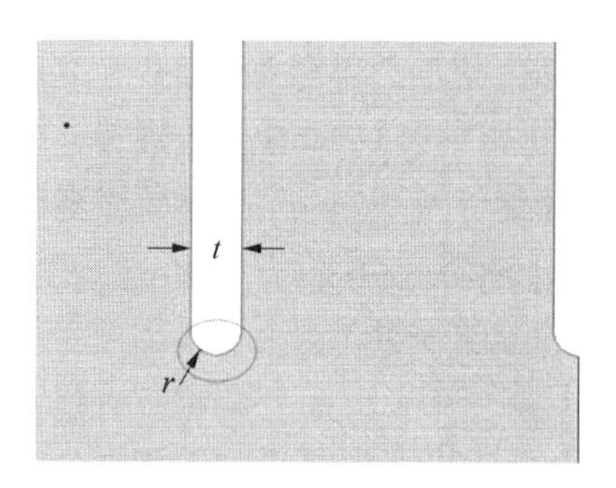

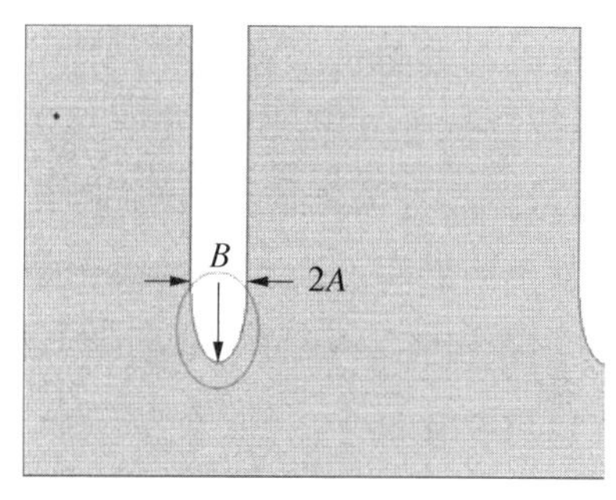

图 7-14　圆弧端面和椭圆端面

(3) 功率脉冲长度优化。如式(7-10)所示,脉冲长度会影响磁场的热效应,功率脉冲越长,温升越高,那么热效应也就越显著,反之则影响减小。因此可以根据加速器的具体运行模式,采用尽量短的功率脉冲,抑制“打火”现象。

(4) 材料选择。温升与材料特性有关,因此选用耐压高的材料可以得到较为稳定的高加速梯度,如钼。

除了设计与材料之外,还可以改进加工制造工艺和测量方法来抑制“打火”现象,实现高加速梯度。

3) 尾场阻尼技术

高梯度加速结构必然要采用高工作频率的微波结构,同时也带来了较为严重的尾场问题。加速结构尾场(wakefield)由电子束团经过射频结构时产生,可以分解为多个独立的电磁场模式,对驱动束团本身(短程尾场,SRW)及后继束团(长程尾场,LRW)都会产生影响。其中横向尾场改变束团发射度,最终影响电子束流品质,产生束流不稳定性,造成束流崩溃(BBU),是加速器技术的核心研究课题。传统的加速结构基于S波段(2 858 MHz),甚至更低频率的射频结构,尺寸较大,尾场效应较弱,束流运行稳定;X波段(11 424 MHz)加速结构体积小,尾场效应显著,可能产生较强的束流不稳定性。为了解决X波段加速结构尾场问题,在世界范围内掀起了尾场抑制技术的研究热潮,多种经典方案相继涌现。

尾场抑制技术以横向尾场为重点研究对象,利用尾场抑制结构设计,促使横向尾场快速衰减,在束团后方1 m之外衰减至1 MV/(pC·mm·m)以下。在多年的研究过程中,美国SLAC创造了经典的失谐阻尼结构(DDS)尾场抑制技术,由失谐和阻尼结构组成,如图7-15所示。失谐技术是一种弱抑制技术,原理上使加速结构腔链的最低二极场模式频率呈现高斯分布,经过傅里叶变换,尾场在时域上表现为快速的高斯衰减,如图7-16所示。该技术可以基于传统的盘荷波导结构,具有结构简单、衰减快速等优点,但存在尾场反弹问题。阻尼结构是一种强抑制技术,该技术利用腔体的高次模耦合结构,将横向尾场功率导出腔外,阻尼结构对尾场衰减彻底,无反弹现象,但在时域中衰减速度较慢,且结构复杂。综合两种技术的优点,SLAC提出DDS结构,既实现了尾场快速衰减,又解决了尾场强度反弹问题。

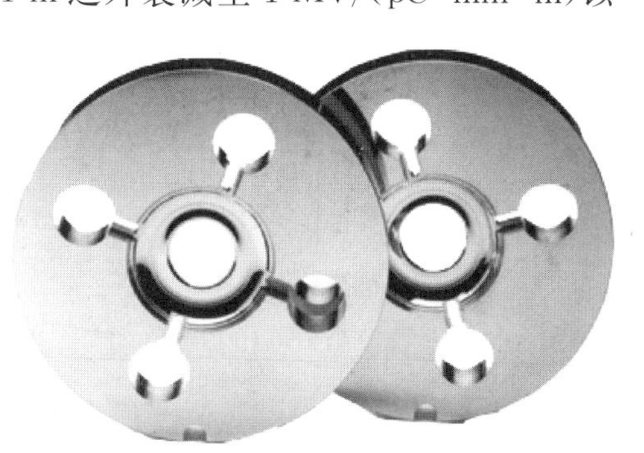

图7-15　DDS尾场抑制结构

X波段加速技术尾场研究基于广泛的国际合作,与SLAC开展合作研究的CERN和日本KEK也分别提出了类似的尾场抑制技术的波导阻尼结构(WDS)和扼流模式(chock mode),如图7-17所示。这些尾场抑制技术在30年的研究历程中,经过了提出方案、实验测试和设计优化的研究过程,性能日趋稳定完善。

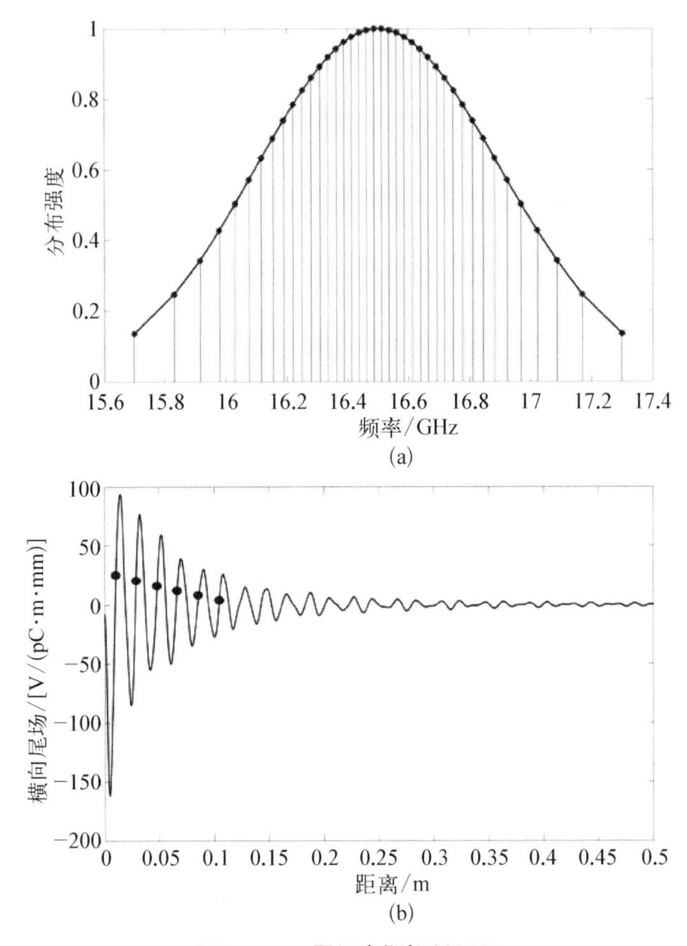

图 7 - 16　尾场高斯抑制原理

(a) 腔链二极场模式频率高斯分布;(b) 时域尾场高斯衰减

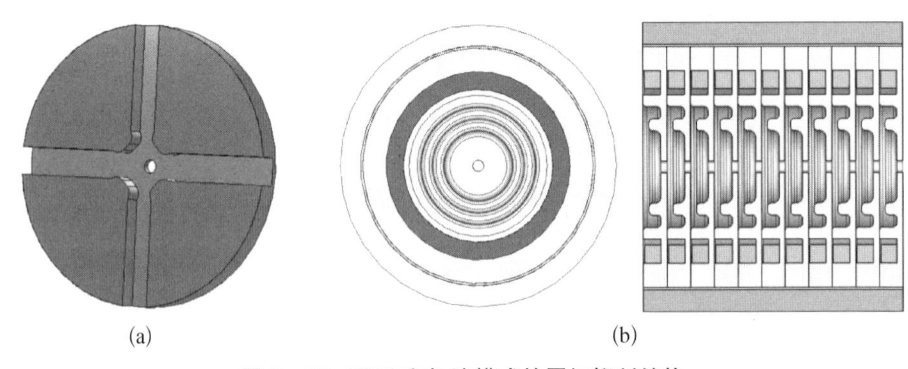

图 7 - 17　WDS 和扼流模式的尾场抑制结构

(a) WDS;(b) 扼流模式

紧凑型 FEL 装置需要高品质的电子束团，要求严格控制束流不稳定性，实现 FEL 稳定运行。目前 FEL 装置基本运行于单束团模式，但随着 FEL 应用领域不断深入和拓展，涌现出许多新的用户需求，对应许多新的加速器运行模式，比如 FEL 的双色（two color）技术，用于泵浦探测（pump-probe）实验，加速器双束团运行模式是该技术的实现途径之一，可以提供相互间隔极近且可调的辐射光束团，满足用户研究需求。双束团运行模式中，第一束团产生尾场，影响第二束团品质，需要设计尾场抑制结构以保证束流品质。上述三种尾场抑制方案可以实现双束团模式，但是结构非常复杂，设计难度大，加工工艺要求也极高。

为了简化制造工艺，同时能够满足双束团模式运行要求，研究者提出了一种基于失谐技术的盘荷加速结构。通过特定的加速结构腔链设计，可以在首个电子束团之后的指定时间点产生尾场极小点（见图 7-16），此时注入的第二个电子束受到的尾场强度很弱，不会产生不稳定效应。该盘荷结构简单，产生的尾场能够快速衰减，满足双束团运行模式，但该技术存在尾场反弹问题，因此不适合更多束团的运行模式。

7.3　超导射频加速技术

超导射频加速技术是超导电子直线加速器的关键技术主体，同时也是广泛应用于同步辐射装置的储存环的超导腔加速技术。

7.3.1　超导射频腔

超导射频腔是超导射频加速技术最为核心的设备，根据应用对象不同可以分为储存环超导射频腔和电子直线加速器超导射频腔。储存环超导射频腔以单腔超导射频腔为主流，电子直线加速器超导射频腔以 9-cell 超导加速结构为主流。本节将详细介绍两类超导射频腔。

1）储存环超导射频腔

超导射频腔一般由腔、低温恒温器、真空管等部件构成，是先进光源的“心脏”，已在环形加速器尤其是在第三代同步辐射光源的储存环中成功安装应用，为电子提供能量、补偿电子在储存环中的同步辐射带来的能量损耗，诸如我国的 SSRF、TLS、TPS，加拿大的 CLS、英国的 Diamond、韩国的 PLS-Ⅱ、美国的 NSLS-Ⅱ等。这些同步辐射光源上安装的主加速超导腔的谐振频率在

498～500 MHz 的范围内，所以我们一般简称为 500 MHz 超导腔，目前世界上在用的主要有美国康奈尔大学研发的 CESR 型和日本 KEK 研发的 KEKB 型，它们的核心即铌腔都采用高纯铌材料经机械加工、电子束焊接及包括化学抛光、高压水清洗、高温退火等一系列的表面处理流程制造而成。此外，法国 Soleil 光源采用的 352 MHz 的超导腔是通过无氧铜内表面溅射铌加工而成的。

在电子储存环内，除上述用于加速电子补充能量的超导腔外，还有一类超导腔工作在高次谐波频率，具有控制束团长度和提供朗道阻尼的作用，如可以拉长束团长度，提高束流寿命，从而改善储存环内的电子束的品质。这类超导腔直接作用于束流，但并不加速电子，我们一般称之为高次谐波腔，典型的应用如意大利同步辐射装置 ELETTRA 和瑞士光源(SLS)已安装运行的三次超导谐波腔，以及如图 7 - 18 所示的正在研制的三次超导谐波腔与美国先进光子源(APS)正研制的四次超导谐波腔等。

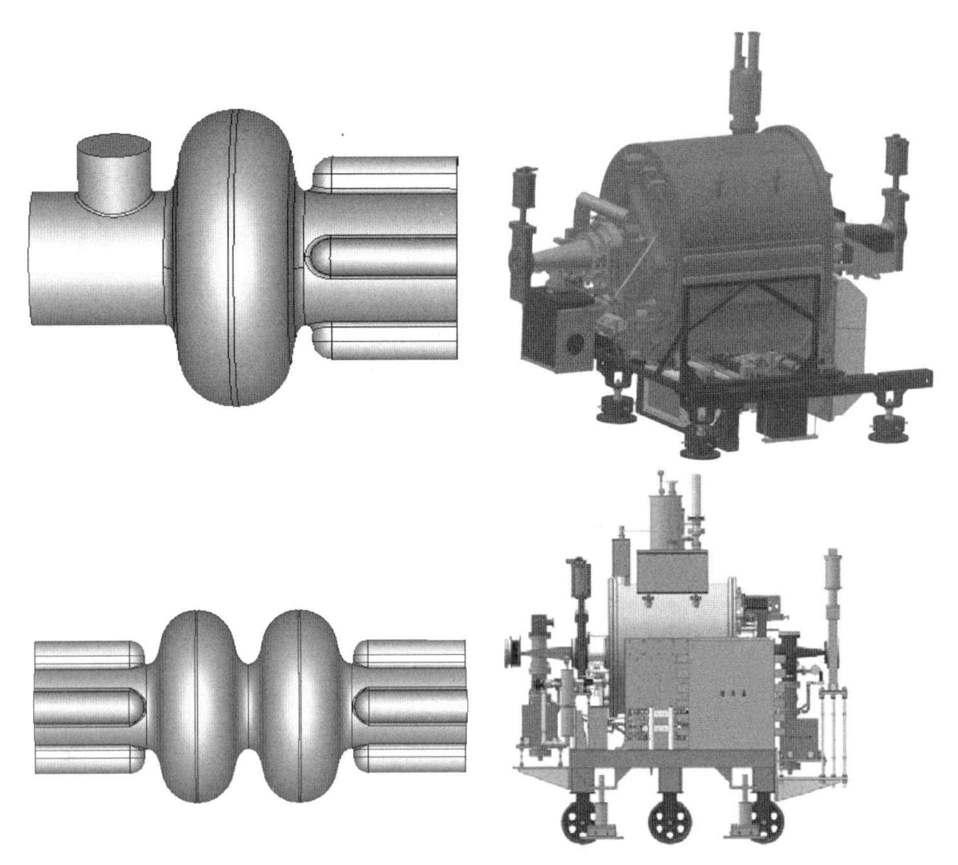

图 7 - 18　500 MHz 超导腔(上图)和三次超导谐波腔(下图)模组设计图(彩图见附录)

高次超导谐波腔主要是利用双腔运行动力学，通过调节谐波腔的腔压和相位，使同步加速相位上的总腔压的斜率为零，则纵向能量势阱将被拉平，电子的纵向分布将被拉伸，束团长度得到拉伸，束流寿命得到提高。如图7-19中，实线、点线分别为拉伸前势阱和拉伸后势阱，虚线和点画线为拉伸前后的束团长度。

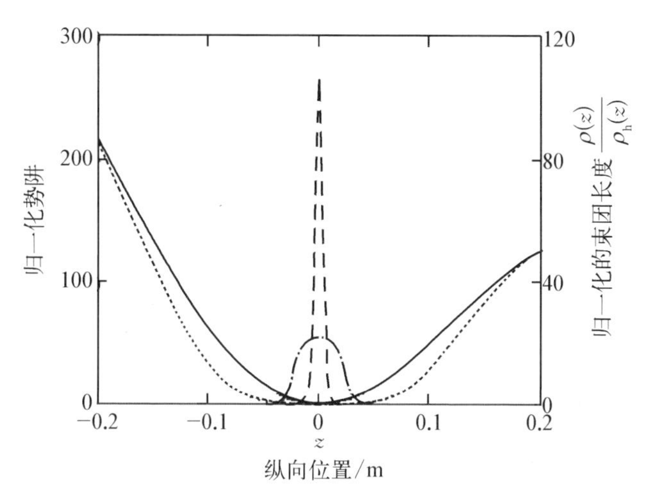

图7-19　上海光源三次谐波腔拉伸前后的束团长度和势阱

2）电子直线加速器超导射频腔

近年来，随着超导高频技术的日趋成熟与性能突破，大型直线加速器采用超导高频腔将电子加速到所需能量成为一种趋势，如已建成的欧洲X射线自由电子激光装置（European XFEL），正在建设中的美国直线加速器相干光源二期装置（LCLS-Ⅱ）和中国的上海高重频硬X射线自由电子激光装置（SHINE），以及筹划多年的国际直线对撞机（ILC）等。这些超导加速器装置由几百、上千支超导腔串联而成，每几支腔组成一台超导模组单元，如采用1.3 GHz太电子伏特超导直线加速器（TESLA）型超导腔的上述几个自由电子激光装置都是由8支9-cell超导腔组成一个标准模组。模组为超导腔提供液氦低温、高真空、低剩磁运行环境，此外也集成了束流位置探测器、聚焦磁铁等部件。以SHINE为例，整个加速器需要75台1.3 GHz和2台3.9 GHz超导模组，其中一台1.3 GHz标准模组长约为12 m，一台3.9 GHz模组长约为6.5 m，模组直径都约为1 m。图7-20是1.3 GHz超导模组端部示意图，模组内腔与腔之间通过波纹管连接。

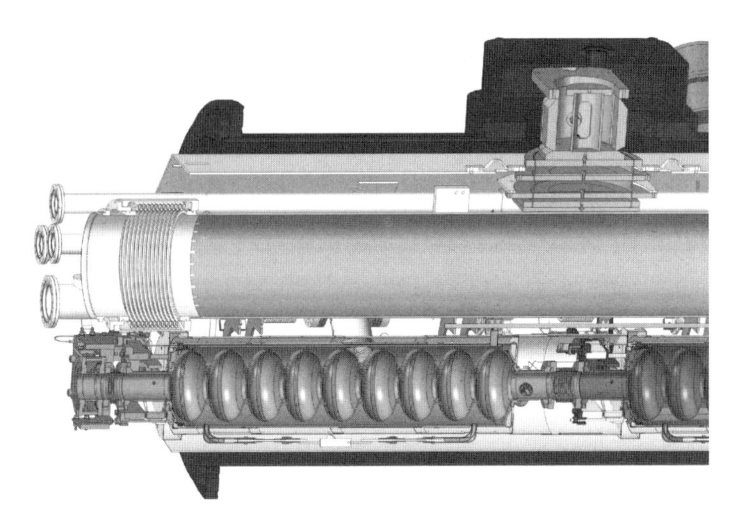

图7-20　1.3 GHz超导模组端部示意图

7.3.2　超导射频腔制造

超导高频腔最突出的优点是在连续波或长脉冲运行模式下具有高加速梯度(E_{acc})和高固有品质因数Q_0[见公式(5-17)]。通过对腔内整个空间储能的积分及腔内表面功耗的计算，Q_0又可以表示为式(5-49)，为$Q_0=\frac{G}{R_s}$。其中，几何结构因子G是一个仅与几何结构相关的参数，R_s为表面电阻。在超导腔形状固定的情况下，固有品质因数仅取决于超导腔内表面的微波表面电阻。

超导腔的最终性能与腔的设计、材料、加工、表面处理、洁净装配都有关系，并最终通过液氦低温下的垂直和水平测试来判定。超导腔的制造流程主要包含腔的设计、加工、表面处理和垂直测试，性能达标的超导腔将被安装在低温恒温器内进行水平测试以获得最终性能，达标后才能进行隧道安装。

1）超导腔的设计

根据不同的粒子能量，超导加速器通常会针对不同的能段，设计对应的腔型以获得高平均加速效率，如质子或重离子超导加速器里常见到的低β区的四分之一波长谐振腔(QWR)、半波长谐振腔(HWR)，中β区的Spoke，及中高β区的椭球腔。电子加速器由于所加速的电子从电子枪出来时速度就接近光速，一般都选用椭圆形超导腔结构。

椭圆形超导腔的最优设计是一系列因素相互妥协、最佳平衡的结果，这些因素包括射频物理设计、机械设计及加工、表面处理过程中的实际限制等[17]。常用的设计软件包括电磁场模拟软件 CST、Superfish、ABCI、Multipac，以及进行多物理场分析的 ANSYS、COMOSOL 等。

通常，射频物理设计最关心的几个参数有几何结构因子 G、分路阻抗与品质因数之比 R_a/Q_0、峰值表面电场比 E_{pk}/E_{acc}、峰值表面磁场比 B_{pk}/E_{acc} 等。其中，G 值影响超导腔的固有品质因数，球形腔拥有最大的 G，因此椭圆形腔的设计一般趋于球形腔。分路阻抗 R_a 与 Q_0 的比值表示超导腔的加速效率，该值越高越好，该参数与表面电阻无关，且与腔的尺寸无关。E_{pk}/E_{acc} 与场致发射相关，场致发射也是当前限制超导腔性能的主要因素之一。B_{pk}/E_{acc} 则影响最大加速梯度，对于 TESLA 型超导腔，$B_{pk}/E_{acc}=4.26$ mT/(MV/m)，高纯铌的射频临界磁场即过热场(superheating field)在 2 K 下约为 220 mT，意味着 2 K 下 TESLA 型超导腔可达到的理论最高加速梯度为 52 MV/m。此外，高次模(HOM)分析也是超导腔射频设计的重要环节，以避免危险的受陷模式(trapped modes)存在。束流经过超导腔时激励起的高次模能量若不能及时从腔内引出，一方面可能引起较高的热沉积，从而增加了低温系统的热负载，另一方面还可能引起束流品质恶化，甚至引起束流不稳定性。TESLA 型超导腔的设计中，为了能够较好地通过高次模耦合器引出其中频率较低的两个高次模，特意将两个端腔半碗设计成非对称结构。

超导腔的机械设计需考虑应力、振动、洛伦兹力等。超导腔需能承受腔内外真空、大气等不同工况的压力差带来的应力，及升降温带来的热胀冷缩等。振动则包括腔本身振动与腔、模组系统整体的振动，这些振动可能形成麦克风效应，导致腔频率变化，从而影响加速场的振幅和相位。控制麦克风效应对于窄带宽的超导腔系统极为重要，如连续波运行的 FEL 超导腔。而洛伦兹失谐问题对于高加速梯度脉冲运行的机器非常重要。超导腔运行的不稳定性问题将在后面详述。

2）超导腔加工

加速器上使用的超导材料最基本的要求是具有高超导临界温度(T_c)与高过热临界磁场(H_{sh})。在元素超导体里，铌拥有最高的 T_c(约 9.2 K)和较高的 H_{sh}，使铌成为很有吸引力的选择。从技术上考虑，铌材可以获得大面积上均匀的材料性能且易于加工，如高纯铌具有热导率高、便于机械成型及可电子束焊接等特性，使得高纯铌材在当前依然是高 β 超导腔的首选材料。

目前，椭圆形超导腔常规的加工方法是半碗的深冲压加电子束焊接成型。其中铌材的电子束焊接必须采用散焦束，且需在优于 5×10^{-3} Pa 的真空度下进行。图7-21是深冲压成型后的TESLA型铌腔半碗形状。图7-22是基于电子束焊接技术的500 MHz超导腔和射频测量中的三次超导谐波腔。

图7-21　深冲压成型后的TESLA型铌腔半碗形状

图7-22　500 MHz超导腔和射频测量中的三次超导谐波腔

除了铌材外，一些化合超导体也正在成为研究热点，特别是铌三锡(Nb_3Sn)，表7-4给出了加速器应用领域铌三锡与铌超导材料的基本属性。其中，铌三锡拥有比铌更高的超导临界温度和过热临界磁场，理论上，该高超导临界温度可使超导腔在约4.5 K时保持较高的固有品质因数Q_0。这允许机器运行在液氦沸点附近，对于连续波或长脉冲运行的高重频自由电子激光装置，或者需要成千上万支超导腔的直线对撞机等装置，因为这意味着极大地节约低温系统制造和运行成本。此外，铌三锡薄膜腔具有潜在前景，若将来工艺成熟，则可将世界上已有的高纯铌腔利用较小的代价转化为铌三锡薄膜腔。近年来，国际上很多实验室都在开展铌三锡超导腔的研究[7-10]，铌三锡薄膜腔的制造工艺和性能也得到了显著提高。截至目前，铌三锡超导腔最成功的制造工艺是采用蒸镀法，在1 100～1 200℃时将锡镀到铌表面。在1.3 GHz单

cell 铌三锡腔上，当前在 4.4 K 温度下，在 $E_{acc}=10$ MV/m 情况下，国际上垂测结果获得的最好 Q_0 约为 2×10^{10}，且最大加速梯度达到了 24 MV/m。该蒸镀工艺已在 9-cell 超导腔上试验，并取得了初步结果。

表 7－4 加速器应用领域铌三锡与铌超导材料的基本属性

材 料	T_c/K	Δ①$/kT_c$	ξ_0/nm	λ_L/nm	H_c/Oe	H_{sh}/Oe
铌	9.2	1.97	39	40	2 000	2 300
铌三锡	18	2.2	5.7	110	5 350	4 000

① Δ 表示材料的能隙。

3）超导腔表面处理

超导高频腔在电子束焊接成整腔后，需要对腔的内外表面进行一系列的处理，包括化学抛光、高真空热处理和超纯水高压喷淋等，获得光滑洁净的内表面，以达到高射频性能要求。因铌材伦敦穿透深度（λ_L）仅为几十纳米，因此，超导腔射频性能在很大程度上取决于表面薄层的属性。

超导腔传统表面处理工艺采用的是高温热处理加上缓冲化学抛光（BCP）、电抛光（EP）或 EP＋120℃温和烘烤[18]，典型的测试结果如下：2.0 K 温度下，1.3 GHz 超导腔在加速梯度 16 MV/m 处，最高 Q_0 值约为 1.9×10^{10}；4.2 K 温度下，500 MHz 超导腔在加速梯度 5 MV/m 处，Q_0 值约为 2.0×10^9；而上海光源的三次谐波腔在加速梯度 7.5 MV/m 处的 Q_0 值约为 4.0×10^8。其中，缓冲化学抛光采用的是氢氟酸（HF，40％）、硝酸（HNO_3，65％）和磷酸（H_3PO_4，85％），体积配比为 1∶1∶2；混合酸液从腔底部进入，上端口流出，抛光厚度速率一般控制在 1 μm/min 左右。电化学抛光采用的是 40％的氢氟酸和 98％的浓硫酸，按体积配比 1∶9 混合成电解液，以纯铝棒伸入腔体内部作为阴极，铌腔内表面为阳极，通过控制电压、酸温、腔温等参数，达到理想的抛光效果。仅经过 BCP 或 EP 处理后的腔，如 1.3 GHz 腔在 2.0 K 温度下可达到的最大加速梯度通常为 20～30 MV/m，通常伴有高场 Q 陡降（HFQS）现象。此后，研究发现，对 EP 处理后的超导腔进行 48 小时 120℃的真空烘烤，可以有效去除 HFQS 并提高最大加速梯度。EP＋120℃处理后的 TESLA 型腔，最高加速梯度为 40 MV/m 甚至更高。

近年来，新兴的超导腔先进表面处理工艺包括 800～1 000℃的高温氮掺杂（N-doping）[19]、120～200℃的低温氮掺杂（N-infusion）[20]和无氮的 75～120℃两步真空烘烤[21]、250～400℃的中温烘烤[22-23]，将超导腔的品质因数 Q_0

推到了一个新的高度。其中，高重频自由电子激光装置集中发展高温氮掺杂和中温烘烤工艺，这两项工艺可以在中加速梯度区域获得高品质因数 Q_0，具体将在下节详细介绍。

4）低温垂直测试

目前工作在 500 MHz 的储存环超导腔运行在 4.2 K，而电子直线加速器的超导铌腔一般运行在 2 K 或 1.8 K 超流氦温区。所有表面处理和超净装配后的铌腔都需要经过液氦低温垂直测试，以检测获得的射频性能。垂直测试时，将整个超导腔浸入液氦中，通过馈入天线将功率馈入超导腔，利用锁相环或者自激振荡的方法，在腔内激励起谐振场，由拾取天线检测腔内信号，通过测量输入功率、反射功率和腔压信号的功率，计算获得 Q_0-E_{acc} 曲线等参数。同时，利用辐射测量设备监测获取不同加速梯度下的辐射剂量，可以用来显示超导腔的内表面洁净程度。辐射剂量超标的腔必须重新进行诸如高压水清洗和超净装配的工艺，甚至需重新返回到化学抛光的工艺阶段，进行内表面处理。低温垂直测试系统如图 7－23 所示。

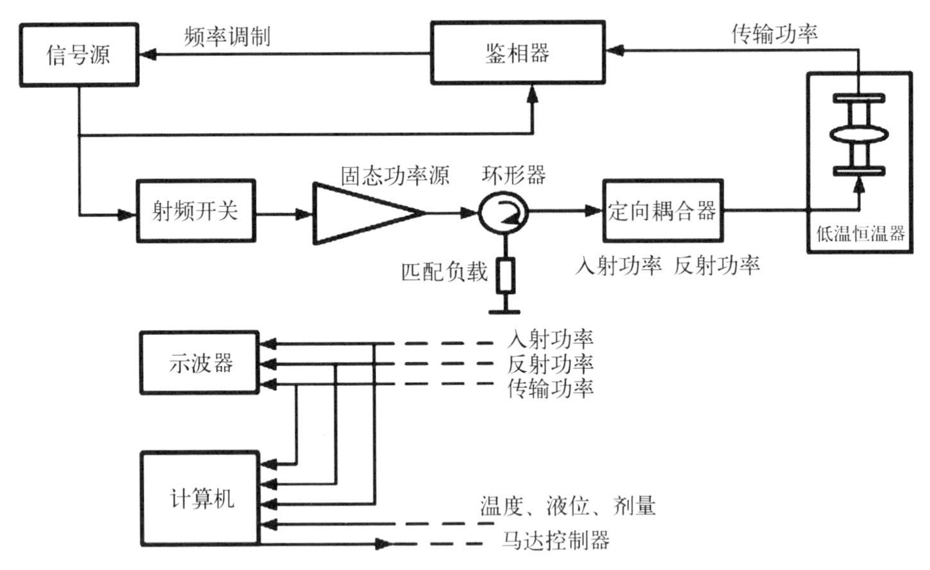

图 7－23　基于锁相环技术的超导腔低温垂直测试低电平框图

7.3.3　超导腔高 Q 表面处理技术

目前，国际上在建或升级的自由电子激光装置，大都瞄准了可连续波运行的高重频自由电子激光，以便科学家可以在更短的时间内获取更多的微观粒子影像信息。连续波运行意味着射频腔的动态功耗的极大增加，这就促使了装置对低腔壁损耗的超导高频腔的需求。庞大昂贵的低温系统促使超导加速器对超导高频腔的 Q_0 值提出了更高的要求，以降低其制造和运行成本。考虑到高重频自由电子激光加速器所需的超导腔品质因数较高，加速梯度适中，这里着重介绍在中加速梯度（15～25 MV/m）可以获得较高品质因数的表面处理工艺：高温氮掺杂和中温烘烤。

1）高温氮掺杂工艺

从 2012 年氮掺杂工艺发现至今，表面掺氮工艺已被证明可将超导腔的品质因数 Q_0 提高 2～3 倍，意味着超导腔的动态功耗可降低一半以上，这将极大地降低加速器低温系统的运行成本。高温掺氮工艺出现较早，已经应用在 LCLS-Ⅱ的批量腔工业生产上。考虑到国际上有项目应用先例，并有望在一两年内带束运行，届时掺氮超导腔的运行稳定性可以得到验证，因此，高温掺氮工艺对于正在建设中的 FEL 装置具有较大的借鉴意义。与此同时，这些工艺也都在不断发展与改进中，按时间顺序，大致可以分为早期和中期两个阶段。

早期阶段为了满足 LCLS-Ⅱ的建设需要，要求超导腔在加速梯度 $E_{acc}=16$ MV/m 时 $Q_0>2.7\times10^{10}$，且最高加速梯度大于 19 MV/m。当时国际上高温掺氮比较成功的主要有两种工艺，一种是费米国家加速器实验室（简称费米实验室，FNAL）提出的注入氮气 2 分钟加高真空退火 6 分钟的轻掺工艺，又称“2/6”工艺，图 7－24 是“2/6”高温掺氮过程炉体内温度和压强的典型曲线；

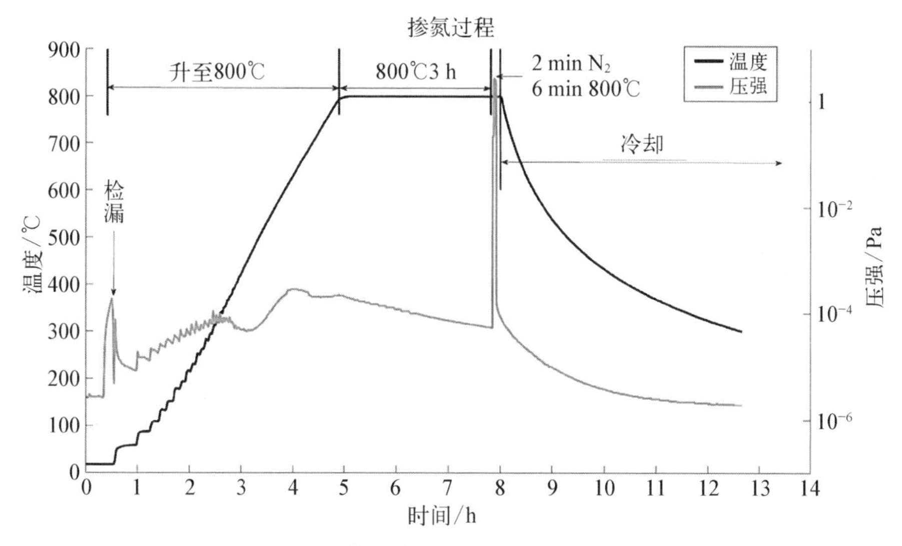

图 7－24　高温掺氮温度和压强的典型曲线

另一种是康奈尔大学和杰斐逊实验室（JLAB）提出的“20/30”等重掺工艺。这两种工艺都应用在了 9-cell 超导腔上，并获得了高 Q 值性能。区别在于轻掺工艺获得了较高的平均加速梯度，但工艺精度要求也更为苛刻，掺氮后需要 EP 轻抛 5～7 μm 以去除表面不规则的铌氮化合物。重掺则因氮掺杂深度较深，允许在较大的范围内对掺氮后的铌腔表面进行化学抛光，以去除高温掺氮产生的射频性能较差的氮化物层，因此对抛光精度要求相对较低。最终，LCLS-Ⅱ工程选用了可获得较高加速梯度的“2/6”轻掺工艺，并实现了技术向工业界的转移，实现了量产。在量产过程中发现不同晶粒尺寸的铌材对于最终 Q_0 值有较大的影响；此后，对于晶粒较小的铌材批次，通过提高热处理的温度至 900～975℃来解决。最终，在量产后期，1.3 GHz 的 9-cell 统计的超导腔在 $E_{acc}=$ 16 MV/m 下，品质因数 Q_0 达到了$(3.3\pm0.4)\times10^{10}$，最大加速梯度为(23.1 ± 3.1) MV/m。

中期阶段，科学家们继续探索提高超导腔最大加速梯度的工艺，发现“2/0”和“3/60”两种高温掺氮工艺可获得更高的加速梯度。随着掺氮机理研究的推进，科学家们除了优化氮掺杂参数外，还发现在 EP 过程中使用温度较低的酸液和通过外部冷却方式保持较低的腔体温度(简称冷 EP)，可以获得更为光滑的金属表面，从而可以提高超导腔的最大加速梯度。截至目前，已经证明这两种工艺可以在 9-cell 超导腔上获得超过 30 MV/m 的最大加速梯度。

除了上述提到的实验室，国内外还有其他多家实验室包括德国电子同步加速器研究所(DESY)、日本高能加速器研究机构(KEK)等实验室及国内的中科院高能物理研究所、北京大学、中科院近代物理研究所和中科院上海高等研究院，也开展了高温氮掺杂工艺的研究，并取得了一定的成果。

2）中温烘烤

超导腔的中温烘烤最早由美国费米实验室于 2019 年提出，腔内表面不暴露大气，对单 cell 腔的外侧进行 250～400℃的数小时烘烤，研究认为该温度烘烤可以分解腔内表面的氧化层，从而降低表面电阻，提高超导腔的品质因数。此后，日本 KEK 改进了方案，在炉子里对单 cell 腔进行 300℃或 400℃为时 3 h 的烘烤，烘烤后对腔进行高压超纯水喷淋和超净装配，腔接触了大气，垂测结果显示高 Q 性能得到了保持。之后，中科院高能物理研究所将炉子烘烤工艺应用到 9-cell 超导腔上，并取得了优异结果，在 16 MV/m 的加速梯度状态下，6 支超导腔的平均品质因数 Q_0 达到了 3.8×10^{10}，最大加速梯度分布在 22～27 MV/m 范围内[23]。

7.3.4　超导腔运行及不稳定性因素

超导腔模组的稳定运行是加速器或光源稳定运行的关键，幅度和相位的稳定由低电平控制保证。现代的低电平控制技术已经进化到数字化控制，可以实现幅度和相位的精确控制，如上海光源的幅度可稳定在±1%，相位可稳定在±1°，上海硬X射线自由电子激光装置则要求幅度和相位稳定性分别达到±0.01%和±0.01°。超导腔的稳定运行也要求其低温环境如液氦的压力和液氦液位的稳定，如上海光源的超导腔运行的液氦压力达到±1.5 mbar的稳定性，液氦液位要求±1%的稳定性。超导腔加速腔压和相位的稳定是加速器里高束流品质的重要保证。导致超导腔运行不稳定的因素主要有麦克风效应和洛伦兹失谐等。

1）麦克风效应

超导腔周围环境的麦克风噪声可能导致谐振频率的波动，造成加速场幅度和相位的调制，从而对束流品质和射频系统性能造成影响。有载品质因数(Q_L)越高的加速器，对麦克风效应的影响越敏感[5]。

超导腔的最佳有载品质因数由束流负载决定，一般在10^5～10^7量级，其中高流强加速器的超导腔的典型Q_L为10^5量级，连续波运行的超导加速器由于平均束流流强较低，其Q_L可达10^7量级。超导腔带宽可由以下公式计算：

$$\Delta f = f/Q_e \tag{7-13}$$

式中，f为超导腔的谐振频率，Q_e为外部品质因数，约等于Q_L。

TESLA型超导腔的谐振频率$f=1.3$ GHz，对于脉冲运行的欧洲X射线自由电子激光装置，加速器的$Q_L=4.6\times10^6$，对应带宽为283 Hz；而对于连续波运行的LCLS-Ⅱ和SHINE加速器的$Q_L=4.1\times10^7$，对应带宽只有31 Hz。越小的带宽意味着麦克风效应的抑制要求越严格，如LCLS-Ⅱ超导腔要求峰值麦克风失谐小于10 Hz。

产生麦克风效应的因素有很多，重型机械、火车等周围环境震动可能通过光束线、地面、支撑、低温恒温器传给超导腔，机械真空泵通过束管与腔发生作用，低温系统的冷压机和泵组产生的振动通过传输管道、氦传输线传到模组里的超导腔，还有腔外的氦压波动等。

根据麦克风效应产生原因的不同，可分别从振动源头、传输、终端补偿等方面对麦克风效应进行抑制。其中终端超导腔补偿方面，可通过快调调谐器快速补偿麦克风效应造成的腔频率偏移，并结合低电平的前馈或反馈技术提供更高的功率来补偿腔压或相位的影响。对于 TESLA 型超导腔，目前最常用的快调方案是在慢调调谐器的基础上，加上压电陶瓷装置来达到快速的频率调节，并通过结构优化后，将麦克风失谐产生的不稳定效应抑制在可接受范围内。

2）洛伦兹失谐

洛伦兹失谐是由超导腔内表面电流与磁场相互作用，在腔壁产生的洛伦兹力导致了腔内体积的微小变化，从而导致超导腔频率变化[5]。在洛伦兹力的作用下，椭圆形腔壁在腰孔（iris）处倾向于向内凹，赤道处（equator）向外凸，从而使超导腔的频率降低。谐振频率偏移量与加速电场的平方成正比。TESLA 的 9-cell 超导腔的洛伦兹失谐系数为 2～3 Hz/(MV/m)^2，意味着 25 MV/m 的加速梯度将产生超过 1 kHz 的频率偏移，这将是带宽（约 300 Hz）的好几倍。因此，洛伦兹失谐对高加速梯度和脉冲运行的加速器尤其重要。

减小洛伦兹失谐，一方面可通过加强筋以增加腔的刚度，减小洛伦兹力产生的形变量，另一方面可通过前馈技术进一步提高加速场的稳定性。

参考文献

[1] Rao T, Dowell D H. An engineering guide to photoinjectors [M]. North Charleston, SC: CreateSpace Independent Publishing Platform, 2013.

[2] 童德春. 加速器微波技术[R]. 北京：清华大学，2006.

[3] 姚充国. 电子直线加速器[M]. 北京：科学出版社，1986.

[4] 裴元吉. 电子直线加速器设计基础[M]. 北京：科学出版社，2013.

[5] Padamsee H. RF Superconductivity for accelerators [M]. Weinheim: WILEY-VCH Verlag GmbH & Co. KGaA, 2008.

[6] Emma P, Akre R, Galayda J, et al. First lasing and operation of an ångstrom-wavelength free-electron laser [J]. Nature Photonics, 2010, 4: 641 - 647.

[7] Wang C, Gu Q, Zhao Z, et al. Design of a 162.5 MHz continuous-wave normal-conducting radiofrequency electron gun [J]. Nuclear Science and Techniques, 2020, 31(11): 110.

[8] Fang W, Tong D, Zhao Z, et al. Design and experimental study of a C-band traveling-wave accelerating structure [J]. Chinese Science Bulletin, 2011, 56(1): 18 - 23.

[9] Fang W, Tong D, Zhao Z, et al. Design optimization of a C-band traveling-wave accelerating structure for a compact X-ray free electron laser facility [J]. Chinese Science Bulletin, 2011, 56(32): 3420 - 3425.

[10] Fang W, Tong D, Zhao Z, et al. Design, fabrication and first beam tests of the C-

band RF acceleration unit at SINAP [J]. Nuclear Instruments and Methods in Physics Research Section A, 2016, 823: 91 - 97.
[11] Fowler R H, Nordheim L. Electron emission in intense electric fields [J]. Proceedings of the Royal Society of London Series A, 1928, 119 (781): 173 - 181.
[12] Kilpatrick W D. Criterion for vacuum sparking designed to include both rf and dc [J]. The Review of Scientific Instruments, 1957, 28(10): 824 - 826.
[13] Pritzkau D P. RF pulsed heating [R]. San Francisco: Standford University, 2001.
[14] Loew G, Wang J. RF breakdown studies in room temperature electron structures [R]. Menlo Park: SLAC National Accelerator Laboratory, 1988, SLAC - PUB - 4647.
[15] Grudiev A, Calatroni S, Wuensch W. New local field quantity describing the high gradient limit of accelerating structures [J]. Physics Review Special Topics-Accelerators and Beams, 2009, 12: 102001.
[16] 方文程. 用于紧凑型自由电子激光的 C 波段高梯度加速结构研究[D]. 北京：中国科学院研究生院,2012.
[17] Pagani C, Barni D, Bosotti A, et al. Design criteria for elliptical cavities [C]// Conference proceeding of SRF 2001, 2001.
[18] Reschke D, Gubarev V, Schaffran J, et al. Performance in the vertical test of the 832 nine-cell 1. 3 GHz cavities for the European X-ray Free Electron Laser [J]. Physical Review Accelerators and Beams, 2017, 20: 042004.
[19] Grassellino A, Romanenko A, Sergatskov D, et al. Nitrogen and argon doping of niobium for superconducting radio frequency cavities: a pathway to highly efficient accelerating structures [J]. Superconductor Science and Technology, 2013, 26: 102001.
[20] Grassellino A, Romanenko A, Trenikhina Y, et al. Unprecedented quality factors at accelerating gradients up to 45 MVm - 1 in niobium superconducting resonators via low temperature nitrogen infusion [J]. Superconductor Science and Technology, 2017, 30: 094004.
[21] Bafia D, Grassellino A, Sung Z, et al. Gradients of 50 MV/m in TESLA shaped cavities via modified low temperature bake [R]. Dresden: SRF2019, 2019.
[22] Posen S, Romanenko A, Grassellino A, et al. Ultra-low surface resistance via vacuum heat treatment of superconducting radiofrequency cavities [J]. Physics Review Applied, 2020, 13: 014024.
[23] He F, Pan W, Sha P, et al. Medium-temperature furnace bake of superconducting radio-frequency cavities at IHEP [J/OL]. e-print arXiv, 2020, 2012. 04817. https://arxiv. org/.

第8章
常规磁铁和插入件

常规磁铁和插入件都是同步辐射光源中的磁元件，在同步辐射光源装置中起着极其重要的作用。常规磁铁主要包括二极弯转磁铁、四极聚焦磁铁、六极磁铁和八极磁铁等多极磁铁，是加速器磁聚焦结构的基本元件。二极磁铁除了使电子弯转外，还可产生弯铁同步辐射；聚焦单元中安装四极磁铁可以聚焦二极磁铁处的 β 函数和 η 函数，降低束流发射度；六极磁铁可用作消色散元件，而八极磁铁则用来消除振幅引起的工作点漂移，增大束流动力学孔径[1]。新一代光源为实现储存环的超低束流发射度，要求采用各种组合功能的多极磁铁，比如带横向梯度的二极磁铁、四六极组合磁铁、纵向梯度二极磁铁等。另外，超强二极磁铁在提供更多直线节长度的同时，还可产生高特征能量的弯铁辐射光[2]。

插入件是第三代乃至第四代同步辐射光源的标志性元件，是同步辐射光的发光源。与二极磁铁产生的同步辐射光相比，插入件产生的同步辐射光光子能量更高，光子通量可以高出几个数量级。插入件分扭摆器和波荡器两种，扭摆器产生的辐射类似于弯转磁铁产生的辐射，辐射光强度是电子通过单个二极磁铁时光强度的 $2N$ 倍(其中 N 为磁极周期数)。波荡器使电子在很小的尺寸范围内(小于电子束的横向尺寸)前行波动，电子在不同磁极处发出的某些波长的光相互干涉，结果使辐射光谱在各谐波能量处出现很窄的能带，使波荡器的辐射光成为带宽为 $1/N$ 的准单色光，并且单位立体角的辐射强度增加 N^2 倍。第三代同步辐射光源的高亮度除了得益于储存环的低发射度外，主要就是得益于波荡器自身的这种独特辐射机理[3]。另外插入件产生的同步辐射光还具有很好的极化特性。插入件的出现不但使光谱的亮度得到了大大的提高，而且还可以灵活地选择不同能量和极化状态的同步辐射光，使得同步辐射的应用从过去静态的、在较大范围内平均的手段扩展为空间分辨的和时间分辨的手段，为众多的学科和广泛的技术应用领域带来了前所未有的新机遇。

而这些广泛的应用反过来又推动了插入件技术的发展，并产生了各种专门用途的不同类型插入件[4-6]。

20世纪80年代初期发现的自放大自发辐射(SASE)自由电子激光原理已经成为第四代光源的主要技术路线之一，它靠电子束在波荡器入口区段的辐射“噪声”光场与电子束自己发生相互作用而产生按指数增长的相干辐射，其峰值亮度比当今第三代同步辐射光源高6～10个数量级。目前国际上已经有辐射波长小于0.1 nm的硬X射线SASE-FEL装置开始运行，我国的上海软X射线自由电子激光试验装置也于2020年通过了国家验收，正在升级为用户装置。在这些自由电子激光装置中，一个关键的基本元件是波荡器。X射线自由电子激光装置的波荡器长度(SASE-FEL饱和长度)约为100 m甚至更长[7-8]，因此这种波荡器都做成分段式的，每段长度为2～5 m，段之间有0.2～1.0 m的空间，可以放置校正相位的磁铁(相位匹配)。为了保证电子束与光束在数十米长的波荡器内同轴重叠，电子束几乎是直线行进的(直线度为5～10 μm)。这就要求波荡器磁场除了沿纵向的一、二次积分几乎为零外，局部场的畸变也应满足很苛刻的要求。同时波荡器本身要能提供克服衍射效应的外聚焦磁场以保证电子束在很长的波荡器中保持在光束尺寸内。波荡器技术是SASE-FEL的关键技术之一。

8.1 常规磁铁

本节讨论的常规磁铁以软铁产生的磁场为主导，磁场分布主要由软铁的形状(磁极面形状)决定。磁场为静态的或准静态的，无须考虑涡流效应。励磁源为导体内的自由电流、永磁铁或两者的混合。永磁铁励磁的常规磁铁存在温度不稳定、磁场不可调节、量产一致性较难控制等技术难点，因此目前还是以线圈电流励磁的常规磁铁为主。永磁型常规磁铁具有占空少、磁场强、无须水电等优点，在超强二极磁铁、高梯度四极磁铁及纵向梯度二极磁铁等应用方面有一定的优势。

8.1.1 多极磁铁的磁极面

根据静磁理论，磁铁孔径内的矢势 $\boldsymbol{A}$ 和磁标势 V 均满足拉普拉斯方程，等矢势线和等磁标势线相互正交，复势 $F = A + \mathrm{i}V$ 为解析函数，可写成级数形式[9]：

$$F = A + \mathrm{i}V = \sum_{n=1} (b_n + \mathrm{i}a_n) z^n \tag{8-1}$$

复磁场共轭为

$$\overline{B}^* = B_x - \mathrm{i}B_y = \mathrm{i}F' = \mathrm{i}\sum_{n=1} n(b_n + \mathrm{i}a_n) z^{n-1} \tag{8-2}$$

式中，$n=1$ 对应二极磁场，$n=2$ 对应四极磁场，$n=3$ 对应六极磁场，等等。实数 b_n 和 a_n 为磁场的 n 阶正/斜多极磁场系数。

对于以软铁产生的磁场为主导的磁铁，可以近似认为磁极面为等标势面，等磁标势方程即磁极面方程：

$$\mathrm{Im}\sum_{n=1} (b_n + \mathrm{i}a_n) z^n = V_0 \tag{8-3}$$

式中，V_0 为磁极面的磁标势，是一个常数。由此可以导出理想多极磁铁的磁极面方程。对于二极磁铁 $n=1$，正二极磁铁（$a_1=0$）的磁极面方程为

$$y = \frac{V_0}{b_1} = \pm \frac{g}{2} \tag{8-4}$$

从式（8-2）得到磁场为

$$\left.\begin{aligned} B_x &= 0 \\ B_y &= -b_1 \end{aligned}\right\} \tag{8-5}$$

斜二极磁铁（$b_1=0$）的磁极面方程为

$$x = \frac{V_0}{a_1} = \pm \frac{g}{2} \tag{8-6}$$

式中，g 为气隙。从式（8-2）得到磁场为

$$\left.\begin{aligned} B_x &= -a_1 \\ B_y &= 0 \end{aligned}\right\} \tag{8-7}$$

因此二极磁铁的磁极面是两个关于中心面对称的平行平面，气隙内的磁场为均匀场。

四极磁铁 $n=2$，正四极磁铁（$a_2=0$）的磁极面方程为

$$xy = \frac{V_0}{2b_2} = \pm \frac{R^2}{2} \tag{8-8}$$

式中，R 为半孔径。孔径内的磁场为

$$\left.\begin{aligned} B_x &= -2b_2 y \\ B_y &= -2b_2 x \end{aligned}\right\} \tag{8-9}$$

斜四极磁铁($b_2=0$)的磁极面方程为

$$x^2 - y^2 = \frac{V_0}{a_2} = \pm R^2 \tag{8-10}$$

孔径内的磁场为

$$\left.\begin{aligned} B_x &= -2a_2 x \\ B_y &= 2a_2 y \end{aligned}\right\} \tag{8-11}$$

因此四极磁铁的磁极面是四个关于中心轴对称的双曲面，孔径内的磁场为等梯度场。

同样可以得到六极磁铁和八极磁铁的磁极面方程，图 8-1 为几种多极磁铁的磁极面曲线[10]。

多功能组合磁铁也称为混合磁铁，是将两种或两种以上的功能由同一块磁铁实现。比如：带横向梯度的二极磁铁就能同时起弯转和聚焦作用，四六极组合磁铁能同时产生四极磁场和六极磁场，有的四极磁铁或六极磁铁上设计了二极校正磁场，还有的二极磁铁能同时提供二、四、六极磁场，等等。这些多功能组合磁铁可以有效减小在储存环上所占的磁铁空间，从而使加速器尺度大大缩小。但可调节的变量相对较少，不能同时精确地得到所需要的几个多极磁场分量。

利用等势面近似同样可以得到多功能组合磁铁的磁极面方程。对于正二、四极组合磁铁，磁极面方程为

$$\mathrm{Im}(b_1 z + b_2 z^2) = V_0 \tag{8-12}$$

或

$$y = \frac{V_0}{2b_2\left(x + \dfrac{b_1}{2b_2}\right)} \tag{8-13}$$

这是一个偏心的四极磁铁磁极面方程。当四极磁场相对较小时，可简化为上下两个对称的双曲面，也就是一块二极磁铁，中心气隙高度为 $g=2V_0/b_1$。

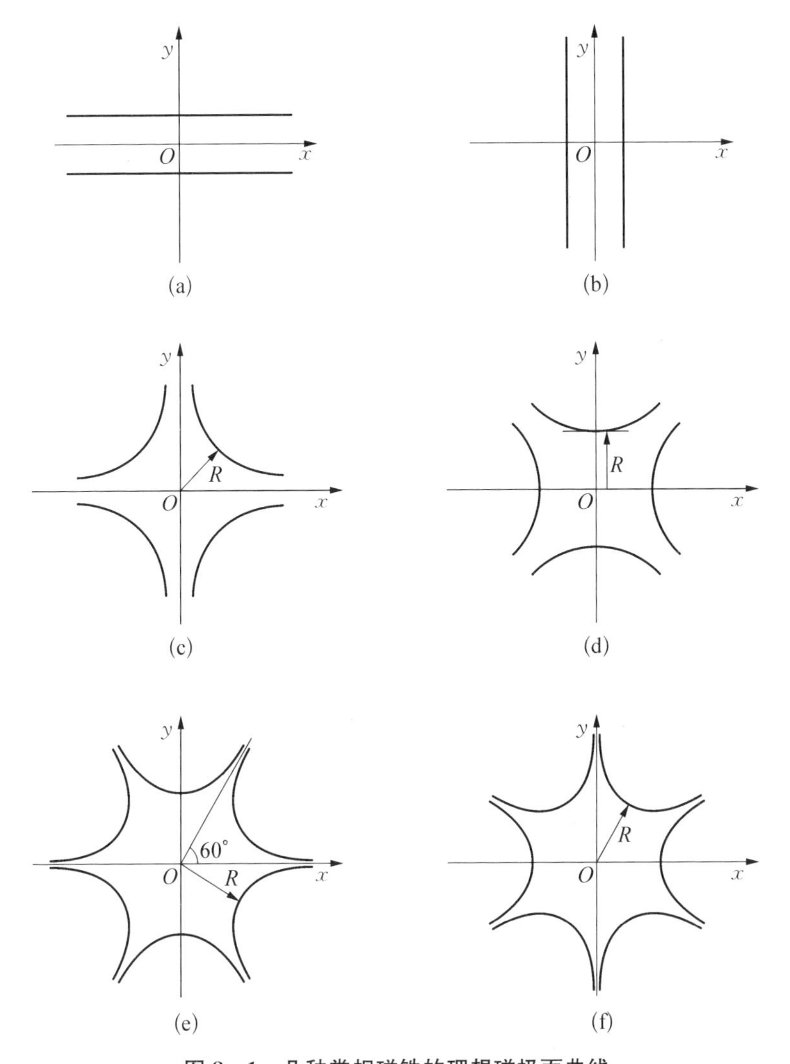

图 8 - 1　几种常规磁铁的理想磁极面曲线

(a) 正二极磁铁;(b) 斜二极磁铁;(c) 正四极磁铁;
(d) 斜四极磁铁;(e) 正六极磁铁;(f) 斜六极磁铁

图 8 - 2 为一块同时带横向梯度和纵向梯度的二极磁铁三维示意图,磁铁由一对线圈励磁。沿束流方向中心磁场分 5 段磁铁,每段的中心气隙不等,中心磁场不等,但横向梯度相等,也就是 b_1 不等但 b_2 相等,因此 5 段的磁极面形状各不相同。

对于正四、正六极磁场组合磁铁,磁极面方程为

$$\operatorname{Im}(b_2 z^2 + b_3 z^3) = V_0 \tag{8-14}$$

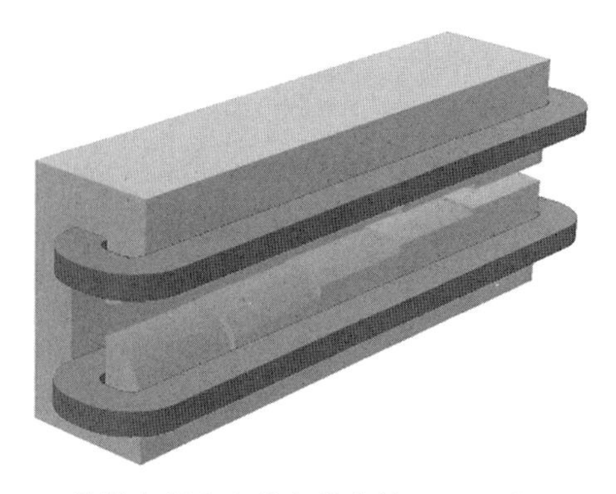

图 8-2　带横向梯度和纵向梯度的二极磁铁三维示意图

可改写成

$$\mathrm{Im}[-3b_3x_0^2(z-x_0)+b_3(z-x_0)^3]=V_0 \tag{8-15}$$

于是可得到

$$y=\frac{V_0}{3b_3\left[(x-x_0)^2-x_0^2-\dfrac{y^2}{3}\right]} \tag{8-16}$$

式中，$x_0=-b_2/(3b_3)$。图 8-3 给出了四六极组合磁铁的磁极面曲线，这是一个关于 $x=x_0$ 对称的六极磁铁，但左右的四个磁极没有各自的对称轴，并且与中间的两个磁极形状也不同。

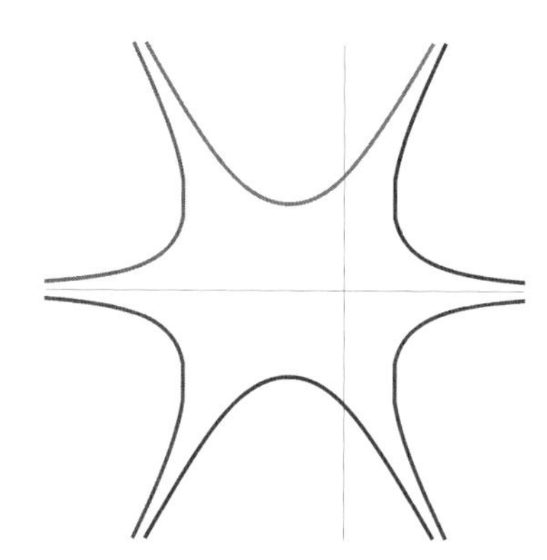

图 8-3　四六极组合磁铁的磁极面曲线(十字交叉点为磁中心)

8.1.2　磁铁的设计和制造

1）磁铁结构和参数设计

常见的二极磁铁、四极磁铁等多极磁铁为线圈电流励磁的常规磁铁。多极磁铁一般有“封闭型”和“开口型”两种，图 8-4 为“H”形和“C”形两种结构的二极磁铁横截面示意图。“C”形结构的二极磁铁一般用于储存环，一方面是为了方便真空室的安装，另一方面也是为了同步辐射光引出的需要。“H”形磁铁结构稳定，交变磁铁多采用这种结构，比如增强器二极磁铁等。

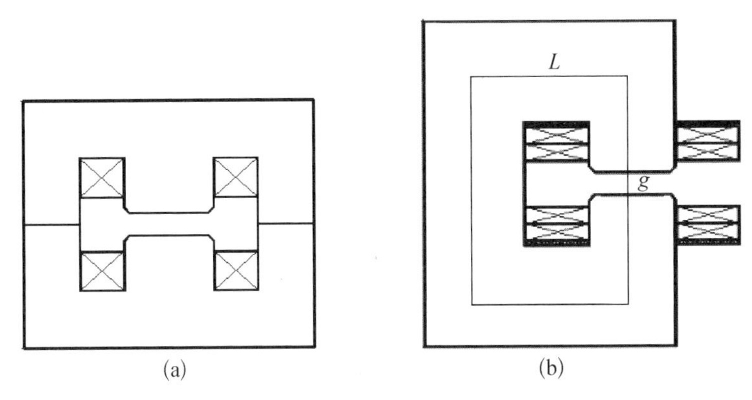

图 8-4　两种常用的二极磁铁结构

(a)“H”形二极磁铁；(b)“C”形二极磁铁

利用安培环路定律，可以估算二极磁铁每个磁极上的励磁安匝数(NI)。以“C”形二极磁铁为例，图 8-4(b)中的回路 $L+g$ 包括两部分，铁芯部分及气隙内部分，该回路包围的净电流为 $2NI$，因此有

$$\oint_{L+g} \boldsymbol{H} \cdot \mathrm{d}\boldsymbol{l} = \int_{L} \boldsymbol{H} \cdot \mathrm{d}\boldsymbol{l} + \int_{g} \boldsymbol{H} \cdot \mathrm{d}\boldsymbol{l} = 2NI \tag{8-17}$$

式中，$\boldsymbol{H}$ 为磁场强度。磁感应强度 $\boldsymbol{B}=\mu\boldsymbol{H}$，$\mu=\mu(H)$ 为磁导率。气隙内 $\mu=\mu_0$ 为真空磁导率，$B=b_1$ 为常数。由于软铁的磁导率一般较大，磁场强度 H 一般很小，式(8-17)可写为

$$NI = \frac{1}{\eta}\frac{b_1 g}{2\mu_0} \tag{8-18}$$

式中，η 为励磁效率，或称磁效率：

$$\eta = \frac{\int_{g} \boldsymbol{H} \cdot \mathrm{d}\boldsymbol{l}}{2NI} \tag{8-19}$$

一般来讲，磁效率都能在 0.95 以上。理想情况下铁芯的磁导率为无穷大，$\eta=1$。

图 8－5 给出了两种常用的软铁(低碳钢和钴钒铁)的 $B-H$ 曲线,可以看出 $B>1.5$ T 时磁场开始进入饱和,这时磁导率较小。根据 $\boldsymbol{B}$ 的无源性,任一封闭面上 $\boldsymbol{B}$ 的通量都为零。由于磁极和磁轭侧面的磁通一般都很小,铁芯内磁路上各处截面上的磁通都近似等于磁极表面上的磁通。因此磁极和磁轭的截面面积越小,铁芯内的 $\boldsymbol{B}$ 就越大,磁效率也就越小。对于高场二极磁铁,磁极设计成锥形,并且磁轭的截面都很大,就是为了尽可能提高励磁效率。另外,为了减小磁饱和,磁极头避免设计成带尖角的,而是设计成带倒角或圆角,或设计成儒可夫斯基曲线。比如上海光源的超强二极磁铁,磁铁总长度为 1 m,气隙高度为 30 mm,气隙中心场强为 2.4 T,磁效率只有 0.62。该磁铁采用了"H 形"结构的铁芯和马鞍形线圈,图 8－6 为利用三维场模拟计算程序计算得到的铁芯表面磁场分布云图,磁极端部最大磁场高达 3.4 T。

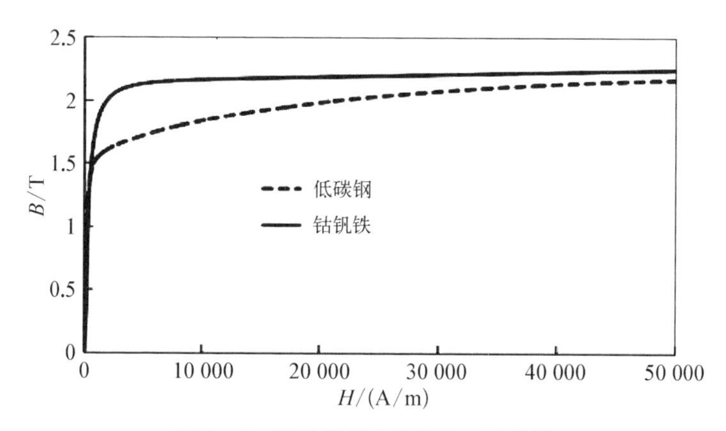

图 8－5　两种常用软铁的 $B-H$ 曲线

图 8－6　上海光源超强二极磁铁三维场计算模型

四极磁铁也有“封闭型”和“开口型”两种，如图 8－7 所示。“开口型”结构有时为了保持磁对称性，左右两侧的磁轭都设计成开口的，如图 8－7(c)所示。“封闭型”结构的每相邻两个磁极都构成一个磁回路，而“开口型”结构只有上下两个独立的磁回路，因此“开口型”结构的上下磁轭截面要适当加宽。

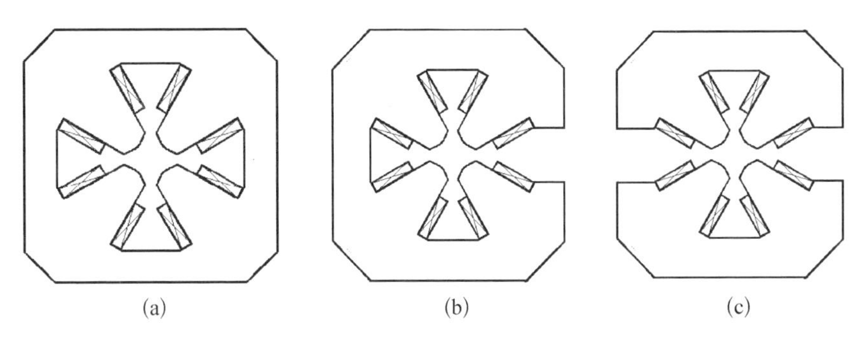

图 8－7　常用的四极磁铁磁轭结构

(a) 封闭型；(b) 单边开口型；(c) 对称开口型

同样利用安培环路定律及孔径内的磁场分布，可以得到多极磁铁每个磁极励磁安匝数的估算公式。对于一个纯 $2n$ 极场的多极磁铁，每磁极励磁安匝数为

$$NI = \frac{1}{\eta} \frac{b_n R^n}{\mu_0} \tag{8-20}$$

或

$$NI = \frac{1}{\eta} \frac{a_n R^n}{\mu_0} \tag{8-21}$$

式中，R 为磁铁的半孔径，η 为磁效率。实际上 $\eta\mu_0 NI$ 就是磁极面上的磁标势。

减小线圈的电功率损耗可以降低磁铁的运行成本。每极线圈匝数为 N，电流 I 恒定，绕制线圈的导线截面为 S，每匝线圈的平均长度为 l_{av}，导线电阻率为 ρ，则每个磁极上线圈的电功率为

$$P = I^2 \rho \frac{N l_{av}}{S} = \rho l_{av} (NI) j \tag{8-22}$$

式中，$j = I/S$ 为导线内的电流密度。可以看出，线圈的电功率与安匝数及电流密度成正比。根据式(8－20)和式(8－21)，一块 $2n$ 极磁铁的每极励磁安匝

数与磁铁半孔径的 n 次方成正比。因此对于多极磁铁来讲，减小孔径可以大大降低电功率损耗。另外，增大磁效率也可以减小线圈安匝数，从而降低电功率损耗。在安匝数一定时，增大总的导线截面可以减小电流密度，降低电功率损耗。

在多数情况下，关心的是磁铁的积分场强或积分场梯度，而不是中心场强或场梯度。因此磁铁设计时可以对磁铁的铁芯长度、线圈尺寸、孔径及好场区等做优化，在保证磁铁总长、积分场及好场区满足要求的前提下增加铁芯的长度，减小磁铁的孔径，以降低电功率损耗。电流密度不宜过大，一般最大不要超过 10 A/mm^2，大于 1.5 A/mm^2 时就要考虑水冷，这种情况下需要采用外方内圆的空心铜导线，导线内通去离子水加以一定的水压降进行迫流冷却。

2）磁场模拟计算和优化

同步辐射光源对多极磁铁的场误差有非常苛刻的要求，一般要求多极场误差相对主场分量控制在 10^{-4} 量级。理想的磁极面宽度为无限大，而实际磁铁的磁极宽度受到线圈安装、同步辐射光引出所需的真空室尺寸等因素的限制，因此得不到理想的磁场分布。另外由于铁芯材料的磁导率有限，磁极表面不是等势面，在极尖处磁饱和效应大，磁导率小，这也将引起多极场误差。在磁铁设计时，要对磁场分布做精确的数值模拟计算，对磁极面极尖做修正，使多极场误差满足设计要求。这个过程称为磁极面优化，或称为“极尖垫补”[11]。

以二极磁铁为例，当上下磁极为有限宽度时，中心平面上的磁场 B_y 不再是常量，而是还包含了三阶、五阶、七阶等多极场分量：

$$B_y = b_1 + 3b_3x^2 + 5b_5x^4 + 7b_7x^6 + \cdots \tag{8-23}$$

推广到 $2n$ 极磁铁，磁极的有限宽度将引起 $m = n(2k+1)(k = 1, 2, 3, \cdots)$ 阶多极场误差。这些误差为系统误差，称为“允许多极场误差”，可通过磁极面的优化予以最小化。简单地讲，四极磁铁的允许多极场误差对应于六阶、十阶、十四阶等，六极磁铁的允许多极场误差对应于九阶、十五阶、二十一阶等。其他各阶场误差，包括斜场分量，是由磁铁加工引起的，为随机误差，称为“不允许多极场误差”，要在磁铁加工的各个环节加以控制。图 8-8 是二极磁铁和四极磁铁典型的极尖垫补方案。通过极尖垫补或磁极面优化，可以在保证好场区的同时，使磁极宽度、磁铁的气隙或孔径等尺寸最小化。

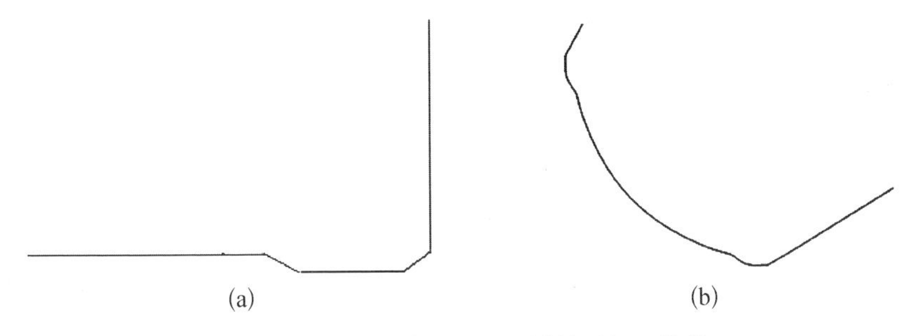

图8-8　二极磁铁和四极磁铁的磁极面优化

(a) 二极磁铁磁极面；(b) 四极磁铁磁极面

磁铁的端部场效应也会产生“允许多极场误差”。通过端部削斜可改变不同横向位置处的磁极长度，从而改善积分场的均匀性。理论上端部削斜可以对几个磁极端部做不同的任何几何形状的修正，以消除全部的积分场多极分量误差。但在实际应用时，往往只是对不同磁极做相同的端部削斜以消除那些“允许多极场误差”。图8-9示意了磁极端部削斜的方案，一般情况下削斜角 θ 沿横向保持不变以方便削斜加工。对于二极磁铁，削斜深度 d 是横向位置 x 的函数。而对于四极磁铁和六极磁铁，削斜深度 d 一般也是常量，选择合适的削斜角和削斜深度可以消除最低阶($k=1, 2$)的允许多极场误差。利用三维磁场的模拟计算程序可以模拟磁极端部的削斜量，并通过最终的磁场测量予以验证和修正。

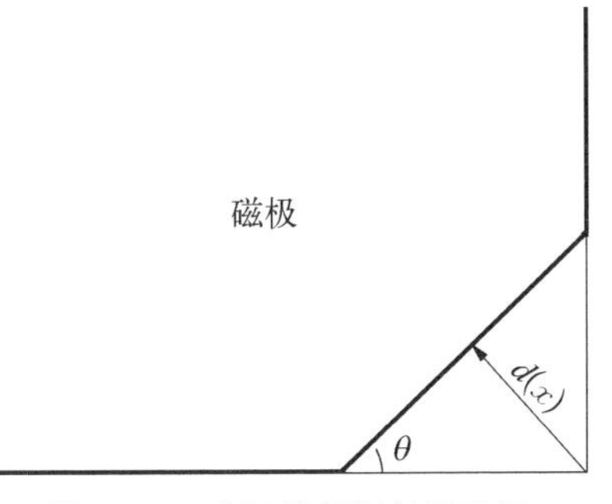

图8-9　磁极端部削斜示意图

常用的静态磁场模拟计算程序有POISSON/PANDIRA、TOSCA和RADIA等。POISSON/PANDIRA是专门为粒子加速器磁铁设计而开发的二维磁场计算程序，其中POISSON适用于没有永磁铁的静磁问题。该程序的后处理直接给出了复势和复磁场的多极分量，非常适合于多极磁铁的设计。不仅如此，该程序还提供了保角变换功能，能将一个 $2n$ 极磁场变换到二极磁场进行计算，大大提高了多极磁铁的磁场计算精度。TOSCA程序采用的是有限元法，作为OPERA软件的一个模块，适用于各类静态磁场的三维模拟计算，功能较强，并且随着计算机内存容量的不断扩大，其计算精度也能满足设计要求。RADIA程序采用的则是积分法，适合于开放区域的三维静磁问题，比如纯永磁系统的三维场计算等。

3）磁铁的制造

磁铁的制造分为铁芯、线圈和总装三个部分。同步辐射光源的磁铁数量一般较多，同一类磁铁也有数十甚至数百块。对于有量产的磁铁一般要求铁芯采用 0.5 mm 厚的硅钢片冲片叠装而成，一方面可以降低制造成本，另一方面更重要的是能保证量产磁铁磁性能的一致性。硅钢片要做掺和，以消除材料磁性能不一致造成的磁场不一致。根据真空室的安装及线圈的装配情况，一块磁铁的铁芯一般分为几个分铁芯，不同分铁芯采用由同一套冲模冲制的冲片叠装而成。铁芯的加工和装配精度对磁场的随机误差影响较大，因此冲片的设计对磁场质量的保证非常关键。冲片要有对称性，允许整个铁芯在长度方向做对半冲片的翻转叠装，以消除冲片磁极面的加工误差引起的磁场不对称误差。一般要求冲片在关键部位（比如磁极面及叠装和装配的基准面等）的冲制公差在 0.025 mm 以内。冲片的叠装要有专门的叠装模，并设计合理的叠装基准，保证叠装成的分铁芯满足公差要求。冲片经过精确的定位、叠装、压紧后，再采用特殊工艺将冲片铁芯和实心端板联结成一个整体。叠装时要严格控制压紧力，以保证必需的叠装系数。对于交变电流的磁铁，冲片表面还要涂环氧层，以防止冲片间有涡流产生。

线圈的制造质量直接影响磁铁的运行寿命。一般绕制线圈用的导线截面尺寸比较大，尤其是水冷用的外方内圆空心铜导线，外截面尺寸在几毫米至三十毫米，必须要用专门设计的绕线模。线圈内不应有导线接头，导线要有匝间绝缘包扎，匝间和层间过渡处的缝隙要用绝缘物（如 G10 片等）填充。线包要做对地绝缘包扎，然后利用专门设计的浇注模做真空环氧浇注。导线各处的拐弯半径要足够大，防止内孔变形截面变小甚至破裂。最后线包要做匝间绝缘的高压脉冲测试、对地绝缘的高压测试、高压检漏等，并通过水流量测试。

磁铁的总装包括分铁芯和线圈的装配、水电连接和测试等内容。分铁芯之间的装配误差会产生磁场多极分量误差，因此对其有严格的要求。一般要求在安装线圈前先做铁芯预装配，打好定位销，然后再拆开安装线圈。线圈要安装牢固，防止其通电后在磁力作用下松动，尤其对于交变电流的磁铁更是如此。线圈和铁芯之间要留有一定的间隙，并用绝缘片填充，防止线圈发热膨胀后与铁芯有碰擦。

线圈的电连接包括磁铁上多个线圈之间的连接及线圈和电源电缆的连接。要合理设计连接铜板，其截面要使其加载的最大电流密度不超过

1.5 A/mm^2。铜导线引线和铜连接板的位置和路径设置要避免在磁铁孔径内产生额外的磁场。铜导线引线和铜连接板之间用焊接连接，铜板和铜板之间用螺栓加弹簧垫圈紧固，铜板表面镀银。连接板用绝缘板固定在铁轭上，使其所受的机械负荷全部由铁轭承载。最后还要通过对地绝缘测试。

对于内通水空心铜导线，还要进行水路连接。一块磁铁一般有多个水路，一个水路可能包括一个线圈或多个线圈，因此水连接也包括多个线圈之间的连接及线圈和水分配器的连接。连接水管的内径要大于铜导线的内孔径，并且必须是电绝缘的，连接管接头要能承受至少 10 kg/cm^2 以上的极限水压。铜导线引线的出水口要安装温度开关，当该处的温度达到某一温度时能切断电源。

8.1.3　常规磁铁的磁场测量

常规磁铁的磁场测量主要包括积分场多极分量的测量、磁中心测量及励磁曲线的测量。采用的方法包括平移线圈法、旋转线圈法、升电流法及霍尔探头点测量法等。霍尔探头点测量法用于场图的测量和测量线圈的标定，对于量产磁铁一般只用于首块磁铁的测量。霍尔探头点测量法将在 8.2.7 节做详细介绍，这里介绍平移线圈法和旋转线圈法[12]。

将一个长线圈置于磁铁气隙或孔径内，线圈的长边与磁铁的中心轴线平行。当线圈在孔径内平移或旋转时，线圈内的磁通发生变化产生感应电压：

$$\int V_c \mathrm{d}t = -\Delta\Phi \tag{8-24}$$

Φ 为线圈的磁通：

$$\Phi = N\int_s \boldsymbol{B}\cdot \mathrm{d}\boldsymbol{s} = N\oint \boldsymbol{A}\cdot \mathrm{d}\boldsymbol{l} = NL(A_1 - A_2) \tag{8-25}$$

式中，N 为线圈的匝数，L 为线圈的长度，A_1 和 A_2 为线圈两条边上的矢势大小。线圈两条边的位置为 z_1 和 z_2，将式(8-1)中的势看作是沿长度的积分，则有

$$\int V_c \mathrm{d}t = N\Delta\,\mathrm{Re}\left\{\sum_{n=1}\left[(b_n + \mathrm{i}a_n)(z_2^n - z_1^n)\right]\right\} \tag{8-26}$$

平移线圈法主要用于二极磁铁积分场误差的测量，测量时使线圈在 $y=0$ 的平面上沿 x 轴移动。设线圈宽度为 w，则 $z_1 = x - w/2$，$z_2 = x + w/2$，由式(8-26)可得

$$\int V_c \mathrm{d}t = N\Delta \sum_{n=1} \{b_n[(x+w/2)^n - (x-w/2)^n]\} \tag{8-27}$$

式(8-27)的右端是一个关于 x 的多项式，但其中不含二极磁场系数 b_1。利用电压积分仪测量电压积分，对测得的数据做多项式展开，再利用式(8-27)计算得到各阶多极场系数。

对于带横向梯度的二极磁铁，可以采用双线圈平移测量。两个线圈的匝数均为 N，宽度均为 w，平行放置在 $y=0$ 的平面上，中心轴之间的距离 $d>w$，串联反接。当两个线圈沿 x 轴等速运动时得到的感应电压信号中不含二、四极磁场，也就是二、四极磁场都被反抵了。由于一般主场分量是高阶场分量的 $10^3\sim10^4$ 倍，将主场分量反抵可以使高阶场分量的信号放大，从而提高对高阶场误差的测量精度。主场分量利用升电流法进行测量，并用霍尔探头点测量做标定。

旋转线圈法主要用于四极磁铁、六极磁铁等多极磁铁的积分场多极分量的测量。线圈绕磁铁的几何中心轴逆时针旋转，线圈两条长边的旋转半径分别为 r_1 和 r_2，根据式(8-26)，线圈感应的电压积分为

$$\begin{aligned}\int V_c \mathrm{d}t &= N\Delta\,\mathrm{Re}\left\{\sum_{n=1}[(b_n+\mathrm{i}a_n)(r_2^n \mathrm{e}^{\mathrm{i}n\theta} - r_1^n \mathrm{e}^{\mathrm{i}n(\theta+\pi)})]\right\} \\ &= N\Delta\left\{\sum_{n=1}[r_2^n-(-r_1)^n](b_n\cos n\theta - a_n\sin n\theta)\right\}\end{aligned} \tag{8-28}$$

将电压积分仪测量得到的积分电压做傅里叶级数展开，再利用式(8-28)便可计算得到各阶多极场系数，包括主场分量。

利用低阶场分量可以计算磁中心偏差，$2n$ 极磁铁的磁中心偏差为

$$\Delta z_n = -\frac{b_{n-1}+\mathrm{i}a_{n-1}}{n(b_n+\mathrm{i}a_n)} \tag{8-29}$$

同样采用双线圈可以反抵主场的感应电压信号，从而提高高阶场误差的测量精度，即所谓的反抵测量。通过选择两个线圈(一个为主线圈，一个为反抵线圈)的匝数、旋转半径等参数，使主场分量及低一阶的场分量产生的感应电压信号抵消。设主线圈和反抵线圈的匝数、旋转半径分别为 N_1、r_1 和 r_2 及 N_2、r_3 和 r_4，则有

$$\int V_c \mathrm{d}t = \Delta\left\{\sum_{n=1}\{N_1[r_2^n-(-r_1)^n] - N_2[r_4^n-(-r_3)^n]\}(b_n\cos n\theta - a_n\sin n\theta)\right\} \tag{8-30}$$

对于四极磁铁，要求：

$$\left.\begin{aligned}N_1(r_2+r_1)&=N_2(r_4+r_3)\\r_2-r_1&=r_4-r_3\end{aligned}\right\}\tag{8-31}$$

对于六极磁铁,则要求:

$$\left.\begin{aligned}N_1(r_2^2-r_1^2)&=N_2(r_4^2-r_3^2)\\N_1(r_2^3+r_1^3)&=N_2(r_4^3+r_3^3)\end{aligned}\right\}\tag{8-32}$$

8.2 插入件

插入件由极性正负交替排列的磁体阵列组成,产生沿束流运动方向类似正(余)弦曲线的周期性磁场,电子束通过插入件时沿类似正(余)弦曲线的轨道运动产生同步辐射光。插入件的类型很多,按辐射光的极化特性分,有平面型、椭圆型等。按磁体的励磁源分,有常规电磁型、永磁型和超导磁体型等。其中永磁型最为常见,目前世界上各个同步辐射光源中的插入件有80%以上均为永磁型。常规电磁型适用于长周期插入件及快极化切换的插入件等。

如前所述,插入件分扭摆器和波荡器两种。由于扭摆器和波荡器产生的同步辐射光的特点及用途不同,对它们的磁场要求也不同。扭摆器关心的是其特征能量和辐射功率等,因此峰值磁场比较高,同时周期长度也比较长。而波荡器追求的是辐射光的单色性、高亮度等,要求每个周期的辐射光有很好的相干性,也就是要求每个周期内产生的辐射光的相位误差要小。一般为了得到高次谐波辐射,要求波荡器的相位误差在5°甚至3°以下。波荡器的周期长度都比较小,周期数比较多。另外,无论是扭摆器还是波荡器,都要求其磁场沿电子轨道的一次积分和二次积分为零,保证电子束通过插入件时不会产生横向偏角和横向位移。

8.2.1 常规平面波荡器

永磁型平面波荡器(或扭摆器)由上下对称的两排"Halbach"型磁排列[13]构成,在中平面上产生接近正(余)弦分布的垂直磁场,电子束通过时在水平面上做扭摆运动或波荡运动,产生水平极化的同步辐射光。上下磁铁的间隙一般是可调节的,以得到不同峰值的磁场,从而得到不同能量的同步辐射光。常规平面波荡器的束流真空室在磁铁间隙内,因而也称为真空外平面波荡器。

“Halbach”型磁排列分纯永磁型和混合型两种。纯永磁型磁排列由磁化方向交替变化的永磁体构成；而混合型磁排列则由纵向（束流运动方向）磁化的永磁体和软铁组成，软铁被两旁的永磁体磁化而产生正负交替的周期性磁场。图 8 - 10 为这两种磁排列结构示意图。永磁体一般采用钐钴（SmCo）或钕铁硼（NdFeB）材料，其中钕铁硼具有较高的剩磁（1.1～1.3 T，而钐钴为 0.9～1.0 T），并且成本也比较低，但它的防辐射性能比钐钴差，温度系数也较大（0.11%/℃，而钐钴为 0.04%/℃）。真空外平面波荡器通常采用钕铁硼永磁体。

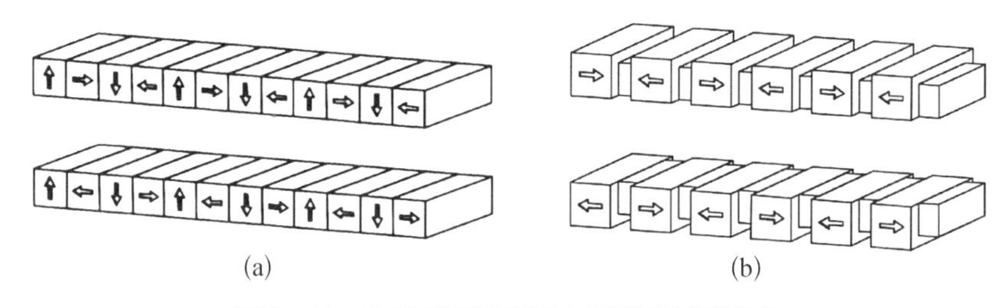

图 8 - 10　两种平面波荡器（或扭摆器）磁结构

(a) 纯永磁型；(b) 混合型

对于纯永磁型波荡器（或扭摆器），由于永磁体的磁导率接近 1（1.05～1.06），其磁场可以用解析法做近似计算。其二维场的峰值可用下列公式估算[13]：

$$B_0 = 2B_r \frac{\sin(\pi/4)}{(\pi/4)}(1 - e^{-2\pi h/\lambda_u}) e^{-\pi g/\lambda_u} \tag{8-33}$$

式中，h 为磁块的高度，g 为上下磁排列间的气隙，λ_u 为波荡器周期，B_r 为磁块的剩磁。而混合型波荡器（或扭摆器）的磁场则需要用计算机程序（如 PANDIRA、TOSCA、RADIA 等）进行计算，但也可用经验公式做峰值磁场的估算[13]：

$$B_0 = a \exp\left[-b \frac{g}{\lambda_u} + c\left(\frac{g}{\lambda_u}\right)^2\right] \tag{8-34}$$

式中，a、b、c 取决于永磁体的剩磁。例如对于 $B_r = 0.9$ T 的钐钴（SmCo）材料，在 $0.07 < g/\lambda_u < 0.7$ 范围内，$a = 3.33$，$b = 5.47$，$c = 1.8$；而对于 $B_r = 1.1$ T 的钕铁硼（NdFeB）材料，在 $0.07 < g/\lambda_u < 0.7$ 范围内，$a = 3.44$，$b = 5.08$，$c = 1.5$。一般说来，对于相同的气隙周期比，混合型磁铁能获得比纯永

磁型磁铁较高的磁场峰值。

一台完整的常规波荡器(或扭摆器)除了包含磁排列外,还包含磁排列的固定结构、大梁及其支撑、传动系统和运动控制系统等。图 8-11 是一台典型的常规平面波荡器的三维示意图,两排磁结构通过磁铁的固定件安装在上下两根大梁上。两根大梁分别采用两点支撑结构通过连接机架横梁的滚珠丝杠带动沿机架立柱上的直线导轨做上下开合运动。大梁及两个支撑点位置需要做优化设计,以保证其在磁力作用下有最小的变形。通常为了反抵磁力随气隙的变化,需在机架的上下横梁和大梁间安装补偿弹簧以减轻大梁和滚珠丝杠的负荷。立柱要有足够的刚度以承载上下大梁及传动系统的负荷并补偿弹簧的倾覆力矩,保证直线导轨安装面的平面度。

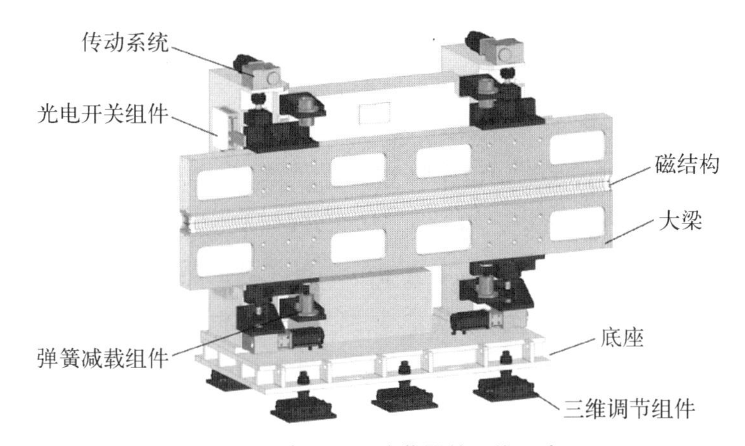

图 8-11　常规平面波荡器的三维示意图

运动控制系统除了有对波荡器的气隙传动控制和联锁保护等功能外,同时还需具备以太网联网功能,可实现与远程 PC 机连接,实现远程操作控制。驱动电机有四台的,也有两台或一台的。要求控制系统同步控制几台电机以保证波荡器上下大梁做平行的上下运动。大梁位置采用绝对值光栅尺做监测,其读数同时用于闭环控制,因此其精度直接决定了大梁的位置精度及平行度。大梁位置一般采用软件限位、光电定位开关和机械定位开关三重驱动监测保护。

8.2.2　椭圆极化波荡器

许多物质具有二色性,如 DNA、氨基酸等,这些物质对极化光的吸收与光的右旋性有关,根据这一特点可以判断其是否存在并分析其分子结构等。磁性材料也具有二色性，因此利用不同极化的辐射光可以研究磁性材料的微观特性。这对开发磁性材料的应用，如磁记录用的磁头材料、计算机中高密度信息存储磁光盘及巨磁阻材料等具有重要意义。平面波荡器只能产生线极化辐射，而弯转磁铁的辐射在偏离中心平面的方向上具有圆极化分量，但使用这些极化光必须以牺牲相当大的光强度为代价。椭圆极化波荡器(EPU)是因不同极化特性的同步辐射光的需要而发展起来的一种特殊波荡器。

近年来已发展了很多种类型的椭圆极化波荡器[13]，目前用得最多的技术最成熟的是 APPLE-Ⅱ型可变椭圆极化波荡器[14-18]。这种波荡器不仅能提供水平/垂直线极化、正负螺旋圆极化及任意的中间状态椭圆极化光，而且极化状态连续可调，调节灵活方便，结构也十分简单，适应范围极其广泛，因而得到大量的应用。上海光源早在其一期工程建设期间就研制了一台周期长度为 100 mm、周期数为 42 的 APPLE-Ⅱ型可变椭圆极化波荡器用于软 X 射线扫描显微的研究[19]，后来又研制了一台 5 m 长的双椭圆极化波荡器用于“梦之线”光束线站[20]。由于椭圆极化波荡器也能产生高亮度的水平方向线极化光，在某些装置上已取代常规波荡器而成为主流。

APPLE-Ⅱ型可变椭圆极化波荡器由分布在电子轨道上方和下方的两对平行的标准纯永磁“Halbach”型磁排列组成[13]，如图 8-12 所示。每排永磁块排列可独立地做纵向移动，从而产生不同的磁场分布以满足各种极化模式的要求。永磁块的磁导率接近 1，因而不同永磁块产生的磁场可以线性叠加。假设四排磁排列分别位于 $x-y$ 平面上的四个象限内，其中心点位于坐标原点。用 1、2、3、4 表示第一、第二、第三和第四象限内磁排列的排号，用 z_1、z_2、z_3、z_4 表示各磁排列在纵向相对于固定参考点的位置(称为位置相位)，则轴线上的磁场可表示为

$$\left.\begin{aligned}B_x=&(B_{x0}/4)\{\cos[2\pi(z+z_1)/\lambda_u]-\cos[2\pi(z+z_2)/\lambda_u]+\\&\cos[2\pi(z+z_3)/\lambda_u]-\cos[2\pi(z+z_4)/\lambda_u]\}\\B_y=&(B_{y0}/4)\{\cos[2\pi(z+z_1)/\lambda_u]+\cos[2\pi(z+z_2)/\lambda_u]+\\&\cos[2\pi(z+z_3)/\lambda_u]+\cos[2\pi(z+z_4)/\lambda_u]\}\end{aligned}\right\}\quad(8-35)$$

式中，λ_u 为 EPU 的周期长度，$B_{x0}/4$ 和 $B_{y0}/4$ 分别代表单排磁化块产生的水平和垂直方向的峰值场强，它们的大小由四排磁化块的几何关系确定。当 $z_1=z_2=z_3=z_4=z_0=0$ 时，式(8-35)可表示为

$$\left.\begin{aligned}B_x &= 0\\ B_y &= B_{y0}\cos(2\pi z/\lambda_u)\end{aligned}\right\} \tag{8-36}$$

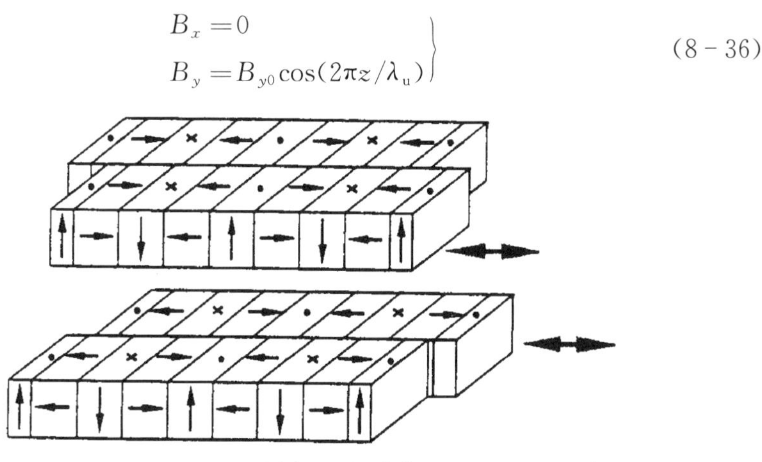

图 8-12　APPLE-Ⅱ型可变椭圆极化波荡器磁排列三维示意图

在这种情况下，磁场只有垂直方向分量，电子只在水平面上做正弦运动，因而产生水平线极化光。当 $z_1=z_3=0$，$z_2=z_4=z_0=\lambda_u/2$ 时，式(8-35)可表示为

$$\left.\begin{aligned}B_x &= B_{x0}\cos(2\pi z/\lambda_u)\\ B_y &= 0\end{aligned}\right\} \tag{8-37}$$

在这种情况下，磁场只有水平方向分量，电子只在垂直面上做正弦运动，因而产生垂直线极化光。当 $z_1=z_3=0$，$z_2=z_4=z_0$ 时，式(8-35)可表示为

$$\left.\begin{aligned}B_x &= B_{x0}\sin(\pi z_0/\lambda_u)\sin[2\pi(z+z_0/2)/\lambda_u]\\ B_y &= B_{y0}\cos(\pi z_0/\lambda_u)\cos[2\pi(z+z_0/2)/\lambda_u]\end{aligned}\right\} \tag{8-38}$$

在这种情况下，磁场的水平和垂直分量的相位差总是 $\pi/2$，电子的运动轨迹为螺旋状，因而产生(椭)圆极化辐射。左旋还是右旋则取决于 $\sin(\pi z_0/\lambda_u)$ 和 $\cos(\pi z_0/\lambda_u)$ 的符号。同时，两个方向的磁场峰值满足椭圆方程，互相制约，最大峰值分别为水平和垂直线极化时的磁场峰值。当两个方向的磁场峰值相等时即为圆极化模式，这时位置相位为

$$z_0 = \pm z_c = \pm(\lambda_u/\pi)\arctan(B_{y0}/B_{x0}) \tag{8-39}$$

磁场峰值为

$$B_{xm} = B_{ym} = \frac{B_{x0}B_{y0}}{\sqrt{B_{x0}^2 + B_{y0}^2}} \tag{8-40}$$

因此产生左旋和右旋圆极化的条件分别是相位位置 $z_0=-z_c$ 和 $z_0=z_c$。当 $-z_c<z_0<0$ 时为左旋椭圆极化模式，当 $0<z_0<z_c$ 时为右旋椭圆极化模式。(椭)圆极化模式下的峰值场强比水平/垂直线极化模式下的峰值场强小。

APPLE-Ⅱ型可变椭圆极化波荡器还可以产生 45°/135°线性极化光。考虑 $z_1=z_3=0$，$-z_2=z_4=z_0$ 的情况，也就是第二和第四象限内的磁排列做相反运动的情况，这时式(8-35)可表示为

$$\left.\begin{aligned}B_x&=B_{x0}\sin^2(\pi z_0/\lambda_u)\cos(2\pi z/\lambda_u)\\B_y&=B_{y0}\cos^2(\pi z_0/\lambda_u)\cos(2\pi z/\lambda_u)\end{aligned}\right\}\tag{8-41}$$

可以看出，磁场的水平和垂直分量总是同相位的，因此是一种线性极化模式。当两个分量的峰值相等时，便是 45°线性极化模式，这时的相位位置为

$$z_0=(\lambda_u/\pi)\operatorname{arccot}(\sqrt{B_{x0}/B_{y0}})\tag{8-42}$$

如果 $-z_1=z_3=z_0$，$z_2=z_4=0$，式(8-35)可表示为

$$\left.\begin{aligned}B_x&=-B_{x0}\sin^2(\pi z_0/\lambda_u)\cos(2\pi z/\lambda_u)\\B_y&=B_{y0}\cos^2(\pi z_0/\lambda_u)\cos(2\pi z/\lambda_u)\end{aligned}\right\}\tag{8-43}$$

磁场的水平和垂直分量的相位差为 π，也是一种线性极化模式。当两个分量的峰值相等时，便是 135°线性极化模式，这时的相位位置与上面的情况一样。

与平面型波荡器相比，APPLE-Ⅱ型可变椭圆极化波荡器的磁结构设计要复杂许多。四排磁排列安装在四根大梁上，不仅上下磁排列之间存在磁力，左右磁排列之间也存在磁力，并且磁力的大小和方向随着位置相位的变化而变化。另外运行时不仅要改变上下磁排列的气隙，每一排的位置相位也需要调整，因此驱动控制系统也复杂得多。

8.2.3 真空内波荡器

短周期波荡器可以产生高能量的光子，同时可以在有限长度内设计更多的磁场周期数，从而获得更高亮度的同步辐射光。因此超短周期的波荡器是目前国际上同步辐射光源插入件主要的发展方向之一。由于周期长度的减小使得永磁体尺寸随之减小，波荡器的峰值磁场也就随之减小，但为了保证一定的光通量，又要求增大峰值磁场，真空内波荡器[21-23](IVU)就是在这种需求下发展起来的一种短周期波荡器，它是通过减小波荡器的磁间隙来获得一定的峰值磁场的。由于气隙很小，磁排列都放在真空室内。

真空内波荡器的磁排列一般都采用混合型磁铁结构,以尽可能获得较高的峰值磁场。由于磁排列放在真空室内,为防止永磁体退磁,要求采用内禀矫顽力较高的永磁材料制成。目前国产的钕铁硼材料的内禀矫顽力较低,不能满足真空内波荡器的要求。而钐钴(Sm_2Co_{17})永磁体虽然剩磁较低,但内禀矫顽力较高,在20℃温度下可达22 kOe(1 kOe≈79 577 A/m),具有较强的抗辐射能力,温度系数也较小,适合120℃高温下的真空室烘烤。

真空内波荡器除了包含磁排列、机架、传动和控制系统外,还包含一套较为复杂的真空系统,如图8-13所示。真空系统由主真空室、内大梁磁排列组件、端部过渡结构、水冷系统及泵系统等几部分组成。磁排列安装在真空室内的一对内大梁上,内大梁与外大梁间通过数对带波纹管的吊杆连接,而外大梁采用两点支撑结构通过滚珠丝杠带动沿导轨上下运动。考虑到真空烘烤引起的位移,在吊杆与外大梁之间有直线导轨,允许内外大梁之间的相互移动。真空系统要为波荡器中的高品质电子束流提供稳定运行所必需的超高真空环境,要求静态真空度优于5×10^{-8} Pa。由于永磁铁为烧结永磁材料,其表面需要镀镍或氮化钛以减小其出气率。上下磁排列的表面覆盖一层镀镍铜膜,一方面为束流镜像电流提供良导电通路从而减小束流阻抗,另一方面也可保护磁体免受束流的轰击。真空室的端部要求平滑过渡,也是为了减小束流阻抗。内大梁侧面需安装冷却水管,并布置温度传感器以控制和监测由真空烘烤及束流热负载等引起的磁体的温升。

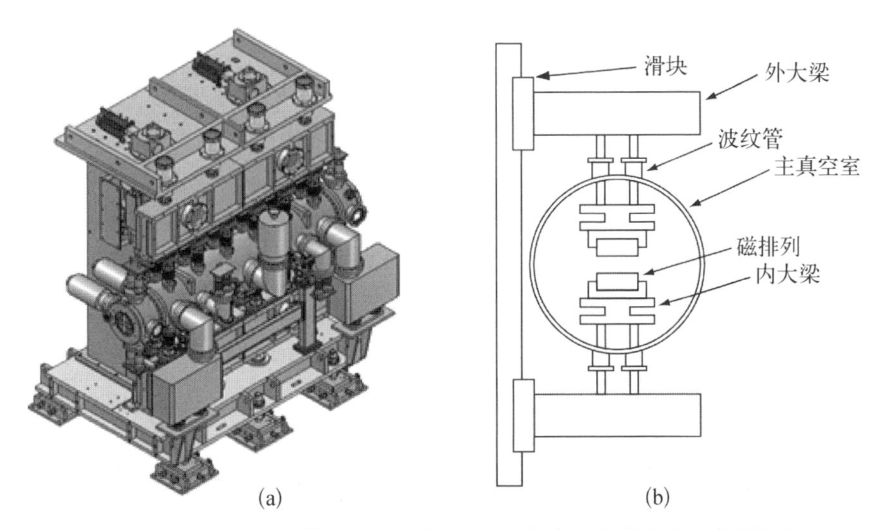

图8-13 真空内波荡器三维示意图(a)及真空室内外布局示意图(b)

8.2.4 低温永磁波荡器

相比常规永磁波荡器，真空内波荡器由于其磁排列置于真空室内，工作磁气隙可以很小，从而可以较大幅度地提高短周期波荡器的磁场峰值。但一方面，波荡器的工作气隙受到了诸如尾场效应、辐射损伤、真空度下降等因素的影响[24]，因而不能太小。另一方面，由于真空内波荡器需要对真空室及其内部的磁排列进行烘烤以获得所要求的超高真空，所采用的永磁铁必须能经受120℃的温度烘烤，这就要求永磁铁具有较高的内禀矫顽力。钐钴永磁铁具有较好的热稳定性、耐辐射性能，但剩磁较低。而剩磁较高的钕铁硼常温下的内禀矫顽力很小，不能被常温真空内波荡器所采用。波荡器气隙的限制及有限的永磁铁剩磁阻碍了常温真空内波荡器朝周期长度更短的方向发展。

烧结钕铁硼(NdFeB)和镨铁硼(PrFeB)具有负的温度系数，随着温度的降低，磁铁剩磁和矫顽力都会增加。根据这一特性，可以使磁铁处于低温状态，以获得较高的剩磁，从而提高短周期波荡器的峰值磁场。这种波荡器称为低温永磁波荡器[25-27](CPMU)，是当前获得小间隙和高磁场的有效途径之一。低温永磁波荡器的峰值磁场可以比常温的真空内钐钴永磁铁波荡器的峰值磁场提高20%以上。

虽然随着温度的降低，钕铁硼磁铁和镨铁硼磁铁的剩磁和矫顽力都会增加，但研究发现它们呈现的低温特性是很不相同的。随着温度的下降，钕铁硼磁铁的剩磁在150 K之前呈现近线性增加趋势，在约120 K时出现剩磁最大值，一般比常温下的剩磁增加约15%，之后因出现自旋再取向效应使剩磁逐步下降。而镨铁硼磁铁的剩磁则一直呈现近线性增加的趋势，在77 K附近剩磁比常温时增加约15%。不过随着温度下降，这两种永磁铁的内禀矫顽力一直在增加，钕铁硼磁铁在120 K附近比常温时至少增加150%，而镨铁硼磁铁在77 K附近比常温时增加200%～300%甚至更高。

低温永磁波荡器的结构与常温永磁波荡器基本相同，磁排列安装在波荡器内大梁上，磁铁的冷却是通过对内大梁的冷却实现的。钕铁硼磁铁的工作温度在120 K左右，而镨铁硼磁铁的工作温度在80 K左右，因此这两种磁铁采用的冷却方式有所不同，但冷源均为循环的过冷液氮。钕铁硼磁铁采用间接式氮管内迫流冷却方式，过冷液氮流经连接于内大梁的冷却管路，通过导冷带冷却内大梁和磁铁。导冷带需要做优化设计以使内大梁和冷却管路之间有 40 K 左右的温差，从而保持磁铁工作在其最佳温度。而镨铁硼磁铁则可采用直接式的大梁内管道内迫流冷却方式，大梁和磁铁的温度基本上和液氮的温度相同。图 8-14 给出了两种低温波荡器永磁铁的冷却方式。

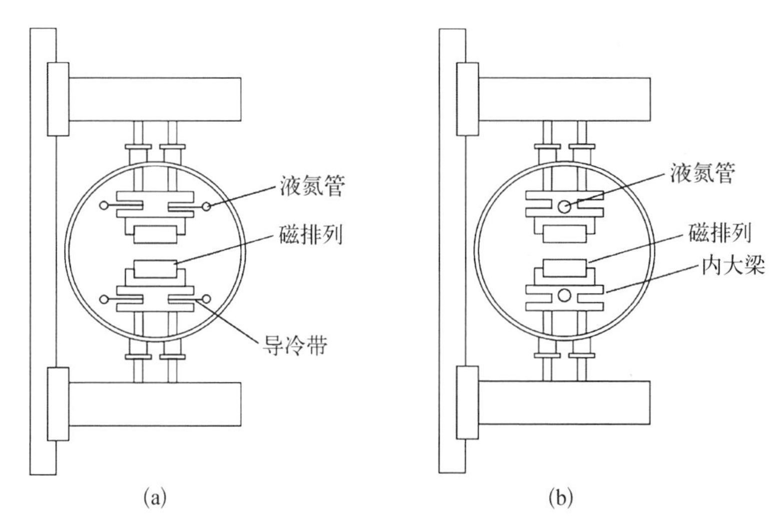

图 8-14　两种低温波荡器永磁铁冷却方式示意图

(a) 钕铁硼低温波荡器；(b) 镨铁硼低温波荡器

与超导波荡器相比，低温永磁波荡器不仅研制和运行成本低，而且不存在超导波荡器中的热屏蔽、失超等问题，运行稳定性和常温真空内波荡器一样可靠。另外，低温下永磁铁的矫顽力高，其耐辐射性好，并且在低温环境下永磁铁等组件的出气率很小，无须烘烤便能获得较高的真空度，经过一定时间的束流清洗便能获得储存环所需的超高真空度。

8.2.5　超导波荡器

提高短周期波荡器磁场峰值的另一种途径是采用超导波荡器(SCU)。超导线在超导状态下的零电阻允许超导线圈加载较大的电流，从而使波荡器的峰值磁场得到很大幅度的提高。不过由于超导磁体绝热层及束流真空室需要占一定的空间，超导波荡器的磁气隙不能很小，使得其在很短的周期长度时峰值磁场并没有优势。一般情况下，在周期长度大于 10 mm 时，超导波荡器优势比较明显。对于真空度要求不是很高的自由电子激光装置，可以设计真空内超导波荡器，这时无须设计束流室，只需用铜箔带对磁极做保护，磁气隙就可进一步缩小。

超导波荡器的磁体由超导线圈和软铁铁芯组成，有两种结构：一种是垂直跑道形线圈结构，另一种是水平跑道形线圈结构，如图 8－15 所示。在铁芯的磁轭内或磁轭表面上设计液氦管道对线圈进行冷却，使其达到超导态。垂直跑道形线圈结构的超导线圈绕在铁芯的磁轭上，整台波荡器的线圈可以用一根超导线绕成，中间没有接头，这是这种结构的优点。但这种结构需要在磁轭内沿长度方向打通液氦孔。水平跑道形线圈结构的超导线圈绕在磁极上，每个磁极或每组磁极可独立绕制线圈，这种结构的优点是线圈的冷却管可以设计在磁轭表面，将一根管道铺设在磁轭表面即可，无须在磁轭内打孔。如果某个线圈出现了损坏，其他线圈不受影响。其缺点是有很多线圈间的接头，需要做接头的导冷处理。两种结构各有优缺点，垂直线圈结构适合长度较短的波荡器，而水平线圈结构适合长度较长的波荡器。

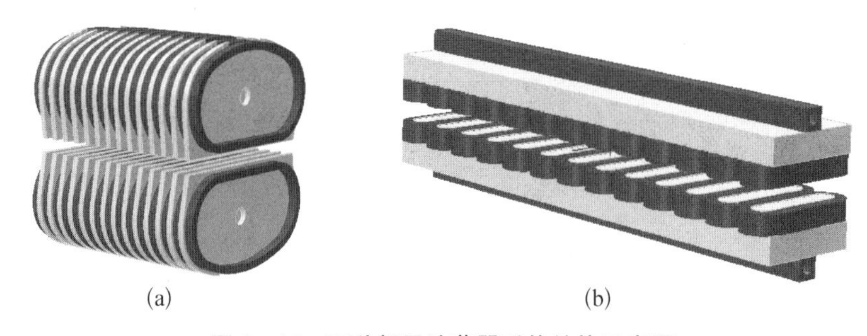

图 8－15　两种超导波荡器磁体结构示意图

(a) 垂直跑道形线圈磁体；(b) 水平跑道形线圈磁体

整台超导波荡器包括超导磁体、真空罐、冷屏、电流引线、冷却系统、束流真空室、电源和失超保护系统等。冷屏用于阻挡真空罐的辐射热，冷屏的温度一般在 80 K 以下，可以设计多层冷屏。冷屏的热负载主要来源于真空罐的辐射热及电流引线的导热和焦耳热。电流引线一般分两段，从常温真空罐到冷屏的一段采用常导铜线，从冷屏到超导磁体的一段采用高温超导(HTS)线。电源线通过真空罐盖上的真空电极与电流引线的常导铜线连接。

超导线的临界电流限制了超导波荡器峰值磁场的进一步提高。超导线的临界电流和其材料、所处的温度及磁场强度有关。因此在波荡器磁场设计时除了要优化波荡器的峰值磁场外，超导线的选材及其工作点的优化也非常关键。

目前超导波荡器的技术尚不十分成熟，在热屏蔽、失超保护、磁场测量和垫补等方面还存在一些问题，因此国际上真正运行的超导波荡器并不多。但近几年发展迅速，多个国家的同步辐射装置和X射线自由电子激光装置已经或正在设计、运行超导波荡器[28-30]。

8.2.6 扭摆器

扭摆器和波荡器一样，都产生沿束流运动方向近似余弦分布的周期性磁场。但扭摆器辐射完全不同于波荡器辐射，而是类似于弯转磁铁产生的辐射。弯转磁铁产生的辐射光谱是连续的，其光子特征能量和磁场强度成正比。由于弯铁的磁场是恒定的均匀场，弯铁辐射的特征能量是不可调的。为此发展了所谓的“移频器(wavelength shifter[31])”。移频器也可看作是插入件的一种类型，它由一个周期的“Halbach”型磁排列构成，产生一个正的峰值磁场和两个负的半峰磁场，改变气隙大小可调节峰值磁场，同时保证磁场的一、二次积分始终为零，不影响束流的粒子动力学性能。改变移频器的峰值磁场可改变辐射光的特征能量，这就是“移频器”一词的来源。图8-16为某个储存环中一块1.2 T的弯转磁铁与一台峰值磁场为6 T的移频器的辐射光通量谱的比较[13]。

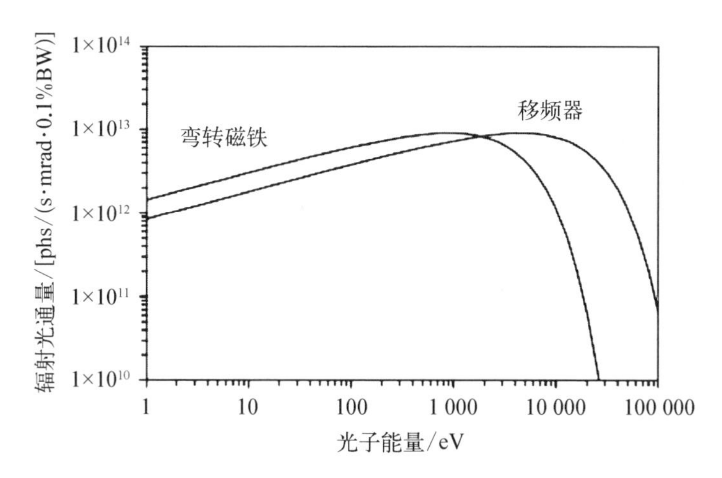

图8-16 一块1.2 T的弯转磁铁与一台峰值磁场为6 T的移频器的辐射光通量谱的比较

扭摆器可以看作是将多台移频器集合在一台插入件中，产生多个峰值磁场从而使光通量得到加强。如果扭摆器有 N 个磁场周期，则有 $2N$ 个峰值磁场，而总的光通量是单个移频器的 $2N$ 倍。扭摆器有时也称为“移频器”，或称为“多极扭摆器(multipole wiggler [31])”以区分单对磁极的移频器。对于峰值磁场与弯转磁铁磁场相同的扭摆器，其辐射光谱与弯转磁铁的辐射光谱是相同的，只是光通量的大小提高了 $2N$ 倍。另外，与弯转磁铁内的均匀磁场不同，扭摆器的磁场沿束流运动方向是变化的，因此随着观察角的变化，扭摆器辐射的特征能量也是不同的。

扭摆器中各个峰值磁场产生的辐射光不会相互干涉，这一点与波荡器辐射是不同的。波荡器要求各个峰值磁场产生的辐射光相互干涉，从而使某些特定能量的辐射光强度得到大大增强。扭摆器追求的是光子的特征能量和辐射光通量，而波荡器追求的是光的亮度。随着峰值磁场的增加，扭摆器辐射光的特征能量也随之提高，而波荡器的辐射光能量则随之减小。波荡器辐射光能量的提高是靠减小周期长度来实现的。

通常扭摆器的峰值磁场较强，而周期长度较长，这对永磁扭摆器来讲意味着磁化块的体积较大，不利于永磁块的充磁，磁体的装配和固定也比较困难。因此一般都会将永磁块分块充磁，然后对永磁块进行优化组合后再将它们用环氧胶粘接在一起。另外强磁场会使上下磁排列间产生很大的磁力，从而使安装磁排列的大梁产生形变，同时也给机架及大梁驱动系统的设计带来很大困难。如果磁力不是太大，在机架的上下横梁和大梁间几点位置安装补偿弹簧基本上就可以了，但这只能减轻大梁和滚珠丝杠的负荷，不能减轻机架立柱的负荷。对于磁力很大的情况(超过 70 N)，则需要设计磁力补偿结构，比如在上下大梁间设计磁力补偿弹簧[32]，如图 8 - 17 所示。

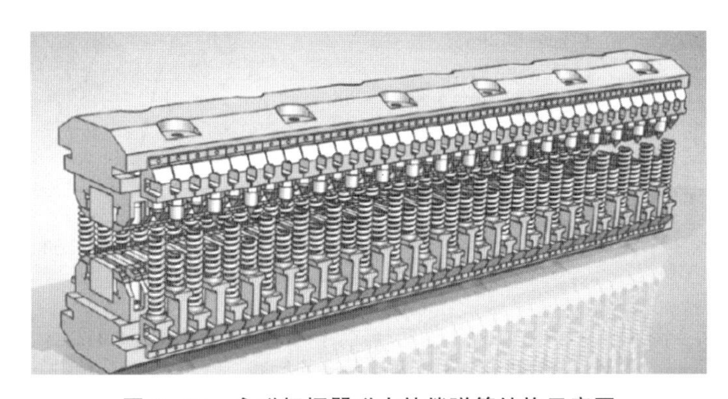

图 8 - 17　永磁扭摆器磁力补偿弹簧结构示意图

超导技术也早已成功应用于扭摆器，第一台超导多极扭摆器诞生于 20 世纪 70 年代。由于扭摆器的气隙一般都较大，这为超导线圈的冷却和绝热提供了足够的空间，超导线圈可以采用液氦浸泡方式冷却。目前世界上高场超导移频器已比较普遍，而中场超导多极扭摆器也越来越多。早在 20 世纪 90 年代，我国合肥同步辐射装置中就成功运行了一台峰值磁场为 6 T 的单周期超导移频器。中科院高能物理研究所也于 2020 年研制成功了一台周期长度为 170 mm、峰值磁场为 2.6 T 的 32 极超导扭摆器。上海光源目前正在研制一台 45 极超导扭摆器，周期长度为 48 mm，峰值磁场为 4.2 T。

8.2.7　插入件的磁场测量

插入件的磁场测量包括场分布的点测量和积分场及其多极分量的测量[33-35]。点测量数据用以模拟计算电子在波荡器内的运动轨迹及辐射光强度等，电子轨迹的直线度及辐射光的相位误差是两个最为重要的插入件性能指标，点测量的精度直接影响这两个性能指标的判断。而插入件的积分场及其多极分量将影响电子束的动力学性能，因此要求尽可能小。有很多磁场测量方法可用来测量插入件磁场，这里简要介绍最为常用的两种：霍尔探头点测量和翻转线圈测量。

霍尔探头(Hall probe)点测机是目前最常见也是最可靠的插入件磁场点测量设备，如图 8-18 所示。霍尔探头一般由碲化铟(InSb)或砷化铟(InAs)等半导体金属片制成，尺寸在 3 mm×1 mm 左右。图 8-18(a)表示霍尔探头的磁场测量原理，当外磁场垂直于金属片平面，并且在金属片中通上电流时，由于洛伦兹力的作用，在与外磁场及电流方向相互正交的另一个方向上将输出霍尔电压。严格来讲，霍尔电压 V 和外磁场 $\boldsymbol{B}$ 并非是线性关系，对于高精度的磁场测量需要利用核磁共振仪在标准磁铁(能提供均匀性非常好的均匀磁场)上做精确的标定：

$$B = a_0 + a_1 V + a_2 V^2 + a_3 V^3 + \cdots \tag{8-44}$$

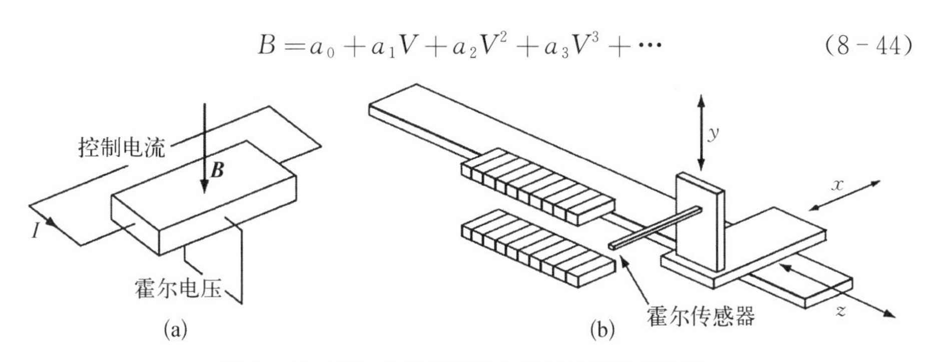

图 8-18　插入件磁场的霍尔探头点测量示意图

(a) 霍尔探头的磁场测量原理；(b) 霍尔探头磁场测量平台

式中，系数 a_1 的倒数为霍尔探头的灵敏度，a_0 为零点漂移，而 a_2、a_3…为非线性系数。不仅如此，这些系数还与温度有关，因此标定时还必须给出这些系数与温度的关系，除非霍尔探头工作在带温度补偿的恒温环境内。对于插入件的磁场测量，一般要求标定的精度在 ±3 T 的范围内达到 10^{-4}。

插入件磁场测量的点测机一般由大理石平台、霍尔探头机座、激光干涉仪/光栅尺及运动控制和数据采集系统等部分组成。大理石平台需有很好的刚性，并采用气浮系统或直线电机以保证霍尔探头机座沿插入件长度方向运动时的直线度和稳定性。插入件的长度一般在 2～5 m 范围内，因此要求霍尔探头沿长度方向（z 方向）的运动量程为 2.5～5.5 m，而在横向（x 方向）和高度方向（y 方向）的运动量程为 20～30 cm。霍尔探头在长度方向的定位精度要求达到 1～2 μm，分辨率达到 0.1 μm，一般由激光干涉仪或高精度光栅尺测量，并触发霍尔电压及温度等数据的采集。为了防止采数时霍尔探头的振动，一般采用“On-fly”测量，也就是在测量过程中运动不停顿，边运动边触发采数。如果停顿采数，则要求停顿时间足够长，保证采数时探头是稳定的。在横向和高度方向，采用光栅尺或编码器读数即可。

由于霍尔片的朝向对霍尔电压的输出有影响，并且一般情况下霍尔片的灵敏中心点是未知的，磁场测量时需要将霍尔片的方向和中心位置点做准直和标定。某些情况下（比如测量椭圆极化波荡器磁场时）需要安装三个互相正交的霍尔探头同时测量三个方向的磁场分量，这时三个霍尔探头不仅需要做相对位置的标定，还需要做角度标定。另外，霍尔片有平面霍尔效应，当有与霍尔平面相平行的外磁场分量时也会产生一个小的输出电压，这个电压和平行磁场分量的平方成正比，磁场测量时也需要校正这一项的测量误差。

翻转线圈（flipping coil）测量法是测量插入件磁场一、二次积分的最常用的一种方法[31]。磁场的一次积分表示束流通过插入件时产生的偏转角，而二次积分表示束流的横向位移。理论上都将插入件的磁场一、二次积分设计为零，以使插入件磁场对电子束的动力学性能基本不受影响。霍尔探头点测量的数据也可以用来计算磁场的一、二次积分，但测量时间较长，并且测量精度也差。而翻转线圈测量法测量速度快、精度高。图 8 - 19(a) 为翻转线圈测量一次积分的示意图，当线圈绕其中心轴从 $\theta=0°$（水平位置）转动至 $\theta=180°$ 时，其输出的感应电压时间积分为

$$\int V_c \mathrm{d}t = 2N\int_{-L/2}^{L/2}\int_{-w/2}^{w/2} B_y \mathrm{d}x\,\mathrm{d}z \approx 2Nw\int_{-L/2}^{L/2} B_y \mathrm{d}z \qquad (8-45)$$

式中，N 为线圈的匝数，L 为线圈的长度，w 为线圈的宽度。线圈宽度一般很小，在宽度范围内可认为磁场是均匀的。因此垂直磁场的一次积分为

$$I_y = \frac{\int V_c \mathrm{d}t}{2Nw} \tag{8-46}$$

同样，当线圈绕其中心轴从 $\theta = 90°$（垂直位置）转动至 $\theta = 270°$ 时，其输出的感应电压时间积分可用来计算水平磁场的一次积分 I_x。

积分场的多极分量可以通过测量不同横向位置 x 处的磁场一次积分，再用多项式拟合得到：

$$I_x(x) = \sum_{n=1}^{\infty} a_n x^{n-1};\quad I_y(x) = \sum_{n=1}^{\infty} b_n x^{n-1} \tag{8-47}$$

a_n 和 b_n 就是积分场的斜多极分量和正多极分量。

实际测量时使线圈绕中心轴从 0°到 360°转一圈，再从 360°反转一圈至 0°。在翻转过程中，分别在 0°到 360°之间每隔 45°采集一个电压积分值，共采集 16 个值，然后将这 16 个值加权相加得到水平和垂直磁场的一次积分[36]。这种取值方法可以补偿转轴可能的偏心及有限线圈宽度带来的测量误差。

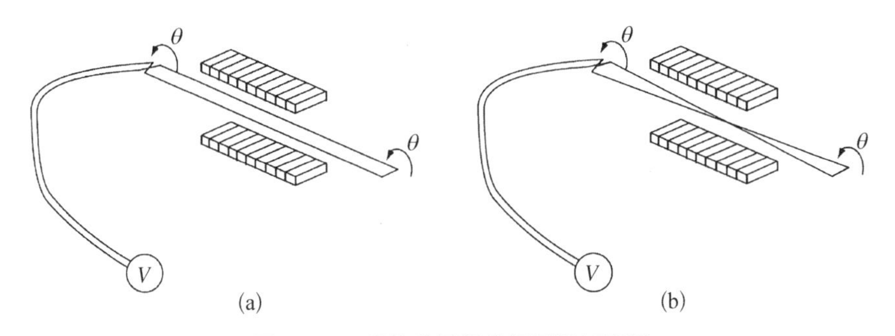

图 8-19　翻转线圈积分场测量示意图

(a) 磁场一次积分测量；(b) 磁场二次积分测量

二次积分的测量和一次积分的测量类似，只是在翻转前先将线圈的一端翻转 180°，如图 8-19(b)所示。这种情况下测到的电压积分为

$$\int V_c \mathrm{d}t = 2N \int_{-L/2}^{L/2} \int_{-(w/L)z}^{(w/L)z} B_{y,\,x} \mathrm{d}x \mathrm{d}z \approx 2Nw \frac{2}{L} \int_{-L/2}^{L/2} z B_{y,\,x} \mathrm{d}z \tag{8-48}$$

而磁场的二次积分为

$$II_{y,x}=\int_{-L/2}^{L/2}\int_{-L/2}^{z}B_{y,x}\mathrm{d}z'\mathrm{d}z=\frac{L}{2}\left(\int_{-L/2}^{L/2}B_{y,x}\mathrm{d}z-\frac{2}{L}\int_{-L/2}^{L/2}zB_{y,x}\mathrm{d}z\right) \tag{8-49}$$

翻转线圈测量系统一般集成在霍尔点测机上，这样在完成了磁场点测量后可以马上接着做积分场测量，无须为插入件重新就位。线圈的两端挂在插入件两端的平台上，长度大于插入件的磁长度并覆盖插入件端部边缘磁场。线圈可用直径小于 100 μm 的 Be-Cu 线或 Litz 线等绕制，线圈的匝数一般是 20～30，宽度为 3～5 mm。翻转线圈的积分场测量重复性一般能达到 3 μT·m。

插入件的磁场测量方法有很多，如伸展线测量、周期线圈测量、脉冲线测量等。伸展线测量法只使线圈的单边在气隙中平移运动，另一边在气隙外固定不动，其原理与翻转线圈法类似，这种方法适用于气隙很小的波荡器。周期线圈法采用的是长度正好等于波荡器周期长度的线圈，理论上线圈在波荡器气隙内沿长度方向运动时其磁通一直保持为零，因此没有感应电压输出。脉冲线测量法是在单根细导线中通一短脉冲，在波荡器周期性磁场的洛伦兹力作用下导线产生振动，通过采集导线一端的振动位移，分析得到波荡器磁场的分布。另外，对于像真空内波荡器、低温永磁波荡器及超导波荡器等这些特殊波荡器，磁场测量需要在封闭容器内进行，需要设计特殊结构的磁场测量系统，比如 SAFALI 测量系统[37]等。但测量的基本原理是相同的，这里不再一一介绍。

参考文献

[1] 刘乃泉. 加速器理论[M]. 2 版. 北京：清华大学出版社，2004.

[2] Walker R P, Bartolini R, Cox M P, et al. Study of the possibility of implementing a superbend in the diamond light source [C]//Proceedings of IPAC2011, San Sebastián, 2011.

[3] Kim K J. Characteristics of synchrotron radiation [J]. AIP Conference Proceedings 184, 1989, 1: 567-632.

[4] Tanabe T, Cappadoro P, Corwin T, et al. Insertion devices at the National Synchrotron Light Source-Ⅱ [J]. Synchrotron Radiation News, 2015, 28(3): 39-44.

[5] Zhou Q G. Novel undulators developed at SINAP [J]. Synchrotron Radiation News, 2018, 31(3): 18-23.

[6] Chavanne J, Benabderrahmane C, Le B G, et al. Recent developments in insertion

devices at the esrf: working toward diffraction-limited storage ring [J]. Synchrotron Radiation News, 2015, 28(3): 16-18.

[7] Diviacco B. Undulator system of the FERMI@Elettra FEL [R]. Pohang: Future Light Source Workshop, 2011.

[8] Schmidt T, Calvi M, Ingold G. Undulators for the PSI light sources [J]. Synchrotron Radiation News, 2015, 28(3): 34-38.

[9] Schlueter R. Magnet systems [R]. California: US Particle Accelerator School, 1998.

[10] Wiedemann H. Particle accelerator physics [M]. New York: Springer-Verlag Berlin Heidelberg, 1993.

[11] 上海光源. 上海光源工程设计报告(SSRF)第一稿[R]. 上海: 上海光源国家科学中心(筹),2000.

[12] Tanabe J. Maget type [R]. California: US Particle Accelerator School, 1998.

[13] Walker R P. Insertion devices: undulators and wigglers [R]. Grenoble: CERN Accelerator School on Synchrotron Radiation and Free-Electron Lasers, 1996.

[14] Shepherd B J A, Scott D J, Hannon F E, et al. Commissioning of an APPLE-Ⅱ undulator at daresbury laboratory for the SRS [C]//Proceedings of the 2005 Particle Accelerator Conference, Knoxville, Tennessee, 2005.

[15] Chubar O, Briquez F, Couprie M E, et al. Compensation of variable skew- and normal quadrupole focusing effects of APPLE-Ⅱ undulators with computer-aided shimming [C]//Proceedings of EPAC08, Genoa, 2008.

[16] Chang C H, Chen H H, Fan T C, et al. Construction and performance of the elliptical polarization undulator EPU5. 6 in SRRC [C]//Proceedings of the 1999 Particle Accelerator Conference, New York, 1999.

[17] Musardo M, Bracco R B, Diviacco B, et al. Magnetic characterization of an APPLE-Ⅱ undulator prototype for Fermi @ Elettra [C]//Proceedings of EPAC08, Genoa, 2008.

[18] Marks S, DeVries J, Hoyer E, et al. Magnetic performance of the advanced light source EPU5. 0 elliptically polarizing undulator [C]//Proceedings of the 1999 Particle Accelerator Conference, New York, 1999.

[19] Zhou Q G, Zhang M, Li Y, et al. An APPLE-Ⅱ type helical undulator for SSRF [C]//Proceedings of APAC07, Indore, 2007.

[20] Zhou Q G, Zhang W. The design of a pair of elliptically polarized undulators at SSRF [J]. IEEE Transactions on Applied Superconductivity, 2002, 22(3): 4904604.

[21] Tanaka T, Hara T, Tsuru R, et al. In-vacuum undulators [C]//Proceedings of the 27th International Free Electron Laser Conference, Stanford, 2005.

[22] Chavanne J, Penel C, Plan B, et al. In-vacuum undulators at ESRF [C]//Proceedings of the 2003 Particle Accelerator Conference, Portland, 2003.

[23] Kim D E, Park K H, Lee H G, et al. Development of ivun at pohang accelerator

laboratory [C]//Proceedings of EPAC08, Genoa, 2008.

[24] Huang J C, Kitamura H. Challenge of in-vacuum and cryogenic undulator technologies [C]//Proceedings of IPAC 2016, Busan, 2016.

[25] Hara T, Tanaka T, Kitamura H. Cryogenic permanent magnet undulators [J]. Physical Review Special Topics — Accelerators and Beams, 2004, 7: 050702.

[26] Kitegi C, Chavanne J, Cognie D, et al. Development of a cryogenic permanent magnet in-vacuum undulator at the ESRF [C]//Proceedings of EPAC 2006, Edinburgh, 2006.

[27] Valléau M, Briquez F, Ghaith A, et al. Development of cryogenic permanent magnet undulators at SOLEIL [J]. Synchrotron Radiation News, 2018, 31(3): 42 - 47.

[28] Bernhard A, Casalbuoni S, Hagelstein M, et al. Superconductive in-vacuum undulators for storage rings concept and first operational experience [J]. Journal of Physics: 7th European Conference on Applied Superconductivity, 2006, 43: 719 - 722.

[29] Casalbuoni S, Glamann N, Grau A, et al. Superconducting undulators: from development towards a commercial product [J]. Synchrotron Radiation News, 2018, 31(3): 24 - 28.

[30] Ivanyushenkov Y, Fuerst J, Hasse Q, et al. Status of the development of superconducting undulators at the advanced photon source [J]. Synchrotron Radiation News, 2018, 31(3): 29 - 34.

[31] Clarke J A. The science and technology of undulators and wigglers [M]. New York: Oxford University Press, 2004.

[32] Couprie M E. In-vacuum wiggler at SOLEIL [C]// Proceedings of the 2013 Particle Accelerator Conference, Shanghai, 2013.

[33] Tanaka T, Seike T, Marechal X M, et al. Field measurement and correction of the very long in-vacuum X-ray undulator at the SPring - 8 [J]. Nuclear Instruments and Methods in Physics Research Section A, 2001(467 - 468): 149 - 152.

[34] Li Y H, Abeghyan S, Berndgen K, et al. Magnetic measurement techniques for the large-scale production of undulator segments for the european XFEL [J]. Synchrotron Radiation News, 2015, 28(3): 23 - 28.

[35] Wang H F, Zhou Q G, Zhang W. Application of magnetic field integral measurement of magnet module to research alterable gap undulator [C]// Proceedings of the 2013 Particle Accelerator Conference, Shanghai, 2013.

[36] 钱茂飞.短周期永磁波荡器磁场优化的物理与技术研究[D].北京：中国科学院大学,2019.

[37] Tanaka T, Seike T, Kitamura H. Measurement of SPring-8 xfel undulator prototype with the safali system [C]//Proceedings of FEL08, Gyeongju, 2008.

第 9 章 束流测量技术

束流诊断系统常称为粒子加速器的“眼睛”，需要通过该系统来实时监测束流的运行状态并在此基础上加以反馈控制，是保证加速器正常运转和实现性能指标的关键技术系统。对于光源类加速器而言，需要对以下束流参数进行精确测量：束流能量、能散、电荷量、实空间三维位置、实空间三维分布、相空间分布等，如有条件，还需要对上述参数随时间的变化进行追踪分析。在完成束流参数测量的基础上，还可进一步导出加速器的特征参数，例如束流单次运行轨迹、束流平均闭合轨道、横向 β 函数、色散函数、色品、阻抗、动力学孔径、能量孔径等。对于同步辐射光源的束流测量系统而言，主要测量对象是时间间隔较短(典型间隔为 2 ns)的束团串，从用户装置的角度看，重点关注束团串的共性行为，因此早期的束流诊断技术研究重点关注如何提高平均测量精度，历经了一个从模拟电路为主向数字电路为主过渡、从低速平均测量向高速逐圈甚至逐束团测量发展的过程。近年来逐束团多参数诊断技术成为该领域的研究热点。对于 FEL 装置而言，每个束团的个性差异更大、对最终辐射的品质影响更为显著，因此对束流诊断技术的要求更为强调单束团测量精度，一些较为特殊的诊断技术，例如腔式探头多参数诊断技术、电光采样技术成为此领域中的研究热点。同步辐射光源和 X 射线自由电子激光对加速器束流的轨道稳定性有亚微米级乃至更高的要求，基于束流的准直(BBA)测量、轨道反馈和束流反馈等已成为不可或缺的技术措施。为满足加速器光源的要求，除了常规的束流测量手段外，近年来还发展了多种光学和微波测量手段，以及通过激光调制电子束进行诊断测量和电子束操控的技术。随着计算机技术的飞速发展，机器学习技术的应用领域越来越宽泛，近年来各大实验室也纷纷发布了多个基于机器学习的束流测控应用实例，这一研究方向也必将在相当长时间内成为本领域的研究热点。

9.1 束流横向位置测量

束流横向位置是加速器的重要参数之一,直接反映了带电粒子束在真空管道中的横向位置偏差。在粒子加速器中,束流横向位置测量系统是最为核心的束流诊断子系统之一,是加速器调束、运行、机器研究中最为重要的手段。在电子储存环中,束流横向位置测量系统主要用于监测束流轨道的快慢变化,束流轨道的位置稳定性要达到微米量级首先也需要确保位置测量系统的分辨率达到微米量级;除此之外,在电子储存环中,还可利用束流位置测量系统的逐圈数据进行储存环工作点、色品、动量压缩因子等参数的测量。近年来,随着高带宽、高速模拟数字转换器(ADC)的发展,基于束流横向位置测量系统实现多维逐束团参数测量、尾场研究等成为可能,为加速器的运行、性能优化奠定了坚实基础。在自由电子激光装置中,极高的亮度和稳定性是其追求的主要目标,而为了降低 FEL 辐射输出功率的衰退,位置测量系统典型的应用就是提供轨道精确测量值,用于轨道校正,找到电子束流的理想轨道,从而在波荡器段实现电子束与产生的辐射光能有效地相互作用并实现高效的能量转换和传输,除此之外,还常常采用基于束流的准直方法校准四极磁铁及其他因素引起的束流横向位置偏差。

随着加速器的发展,国内外各大加速器实验室都非常重视束流横向位置测量技术的研究。常见的拦截型测量方法包括截面靶、丝靶和刮束器,但由于对束流状态有影响,因此主要应用于调束初期。而常见的非拦截型束流横向位置测量常采用探测电极感应束流的电磁场或谐振腔耦合束流激发电磁场的方式,常见的有静电探测电极、三角形束流位置探测器(BPM)、条带型 BPM、纽扣型 BPM、腔式 BPM 等。

对于直线加速器和 FEL 装置加速段,其对束流位置的测量分辨率要求约为 10 μm 量级,因此国内外各大加速器常采用机械结构简单、加工难度低的条带型束流位置探测器(SBPM)作为探头。表 9-1 汇总了国内外主流加速器装置中 SBPM 探头参数、前端方案、数据采集设备参数及系统性能。当前国外达到的最好水平是韩国 PAL-XFEL 的 SBPM,在束团电荷量为 200 pC 时位置分辨率能达到 3 μm。而瑞士 SwissFEL 研制的谐振式 SBPM 在低电荷量下仍具有相对较高的信噪比,在 10 pC 的极低束团电荷量下,位置分辨率仍能达到 7 μm。

表9-1　国内外主流加速器装置SBPM系统参数及性能调研汇总

装　置	探头参数	前端/数采参数	分 辨 率
LCLS	100 mm	7 MHz带通 16 bits	5 μm
LCLS-Ⅱ	120 mm	30 MHz带通 16 bits	20～30 μm
PAL-XFEL	120 mm	30 MHz带通 16 bits	5 μm
SwissFEL	谐振式SBPM 500 MHz工作频率	5 GHz ADC直采 14 bits	7 μm
FLASH	200 mm	60 MHz带通 16 bits	22 μm
FERMI	150 mm	500 MHz	5 μm
SXFEL	150 mm	20 MHz带通 16 bits	4.3 μm

而在FEL波荡器段，为了使电子束与光子束能有效地相互作用，需要精确测定束流横向位置，常采用腔式BPM作为位置测量手段。表9-2汇总了国内外主流加速器装置中腔式束流位置探测器(CBPM)探头参数、前端方案、数据采集设备参数及系统性能。在正常供光条件下，当前国外达到最好水平的是LCLS装置CBPM系统，采用X波段腔式探头和射频接收机的前端处理方案，在束团电荷量为200 pC条件下，分辨率达到200 nm。

而近年随着低温超导技术的发展，高重频FEL装置的研究和建设成为发展的趋势，在低温模组中，为严格监测束流在低温模组中的位置，低温型BPM广泛应用，表9-3汇总了相应的低温BPM系统的参数和性能。

对于电子储存环，束团长度约在皮秒量级，束流流强相对较大，因此具有结构紧凑、响应较快特点的纽扣型BPM是最常见的选择。国际上主流的第三代同步辐射光源(瑞士的SLS、英国的Diamond、法国的SOLEIL)均采用数字BPM信号处理器配合小纽扣电极探头的方案，闭轨测量分辨率普遍达到微米、亚微米量级水平。

表 9-2　国内外加速器装置中 CBPM 系统参数及性能调研汇总

装　置	探头参数	前端/数采参数	分 辨 率
LCLS	11.384/11.384 GHz Q_{load}：3 549/3 695	25～50 MHz 16 bits，119 MHz VME① 数字化	200 nm
LCLS-Ⅱ	11.424/11.424 GHz Q_{load}：～3 000/～3 000	40 MHz 16 bits，370 MHz	50 nm
KEK-ATF	6.423/2.888 GHz Q_{load}：6 000/1 800	中频频率：20～30 MHz 14 bits，100 MHz	27 nm
European XFEL	3.30/3.30 GHz Q_{load}：70/70	中频频率：40 MHz 16 bits，160 MHz	1 μm
SACLA-XFEL	4.760/4.760 GHz Q_{load}：50/50	基带　12 bits 模拟 IQ 解调	200 nm
SXFEL	4.7/4.7 GHz Q_{load}：4 700	中频频率：30 MHz 16 bits，119 MHz	276 nm

① VME，英文全称为 versa module eurocard，是一种工业控制计算机总线标准。

表 9-3　国内外低温 BPM 系统参数调研汇总

装　置	探头类型	前端方案	分 辨 率
European XFEL	重入腔型	下变频	10 μm
	纽扣型	Chirp 滤波器	50 μm
LCLS-Ⅱ	纽扣型	低通滤波	100 μm

9.1.1　纽扣型 BPM

纽扣型 BPM 是环形加速器中最常见的一种束流位置测量探头之一，由于安装在真空室上的电极呈纽扣形而得名，一般体积相对较小，结构较为简单，具有较小的耦合阻抗。当束流通过真空室时，电极在静电感应的作用下产生感应电荷并且感应电荷的大小与电子束团到电极表面的距离相关，因而感应信号中包含了束流的位置信息。在实际应用中的纽扣型探头结构主要有圆形真空室和跑道形真空室两种，圆形真空室呈 45°角安装，主要分布在束流偏转区域，防止束流偏转直径较大时打坏电极，而跑道形真空室的电极主要分布在上下两侧，四电极感应信号共同进行束流水平和垂直方向位置的测量，其截面如图 9 - 1 所示。

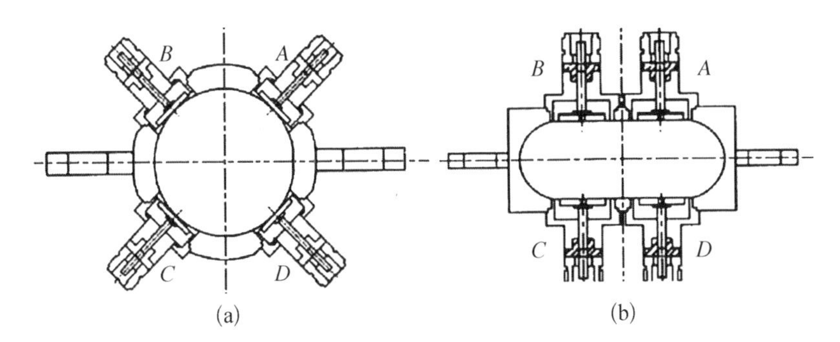

图 9 - 1　纽扣型 BPM 截面示意图

(a) 圆形真空室；(b) 跑道形真空室

包含 N 个粒子的呈高斯分布的束团在电极上的峰值感应信号的表达式为

$$V_{\text{peak}}=\frac{eN}{(2\pi)^{3/2}}\ \frac{\varphi lR}{\beta_b c}\ \frac{\mathrm{e}^{-1/2}}{\sigma_\tau^2}\propto\frac{S}{b\sigma_\tau^2} \tag{9-1}$$

式中，$\beta_b=\dfrac{v}{c}$，是以光速为标准单位的电子束相对速度，b 表示电极到真空室的距离，电极长度为 l，电极的张角为 φ，σ_τ 表示束团的长度。对于圆形电极，系数 φl 正比于电极面积 S 除以 b，所以由式(9 - 1)可知，其峰值电压反比于束团长度的平方。因此纽扣型 BPM 常用于束团长度较小的电子储存环中，但其缺点是线性区比较小。由于电极上感应的信号不仅与束流在真空室中的位置有关，而且还与束流流强和束团长度有关，因此需要进行归一化，常用的处理方法就是差比和或对数比方法。

上海光源储存环束流位置测量系统安装了 140 个用于束流轨道测量的纽扣型 BPM 探头，结合 IT 公司 Libera 系列 BPM 信号处理器电子学可实现常规闭轨测量、首圈束流位置测量、逐圈束流位置测量等[1]。除此之外，为实现逐束团位置测量，上海光源分别基于高采样示波器和锁相同步采样技术搭建了两套逐束团三维测量系统[2]。其中高采样示波器的方案采用等效采样波形重建技术，系统的逐束团位置测量分辨率可达 10 μm，系统结构如图 9 - 2 所示。

上述三维逐束团位置测量系统已在上海光源储存环上投入使用，并开展了多种应用技术研究，具有很好的应用前景[3-4]。

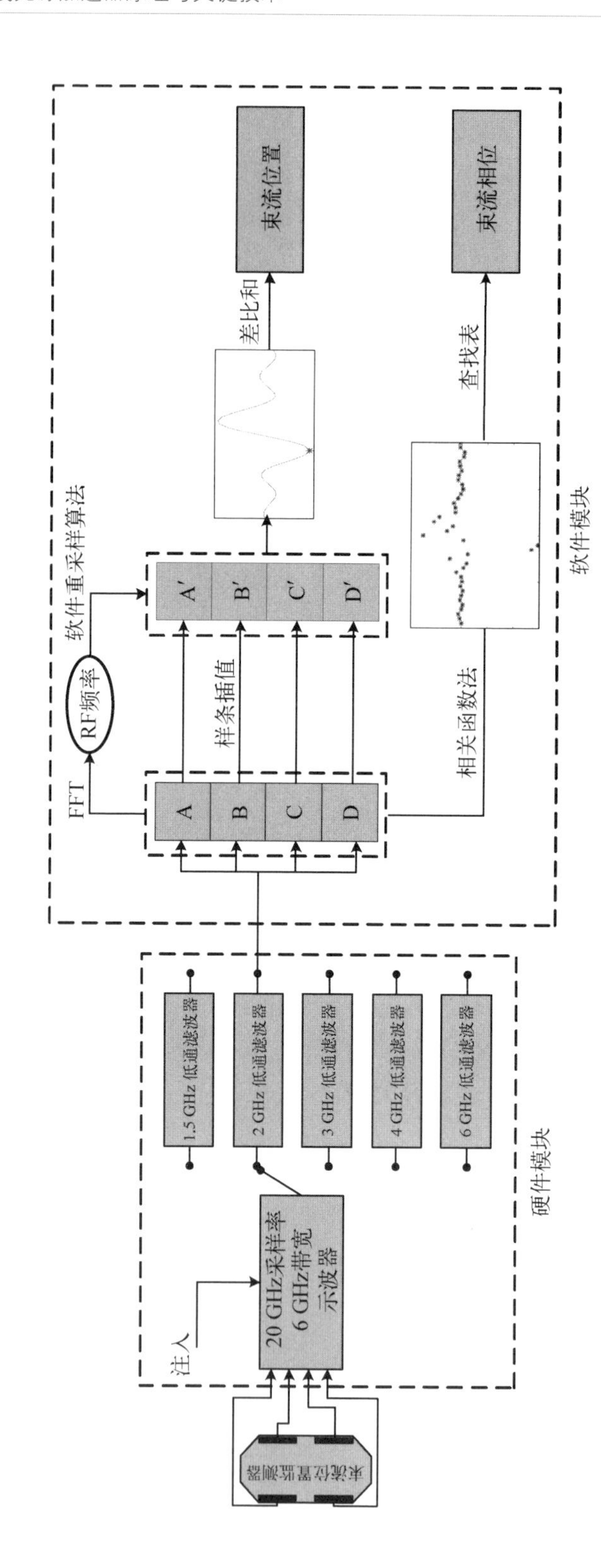

图 9-2 基于高采样示波器的逐束团横向位置测量系统结构框图

9.1.2　条带型 BPM

条带型 BPM 是加速器中另一种常见的位置测量探头，其原理与纽扣型 BPM 相似，真空室内感应电极呈条带状，具有高度定向性。而对条形电极 BPM 而言，首先必须优化其电极结构，基本判据是在满足测量分辨率、对束流的影响可接受的情况下，确定其电极张角、厚度、长度，并使得此时的电极特性阻抗与信号输出阻抗匹配，一般而言，该特性阻抗需优化为 50 Ω。电极的张角与输出信号的大小成正比，但为了减小电极间信号的耦合，电极张角又不能取得过大，需针对测量分辨率的要求进行选取。对于电极厚度的选择，主要是考虑其对机械强度的影响。而对于电极长度的选择主要考虑其对系统工作频率的影响，应使电磁波在电极上的传播时间与系统工作频率相匹配。在所有别的尺寸都确定的情况下，再考虑特性阻抗与真空室半径的影响，匹配 50 Ω 特性阻抗从而确定真空室半径大小。条带型电极属于电容(条带很宽)/电感(条带很窄)性耦合，并且由于条带电极具有较大的面积，可以感应更多电荷从而具有较大的信号，但由于束流阻抗太大，对环形加速器(储存环)的影响较大，因此常用于单次通过的电子直线加速器中。

图 9-3(a)所示为典型的 SBPM 探头实物照片，图 9-3(b)所示为典型的电极端口输出波形，输出时域信号为一双极脉冲，两个脉冲的间隔与条带电极长度相关，输出信号频谱为宽带，一般通过带通滤波器截取主峰值处附近的一个频段进行通道幅度的计算。同样，在信号处理上也常采用差比和的方法进行束流位置的测量。而对于正交安装的 SBPM 结构，只要两个相对电极就可以测量水平或垂直方向的位置。图 9-4 所示为一个典型的直线加速器 SBPM 系统框图，此类系统典型的横向位置分辨率可达微米量级。

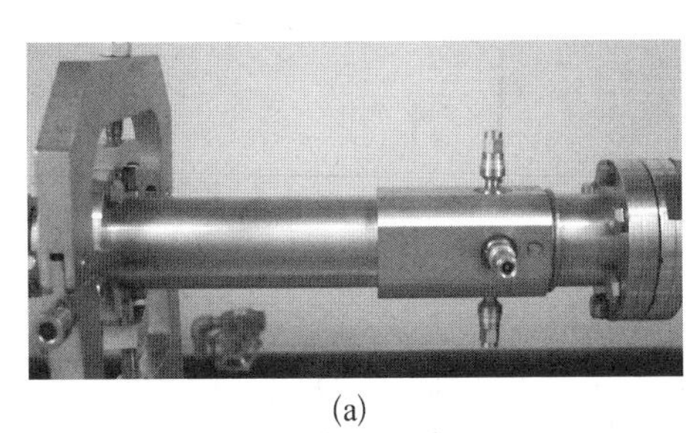

(a)

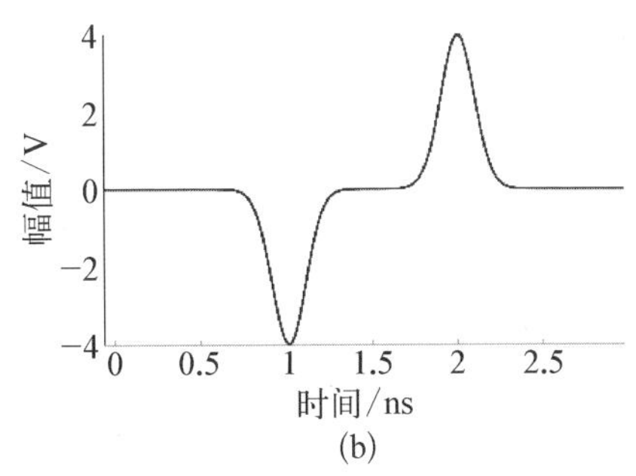

(b)

图 9-3　SBPM 探头实物图及典型的时域波形

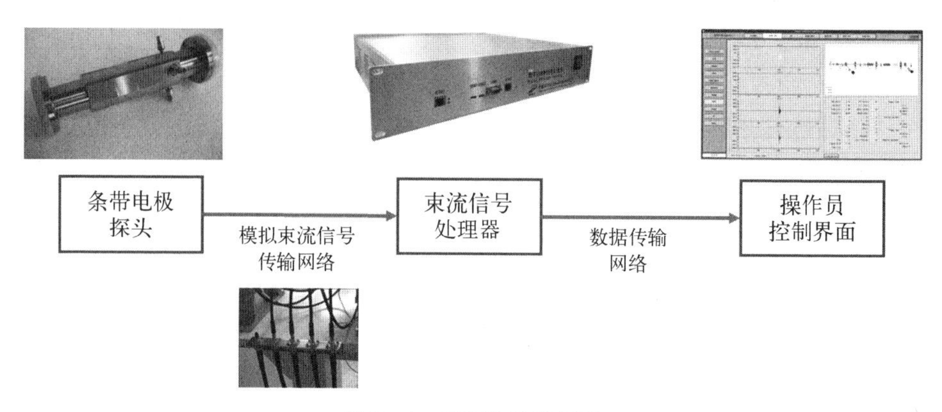

图 9-4 SBPM 系统框图

但对于这类电荷感应电极的探头而言，其测量束流位置的原理都是通过束团在电极上感应信号的不同，利用电极信号之间的差异来确定束流的位置，实际的信号处理过程中，需要在测准每个电极信号幅值的基础上计算不同电极信号之间的差值，动态范围要求很高，难以获得非常高的位置分辨率，不能满足 FEL 和未来线性粒子对撞机的要求。

9.1.3 腔式 BPM

当束团通过谐振腔时，由于尾场效应会在腔内激发出电磁场的各种特征模式。对于标准的圆柱形腔体，当束团沿着圆柱对称轴通过时，由于 TM 模式具有纵向电场，束团将受到其自身激发的纵向电场力作用而损失能量，导致该模式得到有效激发，因此，只有 TM 模式被激发且振幅由损失的束流能量决定。激发的电磁场本征模的激励电压即为该模式电场沿束团运动轨迹的积分，并假设束团呈高斯分布，束团长度为 σ_z，且耦合终端阻抗为 Z 时，TM_{010} 模式输出信号表达式可表示为

$$V_{\mathrm{p}}^{010}=\frac{q\omega_{010}}{2}\sqrt{\frac{z}{Q_{\mathrm{e}}^{010}}\frac{2LT^2}{\varepsilon\omega_{010}\pi R^2\mathrm{J}_1^2(u_{01})}}\mathrm{J}_0\left(\frac{u_{01}}{R}\rho\right)\cdot \mathrm{e}^{-\frac{\omega^2\sigma_z^2}{2c^2}}\mathrm{e}^{-\frac{t}{2\tau_{010}}}\sin(\omega_{010}t+\varphi) \tag{9-2}$$

式中，q 为束团电荷量，ω_{010} 为 TM_{010} 振动模式本征频率，Q_{e} 为该模式外部品质因子，τ_{010} 为该模式阻尼时间，φ 为该模式输出信号初始振荡相角，ε 为真空介电常数，L 为腔体长度，R 为腔体半径，ρ 为束团偏离轴心距离，J_i 为第 i 阶贝

塞尔函数，c 为真空中光速，t 为时间。当束团偏离中心轴的距离较小时，即 ρ 较小时，零阶贝塞尔函数的值接近于1，与束流偏心位置无关，而只与束团电荷量 q 和束团长度 σ_z 相关，因此可用于归一化及束团电荷量的测量。而TM的基模是 TM_{110} 模式，具有轴向反对称性，在电中心时电场为0，当束团偏离中心轴两侧时，其相位相差180°，输出信号可表示为

$$V_{\mathrm{p}}^{110}=\frac{q\omega_{110}}{2}\sqrt{\frac{z}{Q_{\mathrm{e}}^{110}}\ \frac{4LT^2}{\varepsilon\omega_{110}\pi R^2\mathrm{J}_0^2(u_{11})}}\,\mathrm{J}_1\left(\frac{u_{11}}{R}\rho\right)\cdot \mathrm{e}^{-\frac{\omega^2\sigma_z^2}{2c^2}}\mathrm{e}^{-\frac{t}{2\tau_{110}}}\sin(\omega_{110}t+\varphi) \tag{9-3}$$

对于设计好的腔体，式(9-3)中与腔体尺寸相关的参数固定。当束团偏离中心轴的距离较小时，即 ρ 较小时，一阶贝塞尔函数的值与束团偏离中心轴的距离 ρ 及束团电荷量成正比关系。因此，即使当束流偏离中心轴的距离非常小，也可通过高倍数的低噪声放大器将微弱信号放到足够大从而被检测到，这也是腔式BPM会具有极高位置测量分辨率的原因。

典型的腔式BPM系统结构及工作原理如图9-5所示，腔式探头耦合出的携带束流位置信息的射频信号经射频前端模块滤波、放大、下变频等处理，得到匹配后续处理电子学量程的低中频信号，再由信号处理电子学进行量化和在线信号处理，计算得到束流位置信息并通过运行数据服务器发布，同时在用户界面显示。此类系统的位置分辨率可达到亚微米乃至百纳米量级。

随着加速器技术的发展，尤其是将来加速器中低温超导技术的广泛应用，高重频、更低的单束团电荷量的运行模式将成为主流，因此对束团横向位置测量的精度和速度的要求也越来越高。在当前数据采集技术水平没有明显提升的条件下，对腔式BPM、条带型BPM、纽扣型BPM系统的性能优化有两个方向：一个是专注于新型探头的设计，包括可应用更高工作频率的谐振腔（更高灵敏度但线性区间减小）及在小电荷量条件下能输出相对更高信噪比的探头（如谐振式的BPM探头）等；另一个是着眼于信号调理和信号处理方法，包括优化RF前端结构和加工工艺、探索新的信号调理方法、低信噪比（SNR）信号的信息精确提取算法的研究及复杂算法的现场可编程逻辑器件（FPGA）实现等。除此之外，随着电子器件、半导体、芯片制造水平的发展，高模拟带宽、高采样率、高位数模拟数字转换器芯片的批量工业化，BPM探头信号射频直采技术也将是一个重要的发展方向。射频直采技术的应用将极大地简化BPM系统结构，最大程度降低模拟电路引入的噪声和非线性问题。

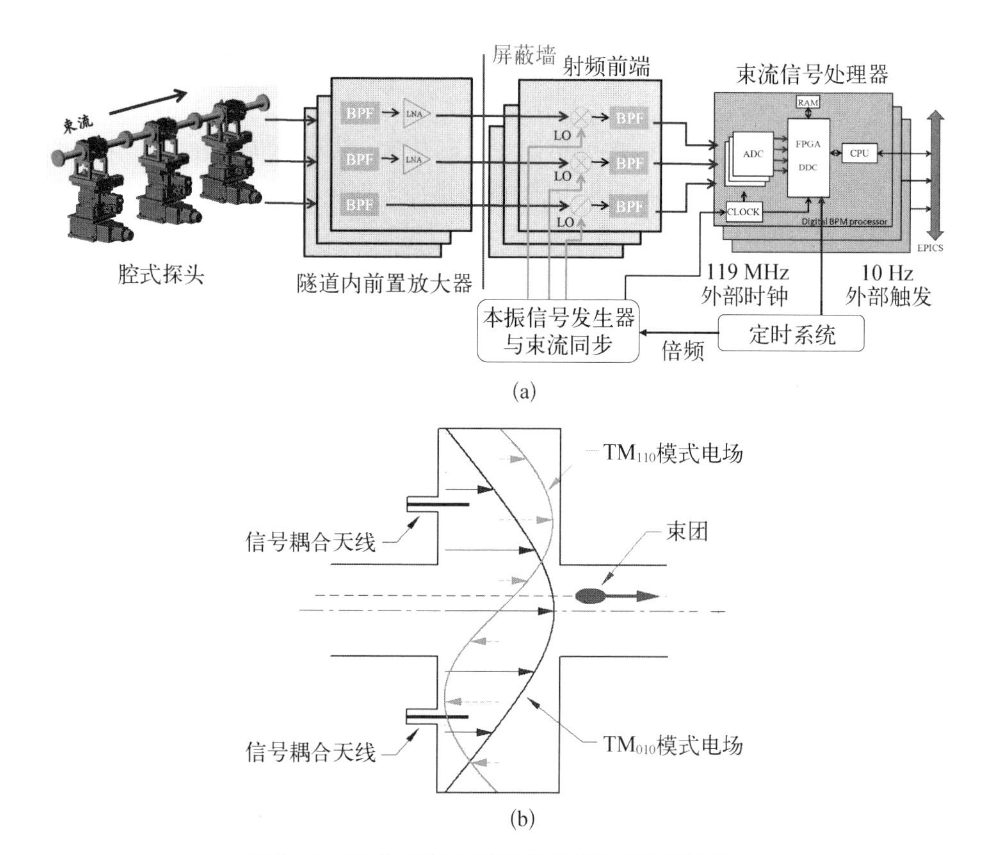

(a)

(b)

图9-5 腔式BPM系统结构及工作原理示意图

(a) 腔式BPM系统结构框图;(b) 探头结构示意图

9.2 束流横向截面尺寸的测量

在加速器中,束流横向截面尺寸的测量是束流其他横向参数测量的基础,所以国内外所有加速器都非常重视束流横向截面尺寸的测量。束流横向截面尺寸的测量有很多方法和技术,其中最常见的方法有三类:基于束流靶的拦截式测量技术、基于束流远场辐射的非拦截式测量技术,以及基于扫描丝的半拦截式测量技术。

9.2.1 屏监视器

屏监视器是最常用的测量单次通过束流截面的仪器,它是一种拦截式的测量设备,常用于直线加速器和输运线,在储存环的调试过程中,也可以作为单次测量的调试手段。图 9-6(a)为屏监视器的示意图,实物图如图 9-6(b)所示。一般地,屏与束流成 45°放置。

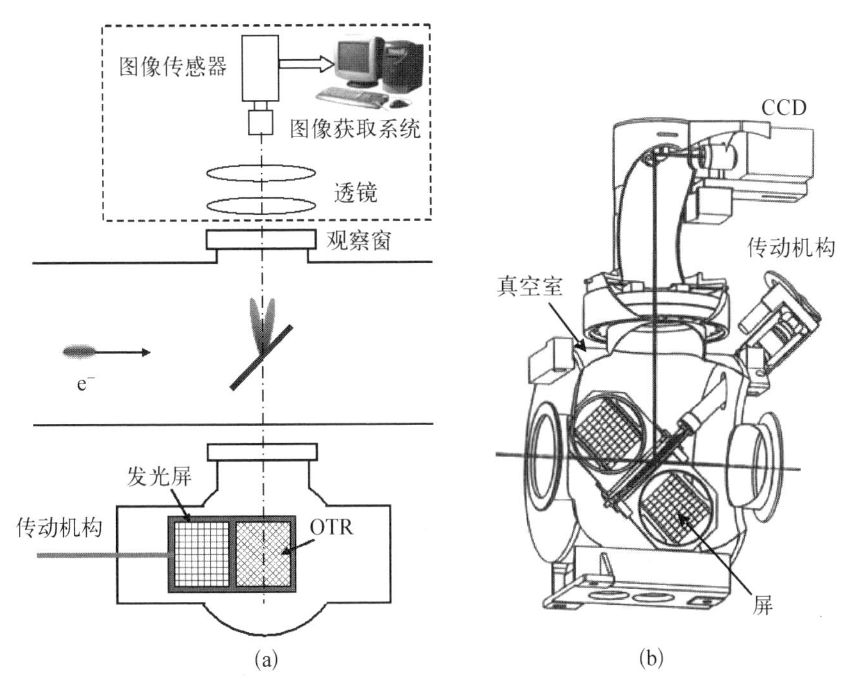

图 9-6 屏监视器系统结构与探头结构

(a) 系统结构;(b) 探头结构

按发光原理的不同,屏可以分为两种类型:荧光屏和光学渡越辐射屏。荧光屏的工作原理如下:粒子束流打到屏上的荧光材料后产生能量损失,荧光材料中的分子吸收能量被激发后,在退激发的过程中辐射出荧光,荧光光斑的分布就反映了原始束流的横向分布,其优点是灵敏度高,常用的荧光屏材料有 Al_2O_3 粉末及 YAG 晶体;光学渡越辐射屏的工作原理如下:当带电粒子从真空环境穿越金属屏界面时,会在可见光波段辐射电磁波,辐射出光斑的分布就反映了原始束流的横向分布,其优点是空间分辨率高,常用的光学渡越辐射屏材料为光滑的铝膜。

上海软 X 射线自由电子激光装置(SXFEL)就同时采用了 YAG 晶体的荧光屏及光滑铝膜构成的光学渡越辐射屏,分辨本领优于 20 μm。

9.2.2 同步光监视器

高能电子束团在经过二极磁铁时会做弯转运动,在瞬时运动方向产生同步辐射光，光束包络反映了发光处的电子束团特性，人们可以利用同步光进行束流横向截面测量。由于同步光监视器是非拦截的，所以在加速器中得到广泛应用。基于同步光的测量方法有同步光成像法、同步光干涉法和同步光投影法。

1）同步光成像法

当电子速度接近光速时，同步辐射将集中在一个沿电子运动轨道的切线方向的光锥内。由于电子在弯转轨道上连续运动，观察者见到的同步辐射光呈扁平的扇状。图 9-7 给出了同步光成像法的示意图。由此可见，可以利用光学成像系统将光源点的同步光成像到图像传感器上，从而得到束流横向截面。

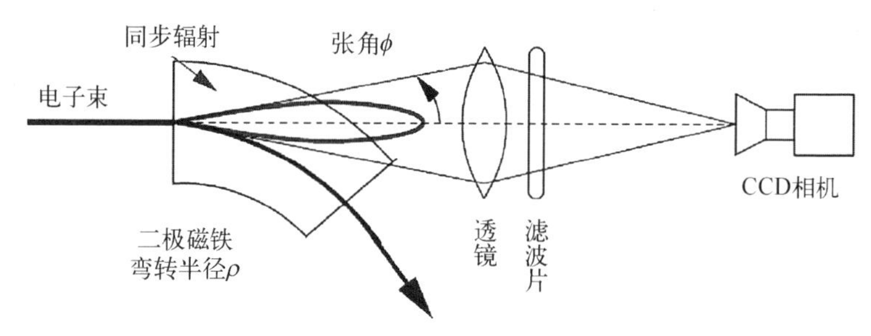

图 9-7　同步光直接成像法截面测量系统示意图

根据同步光引出方式的不同，同步光成像法可分为反射法、衍射法、折射法和小孔成像法。其中，反射法是利用反射镜引出同步光的可见光或紫外光及 X 射线部分进行测量，而引出同步光的可见光或紫外光最为常用[5]；衍射法、折射法和小孔成像法主要是引出同步光的 X 射线部分进行测量，衍射法有菲涅耳波带板（FZP）法[6]，小孔成像法有 X 射线针孔成像法。其中，X 射线针孔成像是利用小孔成像原理进行束流横向截面测量，它具有设备简单、不需要单色仪、对热负载不敏感和高可靠性等优点，其分辨率约为 10 μm。典型的 X 射线针孔成像系统结构如图 9-8 所示[7]。

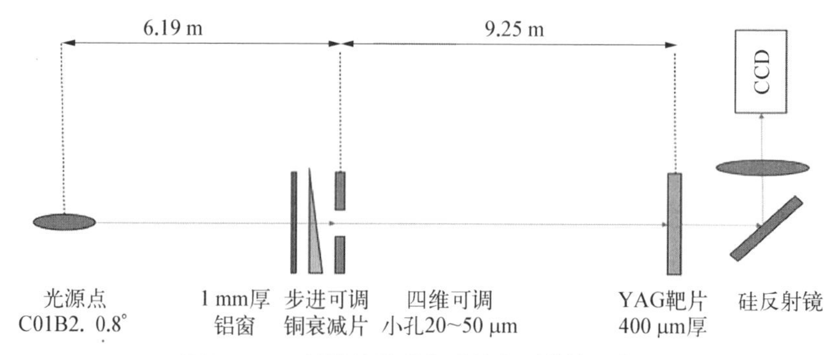

图 9-8　X 射线针孔成像系统典型结构示意图

2）同步光干涉法

同步光干涉法[8]是指对同步光的干涉条纹进行测量的方法，测量中利用了描述非点光源空间相干性的范西泰特-策尼克定理。由范西泰特-策尼克定理知，光源的尺寸越小，其空间相干度 $\gamma(\nu)$ 越大，如图 9-9 所示。

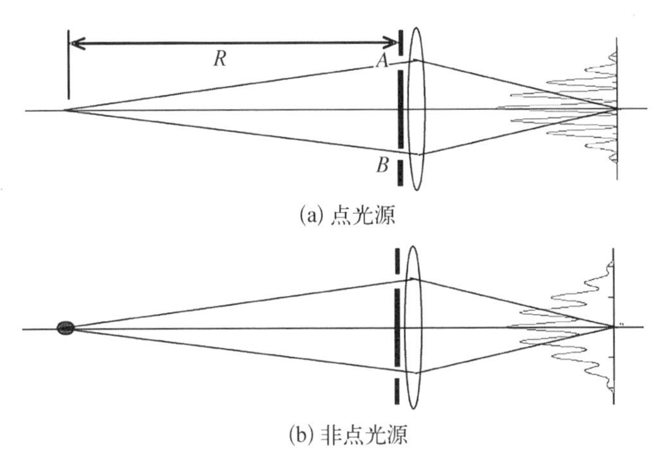

图 9-9　干涉仪基本工作原理

同步辐射光源中采用干涉法实际测量束流横向尺寸的典型结果如图 9-10 所示。

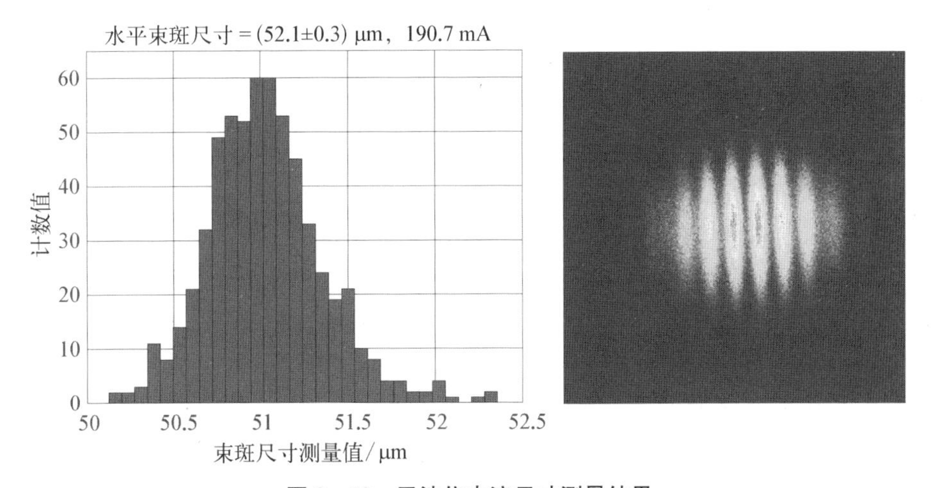

图 9-10　干涉仪束流尺寸测量结果

3）同步光投影法

同步光投影法的基本测量原理如下：高能粒子束流辐射出的同步光，其不同偏振方向分量的空间立体角分布与束流横向分布直接相关，因此无须对同步光进行聚焦成像，直接测定其投影分布就可以推算出原始束流的横向分布。此方法的主要优点是系统结构简单，无须特殊的光学元件；主要缺点是仅能用于垂直方向束斑尺寸的测量，对背景噪声干扰比较敏感。

9.2.3 基于扫描丝的束流横向截面尺寸的测量

基于扫描丝的束流横向截面尺寸的测量一般有两种：一种是普通丝扫描器，另一种是激光丝扫描器，用于微米束流横向截面尺寸的测量。

1）普通丝扫描器

丝扫描器作为非拦截测量通常用于电子直线加速器和储存环，其基本工作原理如下：精确控制丝靶扫过束流的横截面，同步测定丝靶在扫描过程中与束流的相互作用强度，通过丝靶扫描位置与相互作用强度信号的关联分析，即可重建束流横向分布并计算其横向尺寸。丝扫描器的材料一般是碳、铍和钨。水平和垂直丝分别用来测量束流的水平和垂直尺寸。扫描丝与束流的相互作用可以用以下方法检测：① 检测丝感应的二次发射引起的电压变化；② 检测硬韧致辐射；③ 使用契伦科夫计数器或光电倍增管（PMT）检测次级射线；④ 使用光电倍增管检测散射和电磁簇射；⑤ 检测丝的张力变化。其中，第四种方法即使用光电倍增管检测散射和电磁簇射，在高能加速器中广泛使用。

丝扫描器使用中，需特别关注的问题是检测器的动态范围、丝的振动、单脉冲束流的热效应、丝的粗细对束流尺寸的积分效应及在圆形加速器中产生的高次模影响等。

日本加速器试验装置（ATF）上的束流实验结果表明，丝扫描器用于超小垂直束斑尺寸测量时，实测垂直尺寸为 8.8 μm，精度为 0.3 μm[9]。

此外，在北京中科院高能物理研究所的北京正负电子对撞机二期（BEPC Ⅱ）的注入器也采用了类似日本高能加速器研究机构（KEK）的丝扫描器进行束流横向截面尺寸的测量。上海建设中的上海高重频硬 X 射线自由电子激光装置（SHINE）也将应用丝扫描器测量束流横向截面尺寸。

2）激光丝扫描器

激光丝扫描器是利用束流与激光丝的相互作用实现非拦截和非破坏的束流截面测量。它由激光、光学输运线、相互作用区域、光路和检测器等部分组成。来自激光器的光被聚焦成小的光点，其扫描穿过束流，激光与束流产生的康普顿散射光子在下游端进行检测，通过测量这些光子的总能量与激光光点位置的关系可以得到束流的横向尺寸。

激光丝扫描器在使用中特别关注的问题是激光腰的尺寸(事实上最小的腰尺寸在激光波长量级)、背景信号的消除、聚焦的深度、束流与激光的时间同步及加速器的重复性等。日本ATF上利用激光丝系统得到的束流垂直尺寸测量结果的分辨率为120 nm[10]。

基于光学的束流横向截面尺寸的测量应用广泛,国内外各储存环与非超导直线加速器都有应用。而基于扫描丝的束流横向截面尺寸的测量方法由于其非拦截与非破坏的特点适用于超导直线加速器,但是由于丝扫描器的易损性导致其不适用于储存环,激光丝扫描器虽然适用性更广性能也更优越但系统过于复杂。随着加速器技术的发展,对更小截面尺寸的束流横向分布测量提出了更高的分辨率要求,基于激光丝扫描的测量方法应是发展方向。

9.3　束团纵向位置测量

在加速器装置中,所谓的束团纵向位置是指束团在运动方向的位置。通常该纵向位置用电子束团相对于某一参考信号而言的相位表示。对于同步辐射光源而言,由于束团纵向不稳定性会直接影响到束团的寿命、纵向同步振荡频率、束团注入效率、光源点不稳定性等多个束团参数,而这些参数与供光品质息息相关,因此只有通过测量束团的纵向位置方能分析束团的纵向不稳定性并通过反馈系统降低束团不稳定以提供最佳的供光品质。对于自由电子激光装置而言,束团纵向位置的测量是实现电子束团与种子激光脉冲在三维空间(横向和纵向)的重合以产生相干辐射的关键所在。为了实现两者在纵向的重合,通常需要测量电子束团的纵向位置以调整种子激光脉冲序列。

此外,对于高时间分辨率实验而言,高分辨率的束团纵向位置测量有助于为纵向抖动补偿获取更精确的数据,因此束团纵向位置的测量是所有加速器装置需要解决的关键技术问题之一。实现高分辨率的束团纵向位置测量将有助于优化现有装置的性能并提高运行水平。

对于同步辐射光源装置中的电子储存环而言,目前国内外主要采用基于同步光的条纹相机测量方法和基于纽扣电极的过零/峰值检测法进行束团纵向相位测量。条纹相机探测器阵列的像素单元数量较少,很难在高时间分辨模式下同时获取较长时间动态范围的数据,因此基于纽扣电极的过零/峰值检测法是目前最广泛使用的方法。其中以巴西国家同步辐射光源实验室(LNLS)、美国国家同步辐射光源二期装置(NSLS-Ⅱ)、日本的8 GeV超级光子储存环(SPring-8)等为代表的装置采用了高采样率、高带宽的数据采集板卡如示波器,直接对纽扣电极的输出信号进行采集。以日本高能加速器研究机构光子工厂(KEK-PF)、NSLS-Ⅱ等为代表的装置则利用鉴相器或IQ检测法对纽扣电极信号进行处理。前者系统简单高效,但是系统成本高且不适用于在线应用,后者虽然系统复杂但可实现在线测量。根据目前已发表的结果来看,国内外大部分装置尚停留在长时间纵向平均相位或逐圈相位或逐束团多圈的平均相位测量,而无法保证逐束团的同步测量。近年来,上海光源致力于逐束团纵向相位测量的研究,并于2019年实现了基于高采样率示波器和高速采集板卡的逐束团纵向相位测量,测量分辨率可以优于1 ps[11-12]。

对于自由电子激光(FEL)装置,目前世界范围内用于测量束团到达时间的常用方法分为两大类:电光采样法(EO sampling beam arrival monitor)和射频相位腔法(RF cavity beam phase monitor)。前者具有很高的灵敏度及时间分辨率,但是该系统结构复杂,调试优化都相对比较困难,目前主要应用在欧洲的很多自由电子激光装置上[13],比如European XFEL、FLASH、SwissFEL、FERMI等装置,目前得到的最好的相位分辨率为6 fs。而后者系统结构相对简单,便于优化调试,且具有较大的优化空间,目前该方法已经应用在诸如日本的SACLA、美国的LCLS、韩国的PAL-XFEL、中国的SXFEL等FEL装置上[14],其中基于SXFEL的束团到达时间测量分辨本领可优于45 fs,双腔混频测量系统分辨本领可优于13 fs[15],已接近世界先进水平。

本节将介绍在同步辐射装置中广泛应用的基于纽扣电极的过零检测法和在自由电子激光装置中常用的射频相位腔法与电光采样法的基本原理,并结合SSRF和SXFEL介绍每种方法的典型结构及最新进展。

对于电子储存环而言,过零检测法是束团相位测量的基本方法。当电子束团经过纽扣型探头时,纽扣电极上会耦合出携带束团到达时间信息的双极脉冲信号,通过检测该双极脉冲的过零点位置即可提取出束团的纵向相位。

上海光源研究人员在上述测量方法的基础上,利用纽扣探头在上海光源搭建了两套不同电子学方案的测量系统,如图9-11所示。其中一套系统利用高采样率示波器的四个通道对纽扣探头四个电极信号直接采样。该系统具有高达6 GHz的带宽,有效地降低了束团之间的串扰及系统测量误差,可实现高精度高分辨率的逐束团相位测量,目前的分辨率可达到0.2 ps。但是考虑到示波器成本高且后续开发难等因素,不适合用于在线测量,因此采用较低采样率和带宽的数据采集板卡,以分相采样技术来实现逐束团在线实时监测。该系统将四个纽扣电极的输出信号经过合路器合成一路并通过功分器一分为二，每一路信号经过不同的延迟线由数据采集板卡数字化。该数据采集板卡工作在外触发外时钟模式下，其中触发频率为2 Hz，外时钟频率为2倍RF频率（f_{rf}= 499.654 MHz）。此外，研究人员在信号处理的方法上进行创新，提出了纵向差比和查表法，实现了基于低采样率数据采集板卡的逐束团相位测量，分辨率可达到0.8 ps。

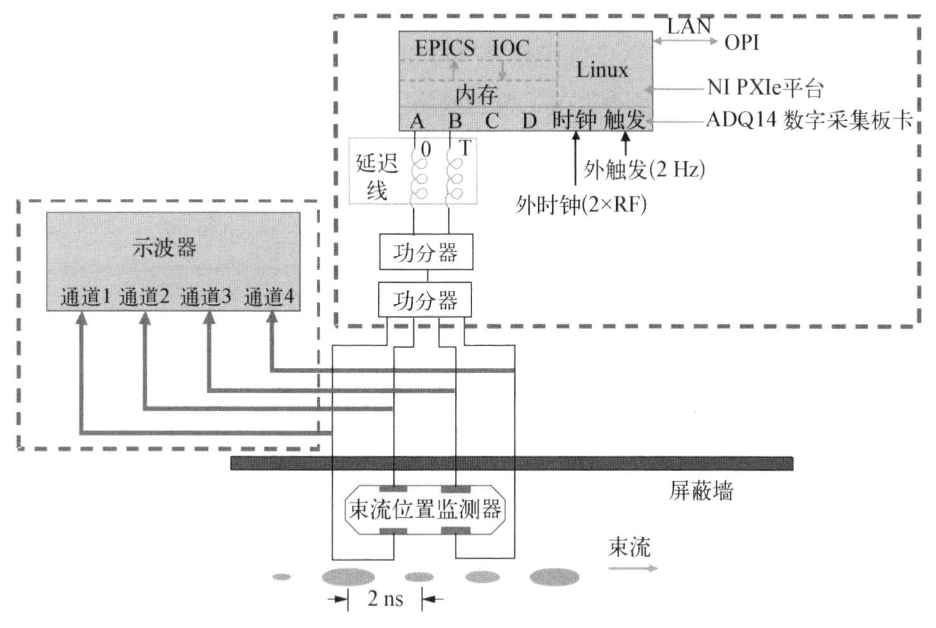

图9-11　基于纽扣电极的逐束团相位测量系统示意图

对于自由电子激光装置而言，利用电光调制器（EOM），将束团到达时间信息"编码"到参考激光脉冲的幅度上，解析参考激光脉冲的幅度变化，即可"解码"出电子束相对于参考激光的到达时间信息，其原理如图9-12所示。典型的系统结构主要包括三个部分：宽带探测腔、束流到达时间探测器（BAM）光学前端和BAM射频后端。其中宽带探测腔是将电子束激励产生的感应电场耦合出来生成携带束团到达时间信息的RF信号；BAM光学前端主要是用生成的RF信号调制参考激光脉冲幅度，从而将较困难的束团到达时间测量问题转化为较为容易的激光脉冲幅度测量问题；BAM射频后端是将调制的激光信号转换为电信号并数字化从而提取幅度信息，同时解码出电子束团到达时间信息。

射频相位腔法同样是自由电子激光装置中测量束团纵向相位的一种主流方法。当电子束团穿过射频相位腔时，会在腔内激励起一系列本征模式，其中主模 TM_{010} 模式是一个中心对称模式，如图9-13所示，该模式携带了束团到

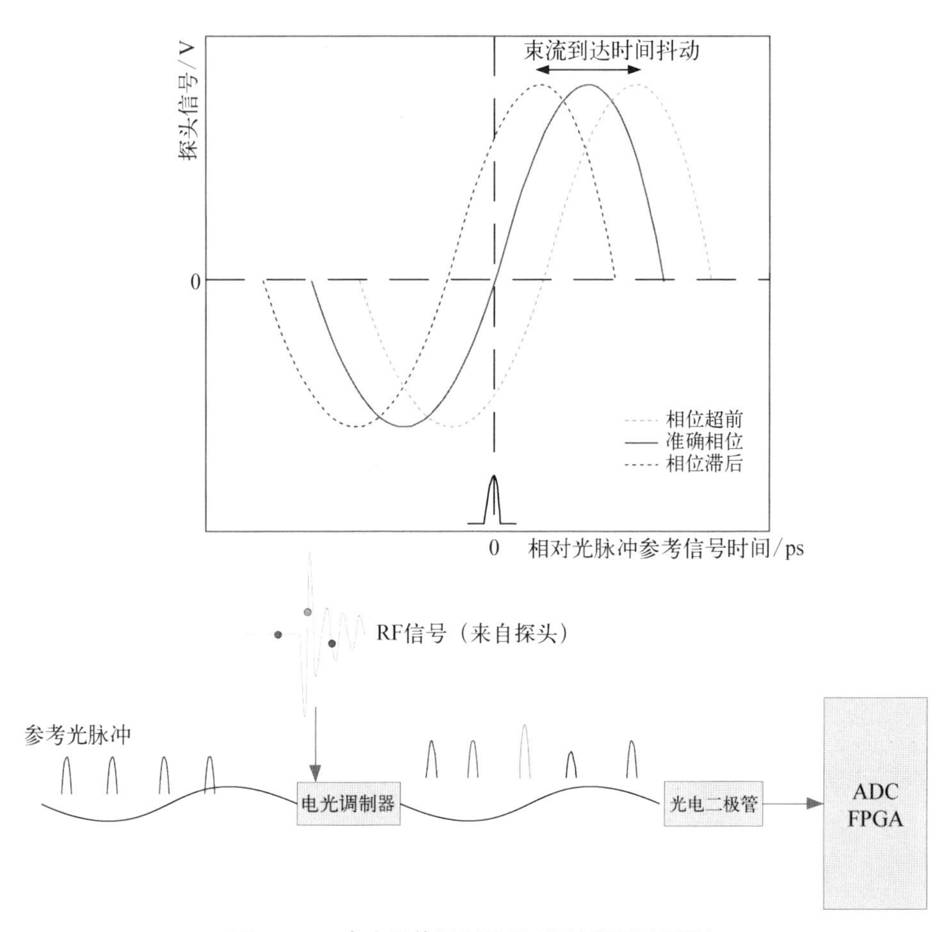

图 9－12 电光晶体调制法原理图(彩图见附录)

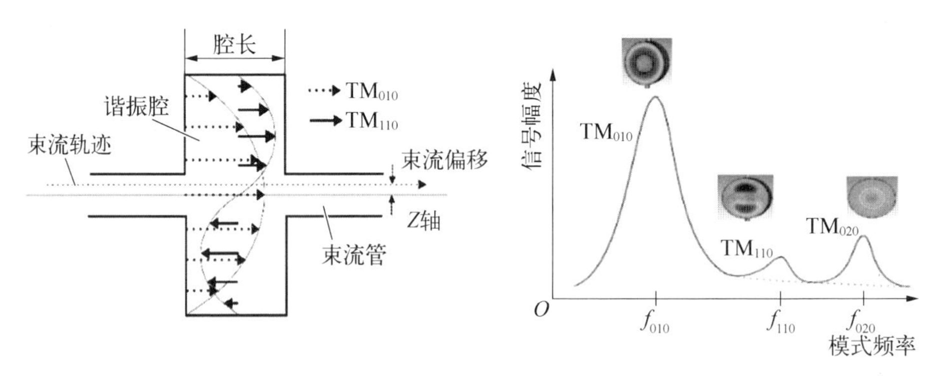

图 9－13 射频相位腔法原理示意图

达时间信息。通过腔式探头耦合出该模式的窄带信号，并利用混频器将束团信号和射频参考信号混频至中频信号输出。此中频信号的相位即反映了束团到达时间信息，也即束团信号与参考信号之间的相对时间关系。通过检波技术(模拟或数字)就可以检测中频信号的相位变化，从而得到束团到达时间信息。典型的相位腔束团到达时间测量系统结构如图 9-14 所示，主要包括以下几个部分：BAM 探头、射频电子学前端、DBPM 数据采集系统及信号在线/离线

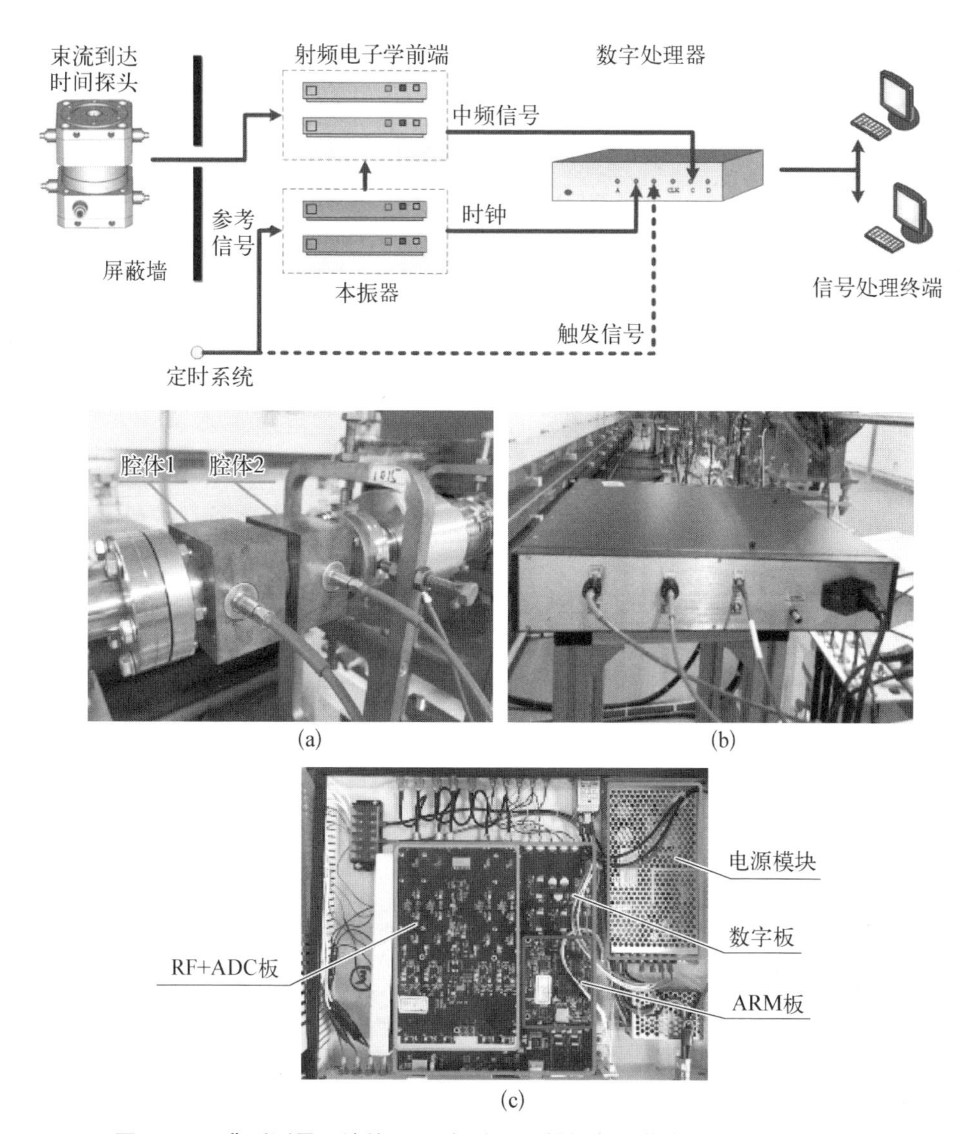

图 9-14　典型测量系统的 BAM 探头(a)、射频电子学前端(b)和 DBPM(c)

处理。BAM 探头输出的 RF 信号经电缆传输至射频电子学前端作为射频输入信号，本振信号由来自定时系统的参考信号经过本振器倍频生成，射频信号与本振信号在前端内混频至中频，并在数字化束流位置信号处理器（DBPM）数据采集系统中数字化。该 DBPM 工作在外触发外时钟模式下，外时钟由本地振荡器（LO）分频产生。经过数字化后的中频信号在终端中完成束团到达时间信息的提取。束团实测结果显示：束团到达时间的测量不确定度可小于 45 fs，飞行时间的测量不确定度可小于 13 fs[16]。

目前，射频相位腔法的分辨率尚未达到极限，在探头、信号传输、射频前端、信号处理器、信号处理算法等多个环节均有进一步优化的空间，理论预测此种方法的极限分辨率在 2～3 fs，后续可配合相关技术的不断提升，进一步进行工艺优化，有望获得更高的分辨率。基于电光采样（EOS）法的到达时间测量方案已经相对比较成熟，但随着分辨率的进一步提高，此类宽带测量系统对束流信号耦合探头要求比较高的矛盾将进一步凸显，如何设计加工出带宽更宽、信噪比更好的束流探头，是此种方法进一步提高分辨率的关键。

9.4　纵向分布测量关键技术

束团纵向分布参数（束团长度）是加速器非常重要的参数之一。对于电子储存环来说，束团纵向分布参数测量还能够检测到同步振荡频率、同步辐射阻尼时间、机器宽带阻抗，为多束团不稳定性等机器研究提供一定的支持和依据。对于自由电子激光装置来说，为了获得超短、超高功率、超高峰值流强的激光脉冲，需要长度超短的电子束团，束团长度已从皮秒到了飞秒，束团纵向分布测量是保障其高性能运行的前提。

国内外各大加速器实验室都非常重视束团长度测量技术的研究。束团长度代表束团的纵向尺寸，通常用均方根值 σ 或半峰全宽（FWHM）表示。束长单位在时间上是 ps 或 fs，在空间上是 mm 或 μm。

对于储存环来说，束团长度是皮秒级别，束长测量方法按大类有条纹相机法、电子学法和单光子计数法。条纹相机法属于绝对测量和非拦截式的测量方法，可以精确和直观测量其他束流仪器无法得到的束流特性和参数，所以条纹相机在加速器界得到广泛应用。国内外很多实验室都将条纹相机作为必备的测量仪器，目前测量分辨率最好可到几百飞秒。电子学法主要是基于储存环 BPM 探头信号。测量系统可以基于时域测量技术搭建，例如用宽带示波器进行直接观测；也可以基于频域测量技术搭建，用频谱仪进行直接观测，或者用谐波法取出束流的谐波分量进行束团长度的测量[17]。频域法无法进行纵向分布测量，只能进行束团长度测量。单光子计数法主要基于同步光，利用单光子计数器进行，同步光强度的时间分布能线性地反映束团的纵向分布[18]。

对于直线加速器与 FEL，束团长度是在 10 ps 以下直至飞秒量级，所以通常采用条纹相机法、自相关法、零射频相位法、横向偏转腔法和电光采样法。自相关法测量束团长度是指利用短束流产生的相干辐射，对相干辐射进行自相关测量得到束团长度。相干辐射主要有相干渡越辐射(CTR)、相干衍射辐射(CDR)、相干同步辐射(CSR)和相干 Smith - Purcell 辐射，分辨率可达几十飞秒。横向偏转腔(transverse RF deflecting cavity)法是利用类似于条纹相机的原理进行束团长度测量，只是直接利用束团本身进行测量，分辨率也为几十飞秒。零射频相位法是利用直线加速器中的加速腔作为零相位腔，工作在相位的交叉零点时，则得到沿束团的时间相关动量分布，再经过能量分析仪将纵向动量分布转变成水平位置的分布，然后通过测量水平光斑截面，并进行处理得到束团长度和束团的纵向分布，分辨率也为几十飞秒。电光采样法[19-21]是利用晶体的普克尔(Pockels)效应，经过晶体后的线偏振光在电场的作用下会成为椭圆偏振光，椭圆度正比于电场强度，对于相对论电子束，可以认为其正比于束团的纵向电荷密度，分辨率可达几飞秒。

这里主要挑选了常用的四种测量方法的原理和典型测量系统进行详细介绍，包括条纹相机法、谐波法、电光采样法和偏转腔法。

9.4.1　条纹相机

条纹相机通过测量同步辐射或者其他衍射光斑偏转之后的图像来反算出束团纵向的时间、空间及强度信息进而求得束团的对应参数。待测光首先经过一个狭缝，经过几个透镜之后打到光阴极上转换为电子。到达光阴极的光转换为正比于光强的电子，然后电子通过加速电极、偏转电极，偏转电极受扫描电压控制，电子在水平或垂直方向偏转后经过增强管放大几千倍，最终打到荧光屏上产生图像，至此光束纵向分布经偏转后转为图像的横向分布。通过调节曝光时间及增强系数可以测量单束团长度和多束团的平均长度。该方法属于绝对测量和非拦截式的测量方法，可以精确和直观测量其他束流仪器无法得到的束流特性和参数,所以条纹相机在加速器界得到广泛应用。国内外很多实验室都将条纹相机作为必备的测量仪器。

条纹相机系统原理如图 9-15(a)所示,基于此系统,可以对束团长度的变化规律进行研究,进而可研究机器的宽带阻抗。在单束团填充下,不断填充束团,电荷量可以从小慢慢增大,能够满足束长与电荷量关系验证的要求。图 9-15(b)展示了使用条纹相机测得的平均束长的图像。

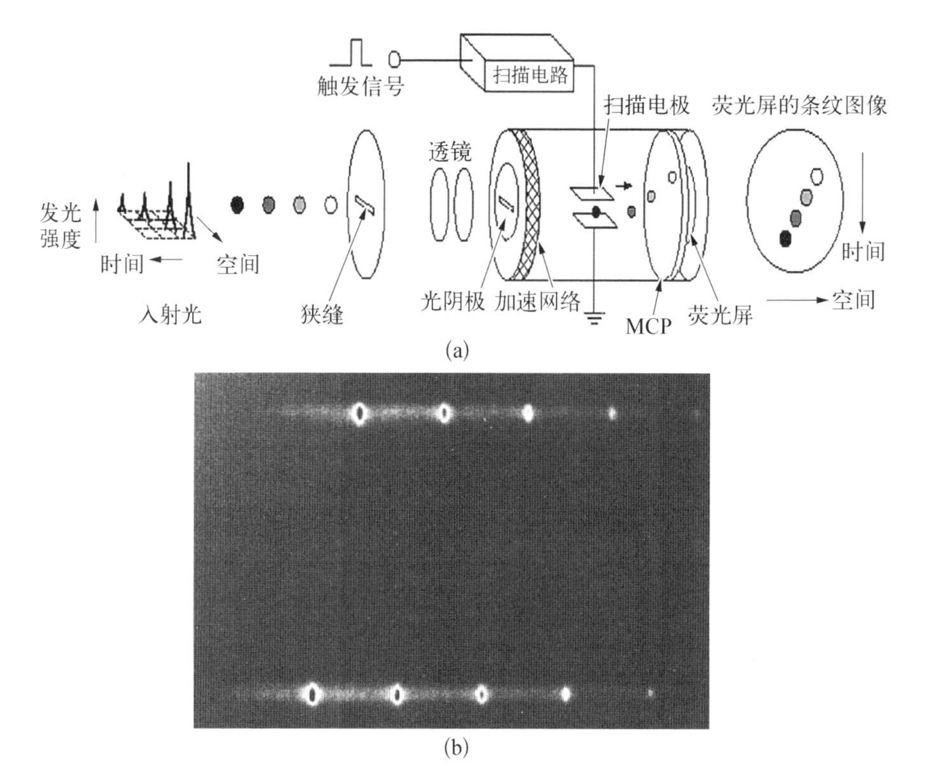

图 9-15 条纹相机的工作原理及实测束团纵向分布

(a) 系统原理;(b) 测量结果

9.4.2 谐波法

基于以束流位置探头为代表的射频拾取探头,可直接拾取束流信号来进行束团长度测量,测量系统可以是时域测量,如用宽带示波器直接观测,也可以是频域测量。在频域测量中,可以用频谱仪直接观测,也可以用谐波法取出束流的谐波分量进行束团长度的测量。

其中谐波法是比较常用的束长测量方法之一,可实现逐束团束长测量。

单个电子束团在储存环中运动时，其三个方向都可以看作是高斯分布，电子电荷量为 e，N 为电子数，束团长度为 σ，当储存环中束团运行稳定时，沿某一定截面看，束团信号的分布为

$$f(t)=\frac{eN}{\sqrt{2\pi}\sigma}\exp\left(-\frac{t^2}{4\sigma^2}\right) \tag{9-4}$$

傅里叶变换为

$$F(\omega)=\int_{-\infty}^{+\infty}f(t)\mathrm{e}^{-\mathrm{i}\omega t}\mathrm{d}t=eN\mathrm{e}^{-\frac{\sigma^2\omega^2}{2}} \tag{9-5}$$

取 ω_1、ω_2 作为两个工作频率，比较两者的大小后进行换算就可以得到束团长度值 σ：

$$\sigma=\sqrt{\frac{2}{\Delta\omega^2}\ln\frac{F(\omega_1)}{F(\omega_2)}} \tag{9-6}$$

式中，$F(\omega_1)$、$F(\omega_2)$为两个工作频率的信号大小 $(\omega_2>\omega_1)$，$\Delta\omega_2=\omega_{22}-\omega_{12}$。

典型的双频法逐束团束长测量系统框图如图 9-16 所示。

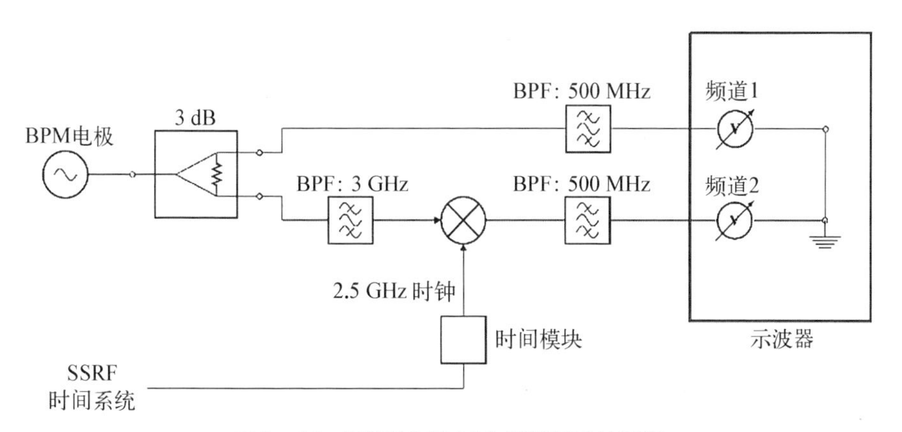

图 9-16　双频法逐束团束长测量系统框图

从储存环隧道内的纽扣电极拾取到束流信号，经长电缆引出，直接用一个功分器将信号输出，通过滤波器得到 500 MHz 和 3 GHz 两路信号，由于数采设备限制，3 GHz 信号与射频信号倍频产生的 2.5 GHz 信号混频得到 500 MHz 中频信号后，两路信号同时由高速采集设备采集。此类系统可实现逐束团束长测量，系统测量误差小于 0.2 ps。

9.4.3 电光采样法

电光采样法测量束团长度的原理如图9-17所示。图中,起偏器(polarizer)与检偏器(analyzer)的偏振方向互相垂直,入射激光沿 x 方向依次经过起偏器、电光晶体(electro-optic crystal)和检偏器。当没有外加电场(即没有束流)作用于电光晶体时,电光晶体不改变入射光的偏振状态,到达检偏器的光偏振方向与检偏方向成90°,光不能通过检偏器进入CCD相机;当有束流沿 y 方向经过电光晶体上方时,它产生的辐射电场主要集中在其正下方(z 方向),此时电光晶体处于电光调制状态,偏振光经过电光晶体后偏振状态发生变化,到达检偏器的光偏振方向与检偏方向不成90°,有部分光通过检偏器进入CCD相机,最后得到进入CCD相机的光强沿 y 方向(即束团纵向)分布,从而可以得到束团的纵向分布和束团长度。

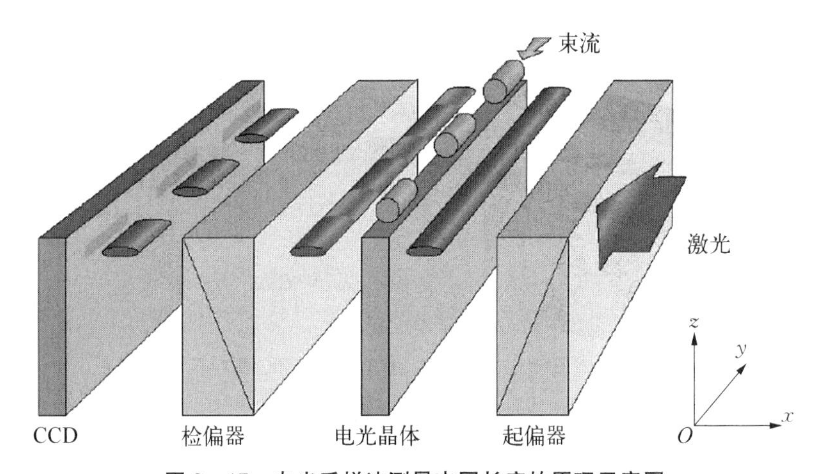

图9-17　电光采样法测量束团长度的原理示意图

电光采样法是一种非拦截式的时域测量,其主要有四种方式,即延迟扫描法、光谱解码法(又称为啁啾脉冲方式)、空间解码法和时间解码法。

9.4.4 横向偏转腔

横向偏转腔测量束团长度的原理如图9-18所示。当具有射频偏转电压的偏转腔工作在射频零相位附近时,束流产生强的纵向和横向的相关性,即产生偏转,则下游端的束斑垂直尺寸反映束团长度的大小。这样,利用测量束斑检测器上的束斑垂直尺寸就可以进行束团长度的测量。

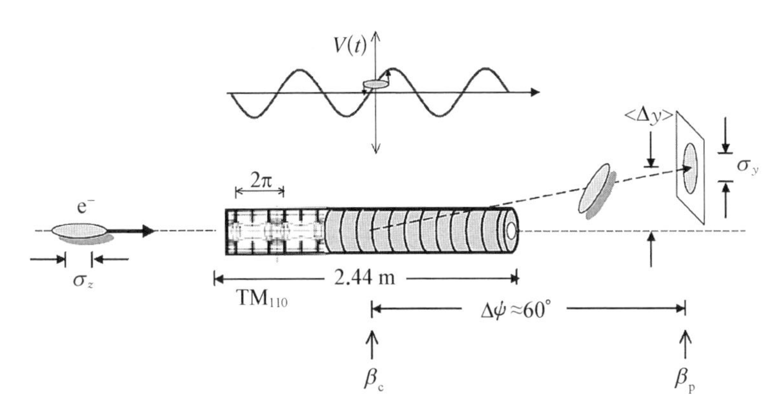

图 9-18　横向偏转腔测量束团长度的原理示意图

在束斑检测器上束流垂直尺寸 σ_y 与束团长度 σ_z 及偏转器参数的关系为

$$\sigma_y=\sqrt{\sigma_{y_0}^2+\sigma_z^2\beta_c\beta_p\left(\frac{2\pi eV_0}{\lambda_{rf}E_0}\sin\Delta\varphi\cos\phi_{rf}\right)^2} \tag{9-7}$$

式中，σ_{y_0} 为偏转腔未工作时的垂直方向束流尺寸，β_c 和 β_p 分别为横向偏转腔和截面靶处的 β 函数，$\Delta\varphi$ 为从横向偏转腔到束斑检测器处的 β 相移，V_0 为偏转腔最大偏转电压，ϕ_{rf} 为偏转腔工作相位，λ_{rf} 为射频信号的波长，E_0 为能量。

这样，束团长度由测量得到的垂直尺寸与射频偏转电压确定。一般地，可以写成

$$\sigma_y^2=A(V_{rf}-V_{rfmin})^2+\sigma_{y_0}^2 \tag{9-8}$$

式中，V_{rf} 为实际工作偏转电压，V_{rfmin} 为垂直尺寸最小时的偏转电压，A 为拟合参数。通过改变射频偏转电压（$\phi_{rf}=0°$ 或 180°）测量垂直尺寸，然后根据测量数据进行抛物线拟合得到 A 值，则束团长度为

$$\sigma_z=A^{1/2}\frac{E_0\lambda_{rf}}{2\pi R_{34}} \tag{9-9}$$

式中，R_{34} 是从横向偏转腔到束斑检测器的传输矩阵元。图 9-19 给出了一个典型的 X 波段偏转腔测量系统的实物照片及典型测量结果。

随着装置的发展，束长的测量精度和速度要求也越来越高。逐束团束长测量会越来越重要，实现逐束团在线测量系统尚未成功，未来可在此方向开展

(a)

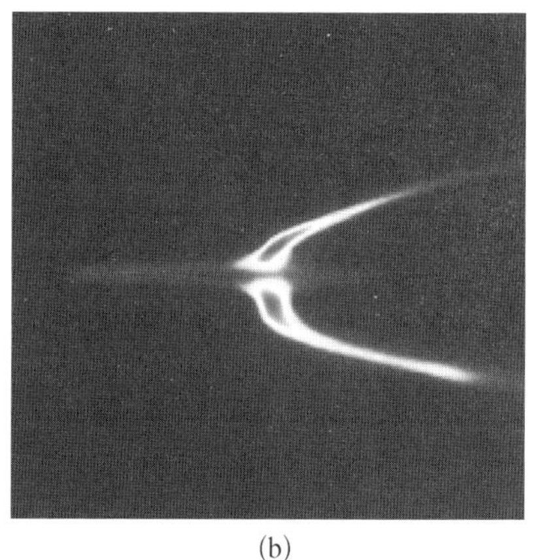
(b)

图9-19 X波段偏转腔测量系统(彩图见附录)

(a) 实物照片;(b) 束流-激光同步诊断结果图

工作,主要依靠电子学测量方法。光学测量方法如条纹相机测量系统是最直观的测量方法,大多数电子学方法也需要靠条纹相机系统进行标定,目前主要受限于相机和扫描电压频率,无法做到真正的逐束团测量,下一步可思考如何改进条纹相机实现真正的逐束团测量。

9.5 电荷量及寿命测量

单束团电荷量的精确测量一般有三种方法:第一种是采用积分束流变压器(ICT),在直线型加速器或输运线中使用较多;第二种方法是采用BPM系统中的电极和信号来表征束团电荷量,在直线加速器及储存环中均有应用;第三种方法是通过光电转换探头把束团辐射出的同步光信号转换为电脉冲信号,通过测量电脉冲信号强度来计算束团电荷量,在储存环中应用较多。以上三种测量方法均需要模拟带宽很宽的数据采集处理系统,一般使用数字化宽带采样示波器。应用BPM电极信号的装置包括NSLS-Ⅱ、BEPC-Ⅱ、SSRF等[22-23],应用同步光信号的装置包括澳大利亚同步加速器、瑞士光源、合肥光源等[24]。

储存环中更为常见的是平均流强测量系统,第三代同步辐射光源大多采用商业化的参数电流互感器(PCT)型平均流强探头方案,如法国Bergoz公司生产的直流电流变压器(DCCT),平均流强测量分辨率普遍达到微安量级水平。储存环寿命的测量大多基于DCCT，采用平均流强进行束流寿命拟合[25]。

9.5.1　束流变压器

束流变压器型流强检测器通过分析磁芯上的二级绕组耦合出电流信号来获得原始束流强度信息，束流变压器的等效电路如图9-20所示。

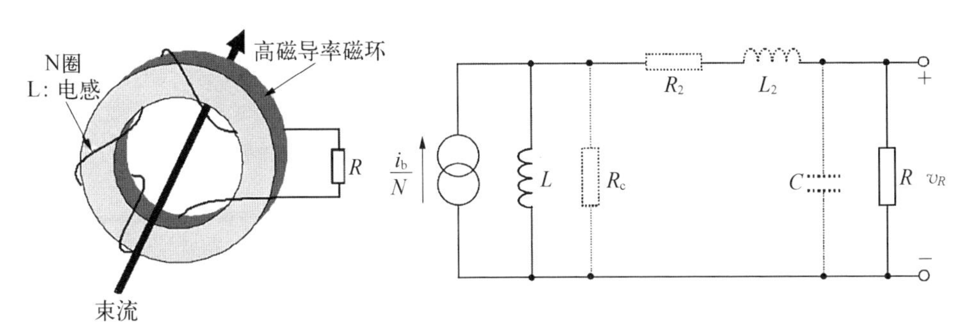

图9-20　束流变压器的原理图及等效电路

其主要分类有快速束流变压器(FCT)、积分束流变压器(ICT)、交流电流变压器(ACCT)、直流电流变压器(DCCT)等。表9-4列举了几类常见束流流强检测器。

表9-4　常见束流流强检测器

类　型	特　　征	时间响应	适 用 对 象
FCT	高起始磁导率，低损磁芯材料，上升时间小	ns～μs	直线加速器/储存环
ICT	优化R、L、C参数，展宽输出信号，输出电流脉冲积分正比于束团电荷量	ps～ns	直线加速器
ACCT	输出端引入运算放大器反馈环路改善低频特性	μs	直线加速器
DCCT	磁调制、零磁通反馈，低频响应扩展至DC	DC～ms	储存环

典型的电子储存环的DCCT系统结构如图9-21所示，主要包括探测器、前端电子学模块和数据采集处理模块三部分。

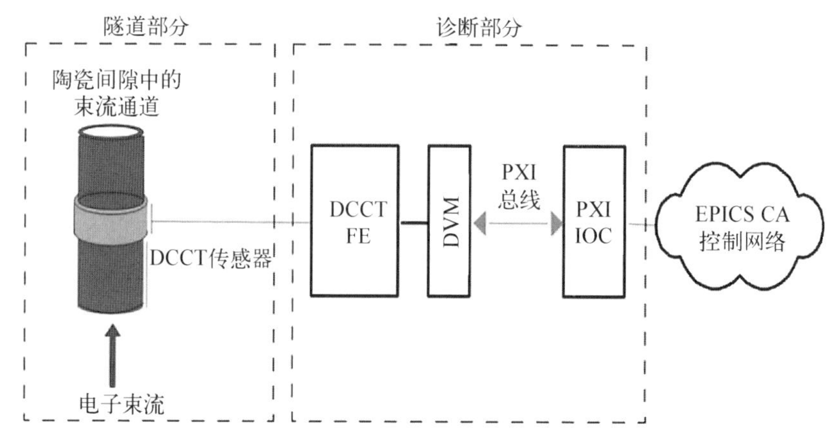

图 9-21　电子储存环平均流强测量系统结构示例

9.5.2　电极耦合型探头

图 9-22 为 BPM 信号拾取原理图和等效电路图，在束团长度基本不变的前提设定下，束团在平衡轨道附近振荡，通过测量束流位置探头的四个电极电压幅值可以提取束团电荷量信息。

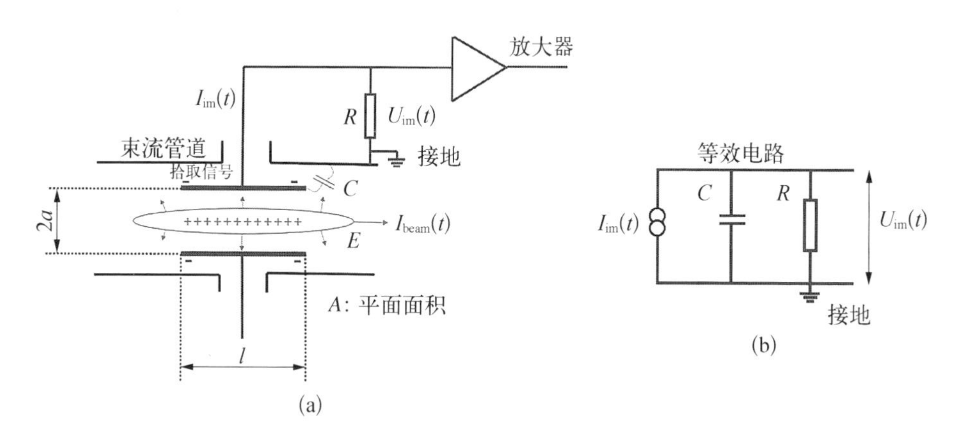

图 9-22　BPM 信号拾取原理图和等效电路图

(a) 原理图；(b) 等效电路图

对纽扣型 BPM 响应分析，具有 N 个粒子的高斯分布束团可以传导出感应电压信号：

$$V_{\text{B}}(t)=\frac{a^2Z}{2bv_{\text{b}}}\,\frac{eN}{\sqrt{2\pi}}\,\frac{t}{\sigma_t^3}\exp\left(\frac{-t^2}{2\sigma_t^2}\right) \tag{9-10}$$

电压信号的峰值电压为

$$V_{\text{B-peak}}(t)=\frac{a^{2}Z}{2bv_{\text{b}}}\frac{eN}{\sqrt{2\pi}}\frac{\mathrm{e}^{-\frac{1}{2}}}{\sigma_{t}^{2}}\propto\frac{N}{\sigma_{t}^{2}}\tag{9-11}$$

由此可见,信号的大小与束团电荷量之间呈现良好的线性关系,即纽扣电极和信号在一阶近似下正比于束团电荷量。

采用分相采样技术实现逐束团电荷量的系统结构如图9-23所示,由四个主要模块构成:电子学前端模块、高速数据采集模块、控制机箱和定时模块。

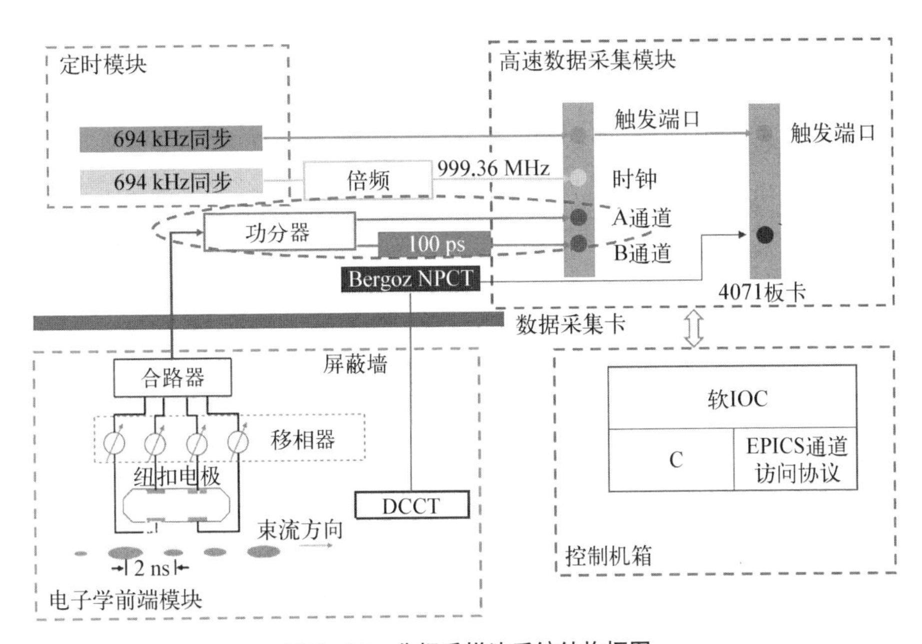

图9-23　分相采样法系统结构框图

分相采样法通过功分器将前端信号分为两路,经过精准的传输延时间隔100 ps的延时线馈入数字化束流位置信号处理器(DBPM)中,通过延时线将两个采样相位差值固定,这样使得纵向振荡和采样时钟晃动所造成的采样相位漂移对两个采样点的影响是同步的,可以通过建立采样函数拟合的方式来定位每次两点采样后峰值点的取值。束流实验表明,基于两点采样方法的测量系统,电荷量分辨率优于0.02%,与单点采样技术搭建的束团电荷量探测器(BCM)系统电荷量分辨率(0.1%)相比,其性能有显著提升[26]。

9.5.3 单光子计数

储存环同步光信号中包含了电荷量信息，而时间相关单光子计数(TCSPC)技术具有时间分辨本领好、灵敏度高、测量精度高、动态范围大等优点，用TCSPC配合光电倍增管可以提取储存环中束团电荷分布曲线[27]。

基于光电倍增管和TCSPC技术可实现大动态范围的束团纯度测量，其典型系统结构如图9-24所示。整套系统硬件由同步光引出端、光学前端、光电倍增管、电子学前端、光子计数器等组成。

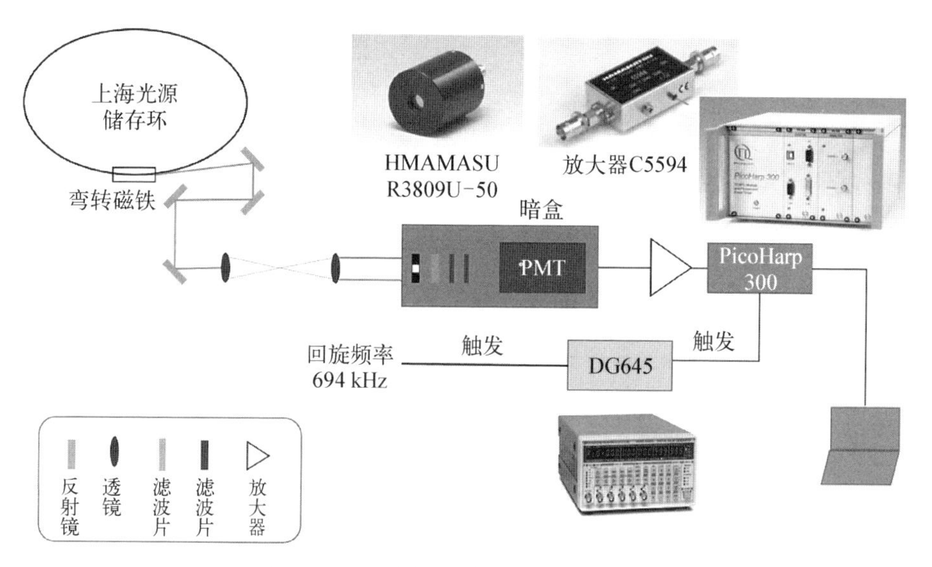

图9-24 束团纯度测量系统结构示意图

束流实验结果表明，此类系统时间分辨率可达32 ps；束团纯度分辨在2分钟累积条件下可达10^6量级，在5分钟累积条件下可达10^7量级。

9.5.4 束团寿命

如4.4.2节所述，储存环中的束团总寿命是量子寿命、气体散射寿命、托歇克寿命联合作用的结果[参见式(4-71)]，每个束团流强随时间的变化遵循指数衰减规律[参见式(4-72)]。在一段较短的时间内，加速器的参数、束流参数基本保持不变，电子束团的量子寿命长达数百小时，远大于气体散射寿命和托歇克寿命，如定义托歇克因子$k_{\mathrm{T}}=\dfrac{1}{\tau_{\mathrm{T}}Q}$，则式(4-71)可以简化为

$$\frac{1}{\tau}=k_{T}Q+\frac{1}{\tau_{V}} \tag{9-12}$$

通过高精度的逐束团电荷量测量，可以实现逐束团寿命计算，结合上海光源现在的注入模式状态，每个束团串中的束团电荷量并不完全一致，利用束团串中非均匀填充的电荷量作为“探针”，能够实现在线快速气体散射寿命和托歇克寿命的提取，如图9-25所示。通过直线拟合可以得到气体散射寿命和托歇克因子。拟合直线与y轴截距代表气体散射寿命的倒数，同时直线斜率表示该次事件中的托歇克因子，每个束团的托歇克寿命可以通过托歇克因子与该束团的电荷量乘积的倒数表征。

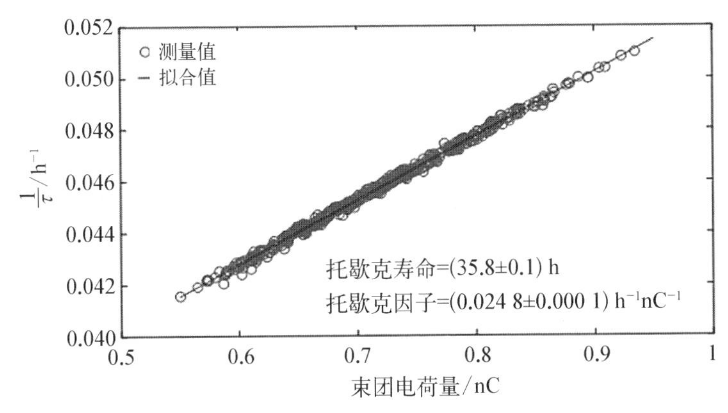

图9-25 束团寿命倒数与束团电荷量关系图

寿命测量系统通常采用平均流强进行束流寿命拟合，并进行托歇克寿命和气体散射寿命的分析，这种测量方案需要流强变化范围较大（数十毫安量级），需要的数据时间较长（小时量级），并且不能检测束流寿命的快变化、不能实现在线分析及数据发布、不能满足前沿问题的研究需求。而高分辨率和高数据刷新率的BCM系统不仅能用于束流电荷量监测，还能用于逐束团寿命的在线监测、气体散射寿命和托歇克寿命的测定，同时对上述问题均提供了很好的解决方案。

9.6 数字化技术在束流测量中的应用

数字化技术是对物理探头输出的模拟信号在经过必要的调理后进行数字化采样，然后在数字域进行信号处理以获得待测物理参数并与控制网络进行通信的过程，包括印制电路板(PCB)硬件设计、基于FPGA的信号处理算法研究和实现、控制软件开发等技术。基于数字化技术开发的束流信号处理器是物理和运行人员能够实现对粒子加速器束流进行精确测量和反馈控制的必要手段，是现代先进光源实现高性能发光和稳定运行的关键技术之一。相对于模拟电路，数字化技术可提高系统稳定性，减少模拟电路引入的噪声对系统性能的影响，同时也降低了环境对系统的干扰。开发人员可以方便地进行数字信号处理算法开发、系统升级，提高了系统灵活性和测量性能。

下面以BPM信号采集处理器为例介绍数字化技术在束流测量中的应用。BPM系统结构一般如图9-26所示，隧道内BPM探头输出的射频信号通过电缆传输到屏蔽墙外。射频信号经过调理电路处理后，一般包含滤波、放大、衰减，或者混频下变频等，处理成适合模拟数字转换器(ADC)采样的信号。ADC将调理后的信号进行数字化采样，采样时钟一般与加速器的机器时钟同步。ADC采样后的数字信号输入FPGA进行实时信号处理，得到束流位置、相位等信息。ARM控制器负责系统控制和数据通信，运行Linux操作系统和实验物理及工业控制系统(EPICS)分布式控制软件，操作人员可通过网络实现系统远程控制和数据采集。此外，一般还有板上的缓存随机存储器(RAM)进行数据存储。DBPM主要是指包含从ADC及之后硬件的一体化信号采集处理器，射频调理电路也有可能集成在DBPM中。

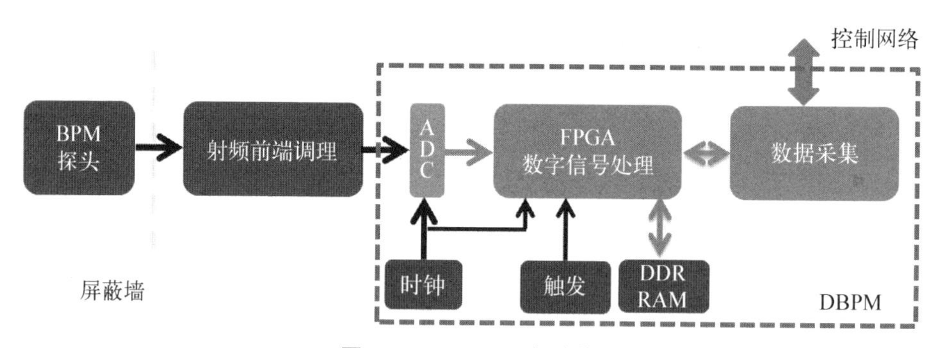

图9-26　BPM一般结构

DBPM性能及应用与电子学技术的发展水平息息相关，其中最关键的是ADC和现场可编程逻辑器件(FPGA)。ADC最关键的参数包括采样率、采样位数、输入信号带宽等，要求提供低抖动的时钟源。FPGA是数字信号处理的核心，有丰富的逻辑和运算资源、高速数据接口，高端FPGA还集成了硬核ARM处理器和高性能ADC。ADC和FPGA性能的提高使前端射频电路的模拟器件逐渐减少，数字化技术逐渐提高，更多的信号处理可在数字域实现。

早期法国 Bergoz 公司开发的 MX-BPM 电子学包含大量复杂的模拟电路，比如低通滤波、两级下变频、带通滤波、采样保持、和差计算电路等，BPM 信号的处理都由模拟电路完成，最后只利用 ADC 进行数字化采样，采样频率最高只能达到 10 kHz，称为第一代 DBPM。

第二代 DBPM 以瑞士光源开发的基于 VME 总线的 BPM 处理器为代表。处理器首先利用模拟前端将 BPM 射频信号下变频成 36 MHz 的中频信号，利用带宽为 5 MHz 声表面滤波器对输入中频信号进行带通滤波。然后中频信号进入数字接收机，接收机内置最高采样频率为 41 MHz 的 ADC 进行数字化采样，后端有数字下变频数字信号处理（DSP）芯片，数据缓存先进先出（FIFO），最后通过 DSP 进行位置计算等，处理器可提供不同速率的位置信号，配置有 EPICS IOC 控制模块[28]。系统整体结构复杂，体积庞大。

第三代 DBPM 以 IT 公司的 Libera 系列 BPM 处理器为代表，它由 FPGA＋ARM 母板和前端 ADC 子板组成，是集模拟信号处理、模数转换、数字信号处理及控制系统于一体的嵌入式系统。前端进行带通滤波和放大衰减等后，直接利用一百多兆赫兹采样率的高速 ADC 进行带通采样，在 FPGA 内进行数字下变频等处理，可提供包括逐圈、快反馈、慢获取等不同速率的高分辨率位置信息，逐圈位置分辨率达到亚微米。目前国际上主要开发和使用的都是第三代处理器[29-31]。

国内数字化 BPM 处理器发展起步较晚，上海光源在 2009 年光源建成运行后开始了国产 DBPM 的研制工作，该处理器为第三代处理器。先后研制成功了储存环 DBPM、条带型 DBPM、腔式 DBPM、增强器 DBPM 等，批量应用在大连相干光源、上海软 X 射线自由电子激光装置和上海光源上，是国内首次研制成功并实现批量在线应用的 DBPM[32-34]。中科院高能物理研究所也为建设中的北方光源开展了 DBPM 的研制工作，已完成样机研制并在 BEPC Ⅱ上开始应用。一套典型的数字化 BPM 信号处理器实物照片如图 9－27 所示，包括 FPGA 母板、ADC 子板。

当前已经有 500 MHz、1 000 MHz 以上的高速高分辨 ADC，同时新一代 FPGA 具备高速接口，可与 ADC 进行实时数据传输并在线处理，且已经发展出包含硬核 ARM 的片上系统（SoC）FPGA。基于以上器件的发展，目前国内外正在开展高速采样的 DBPM 处理器，也可称为第四代 DBPM，以实现同步辐射光源和高重频 FEL 的逐束团测量[35-36]。比如，上海光源正在开发基于

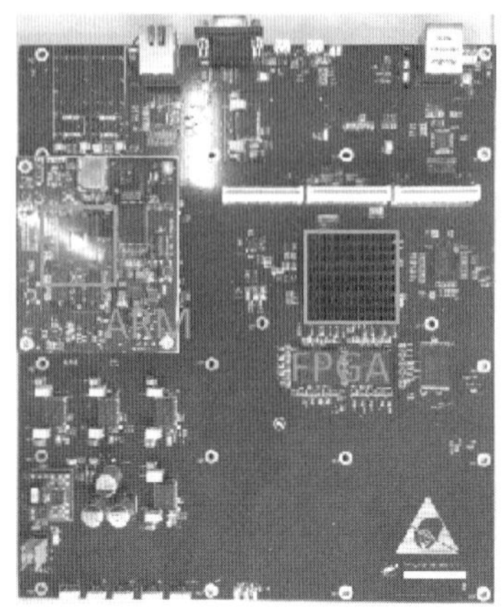

图 9-27 典型的 DBPM 处理器实物照片(彩图见附录)

SoC FPGA、最高采样率达到 500 MHz 以上的新一代高性能信号处理器平台[37],可用于上海光源储存环 BPM 逐束团信号处理和高重频硬 X 射线自由电子激光装置的 BPM 信号处理。

与此同时,新一代的射频直采 ADC 也逐渐上市并开始应用。射频直采 ADC 具有高带宽、高采样率的特点,有的 ADC 带宽最高已经达到 9 GHz,采样率可超过 3 GHz。利用以上器件可以对腔式 BPM 输出的高频窄带信号进行射频直采,不再需要模拟下变频模块,加上高吞吐率 FPGA,可以极大地减少 DBPM 上前端射频器件的应用。当前,最新的 FPGA 除了包含多核 ARM 外,甚至还集成了多通道的射频直采 ADC,称为 RFSoC FPGA。上海光源正在开展基于以上两类器件的射频直采 DBPM 开发,即第五代 DBPM 处理器。第五代 DBPM 系统的结构将极大简化,灵活性将极大提高,可满足多种不同应用。

处理器一般可以分为背板总线和嵌入式一体两种结构。总线结构如美国斯坦福直线加速器中心(SLAC)开发的基于先进电信计算平台(ATCA)总线的处理器和 IT 公司开发的基于 μTCA 总线的 Brilliance+;一体结构如 IT 公司开发的 Brilliance,布鲁克海文国家实验室(BNL)开发的处理器、上海光源开发的处理器也采用该结构。总线结构的优势是可通过背板总线进行高速数据交换,单板功能集成度高;缺点是系统组成比较复杂,单个设备体积大。随着 FPGA 集成的功能越来越强大,如包含 ARM、ADC 和高带宽数据传输接口,特别适合开发以 FPGA 为主的嵌入式一体化结构,使系统更加紧凑简洁,使用灵活。

除硬件外,DBPM 的另一关键技术是基于 FPGA 的束流信号处理算法研究和实现。FPGA 对采样后的 BPM 的数字信号进行实时处理,提取单通道输入 BPM 信号的幅度和相位信息，并计算出束流位置。各通道信号处理算法分为时域和频域两类。时域处理一般用于宽带信号，进行功率计算获得幅度信息，如对窄带滤波和采样后的条带 BPM 信号进行平方和累加后开根号计算束流功率。对窄带信号，如窄带滤波后的储存环 BPM、腔式 BPM 信号，一般使用频域处理，常用的算法有数字下变频算法、谐波分析算法、希尔伯特变换算法等，提取各通道的幅度和相位。此外，FPGA 上还有一系列滤波、抽取、坐标变换的运算。实现束流位置计算一般采用差比和与归一化运算。如图 9－28 所示是储存环 BPM 的 FPGA 信号处理算法流程，经过多级处理后得到不同速率和不同应用的位置数据。

综上，数字化是束流诊断技术重要的发展方向，随着电子学器件水平的发展，未来的信号处理电子学设备将更加紧凑、简洁，安装空间和功耗将极大减小，功能也更加强大，可满足更多复杂的应用需求。

9.7　机器学习在束流测量中的应用

机器学习技术在束流测量中的应用从 20 世纪末开始。在 20 世纪 80 年代末和 90 年代初，许多早期的讨论集中于将基于规则的系统应用于加速器控制和调优，洛斯阿拉莫斯国家实验室的科学家们在基于神经网络的离子源控制方面取得了一定的实验成功；新墨西哥大学的其他早期研究集中在轨道控制、故障检测和管理及错误的根源分析。这些系统最终都没有作为常规的加速器主控制系统的一部分。机器学习在加速器系统中得到常规使用方面缺乏明显的成功，部分原因是当时可用的硬件、算法和软件包的局限性，以及良好的数据集和仿真工具的可访问性有限[38-40]。

进入 21 世纪以来，计算能力的飙升、算法体系的建立使得机器学习的应用进入了快车道。机器学习是一门数据科学，它在数据挖掘和信息处理上有着广泛的应用，这无疑是与束流测量相契合的。以上海光源为例，上海光源的储存环中有以 150 余个 BPM、2 个 DCCT、2 个截面靶探测器为核心的数百个探测元件。这些探测器每秒钟产生的数据是极其庞大的，而对于束流测量的工作人员来说，合理地应用这些数据、维持数据的质量并从中挖掘出反映束流和机器状态的信息是最主要的任务。目前绝大部分加速器装置对于束测仪器产生的数据流的利用率不足 20%，如何进一步利用数据、挖掘信息，机器学习是一个前景广阔的方向。

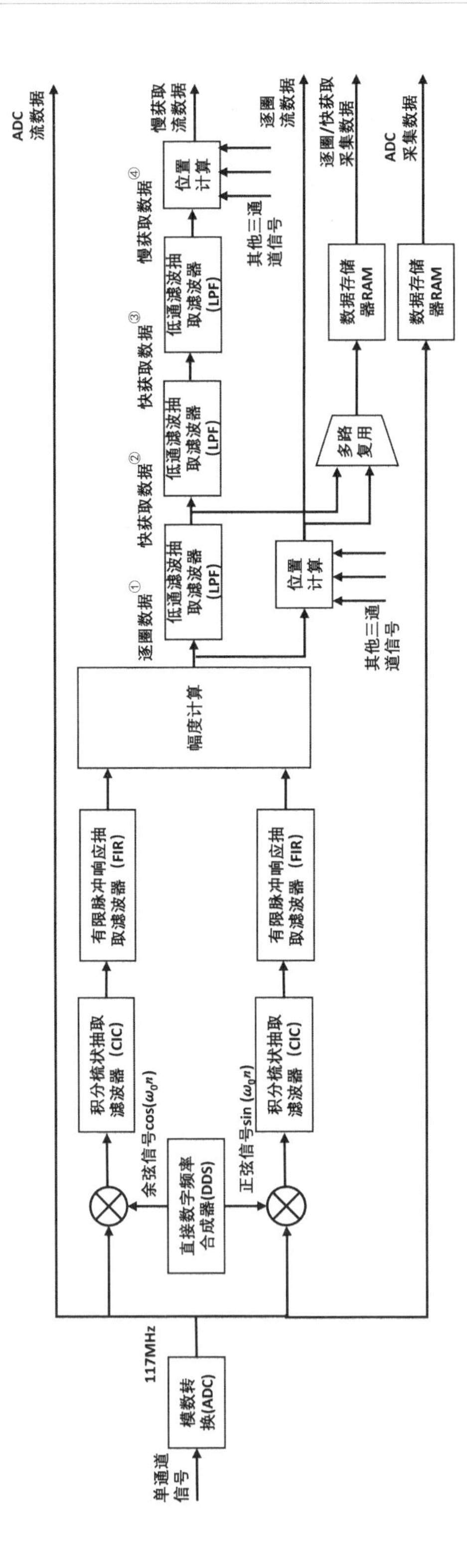

图 9-28　储存环 BPM 的 FPGA 信号处理算法流程

注：①②③④的数据分别是在 694 kHz、50 kHz、10 kHz、10 Hz 的频率下获取的。

从国内外束流测量领域的发展来看，机器学习在本领域的发展仍在起步阶段。机器学习主要分为监督学习和非监督学习两种(见图 9 - 29)。监督学习是指利用一组已知类别的样本调整分类器的参数，使其达到所要求性能的过程，也称为监督训练或有教师学习。监督学习的核心是打了“标签”的训练数据，对于加速器束测领域来说，大量的训练数据是可得的。监督学习中有许多细分算法，如回归算法、决策树、神经网络(ANN)和支持向量机(SVM)，它们在束测中可以扮演不同的角色。其中回归算法由线性回归和逻辑回归构成，线性回归处理的是数值问题，也就是最后预测出的结果是数字，例如电荷量、光强。逻辑回归拟合出一条直线最佳分割不同种数据，属于分类算法，预测结果是离散的分类，可以用于机器及束流状态的分类。决策树及其变种是另一类将输入空间分成不同的区域，每个区域有独立参数的算法。决策树分类算法是一种基于实例的归纳学习方法，它能从给定的无序的训练样本中，提炼出树型的分类模型。同样地，利用决策树，我们可以建立所谓的“人工智能”去对状态进行评估，以决定是否对束测系统做调整。支持向量机是一种二分类模型，它的目的是寻找一个超平面来对样本进行分割，分割的原则是间隔最大化，最终转化为一个凸二次规划问题来求解。最后，神经网络是深度学习的基础，在有大数据背景的束测领域中，具有异常突出的潜力。神经网络的诞生起源于对大脑工作机理的研究。机器学习的学者们使用神经网络进行机器学习的实验是最重要的机器学习方法之一。搭建契合的神经网络模型，束测工作者可以实现更快速的物理参数提取甚至以

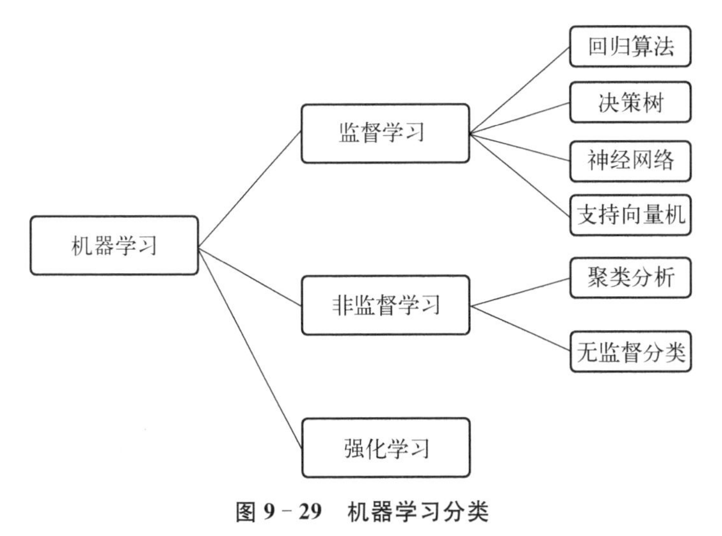

图 9 - 29　机器学习分类

神经网络为基础进行束流虚拟诊断，从而得到常规仪器或者常规束流状态下无法测得的数据。另一类无监督学习是指根据类别未知(没有标记)的训练样本解决模式识别中的各种问题，其代表性的算法是以 K-means 为例的聚类算法。在束测领域中，该类机器学习方法主要用于异常探头的判别及异常数据的筛选。这类数据往往没有所谓对与错的标签，而是通过发现“与众不同”来找出问题。

机器学习在束流测量中已经有了一些代表性的应用成果，典型的应用是基于多维数据融合及关联分析的数据预测。以上海光源储存环逐束团截面测量应用为例，其信号处理方法如图 9 - 30 所示，以人工神经网络为模型，以束团横向位置实时测量数据(逐束团数据)及空间干涉仪实时测量数据(平均尺寸数据)作为输入，建立了一个束团横向截面尺寸虚拟测量系统，该系统对于截面尺寸的预测精度达到 3.8 μm[41]。

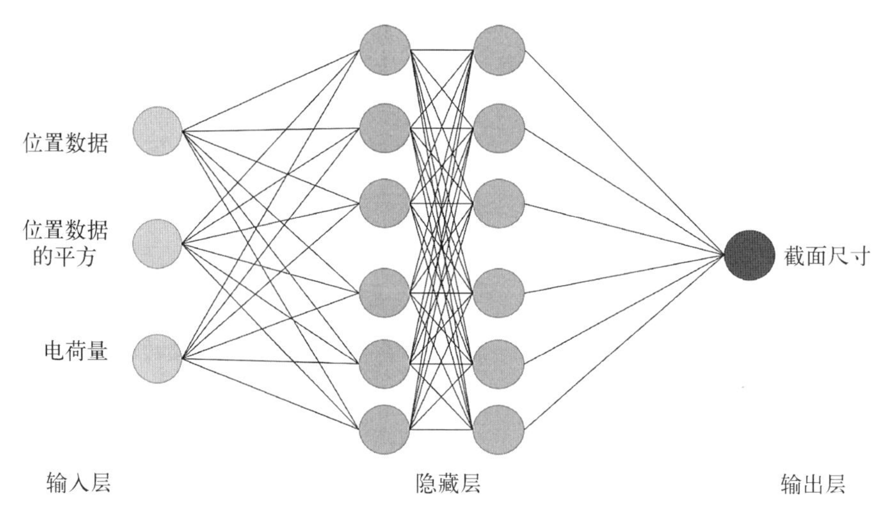

图 9 - 30　基于人工神经网络的横向尺寸预测

此外，在高速大数据处理方面，机器学习技术同样大有可为，以人工神经网络为模型实现束团纵向同步阻尼振荡参数的高速拟合并以此为基础以卷积神经网络发展出多维数据块高速处理吞吐系统，可以实现从原始束流位置探测器的探头信号中直接提取出物理参数，该模型有着高于 100 Hz 的刷新率、3%的提取精度[42]。

上海光源束测组把基于无监督学习(DBSCAN)算法用于束流位置探测器的异常检测。该应用本质上是聚类算法，通过聚类找寻出全环 150 余个 BPM

中的异常探头并分析不同异常探测器的故障原因[43]。机器学习算法也用于解非线性的复杂问题，例如高速数据采集板卡通道间的串扰，根据实验，对于检测数据组来说，经过机器学习模型去串扰的信号中，来自其他通道的串扰噪声只有原来的万分之七。这对于束流测量分辨率是一个很高的提升。

近几年，机器学习技术在束流测量领域是炙手可热的方向。其应用角度和研究成果如雨后春笋般不断在各大学术期刊和相关会议上发表。就近些年来看，机器学习在束流测量领域中广阔的应用前景等待工作者去开拓。笔者就四个方面探讨机器学习将来能为束流测量带来什么。第一是对于加速器本身，机器学习可以帮助实现参数优化和状态预测。根据现有束流探测器信息对加速器参数优化提出指导意见并且预测未来加速器运行状态，提前预警异常是下一个目标。第二是面对束流测量仪器尤其是探头部分，机器学习技术可以应用于挖掘更多信息、参数预测（虚拟诊断）和异常判断。第三是对于处理器部分，数据清洗、降维、降噪重建和函数解析方面，机器学习技术有着天然的大数据优势。最后是对于控制系统来说，在束测控制系统领域，机器学习的应用更偏向于主流的成熟商业应用，在这个方向上机器学习可以用来做决策和优化控制，例如做智能触发系统以决定数据的采集、中断和保存；以强化学习技术为支撑做自动优化调节仪器参数的控制系统。可见的未来，机器学习技术在本领域将会起着越来越大的作用。

参考文献

[1] 冷用斌，周伟民，袁任贤，等. 上海光源储存环束流位置监测系统[J]. 核技术，2010，33(06)：401－404.

[2] 周逸媚，冷用斌，张宁，等. 电子储存环注入过程中补注电荷的三维位置信息提取[J]. 原子能科学技术，2020，54(11)：2238－2244.

[3] Zhou Y M, Chen H J, Cao S S, et al. Bunch-by-bunch longitudinal phase monitor at SSRF [J]. Nuclear Science and Techniques, 2018, 29: 113.

[4] Zhou Y M, Chen Z C, Gao B, et al. Bunch-by-bunch phase study of the transient state during injection [J]. Nuclear Instruments and Methods in Physics Research Section A, 2020, 955: 163272.

[5] 孙葆根，郑普，卢平，等. 合肥光源新的束团截面及发射度测量系统的研制[J]. 高能物理与核物理，2006，30(8)：792－796.

[6] Nakamura N, Kamiya Y. Design of a beam size monitor using fresnel zone plates [C]//Proceedings of the 2001 Particle Accelerator Conference, Chicago, USA, 2001.

[7] Leng Y B, Huang G Q, Zhang M Z, et al. The beam-based calibration of an X-ray

pinhole camera at SSRF [J]. Chinese Physics C, 2012, 36(1): 80.
[8] Mitsuhashi T. Measurement of small transverse beam size using interferometry [C]// Proceedings of DIPAC, ESRF, Grenoble, France, 2001.
[9] Hayano H. Wire scanners for small emittance beam measurements in ATF [C]// Proceedings of Linac, Monterey, California, USA, 2000.
[10] Sakai H, Honda Y, Sasao N, et al. Measurement of a small vertical emittance with a laser wire beam profile monitor [J]. Physical Review Special Topics-Accelerators and Beams, 2002, 5(12): 122801.
[11] Zhou Y M, Chen Z C, Gao B, et al. Bunch-by-bunch phase study of the transient state during injection [J]. Nuclear Instruments and Methods in Physics Research Section A, 2020, 955(2020): 163273.
[12] Zhou Y M , Chen H J , Cao S S , et al. Bunch-by-bunch longitudinal phase monitor at SSRF [J]. Nuclear Science and Techniques, 2018, 29(8): 113.
[13] Loehl F. Femtosecond resolution bunch arrival time monitor [C]//14th Beam Instrumentation Workshop, Santa Fe, New Mexico, USA, 2010.
[14] Brachmann A, Bostedt C, Bozek J, et al. Femtosecond operation of the LCLS for user experiments [C]//The 1st International Particle Accelerator Conference, Kyoto, Japan, 2010.
[15] Cao S S, Yuan R X, Chen J, et al. Dual-cavity beam arrival time monitor design for the Shanghai soft X-ray FEL facility [J]. Nuclear Science and Techniques, 2019, 30(5): 14-21.
[16] Cao S S, Leng Y B, Yuan R X, et al. Optimization of beam arrival and flight time measurement system based on cavity monitors at the SXFEL [J]. IEEE Transactions on Nuclear Science, 2020(99): 1-1.
[17] Duan L W, Leng Y B, Yuan R X, et al. Injection transient study using tow-frequency bunch length measurement system at the SSRF [J]. Nuclear Science and Techniques, 2017(7): 37-42.
[18] Tamura K, Kasuga T, Tobiyama M, et al. Measurement of the longitudinal wake potential in the photon factory electron storage ring [C]//Proceedings of PAC97, Vancouver, BC, Canada, 1997.
[19] Yan X, MacLeod A M, Gillespie W A, et al. Application of electro-optic sampling in FEL diagnostics [J]. Nuclear Instruments and Methods in Physics Research Section A, 2001, 475(1-3): 504-508.
[20] Yan X, MacLeod A M, Gillespie W A, et al. Subpicosecond electro-optic measurement of relativistic electron pulses [J]. Physical Review Letters, 2000, 85(16): 3404.
[21] Berden G, Jamison S P, MacLeod A M, et al. Electro-optic technique with improved time resolution for real-time, nondestructive, single-shot measurements of femtosecond electron bunch profiles [J]. Physical Review Letters, 2004, 93(11): 114802.

[22] Huang S T, Leng Y B, Yan Y B. Development of the bunch-by-bunch beam current acqusition system at SSRF [J]. Nuclear Science and Techniques, 2009, 020(002): 71 - 75.

[23] Leng Y B, Yan Y B, Yu L Y, et al. Monitoring the charge bunch-by-bunch for the SSRF storage ring: Development and application [J]. Nuclear Science and Techniques, 2010, 21(4): 193 - 196.

[24] Peake D J, Boland M J, LeBlanc G S, et al. Measurement of the real time fill-partern at the australian synchrotron [J]. Nuclear Instruments and Methods in Physics Research Section A, 2008, 589(2): 1 - 6.

[25] Chen Z C, Leng Y B, Yuan R X, et al. Experimental study using tousheck lifetime as machine status flag in SSRF [J]. Chinese Physics C, 2014, 38(7): 117 - 122.

[26] Chen F Z, Chen Z C, Zhou Y M, et al. Tousheck lifetime study based on the precise bunch-by-bunch BCM system at SSRF [J]. Nuclear Science and Technology, 2019, 30(144): 1 - 8.

[27] Philips D V. Time-correlated single photon counting [M]. New York: Academic Press, 1984.

[28] Schlott V, Dach M, Dehler M, et al. First operational experience with the digital beam position monitoring system for the swiss light source [C]//Proceedings of the 2000 European Particle Accelerator Conference, Vienna, Austria, 2000.

[29] Padrazo D. Comparative study of RF BPM performance via beam measurements at NSLS - Ⅱ [C]//Proceedings of the 2018 60th ICFA Advanced Beam Dynamics Workshop on Future Light Sources, Shanghai, China, 2018.

[30] Koprek W, Keil B, Marinkovic G. Overview of applications and synergies of a generic FPGA based beam diagnostics electronics platform at SwissFEL [C]//Proceedings of the 2015 International Beam Instrumentation Conference, Melbourne, Australia, 2015.

[31] Tavares D O, Bruno G B M, Marques S R, et al. Commissioning of the Open Source Sirius BPM Electronics [C]//Proceedings of the 2018 International Beam Instrumentation Conference, Shanghai, China, 2018.

[32] Leng Y B, Yi X, Lai L W, et al. Online evaluation of new DBPM processors at SINAP [C]//Proceedings of the 2001 International Conference on Accelerator and Large Experimental Physics Control Systems, Grenoble, France, 2001.

[33] Lai L W, Leng Y B, Yan Y B, et al. Upgrade of digital BPM processor at DCLS and SXFEL [C]//Proceedings of IPAC2018, Vancouver, BC, Canada, 2018.

[34] 赖龙伟,冷用斌,阎映炳,等.自由电子激光装置数字化束流位置信号处理器研制及应用[J].核技术,2018,41(7):070402.

[35] Frisch J, Claus R, Ewart M D, et al. A FPGA based common platform for LCLS2 beam diagnostics and controls [C]//Proceedings of IBIC2016, Barcelona, Spain, 2016.

[36] Koprek W, Keil B, Marinkovic G, et al. Overview of applications and synergies of a

generic FPGA based beam diagnostics electronics platform at SwissFEL [C]// Proceedings of IBIC2015, Melbourne, Australia, 2015.

[37] Lai L W, Leng Y B. High-speed beam signal processor for SHINE [C]// Proceedings of IBIC'19, Malmö, Sweden, 2019.

[38] Weygand D P. Artificial intelligence and accelerator control [C]//Proceedings of 12th IEEE Particle Accelerator Conference, Washington, DC, USA, 1987.

[39] Skarek P, Varga L. Multi-agent cooperation for particle accelerator control [J]. Expert Systems with Applications, 1996, 11: 481 - 487.

[40] Schultz D E, Brown P A. The development of an expert system to tune a beam line [J]. Nuclear Instruments and Methods in Physics Research Section A, 1990, 293: 486 - 490.

[41] Gao B, Chen J, Leng Y B, et al. Machine learning applied to predict transverse oscillation at SSRF [C]//Proceedings of IBIC'18, Shanghai, China, 2018.

[42] Xu X Y, Zhou Y M, Leng Y B. Machine learning based image processing technology application in bunch longitudinal phase information extraction [J]. Physical Review Accelerators and Beams, 2020, 23(3): 032805.

[43] Jiang R T, Chen F Z, Chen Z C, et al. Identification of faulty beam position monitor based clustering by fast search and find of density peaks [C]//Proceedings of IBIC'18, Shanghai, China, 2018.

第 10 章
加速器光源综合设施物理设计实例

本章简介一个加速器光源的具体物理设计实例。不同于设计建造一个单台的同步辐射光源或单台自由电子激光装置，我们这里以建设一个先进的光子科学研究中心为应用场景，设计一个功能齐全、性能先进的加速器光源综合设施，包括一台衍射极限储存环光源和一台 X 射线自由电子激光装置，两台光源统一布局共用同一直线加速器，形成一个加速器光源组合装置。

10.1 加速器光源综合设施概述

加速器光源是研究物质内部结构及其动态变化规律不可或缺的研究平台，是支撑物理、化学、材料、生物和医学等众多学科实现研究突破和能源、微电子、环境、化工及制药等产业技术进步的利器。加速器光源设施的物理设计目标和指标首先来自所在光子科学中心提出的科学目标，这些科学目标是众多领域科学家根据目前和未来一段时间内科学发展的需求，经过深入研讨凝练成的，这些科学需求对应的光源的性能指标包括光子能区、平均亮度、峰值亮度、光子通量、相干通量等，就成为加速器光源设施的设计依据。

同步辐射光源与自由电子激光装置是互补性的光源设施，同步辐射光源具有光谱覆盖范围广、平均亮度高、脉冲能量稳定和同时支持多用户运行等诸多优点，而自由电子激光装置则具备超高的峰值亮度、超短的脉冲结构和较好的相干性，两种光源各有所长。为充分发挥综合优势，高效共享科研的资源条件和人才队伍，迄今为止国际上的 X 射线自由电子激光装置均建在建有同步辐射光源的园区，形成集成布局的加速器光源综合设施。现阶段如果以先进光子科学研究中心为场景来设计加速器光源综合设施，意味着从设计伊始就应将同步辐射光源与自由电子激光作为一个有机的整体,统一考虑。按照大、中、小的规模,可考虑如下三个方案。

方案一：一台 6 GeV 的直线加速器驱动一台 X 射线自由电子激光装置,同时作为注入器支撑一台 6 GeV 的衍射极限储存环同步辐射光源。

方案二：一台 3 GeV 的直线加速器驱动一台 X 射线自由电子激光装置,其中自由电子激光有硬 X 射线和软 X 射线分支,采用束流尾场加速的方法将直线加速器的能量提升到 6 GeV 来驱动硬 X 射线自由电子激光装置。可选择 3 GeV 的衍射极限储存环作为中能同步辐射光源,也可选择建设 6 GeV 的储存环光源,采用束流尾场加速将 3 GeV 直线加速器的束流提高到 6 GeV,用于储存环光源的注入。

方案三：一台 1.5 GeV 的直线加速器,通过束流尾场加速将能量提升到 4.5 GeV 或 6 GeV,驱动一台 X 射线自由电子激光装置,同时建设一台真空紫外线(VUV)能区的 1.5 GeV 同步辐射光源和一台 X 射线能区的 4.5 GeV 同步辐射光源。同步辐射光源的注入器可以共用这台用于 X 射线自由电子激光的 1.5 GeV 或 4.5 GeV 的直线加速器。

为简明起见,这里对一个以 3 GeV 超导直线加速器驱动的 X 射线自由电子激光装置和 3 GeV 第四代同步辐射光源为核心内容的加速器光源综合设施进行物理设计。这一设施的集成布局如图 10-1 所示。在此布局中,由光阴

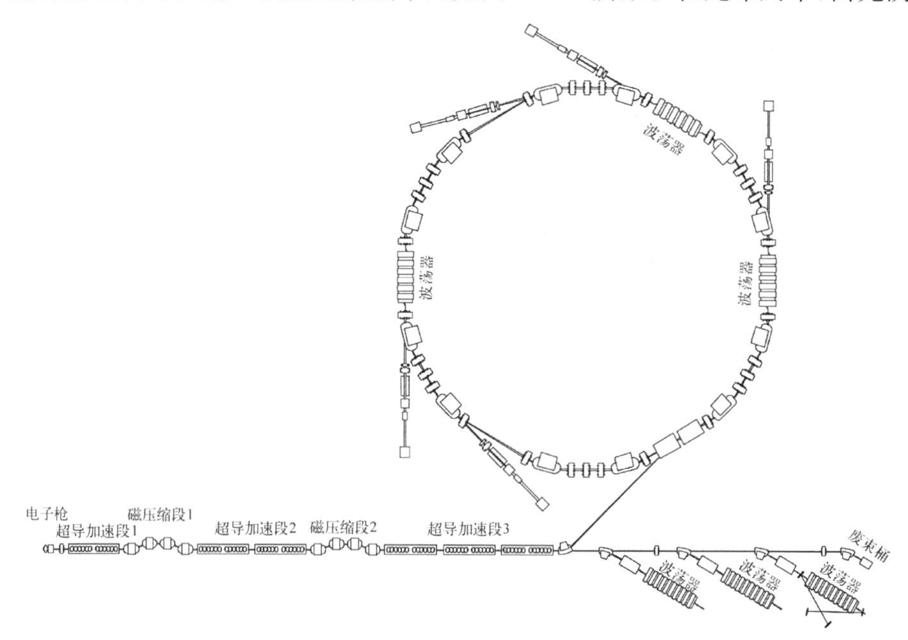

图 10-1　基于加速器的 X 射线光源集成布局

极电子枪产生高亮度电子束，经过加速和磁压缩后电子束能量升至 3 GeV，峰值流强达到千安培量级，此电子束随后被束流分配段分束，其中一路注入一个 3 GeV 的衍射极限储存环中产生同步辐射，另外一路再经分束后注入三个波荡器系统中产生自由电子激光。为进一步提升电子束能量，我们在其中两个波荡器系统之前各加入了一个束流等离子体尾场加速单元，原理上可以实现束流能量 2～5 倍的提升，3 条波荡器线可分别采用 SASE、种子型和振荡器型的自由电子激光运行模式以满足不同的科学研究需求。我们将以此布局为例介绍加速器光源的基本物理设计方法。

10.2　直线加速器物理设计

结合束流物理的动力学过程，本节给出设计一台电子直线加速器的一般步骤，用于产生驱动自由电子激光装置所需的高品质电子束。

10.2.1　加速器布局

设计一台加速器，首要指标是装置所需要的最大束流能量，在平衡技术难度和先进性的前提下，选择合适的加速方案进行加速单元布局。常温加速结构加速梯度高、技术成熟，已广泛应用于各类加速器装置；超导加速单元表面电阻低、束流尾场小，在高占空比装置上有优势。通常，加速方案还需要结合商用成熟的功率源产品一并考虑。本示例给出了一个以 1.3 GHz ESLA 型超导腔[1]加速模组作为主体加速单元的连续波直线加速器方案。

驱动自由电子激光装置的电子直线加速器通常采用“两级压缩、三级加速”布局方案，以实现自由电子激光所需峰值流强要求，如图 10-2 所示。

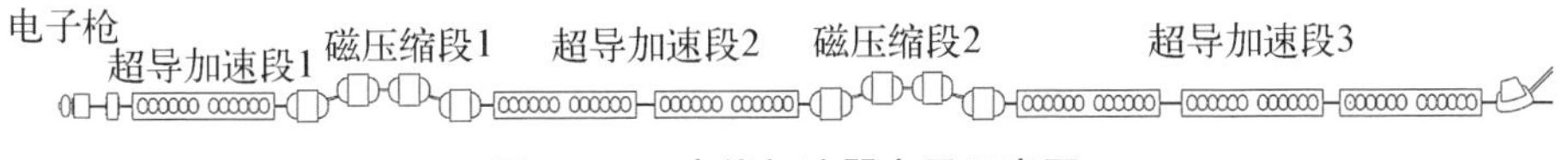

图 10-2　直线加速器布局示意图

高亮度注入器是高品质电子束的产生、初成形和预加速系统，通常由光阴极微波电子枪和预加速单元构成，将电子束加速至约 100 MeV，是自由电子激光装置高亮度束流的源头。主加速器由超导模组加速段和束团压缩系统，以及一系列束流测量和操控系统与设备组成，用以实现电子束的加速、压缩和束流相空间匹配等。

10.2.2 加速单元布局及纵向参数选择

两级磁压缩位置的选择基于束流稳定性的优化及束团集体效应对束流亮度和品质的影响。第一级磁压缩 BC1 通常距离注入器比较近，电子束能量比较低，束团也比较长，需要尽早压缩束团长度以克服加速过程中横向尾场对电子束的影响。但相反，如果第一级磁压缩距离注入器太近，电子束能量太低，就会加大空间电荷效应对束流亮度的影响程度，同时束流的不稳定性也随之增加。因此综合考虑各种效应以后，通常将 BC1 处的束流能量控制在 250 MeV 左右。BC2 位置的选择主要考虑相干同步辐射(CSR)效应对电子束发射度的破坏，束流能量、能散和到达时间的稳定性优化，以及压缩过程中引入的相关能散在压缩后的补偿问题。

初步确定了磁压缩位置处的束流能量，可通过解析的方法确定磁压缩前后 L1/L2/L3 段能量增益。束团压缩过程需要能量啁啾，要求加速单元偏峰工作，能量增益计算需结合磁压缩过程一并考虑[2]。

经压缩后的束团长度 σ_{z_f} (RMS 值)及能散 σ_{δ_f} (RMS 值)与初始长度 σ_{z_i} 及能散 σ_{δ_i} 的关系为

$$\sigma_{z_f}=\sqrt{(1+kR_{56})^2\sigma_{z_i}^2+R_{56}^2\sigma_{\delta_i}^2}\approx|1+kR_{56}|\,\sigma_{z_i} \tag{10-1}$$

$$\sigma_{\delta_f}=\sqrt{k^2\sigma_{z_i}^2+\sigma_{\delta_i}^2}\approx|k|\,\sigma_{z_i} \tag{10-2}$$

式中，R_{56} 为磁压缩器的动量压缩因子，k 为线性相关性系数。R_{56} 表达如下：

$$R_{56}=-2\theta^2\left(\Delta L+\frac{2L_B}{3}\right) \tag{10-3}$$

式中，θ 为粒子偏转角，L_B 为二极磁铁长度，ΔL 为磁压缩器中第一块磁铁与第二块磁铁之间的距离。k 用下式表示：

$$k=\frac{\partial\delta_f}{\partial z_i}=-\frac{2\pi}{\lambda_{rf}}\left(1-\frac{E_{i0}}{E_{f0}}\right)\tan\varphi_0 \tag{10-4}$$

式中，λ_{rf} 为微波波长，E_{i0} 和 E_{f0} 分别代表束团始端和末端的能量，φ_0 为束团中心粒子的加速相位。

运用以上线性关系，可以简单地寻找磁压缩器前后加速单元的设计参数。为使压缩过程满足此线性关系，通常在第一级磁压缩前采用高次谐波减速，补偿束团压缩和加速过程中由微波场非线性及二阶动量压缩等引起的非线性量。

通常，高次谐波腔工作在最大减速相位（$-180°$）。为补偿二阶非线性效应，所需要的谐波腔加速电压为

$$V_X = \frac{E_o\left[1 - \frac{1}{2\pi^2}\frac{\lambda_S^2 T_{566}}{R_{56}^3}\left(1 - \frac{\sigma_z}{\sigma_{z0}}\right)^2\right] - E_i}{e\left[\left(\frac{\lambda_S}{\lambda_X}\right)^2 - 1\right]} \tag{10-5}$$

式中，λ_S 和 λ_X 分别是 S 波段和 X 波段微波波长，σ_{z0}、σ_z 为压缩前、后的束团长度，E_o 和 E_i 分别为电子枪出口和进入磁压缩器时电子束的能量。

以上解析过程计算未考虑束流经过加速单元的结构尾场效应及真空环境下的阻抗壁尾场效应，也未考虑束流经过磁压缩发生偏转时的相干同步辐射效应。这些集体效应对束流自身相空间有一定的影响，特别是在压缩倍数比较高、束流峰值流强比较强的情况下对工作点的影响是显著的。通常的做法是，在用解析的方法完成了工作点的初步确定后，采用束流动力学软件精确优化各种非线性效应作用下的纵向参数设置。表 10-1 所示为采用一维束流动力学软件 LiTrack 确定的直线加速器工作点[3]。

表 10-1　直线加速器工作点优化

加速器功能段	模组数量	入口能量/MeV	出口能量/MeV	相位/(°)	R_{56}/mm	能散 δ/%	束长 σ_z/mm
L0	1	6.4	100	0	—	0.29	1.96
L1	2	100	318	−32	—	2.37	1.96
HL	2	318	261	−180	—	2.88	1.96
BC1	—	261	261	—	60	2.88	0.23
L2	8	261	1 210	−10	—	0.69	0.23
BC2	—	1 210	1 210	—	28.8	0.69	0.031
L3	15	1 210	3 017	0	—	0.27	0.031

在这个例子中，注入器出口 100 MeV 的束流经过 L1 段偏峰 32°啁啾引入 2.37%的相关能散，经过 3.9 GHz 模组非线性补偿后（减速，能量减少 57 MeV），在束流能量为 261 MeV 处实现第一级束团长度压缩，峰值流强从 12 A 压缩至大于 100 A，压缩倍数约为 8.5。压缩后的束流经过 L2 段偏峰 10°加速至能量约 1.2 GeV，再经过第二个磁压缩实现最终峰值流强大于 1 kA，最后，压缩后的电子束经过第三级加速段 L3 实现加速器出口束流能量大于 3.0 GeV。图 10-3 分别给出注入器 L0 段、引入相关能散 L1 段、束团压缩

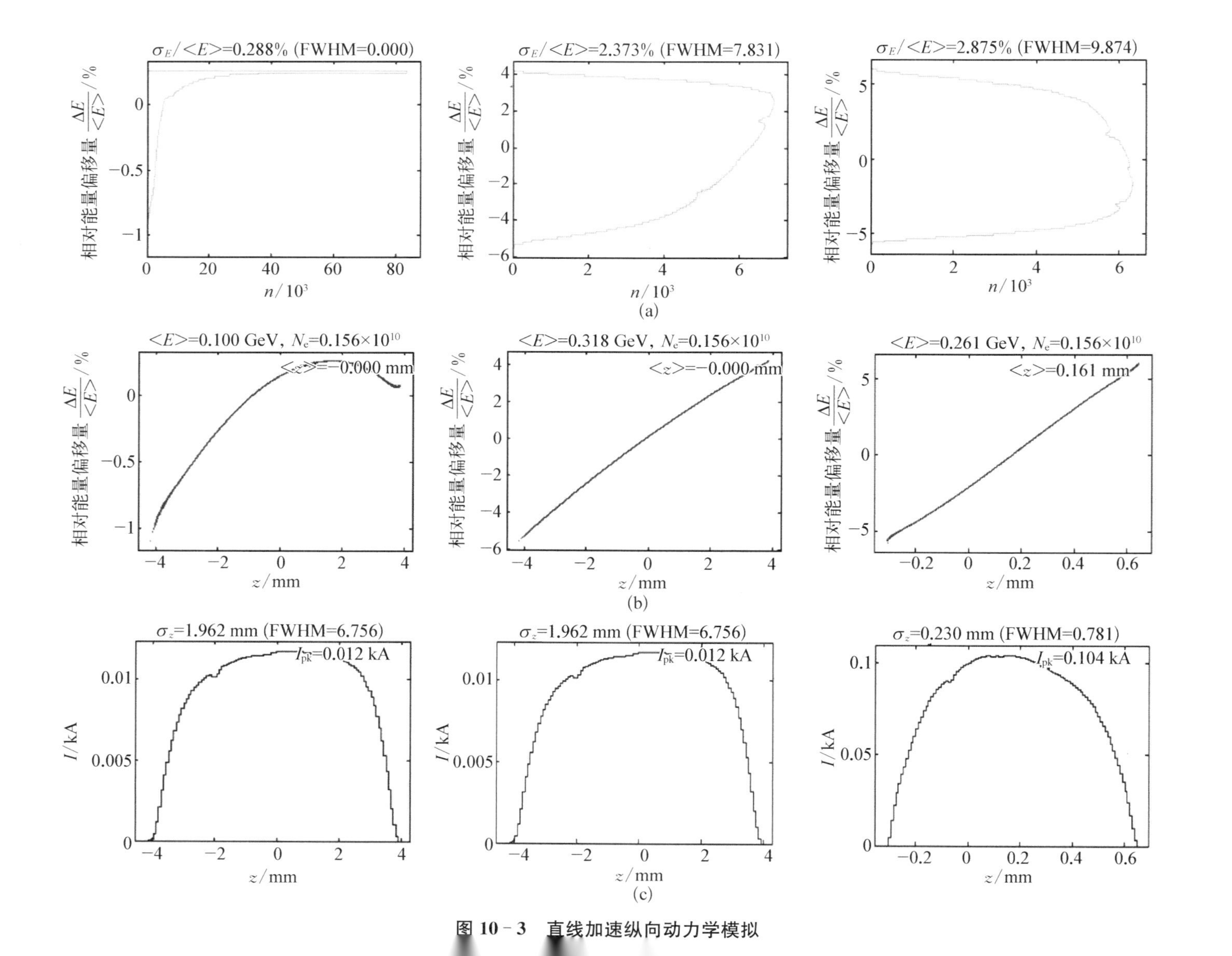

图 10－3　直线加速纵向动力学模拟

BC1 段出口的束团能谱(a)、纵向相空间(b)、流强(c)分布的模拟结果。

10.2.3　加速单元布局及纵向参数选择

加速器工程设计的目标不仅仅是给出工作点要求的物理参数,还要给出物理参数相关的硬件设备的所有指标,特别是硬件设备的稳定性要求。设备参数误差是影响电子束团参数稳定性的主要原因,根据影响的作用可以归结为纵向和横向两部分。入口电子束团的电荷量和到达时间、加速场的幅度相位及束团压缩器(BC)的 R_{56} 的变化将对电子束团的束团长度、能量、到达时间等纵向参数产生影响。二极磁铁、四极磁铁的安装误差和振动、场误差和高阶场会造成轨道偏差、残余色散、Twiss 参数误差和发射度增长等效应,加速结构的安装误差和振动会造成电子束团受到横向尾场的作用,导致轨道偏差和发射度增长。

由于误差来源多,各个误差之间可能相互关联,而且各个系统和设备能够达到的误差限制不同,因此需要将总体误差要求合理地分配到各个系统和设备上去。

在设计中,误差对束流稳定性的影响可以通过随机误差叠加的方法评估[4]:

$$\sqrt{\sum_{i=1}^{N}\left(\frac{p_{\mathrm{tol}}}{p_{\mathrm{sen}}}\right)_i^2} < 1 \tag{10-6}$$

式中,p_{sen} 为误差源权重,定义为造成相应参数指标变化所对应的单个误差源变化值。根据所有引起束流参数变化的误差源权重值,可以形成整个装置的误差分配方案 p_{tol}。

误差源权重 p_{sen} 可以通过解析方法求解,也可以采用束流动力学模拟软件通过线性拟合的方式得到。图 10-4 为通过 LiTrack 模拟注入器到达时间(a)和电荷量变化(b)对束流能量(左)、峰值流强(中)、到达时间(右)的变化关系,据此结果可以拟合得到 p_{sen}。

根据图 10-4,结合各个系统和设备能够达到的误差限制不同,形成如表 10-2 所示的误差分配方案 p_{tol} 及每项误差源对总体束流稳定性的影响。

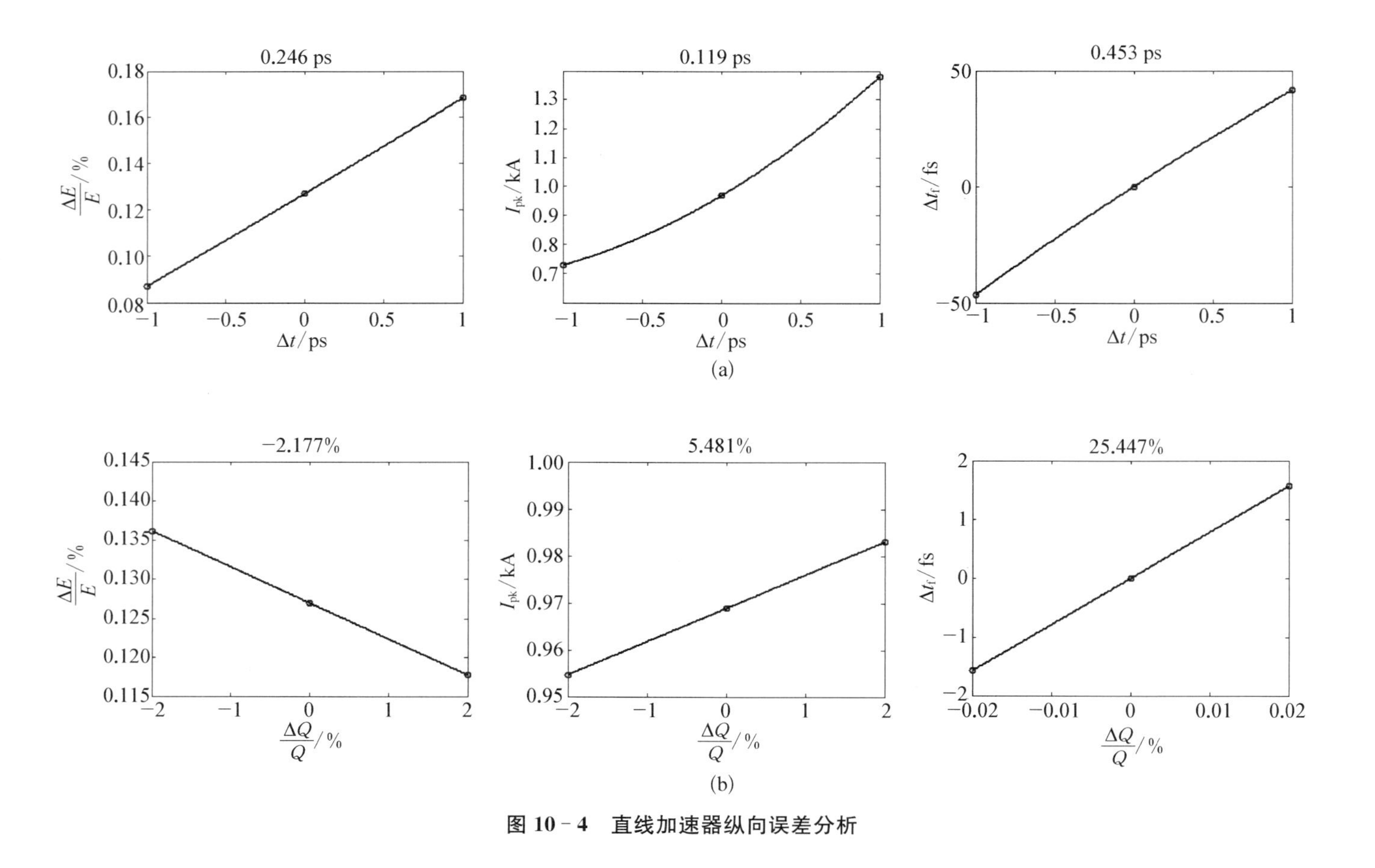

图 10-4　直线加速器纵向误差分析

表 10-2　直线加速器误差分配方案

误 差 源	误差值	单位	能量稳定性 $\frac{dE}{E}$/%	流强稳定性 dI/%	时间稳定性 dt/fs
inj_arr	0.200	ps	0.008 4	6.750	8.83
inj_dQ	1.500	%	−0.006 8	1.090	1.18
L1_pha	0.040	(°)	0.000 3	3.940	18.47
L1_volt	0.040	%	0.000 1	0.640	16.78
LH_pha	0.040	(°)	0.000 1	1.260	0.15
LH_volt	0.040	%	—	0.300	4.42
L2_pha	0.100	(°)	0.001 2	0.160	2.82
L2_volt	0.100	%	0.004 0	0.180	9.42
L3_pha	0.100	(°)	0.000 1	—	—
L3_volt	0.100	%	0.005 5	—	—
BC1_dR56	0.005	%	0.000 2	0.230	4.50
BC2_dR56	0.005	%	—	0.032	−2.40
total	—	—	0.012 8	8.030	29.06

在加速器设计过程中，在总压缩倍数不变的情况下，调整第一级和第二级束团压缩器压缩倍数的比例分配和压缩强度 R_{56}，寻找不同的工作点，对不同工作点上误差分配情况进行计算分析，从而从束流稳定性的角度进行优化布局设计。

10.2.4　直线加速器的聚焦结构设计

在确定了主加速器的基本工作参数以后，需要对主加速器的束流元件进行排布，主要包括磁聚焦结构的选定和真空、束测元件的安置。FODO 磁聚焦结构简单，在相同长度下传递束腰所需要的聚焦磁场和磁铁数量都小于二合一或三合一磁铁组成的磁聚焦结构，同时由于误差引起的电子束团发射度退化也略好于后两种。但是当 FODO 磁聚焦结构中存在加速过程时，只能得到准周期解，而且能量变化越剧烈，准周期解的周期性越差，因此 FODO 磁聚焦结构只能在电子束团能量较高的 L3 中使用。在两个束团压缩器的磁聚焦结构的设计中，考虑到要把相干同步辐射对电子束团的影响降到最低，因此要使

得 x 方向的束流包络和束流包络的变化在束团压缩器最后一块二极磁铁处分别为尽量小和零。在束团压缩器和主加速器出口需要设计特定的磁聚焦结构,用于电子束团横向相空间的测量和匹配。同时,考虑工程实际中的独立调试要求及束流测量元件的维护,需要对各功能段进行真空隔断并对真空抽口进行合理安排。

在完成主加速器束流线上元件的布置后,需要对横向束流参数进行匹配,并通过六维粒子跟踪软件(如MADX①、elegant[5]等)进行模拟计算,得到约500 m长直线加速器装置总体Twiss参数和电子束团的横向包络情况,如图10-5所示。注入器总长约40 m,由高重频电子枪和1个低温模组实现100 MeV束流加速,随后电子束进入主加速器后首先在激光加热器(LH)与激光相互作用,增加电子束的切片能散,以抑制电子束的微束团不稳定性效应。第一级磁压缩总计约100 m,由主加速器的第一个加速段将电子束偏锋加速并通过三次谐波腔(3.9 GHz)来线性化电子束的能量啁啾,经过第一级束长压缩后通过专用束流测量段对压缩后的束流参数进行测量。主加速器的第二个加速段L2由8个模组组成(总长约100 m),经过约60 m长的第二级磁压缩将电子束压缩到所需峰值流强后,主加速器第三个加速段(总长约190 m)的15个模组将电子束的能量加速至3 GeV。

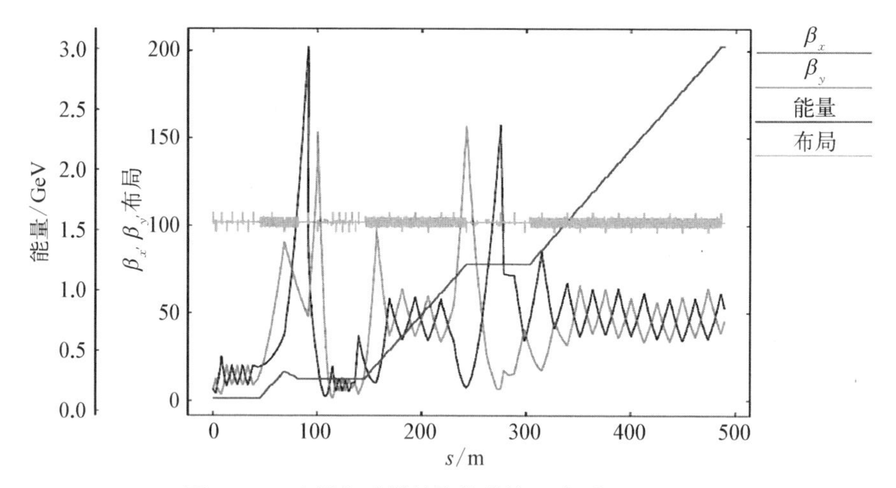

图10-5　直线加速器的聚焦结构设计(彩图见附录)

经过优化布局后的直线出口束流参数如表10-3所示。

① 源自 http://mad.home.cern.ch/mad/.

表 10-3　直线加速输出电子束参数

名　　称	数　　值
电子束能量/GeV	3
切片能散[①]	<0.01%
归一化切片发射度/(mm·mrad)	<0.5
电荷量/pC	250
最高重复频率/MHz	1
峰值流强/A	>1 000
束团长度[①]/μm	30

注：该值为均方根(RMS)统计值。

10.2.5　直线加速器总体优化

在完成以上总体加速器布局及束线元件布置后，需要考察束流集体效应对束流参数的影响。

由于存在一些高频阻抗的作用，如相干同步辐射(CSR)和纵向相空间电荷(LSC)，使得噪声涨落或激光功率波动引起的初始密度调制在直线加速器的加速或漂移过程中产生能量调制，并通过束团压缩的过程相互转换、不断放大，产生不稳定性，且对束流品质造成破坏。

微束团不稳定性可以通过解析计算评估，也可以通过数值模拟软件对电子束进行六维粒子跟踪。根据微束团不稳定性的成因，可以通过减小初始密度调制或者是减小不稳定性的增益来抑制微束团不稳定性。由于初始密度调制特性，在选定光阴极微波电子枪的工作频率和驱动激光器后，一般很难改变；微束团不稳定性的增益随电子束团的切片能散的增长有显著的下降。因此，人为地增大电子束团初始的切片能散，可以有效地抑制不稳定性的增长。但是在束团压缩的过程中，切片能散增长是与束团压缩的倍数成正比的，过大的初始切片能散会导致最终的切片能散超过自由电子激光辐射对电子束团的要求，因此需要对其进行合理控制。采用激光加热器增加电子束团的切片能散，是抑制直线加速器微束团不稳定性的有效途径。

此外，CSR 不仅引起微束团不稳定性(MBI)，同时由于 CSR 的作用，使电子束团沿长度方向产生非线性的能量变化，从而使得束团压缩器不再满足消色散的条件，导致电子束团沿长度方向各个切片的束流中心的位置和角度偏离轴线，最终导致投影发射度的增长。如果这一偏离过大，还会导致电子束团在辐射段中产生的辐射前后的相干作用减弱，导致自由电子激光辐射的增益长度变长、品质下降。在设计中可以通过束流参数匹配、相位增长控制及优化束团压缩器工作参数等方法来减弱 CSR 的影响，将之控制在可以接受的范围内。

尾场效应是指束流经过加速器真空管道中的不连续边界，或者金属管道阻抗壁时束流亮度受到的尾场影响。在粒子加速器中，理想状况下粒子束的轨道要经过各器件的中心位置，但实际中往往不能满足这一点。如果粒子轨道与理想值偏离过大，会引起诸多非线性效应，例如，电子束偏离加速管中心会导致横向尾场的出现，从而导致电子束横向不稳定。这些都会带来束流品质的破坏和束流损失。我们通过合理设计校正子和束流位置探测器(BPM)布局，借助束流轨道校正算法来克服尾场效应对束流发射度的破坏。

综上所述，束流集体效应是束流传输中一个复杂的不稳定效应积累过程。束流集体效应的研究和加速器工程设计通常需要经过一个多次迭代、逐步优化的过程。

10.3 X 射线自由电子激光物理设计

基于上一节的加速器物理设计，本节将以自放大自发辐射(SASE)模式为例介绍 X 射线自由电子激光波荡器系统的基本物理设计。电子束的基本能量为 3 GeV，每条波荡器上配备有等离子尾场加速单元，理论上可以实现电子束能量 2～5 倍的提升。在本设计中我们采用的电子束参数如下：电子束能量为 3～6.4 GeV、电荷量为 100 pC、峰值流强为 1～3 kA、横向发射度为 0.4 mm · mrad、切片能散为 0.01%。

10.3.1 波荡器系统布局

波荡器是 X 射线自由电子激光的核心设备，自由电子激光工作波长与它的周期长度、峰值磁场强度直接相关。在本实例中，我们选择工程上容易实现且能确保磁场质量的混合型永磁波荡器，它加工完成后其周期长度是不可调节的，其磁间隙可以根据需要设计成可调节形式。要获得不同波长自由电子激光，可以通过调节波荡器的磁间隙。对于钕铁硼材料的混合永磁波荡器，其峰值磁感应强度 B 与波荡器周期 λ_u 及磁间隙 g 之间的关系满足如下经验公式：

$$B \approx a\exp\left[-\frac{g}{\lambda_u}\left(b - c\,\frac{g}{\lambda_u}\right)\right] \tag{10-7}$$

式中，$a = 3.44$，$b = 5.08$，$c = 1.54$。对于真空室外波荡器，考虑到实际波荡器真空室的外径尺寸一般要大于 8 mm，留 0.5 mm 的余量作为波荡器和真空室之间的间隙，因此波荡器的最小间隙选为 9 mm；对于真空室内波荡器，考虑到尾场对束流的影响，最小间隙一般要大于 3 mm。在本实例中，我们考虑采用 3 GeV 电子束产生 0.5～5 nm 的软 X 射线辐射，此条波荡器线选择真空室外波荡器；另外我们将采用 6.4 GeV 的电子束产生 0.06～0.2 nm 的硬 X 射线辐射，根据公式(6-1)，我们将软 X 射线自由电子激光波荡器周期选为 38 mm，硬 X 射线自由电子激光波荡器周期选为 18 mm。

为控制电子束在波荡器系统中的横向尺寸，设计中一般采用波荡器段间加四极磁铁 FODO 磁聚焦结构，如图 10-6 所示，其聚焦效果用平均包络函数 β 表示，β 的不同取值将对系统性能产生不同影响。β 是一个独立可变的参数，考虑到电子束性能的均匀和束流的匹配，各段波荡器均将选取相同的 β 值。在选定电子束能量及辐射波长的情况下，自由电子激光增益长度与波荡器周期及电子束平均包络函数 β 之间表现为复杂的隐函数。β 越小，自由电子激光增益长度越短，但 β 太小，则相应的外加 FODO 磁聚焦结构周期也小，导致波荡器分段增多，每段之间都要束测校正元件，使得波荡器总长度增加。综合考虑 X 射线自由电子激光特点，波荡器分段、饱和长度和饱和输出功率的要求，选定电子束平均包络函数 β 在 10～30 m 比较合适。为实现周期性 FODO 磁聚焦结构的匹配，需要在波荡器系统前设置专门的由多个四极磁铁组成的匹配段。

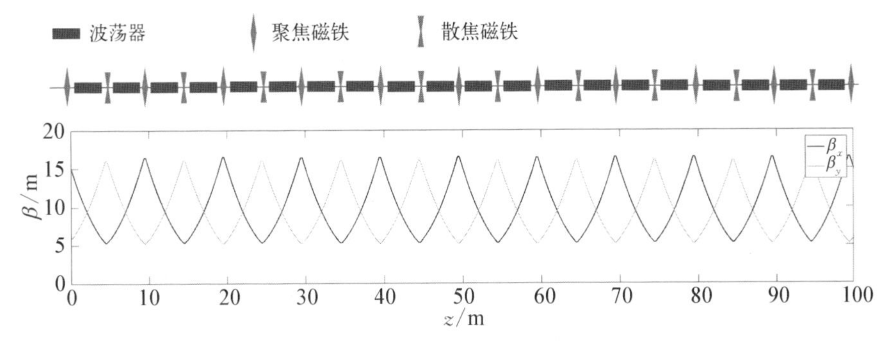

图 10-6　X 射线自由电子激光波荡器系统布局

10.3.2 自由电子激光辐射性能估算

在上述电子束和波荡器主要参数确定的情况下我们采用第 6 章 6.3.2 节和 6.4.2 节的公式对 SASE 的输出性能进行估算。首先我们需要计算对于特定输出波长的皮尔斯常数，据此可进一步计算 SASE 的增益长度、饱和长度、饱和功率和光谱带宽等，本实例中软 X 射线和硬 X 射线自由电子激光的输出性能列于表 10-4 中。

表 10-4 自由电子激光性能估算

参　数	软 X 射线 FEL	硬 X 射线 FEL
电子束参数		
能量/GeV	3	6.4
电荷量/pC	250	200
峰值流强/kA	1	3
归一化切片发射度①/(mm·mrad)	0.4	0.4
相对切片能散①/%	0.01	0.01
波荡器参数		
波荡器周期/mm	38	18
波荡器段长/m	4	4
波荡器总长度/m	50	100
波荡器磁间隙/mm	20	6.1
FEL 参数		
辐射波长/nm	1	0.1
皮尔斯参数 ρ	8.5×10^{-4}	3.4×10^{-4}
三维增益长度/m	2.05	2.5
饱和长度/m	37.4	44.5
饱和功率/GW	2.7	6.7
光谱相对带宽/%	0.18	0.08

注：①该值为均方根(RMS)统计值。

10.3.3　自由电子激光辐射性能模拟

为了更准确和形象地描述自由电子激光的性能，考虑各种三维效应对自由电子激光输出性能的影响，我们还需要对自由电子激光进行三维模拟。目前国际上已经有非常多的自由电子激光模拟软件[6-11]，在本实例中我们采用国际上较为通用的 GENESIS 模拟软件[6]对上述硬 X 射线自由电子激光进行模拟。

图 10-7 给出了束流在波荡器中的 β 函数沿纵向的变化，可见在完成横向匹配后，束流横向包络在波荡器中呈现典型的 FODO 磁聚焦结构周期性变化，电子束在 x 方向和 y 方向的尺寸相当，平均 β 值约为 21 m，最大 β 值约为最小 β 值的 1.5 倍。

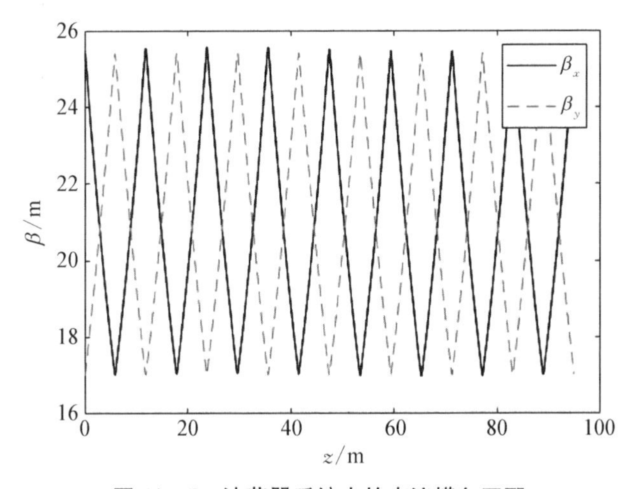

图 10-7　波荡器系统中的束流横向匹配

图 10-8 给出了自由电子激光在波荡器中的增益曲线、辐射脉冲和辐射光谱，可见 0～40 m 的范围内峰值功率呈现典型的指数增益，最终在约 40 m 处达到饱和，饱和功率约为 10 GW，略优于理论计算的结果。通过在饱和后采用磁间隙渐变(taper)波荡器，辐射功率还可以进一步增加，最终在 100 m 波荡器出口处单脉冲光子数(脉冲能量)可以增加 3 倍左右。SASE 的辐射脉冲和辐射光谱都呈现典型的毛刺状分布。

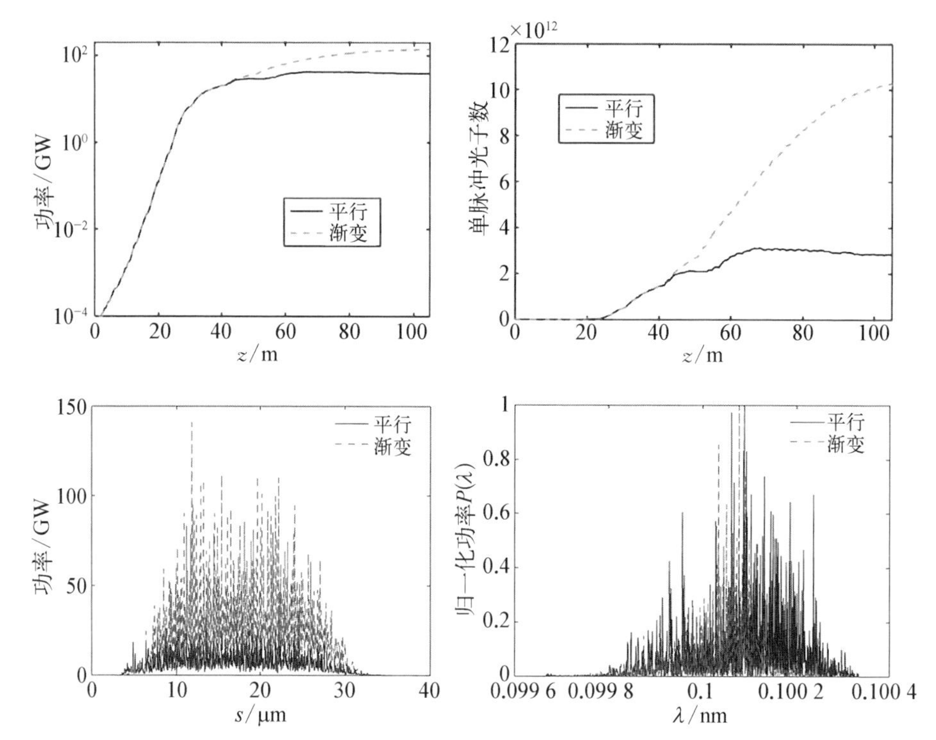

图 10-8　自由电子激光在波荡器中的增益曲线(上图)、辐射脉冲(左下)和辐射光谱(右下)

10.4　衍射极限储存环物理设计

本节以 7BA 聚焦结构为例,具体介绍如何设计一个符合用户需求的低发射度储存环。具体设计之前需要确定有关储存环光源的一些根本的、重要的"大框架",框架设定与聚焦结构的设计密切相关。首先是束流能量,这由光源所服务的用户群体最关注的或使用最频繁的同步辐射光谱来确定。一般来讲,束流能量约为 1 GeV 时,极紫外光谱亮度最优;3 GeV 左右的中能量光源则可提供最高亮度的软 X 射线;若用户最关注硬 X 射线,则需使用束流能量超过 5 GeV 的高能量光源。本节的例子假定束流能量为 3 GeV。储存环单元数量由用户群体总量、科学实验种类、建设规模和建设成本决定。若用户量大、科学实验种类丰富,则需要建设周长较长、聚焦单元较多,能提供更多直线节以安装大量插入件的光源;若建设规模或建设成本有限,就采用周长较小、单元数量较少的储存环方案。本节的例子假定服务的用户量较大,采用 32 个聚焦单元、32 段等长直线节的储存环方案，排除两三段直线节需要安装注入和高频系统外，其他直线节都可以安装插入件。直线节的长度原则上由所需要的插入件长度决定。插入件提供的光子通量或亮度随插入件加长，增长量越来越低。现在的同步辐射装置一般都使用 2～3 m 长的插入件，有特殊需求的可以选用 4～5 m 的插入件，超长的插入件极少见。本节的例子直线节长度选为 6 m，每段直线节可以安装两台长约 2 m 或一台长约 5 m 的插入件。聚焦结构使用的最大磁铁强度和磁铁梯度需要考虑工艺水平是否能达到。此外，聚焦结构的设计还需要考虑是否能获得预期的束流发射度、动力学孔径的需求等问题，这些问题将在后面讨论。

10.4.1　衍射极限储存环磁聚焦单元设计

储存环聚焦结构的理论最小发射度在实际设计中很难达到，仅提供一个设计方向和参考。实际的聚焦结构受限因素很多，可操作的变量也很多。各主要磁铁元件之间需要留出一定的空隙便于装配，还需要预留一些较大的空间来安装必要的加速器设备。各个同步辐射装置的束流能量、磁聚焦单元数量、直线节长度需求，以及束流发射度和束流流强需求不尽相同，各实验室的硬件工艺水平也有差别。这些因素使得几乎全部的同步辐射装置储存环聚焦结构都不一样。

图 10-9 是本节作为例子的 7BA 聚焦单元主要磁铁沿电子轨迹的分布示意图，二极磁铁、四极磁铁、六极磁铁的排列如图所示。一个单元结构成中心对称，长为 27 m，全部 32 个聚焦单元结构完全一样，环周长为 864 m，环直径约为 275 m，直线节总长占环长的 22.2%。第一、二个二极磁铁和第六、七个二极磁铁长度相对较长，且之间拉开了一段距离，以便在其间形成两段束流光学包络隆起，在这里安装六极磁铁可以非常有效地校正束流色品。这种类型的 7BA 结构俗称混合类型结构，由于其首先在欧洲同步辐射装置升级改造工程中使用，因此也称为 ESRF-EBS 型结构。各个二极磁铁的角度并未按照 MBA 磁聚焦结构理论最小发射度实现条件来分配，而是以最低束流发射度、最大动力学孔径为优化目标，进行了适当调整。直线节与外侧二极磁铁之间安装了一个聚焦四极磁铁 QF1，使 β_x 形成两个腰点；光学隆起段安装了两块聚焦四极磁铁，以便于使旁边二极磁铁的 β_x 形成利于发射度降低的分布；中间的五块二极磁铁之间只安装了一块较长的聚焦四极磁铁，以便于使用较大的积分四极磁场将二极磁铁内的 β_x 和 η_x 聚焦到极小值，降低束流发射度。

这五块二极磁铁同时还组合了负横向梯度，以使束流光学形成合理的稳定分布。

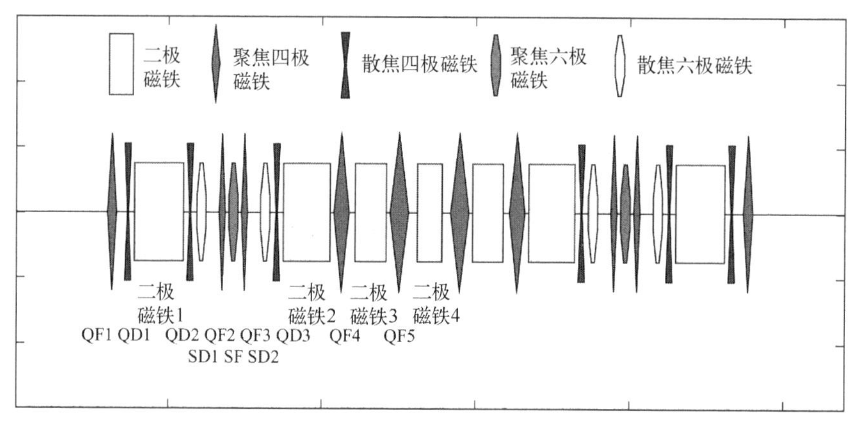

图 10－9　储存环一个单元的磁铁排列示意图

图 10－9 只是按照储存环光源的具体需求，排列了磁铁的顺序和位置，接下来就要对各个磁铁的强度和梯度赋值，甚至包括磁铁和漂移段的长度等，以获得稳定且优化的束流光学模型，束流品质满足储存环光源的需求。当然，要获得足够优化的束流光学模型，首先需要找到聚焦结构的稳定解。在周期性聚焦结构中，一个单元或一圈的传输矩阵可以由起始点的 Twiss 参数和一圈的相移得出：

$$\boldsymbol{M}_{\mathrm{C}}=\boldsymbol{I}\cos\psi_{\mathrm{C}}+\boldsymbol{J}\sin\psi_{\mathrm{C}} \tag{10-8}$$

其中：

$$\boldsymbol{I}=\begin{bmatrix}1 & 0\\0 & 1\end{bmatrix},\quad \boldsymbol{J}=\begin{bmatrix}\alpha_u & \beta_u\\-\gamma_u & -\alpha_u\end{bmatrix},\quad \psi_{\mathrm{C}}=\int_C \beta_u(s)^{-1}\mathrm{d}s \tag{10-9}$$

当 $\mathrm{tr}(\boldsymbol{M}_{\mathrm{C}})\leqslant 2$ 时，粒子振荡幅度经过任意圈后都不会无限增长，即表明粒子运动是稳定的。在实际设计中，将聚焦结构中各元件及漂移段的传输矩阵逐个左乘，即可得到一个单元或一圈的传输矩阵，以此便可判断该结构设置是否能使粒子稳定振荡，是否具有稳定的束流光学模型。在比较简单的 FODO 磁聚焦结构中，若只考虑聚焦力和散焦力两个变量，变量空间中一个形如“领带”的区域内可以获得稳定的束流光学模型。但如图 10－9 给出的聚焦结构，变量较多，稳定区域相对于变量空间非常狭小，找到稳定解就很困难。

通常可以采用传输线设计的方法来找到第一个稳定解。具体操作如下：把储存环一个单元的聚焦结构当成一段传输线；输入初始点的束流光学函数，由于初始点是直线节中心，因此 β_x、β_y 应是一个合适的极小值，η_x 应为零，直线节中心是对称点，因此 β_x'、β_y'、η_x' 均应为零；再逐个改变磁铁梯度、长度及漂移段长度等参数，判断其后的束流光学分布是否能满足需求，特别是二极磁铁内的束流光学是否符合低发射度要求，束流光学包络隆起段的分布是否合适等，由于传输线不考虑周期解，因此也没有是否稳定的问题；边改边试，直到全都满足需求，且单元的中心对称点的 β_x'、β_y'、η_x' 为零或接近零。这样一般都可以找到第一个周期性稳定解，之后则在此基础上进行后续的优化工作。

梯度下降法比较适用于在初始的周期性稳定解上进行束流光学的调整和优化。束流光学模型的一些参数有时需要确定值，如光源点的 β、η 函数，工作点等；有时为了使六极磁铁的高阶畸变相消，获得较大的动力学孔径，六极磁铁之间的相位差也可以作为拟合参量。假定拟合参量为$(A_1, A_2, \cdots, A_n)$，可变量为$(K_1, K_2, \cdots, K_m)$，且有

$$A_i = A_i(K_1, K_2, \cdots, K_m) \tag{10-10}$$

则可构建一个雅可比矩阵 $\boldsymbol{M}$，矩阵中的各元素可由下式计算得出：

$$M_{i,j} = \frac{\partial A_i}{\partial K_j} \tag{10-11}$$

若拟合参量的当前值与目标值相差为 ΔA，要使拟合参量达到或接近目标值，则可变量应改变为

$$K_{\mathrm{new}} = K_{\mathrm{old}} - \boldsymbol{M}^{-1}\Delta A \tag{10-12}$$

式中，$\boldsymbol{M}^{-1}$ 为雅可比矩阵的逆矩阵，若无法求逆，可采用奇异值分解法求伪逆矩阵。使用梯度下降法迭代数次，储存环聚焦结构一般都可以获得期望的束流光学模型，但如果拟合参量调整过大，往往得不到稳定的解。对于有一定经验的储存环设计者来讲，使用这种方法往往可以比较容易地获得一个局部优化解，要获得一个全局优化解则非常不容易，需要做大量的尝试。

使用如遗传算法、粒子群算法等智能算法可以在很大程度上弥补梯度算法在寻找全局最优解方面的不足。以遗传算法为例[12]，其大致的操作方式如下：首先随机变化可变量，生成一定数量的稳定解；对这些稳定解进行适应度排序，选择其中适应度较高的优化解，作为父代；以父代解的可变量为基准，进行随机

改变,或按照一定的算法来改变,生成子代解;将子代解和父代解合并,再次进行适应度排序,选出新的父代解;直到满足设计目的或再无更优结果出现为止。本节给出的例子就是采用以发射度和动力学孔径作为双优化目标的遗传算法得到的。

图10-10画出了本节例子的束流光学函数分布,包括色散函数和包络函数,由于32个单元呈32重周期,因此图中只画出了一个单元的分布。从图中可知,该结构设置了合适的磁场及其梯度后,β_x 和 η_x 的分布满足低发射度和光源点的需求。束流能量为3.0 GeV时,束流发射度已低至25.56 pm·rad。所使用的最大四极磁场为37 T/m,最大六极磁场为1 154 T/m^2。全环最大的水平和垂直包络函数分别为13.7 m和24.6 m,可确保真空室对束流孔径的限制不至于过大。直线节中心的水平和垂直包络函数分别为4.0 m和2.0 m,可权衡动力学孔径、光源亮度和插入件小间隙运行时的束流寿命等。

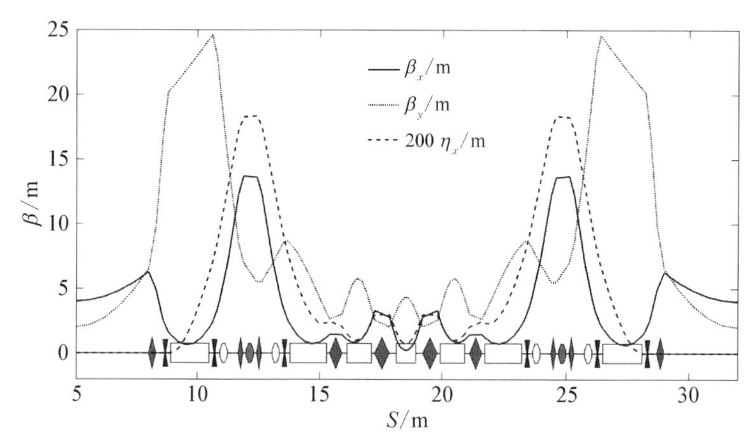

图10-10 储存环一个单元内的束流光学函数分布

表10-5具体列出了储存环的束流参数。为了避开危害较大的非线性共振,储存环工作点选择为78.22和29.29。从平衡态发射度公式可知,增加水平阻尼分配数有利于降低束流的发射度。目前各光源的设计方案大多采用将垂直聚焦力组合在二极磁铁中,一方面可使结构更紧凑一些,另一方面则可以此增加水平阻尼分配数。但过大的水平阻尼分配数会导致纵向阻尼分配数过小($J_x+J_s=3$),甚至使纵向无法阻尼。该方案采用第一、七块二极磁铁不组合横向梯度,第二、六块二极磁铁组合较弱的横向梯度,其余三块组合较强的横向梯度的方式,来紧凑化聚焦结构并避免水平阻尼分配数过大的可能。目前该优化方案的水平和纵向阻尼分配数分别为1.979、1.021,对应的阻尼时间分别为35.85 ms和69.45 ms,对降低束流发射度有益又不至于使纵向阻尼过慢。

表 10-5　储存环主要参数

束流参数	单位	数值
束流能量	GeV	3.0
环周长	m	864
周期数		32
直线节长度	m	6.0
直线节中心 β_x、β_y、η_x	m	4.0, 2.0, 0
工作点	—	78.22, 29.29
自然色品	—	−125.3, −98.34
校正色品	—	1.0, 1.0
动量紧缩因子	—	0.000 05
自然发射度	pm·rad	25.56
自然能散度	—	0.000 65
每圈辐射损失	keV	243.8
阻尼分配数	—	1.979, 1.000, 1.021
阻尼时间	ms	35.85, 70.93, 69.45
高频腔压	MV	1.5
高频频率	MHz	499.654
谐波数量	—	1 440
同步相位	(°)	170.65
同步振荡频率	—	0.002 46
束团长度	ps	6.457

储存环光源的设计还需要考虑在现有硬件技术条件下，以有限的规模、有限的投入获得最大的束流性能收益。在降低储存环束流发射度方面，除了利用 MBA 磁聚焦结构外，加速器物理学家们还提出了多种切实可行的方法，这其中大部分都已有了实例。纵向变场强二极磁铁[13]，即主导磁场沿电子束轨迹逐渐变化的二极磁铁，在量子激发增长效应强的地方减弱磁场、减弱辐射导致电子能量损失，在量子激发效应弱的地方增加磁场、增强辐射，并通过优化磁场变化形式和束流光学函数，使得该二极磁铁在具有定量偏转角度时，总的量子激发效应减弱。本节的例子中，每个单元外侧的四块二极磁铁均组合纵

向梯度，而内部三块二极磁铁因效果不明显，因此没有纵向梯度。反弯转二极磁铁[14]是在聚焦单元中加入向外偏转(与主导二极磁场反向)的二极磁场，相对独立地降低主二极磁铁的色散函数，从而降低量子激发效应，逼近理论最小发射度。同时与纵向变场强二极磁铁配合使用，将更易于后者优化场形、发挥降低发射度的作用。本节的例子中，每个单元有四块四极磁铁(见图 10－9 中的 QF3 和 QF5)组合成反二极磁场，有效降低了中间五块二极磁铁处的色散函数。阻尼扭摆器加在消色散直线节上，可增加辐射损失但基本不增加量子激发，从而降低了平衡态发射度。组合横向梯度的二极磁铁和 Robinson 扭摆器则是在总的动量损失不变的前提下，降低纵向分量损失、增加水平分量损失，从而降低束流发射度。这两种降低束流发射度的方法在公式中体现为增加水平方向的阻尼分配数 J_x。各光源均可依据自身的特点，综合利用上述方法，获得更优的设计结果。

10.4.2 动力学孔径与非线性优化

储存环聚焦结构中的四极磁铁可以很好地聚焦横向位移有偏差的粒子，但能量有偏差的粒子会被弱聚焦或过聚焦，粒子的振荡频率会随能量偏差而改变，其一阶变化系数为

$$\xi_{N,\,u} = \frac{\partial \nu_u}{\partial \delta} = \mp \frac{1}{4\pi} \oint K(s) \beta_u(s) \mathrm{d}s \tag{10-13}$$

即所谓的自然色品。色品过大，会使粒子的振荡频率接近线性共振而丢失，也会因产生严重的头尾不稳定性而丢失。储存环中有色散的地方安装六极磁铁，就可以为有能量偏差的粒子附加或减弱一些聚焦力，使能量有一定分散的束团能稳定地在储存环中运行。储存环实际运行中，一般需要将色品校正到正值：

$$\xi_u = \xi_{N,\,u} \pm \frac{1}{4\pi} \oint \lambda(s) \eta_x(s) \beta_u(s) \mathrm{d}s \tag{10-14}$$

式中，λ 表示六极磁铁的梯度。要使两个方向的色品都能得到有效的校正，需要在较大色散且 β_x 和 β_y 起伏都较大的地方至少安装一组 λ 为正、一组 λ 为负的六极磁铁。本节例子中，自然色品非常大，每个单元设置两段光学隆起，就是为了使用合适梯度的六极磁铁来校正色品。

假定储存环只有二极磁场和四极磁场，且不考虑辐射损失和高频补偿，即 Hill 方程及其解可以精确描述粒子的运动形式。将 Hill 方程的解 u 和 u' 消去

相位项，可得到相椭圆方程：

$$\frac{1}{\beta_u(s)}\{u^2(s)+[\alpha_u(s)u(s)+\beta_u(s)u'(s)]^2\}=A^2 \qquad (10-15)$$

式中，A 为 Courant - Snyder 不变量。同一不变量的相椭圆沿环一圈回到同一位置，组成的形状类似于一根闭合的管道，只是每个位置管道的截面会依据该处的 Twiss 参数产生一定的变化。粒子从储存环的任意位置出发，沿环回旋无数圈，其运动轨迹（x/x' 或 y/y'）都在该“管道”壁上，这类运动称为环面运动。若粒子振荡频率为无理数，无数圈内粒子的运动轨道将覆盖环面各态，但都永不重复，此类运动称为准周期运动。若粒子振荡频率为有理数，则在有限圈内，粒子的轨迹就会重复，此类运动就是周期运动。以上介绍的无论周期运动还是准周期运动，对于时间（储存环中的粒子可折算为纵向位移或圈）都是可积分的，即可以使用积分得到的公式预知经过任意长时间后的粒子运动状态。

储存环中加入了六极磁铁来校正自然色品，则使得粒子运动在线性解上附加了非线性扰动。不同振幅的粒子在储存环中运动，受到的聚焦力不同，因此粒子振荡频率会随振幅产生变化。即使储存环的工作点选为无理数，也会有一些幅度的粒子振荡频率成为有理数，甚至遇到低阶共振，这些粒子的运动将不再是稳定的环面运动。在小振幅区域，非线性扰动足够弱；振荡频率为无理数的粒子仍然可以在一些稳定的环面上运动，这些环面只产生一些扭变而不会破裂，环面运动是近可积的；而振荡频率不是无理数的粒子运动不再具备闭合平滑的环面，但被内外两侧闭合的环面包裹，粒子仍然不会丢失，只做不可积的“随机”运动。在大振幅区域，非线性扰动足够强，将使全部的环面都破裂，粒子运动不再稳定。在相空间中，最外侧的闭合稳定的环面即为储存环的动力学孔径。如图 10 - 11 中给出的例子所示，动力学孔径内存在大量的仅发生了扭变的闭合环面，全部的周期轨道都弥散开形成了随机层，粒子在动力学孔径外运动不稳定，很快就“不知所终”了。

在储存环内，动力学孔径除了提供束流稳定运行的空间外，更重要的是需要接收新注入进储存环的束流。新一代光源为了获得极高亮度的 X 射线，往往使用很强的聚焦力使储存环能提供低至衍射极限的束流发射度，需要很强的六极磁场来校正束流色品，由此带来的非线性驱动力也很强。为了能实施高效安全的束流注入，储存环必须进行仔细而有效的非线性优化，获得足够的动力学孔径。尽管在目前的新一代光源的集中设计与建设热潮中，各实验室

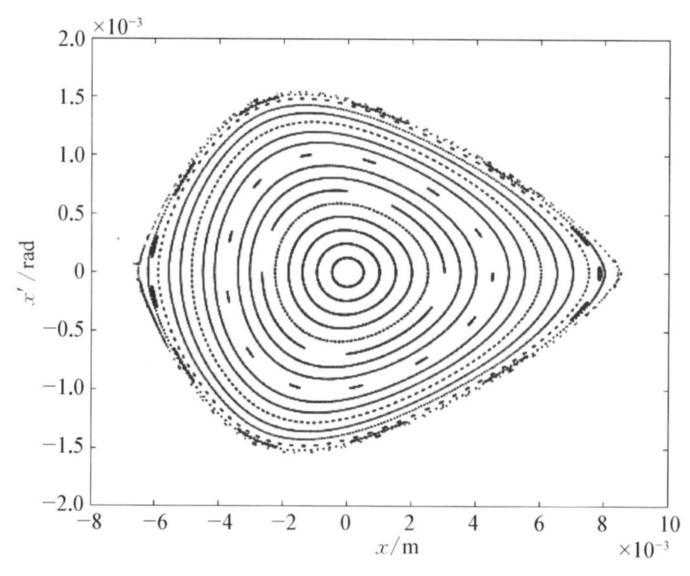

图 10-11　储存环直线节中心水平方向的相图

对小孔径注入方法进行了深入的研究与论证，并获得诸多可喜的成果，如替换式注入方法，相比于传统的凸轨注入方法，对动力学孔径的要求大大降低，但反过来讲，若储存环只需要较小的动力学孔径即可实现高效率注入，则可以更进一步降低束流发射度，提高光源亮度，因此储存环的非线性优化仍然十分重要。

储存环的非线性优化有三个要素需要着重考虑：可变量、目标函数和收敛算法，即使用高效的收敛算法操纵可变量，使目标函数最优化。以微扰理论为例[15]，储存环中的粒子运动可写成线性项与一系列非线性驱动项的和，且非线性驱动项的加权总和越小，则动力学孔径就可能越大。其中的第一阶非线性项为

$$h_3 = \sum_J h_{\mathrm{jklmp}} (2J_x)^{(j+k)/2} (2J_y)^{(l+m)/2} \delta^p + \cdots \tag{10-16}$$

系数可由下式计算：

$$\begin{aligned} h_{\mathrm{jklmp}} &= h^*_{\mathrm{kjmlp}} \\ &= \sum_n^{N_{\mathrm{sext}}} (b_3 L)_n \beta_{xn}^{\frac{(j+k)}{2}} \beta_{yn}^{\frac{(l+m)}{2}} \eta_{xn}^p \mathrm{e}^{\mathrm{i}[(j-k)\varphi_{xn} + (l-m)\varphi_{yn}]} - \\ &\quad \left[\sum_n^{N_{\mathrm{quad}}} (b_2 L)_n \beta_{xn}^{\frac{(j+k)}{2}} \beta_{yn}^{\frac{(l+m)}{2}} \mathrm{e}^{\mathrm{i}[(j-k)\varphi_{xn} + (l-m)\varphi_{yn}]} \right]_{p \neq 0} \end{aligned} \tag{10-17}$$

由公式(10－17)可知，要改变非线性驱动项大小，可考虑从以下两方面入手：一是要考虑线性光学模型，这是储存环线性光学模型设计往往需要和非线性优化反复迭代，或者纠缠在一起优化的主要原因。二是要考虑六极磁铁的强度、位置和分组及六极磁铁之间的相差等。第三代光源中还普遍采用在消色散的位置安装谐波六极磁铁的方法，来使非线性驱动力尽可能相互抵消。六极磁铁之间的相位差为一定值的时候，有可能会使非线性驱动力更容易相消。相位差可以通过上节讲述的方法来设定。此外，还可以通过一定的方式适当调节聚焦结构的周期性和对称性，增加更多的自由度来优化非线性。

目标函数可以用解析或半解析的形式，也可以用粒子跟踪的形式获得。上述微扰理论的例子中，将目标函数由跟踪费时的动力学孔径转换成计算更快的非线性驱动项加权总和，除一阶非线性项外，二阶项也有可能需要加入。现在的计算机或服务器计算速度很快，加速器设计者越来越普遍地采用直接跟踪获得的动力学孔径作为目标，有时会将能量接受度也纳入，进行多目标优化。当然，更能准确反映动力学孔径大小的解析或半解析的快速计算方法也很受欢迎。收敛算法可以采用无约束的优化算法和智能算法。由于目标函数一般是可变量的非线性函数，带梯度的无约束优化算法的优化结果对可变量的初始值有一定的依赖性，获得全局最优解比较困难。目前智能算法比较常用。

本节中的例子采用了多目标遗传算法，将线性光学模型设计与非线性优化结合在一起进行，在一定的硬件限制下，以最低发射度、最佳动力学孔径为优化目标。由于遗传算法无法精确设置一些线性光学参数，所采用的方法中还结合了梯度下降法，进行了线性束流光学匹配，使获得的结果切实可行。算法中的变量包括全部四极磁铁强度、二极磁铁的场形变化系数、二极磁铁偏转角度分配、反弯转角度等。梯度下降法则只调节全部四极磁铁强度，以匹配合适的工作点和直线节光学函数(特别是直线节需要消色散)。横向两个方向的色品始终都校正到 1。当优化前端不再更优后，则终止计算，整个过程一般会持续数十到上百代。所获得的线性束流光学模型已在上节介绍，本节的最后则给出直线节中心的动力学孔径和全环的能量接受度，如图 10－12 和图 10－13 所示。模拟使用的储存环均有带辐射损失和高频补偿，并进行了 2 000 圈六维粒子跟踪，真空室假定为圆形截面，半径为 15 mm。

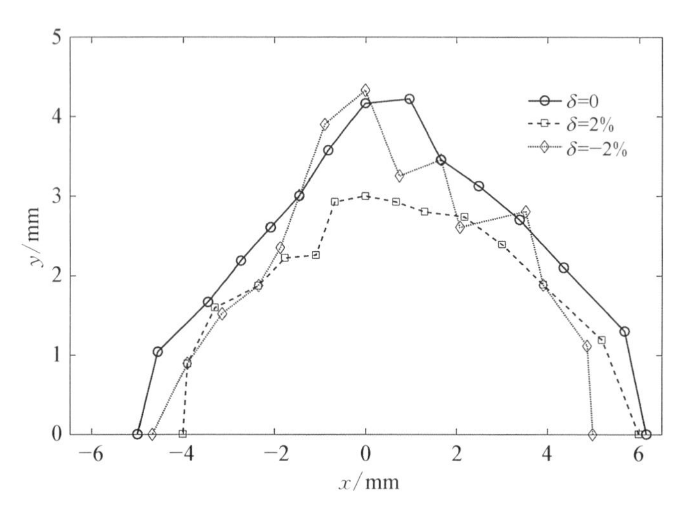

图 10-12 储存环直线节中心的动力学孔径

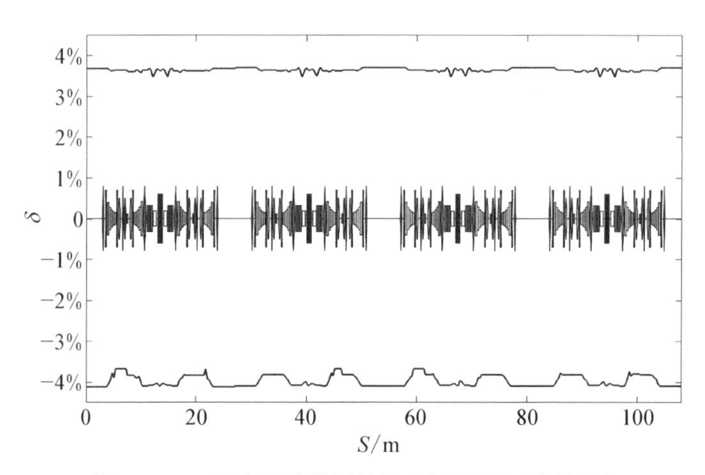

图 10-13 储存环的能量接受度(仅显示四个单元)

无能量偏差的粒子动力学孔径水平方向达到了±5 mm,垂直方向则达到了±4 mm。能量偏差为±2%的粒子的动力学孔径,水平方向基本超过±4 mm,垂直方向超过±3 mm。这样的结果满足替换式注入方法的需求。每个聚焦单元储存环的能量接受度基本相同,图 10-12 中仅显示了四个单元。储存环最低的能量接受度都超过了±3.5%,可以满足长束流寿命的需求。

10.4.3 束团内粒子散射效应

束团内的带电粒子之间会发生库仑相互作用。小角度和多次小角度相互作用一般不会使粒子超出储存环的接受度而丢失，但粒子总是分散得更开，从总体平均效应上看，束团的体积会增大，发射度、能散度和束团长度都会因此增长，从而降低光源的亮度，这种效应称为束内散射(IBS)[16]。第四代光源的自然发射度相比第三代光源降低了 1～2 个数量级，束团内的粒子密度更大，束内散射效应因此就比第三代光源要严重得多。束内散射效应与辐射阻尼、量子激发在新一代光源储存环中形成了一种新的平衡态机制。降低束内散射效应的简单方法是在不影响光源平均亮度的前提下，尽可能地降低束团内的粒子密度。

本节例子拟使用 500 MHz 高频系统，所能填充的束团数量相对较大，对抑制 IBS 效应具有显著效果。第三代光源中，束流横向耦合一般都控制在低于 1%的水平，而第四代同步辐照光源中采用较大的耦合即可实现垂直方向的衍射极限，耦合过低对光源亮度没有实际意义。本方案主要面向软 X 射线用户实验，并兼顾硬 X 射线的亮度提升，束流自然发射度已经低至 25.56 pm·rad，较优地达到了软 X 射线衍射极限，束流耦合可以设置到接近满耦合的状态，使横向与纵向两个方向都达到软 X 射线衍射极限，同时逼近硬 X 射线衍射极限。这样既可以向用户提供圆束斑，又能增加束团体积，降低粒子密度，减弱 IBS 效应对束流发射度的增长。储存环光源的束团长度在几毫米到几十毫米的范围内，时间相干度较低，一般都提供高平均亮度的光谱，光谱的峰值亮度相对较低，所服务的用户实验也绝大多数只需要高平均亮度。因此，可以采用高次谐波腔进一步拉长束团的技术来降低粒子密度，这样对所服务的用户实验也不会有影响。

图 10-14 给出了本节例子在不同倍数的束团拉伸效果下，束流水平与垂直发射度随横向耦合度(ϵ_y/ϵ_x)的变化情况，具体计算使用的是 Bjorken-Mtingwa 模型，且假定填充了 1 000 个束团，束流流强为 200 mA。结果显示，为了抑制 IBS 效应对束流发射度的增长或不使低发射度聚焦结构设计的努力白费，束团至少需要超过五倍的拉伸效果，横向耦合至少应该控制在超过 50%的范围内。五倍拉伸、横向耦合度为 100%时，束流两个方向的发射度均为 21.4 pm·rad。总的发射度相比于自然发射度增长了 67%，相比于高能量储存环和中能中等规模储存环要大一些，原因在于本节例子属于中能量大环，每圈辐射损失相对较少，横向阻尼时间相对较长。

与小角度散射不同，束团内部的大角度散射会使粒子的横向动量转换到纵向，使粒子的能量偏差超过能量接受度而丢失，缩短了束流寿命。这种现象

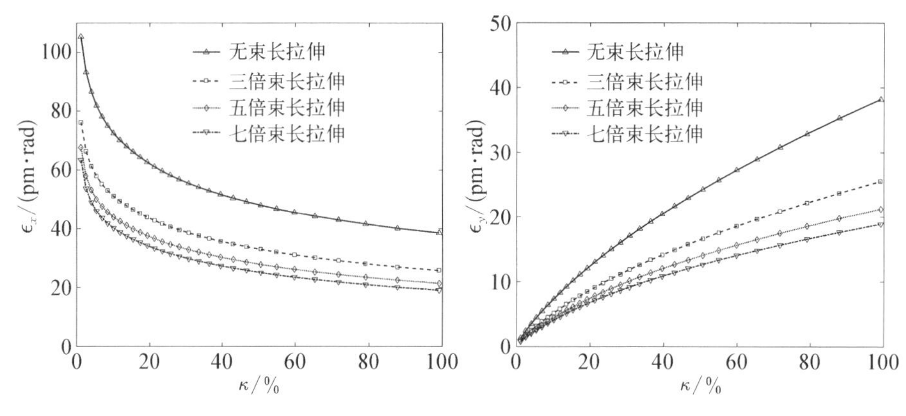

图 10-14　束流发射度在不同倍数的束团拉伸下随横向耦合的变化

称为托歇克散射[17]，由此带来的束流寿命则称为托歇克寿命。束流寿命由托歇克寿命、气体散射寿命和量子寿命决定。真空度达到纳托量级时，气体散射寿命就足够长，而量子寿命则非常长，几乎不影响束流的总寿命，因此托歇克寿命是储存环设计需要优化的主要内容。除了优化储存环的能量接受度外，上述关于减弱 IBS 效应的方法对抑制托歇克散射也同样有效。

使用图 10-13 所示的储存环能量接受度，并包含 IBS 效应，计算所得的托歇克寿命如图 10-15 所示。若不考虑使用束团拉伸技术，低耦合设置下，束流的托歇克寿命只有约 1 h，但在 100%耦合、五倍束团拉伸时，寿命可增长到 17 h。

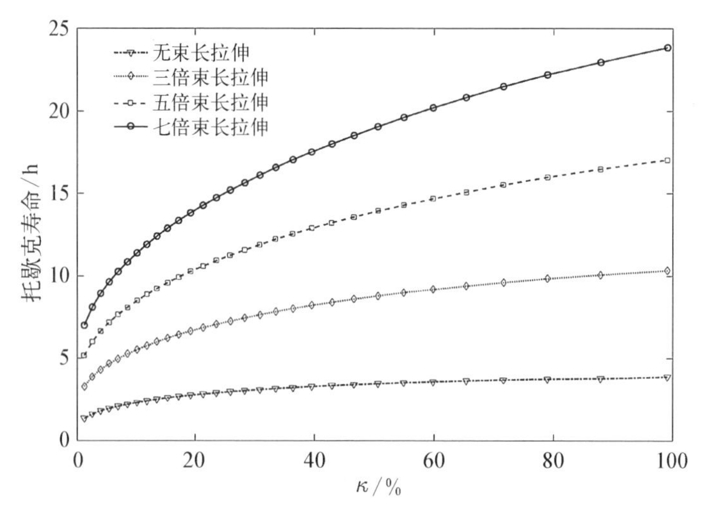

图 10-15　托歇克寿命在不同倍数的束团拉伸下随横向耦合的变化

10.4.4　阻抗与束流集体效应

束流在储存环中的非理想导体真空室及非光滑或非连续结构中运动时会激起电磁场，我们称这种激起的电磁场为尾场，它是引起束流集体效应的一个重要因素。阻抗是尾场函数的傅里叶变换形式，它的引入使我们可以把尾场转换成频域中的阻抗研究。相比于第三代同步辐射光源的储存环，衍射极限储存环为实现超低发射度，储存环中使用了很多强梯度小孔径磁铁。这种小孔径磁铁的使用导致真空室尺寸大大减小，而阻抗一般随着真空室尺寸的减小而增大，例如阻抗壁横向和纵向阻抗分别与真空室半径成 r^{-3} 和 r^{-1} 的关系[18]，这意味着衍射极限储存环中的阻抗将远远大于第三代同步辐射储存环中的阻抗，很可能成为限制机器高流强稳定运行的重要因素。因此，需要对衍射极限储存环中的阻抗进行系统的优化研究，验证束流流强和机器性能是否可以达到理论设计目标。

衍射极限储存环中的阻抗模型分析通常采用数值计算、ABCI 或 CST 软件模拟仿真等进行优化研究。根据高能同步辐射光源（HEPS）和瑞典同步辐射光源 MAX-Ⅳ的研究结果分析，衍射极限储存环中的阻抗主要来源于阻抗较大的电阻壁和数量较多的束流位置探测器、波纹管、法兰。

单束团不稳定性与宽带阻抗（短程尾场）相关，包括纵向微波不稳定性和横向中的横模耦合不稳定性。微波不稳定性通常不会引起直接的束流损失，但会导致束团纵向分布畸变、束长拉伸及能散增大。在横模耦合不稳定性流强阈值上，束流发射度将迅速增加甚至发生丢束，故横模耦合不稳定性是限制束团电荷量的主要因素。因此，为了更准确地估计装置性能，需要计算微波不稳定性纵向阻抗阈值和横模耦合不稳定性阈值流强及不同电荷量对应的束流参数。

多束团不稳定性与窄带阻抗（长程尾场）相关，包括横向阻抗壁耦合多束团不稳定性和束腔不稳定性。HEPS 研究表明，阻抗壁阻抗导致的横向耦合束团不稳定性增长时间约为 0.5 ms，会成为限制流强稳定运行的重要因素。为解决这个问题需要设计横向反馈系统抑制该不稳定性，此外，还可以利用正色品、谐波腔拉伸束团等方法进行抑制。

对于衍射极限储存环，束流集体效应产生的主要原因除了环中的阻抗，还包括离子效应等。残余气体离子效应包括离子俘获不稳定性和快离子不稳定性，它们可能会引起横向耦合束团不稳定性和束流发射度的增长，从而影响机器的性能。由于它们与真空度和束流填充方式有很强的相关性，一般可以通过改善真空度、优化填充模式和横向反馈系统来治愈。

10.4.5 储存环物理设计对加速器硬件的一般需求

加速器的硬件工艺水平往往是限制光源性能提升的主要瓶颈，前面已说明，加速器物理学家们早在三十年前就已详细研究过 MBA 磁聚焦结构，但受限于硬件技术而未实施。同步辐射光源合理的物理设计是在一定的硬件工艺水平限制下，获得一个满足用户需求的优化方案。倘若物理设计方案对硬件规格和误差的要求超过了现阶段的技术水平，这样的物理方案在当下就是无法实施的。

在本节的设计例子中，每块偏转磁铁的角度都比较小，偏转磁铁强度要求不高。四极磁铁和六极磁铁的最大梯度分别为 37 T/m 和 1 154 T/m^2，若考虑 20%的余量，则最大四极磁铁和六极磁铁梯度需求为 45 T/m 和 1 400 T/m^2。按当前技术，磁头间隙可以超过 40 mm，真空室的全宽至少可以是 35 mm，真空室的生产、镀膜、烘烤技术都不会太难。磁铁的多极场误差极有可能降低储存环的动力学孔径和能量接受度，因此需要加以限制，以获得满效率的束流注入和足够的束流寿命。本节例子假定使用替换式注入方法，受多极场误差影响后的动力学孔径需大于 ±2 mm，则一般要求多极场误差与主场比值在 0.05%～0.1%的范围内，且阶数越高，误差可以越大一些。

励磁电流的抖动将有可能使储存环束流产生能量抖动、轨道抖动、束流光学扭变和工作点抖动等不利情况，进而影响到向用户的供光质量，严重者会使光源无法正常运行，因此需对励磁电源的稳定性提出要求。储存环同一类型的二极磁铁一般都使用同一励磁电源串联供电，这样的好处是，可在设计阶段按照同类二极磁铁的不一致性进行排序安装，以减小闭轨畸变。倘若使用独立供电模式，储存环实际运行时需要合理有效的调束工具来独立调整励磁电源，在保证束流能量准确的前提下，获得最佳的闭合轨道。同步辐射光源对束流能量的稳定性要求极高，一个用户实验周期内束流能量稳定性至少要优于 0.01%，储存环的全部二极磁铁电源不稳定性的线性叠加需低于这个要求，一般都是 10～20 ppm[①]。在聚焦结构的设计部分已经讲到，光源性能、束流品质依赖于束流光学模型，实际运行中的各种误差对束流光学模型会有一定的影

① ppm 为行业习惯用法，表示百万分之一。

响，因此需要进行必要的光学模型校正。储存环全部四极磁铁独立供电则可满足这个需求。聚焦结构设计中定义的同一组六极磁铁在第三代光源和新一代光源中一般都考虑串联供电。当然若考虑非线性模型校正，六极磁铁也宜独立供电。四极磁铁和六极磁铁电源稳定性均可以用束流品质对主场误差的响应来确定，目前一般都要求在 50～100 ppm 范围内。

储存环束流诊断系统对光源的稳定运行十分重要，束测各设备的基本规格和分辨率均由束流特性和用户需求来确定。比如：使用几秒内就能测得准确的束流寿命来确定束流流强测量设备 DCCT 的分辨率；由填充模式的均匀性要求和单束团运行模式的束团纯度要求来确定逐束团电荷测量系统 BCM 的精度；由束流轨道稳定性要求来确定束流位置探测器的闭轨分辨率和逐圈轨道分辨率等。

储存环各元件的机械准直技术一直是新一代光源设计与建设的难点之一。若采用传统的方法，即按束流特性对安装误差的响应来确定准直误差，则准直误差的要求普遍都低于 50 μm/μrad，原因在于新一代光源的磁铁强度普遍较大，位置和角度改变一点点就有可能使束流特性产生很大的偏差。但这样的准直误差极难实现，因此需要其他的方法来弥补，比如在多极磁铁上安装精密的调节设备在线准直，使用更高效的物理调试方法进行基于束流的准直，等等。

本节介绍的例子中，高频系统拟使用目前技术成熟的 500 MHz 高频系统，这样在高亮度供光模式中，填充束团可以较多，比较有利于降低束团内电荷密度，抑制束团内散射效应，增加束流寿命。主高频腔腔压由相稳定区的高度来确定，十分依赖于聚焦结构的设计，如果动量紧缩因子增大，主高频腔腔压也要有所增加。储存环设计一般要求相稳定区的高度至少应该与非线性和色散决定的能量接受度相当，该例子高频腔压设定为 1.5 MV，相稳定区的高度约为±4%。

参考文献

[1] Aune B, Bandelmann R, Bloess D, et al. Superconducting TESLA cavities [J]. Physical Review Special Topics-Accelerators and Beams, 2000, 3: 092001.

[2] Emma P, Akre R, Arthur J, et al. First lasing and operation of an ångstrom-wavelength free-electron laser [J]. Nature Photonics, 2010, 4: 641 - 647.

[3] Bane K L F. Litrack: a fast longitudinal space tracking code with graphical user interface [C]//Proceedings of 2005 Particle Accelerator Conference, Knoxville,

Tennessee, 2005, 4266 - 4268.

[4] Craievich P, Mitri S D, Milloch M, et al. Modeling and experimental study to identify arrival-time jitter sources in the presence of a magnetic chicane [J]. Physical Review Special Topics-Accelerators and Beams, 2013, 16: 090401.

[5] Borland M. Elegant: a flexible SDDS-compliant code for accelerator simulation [R]. The 6th International Computational Accelerator Physics Conference, Advanced Photon Source Report No. LS - 287, 2000.

[6] Reiche S. GENESIS 1. 3: A fully 3D time-dependent FEL simulation code [J]. Nuclear Instruments and Methods in Physics Research Section A, 1999, 429: 243 - 248.

[7] Saldin E L, Schneidmiller E A, Yurkov M V. FAST: A three-dimensional time-dependent FEL simulation code [J]. Nuclear Instruments and Methods in Physics Research Section A, 1999, 429: 233 - 237.

[8] Dejus R J , Shevchenko O A, Vinokurov N A. An integral equation based computer code for high-gain free-electron lasers [J]. Nuclear Instruments and Methods in Physics Research Section A, 1999, 429(1 - 3): 225 - 228.

[9] Tanaka T. SIMPLEX: Simulator and postprocessor for free-electron laser experiments [J]. Journal of Synchrotron Radiation, 2015, 22: 1319 - 1326.

[10] Freund H P, van der Slot P J M, Grimminck D L A G, et al. Three-dimensional time-dependent simulation of free-electron lasers with planar, helical, and elliptical undulators [J]. New Journal Physics, 2017, 19: 023020.

[11] Campbell L T, McNeil B W J. Puffin: A three dimensional, unaveraged free electron laser simulation code [J]. Physics of Plasmas, 2012, 19: 093119.

[12] Yang L Y, Robin D, Sannibale F, et al. Global optimization of an accelerator lattice using mutiobjective genetic algorithms [J]. Nuclear Instruments and Methods in Physics Research Section A, 2009, 609: 50 - 57.

[13] Nagaoka R, Wrulich A F. Emittance minimization with longitudinal dipole field variation [J]. Nuclear Instruments and Methods in Physics Research Section A, 2007, 575: 292 - 304.

[14] Streun A. The anti-bend cell for ultralow emittance storage ring lattices [J]. Nuclear Instruments and Methods in Physics Research Section A, 2014, 737: 148 - 154.

[15] Bengtsson J. The SLS sextupole scheme: an analytic approach [R]. Villigen, Switzerland: SLS Note No. 9/97, 1997.

[16] Piwinski A. Intra-beam scattering [R]. Oxford, UK: CAS — CERN Accelerator School: Accelerator Physics, 1985.

[17] Piwinski A. The Touschek effect in strong focusing storage rings [J]. arXiv Preprint Physics, 1999, 9903034.

[18] Nagaoka R, Bane K L F. Collective effects in a diffraction-limited storage ring [J]. Journal of Synchrotron Radiation, 2014, 21(5): 937 - 960.

附录：部分彩图

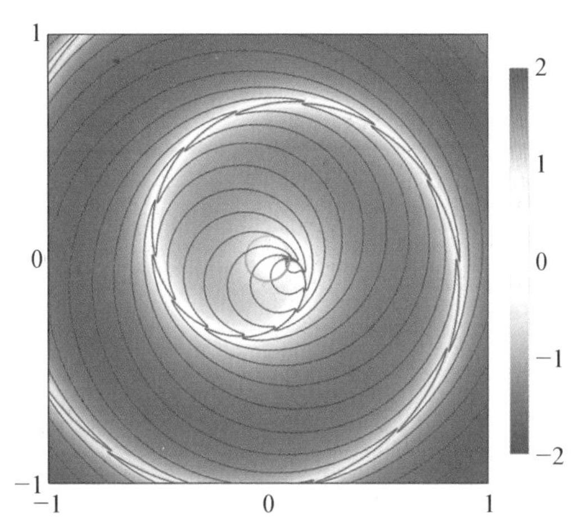

图 3－2　圆周运动电子辐射电力线分布

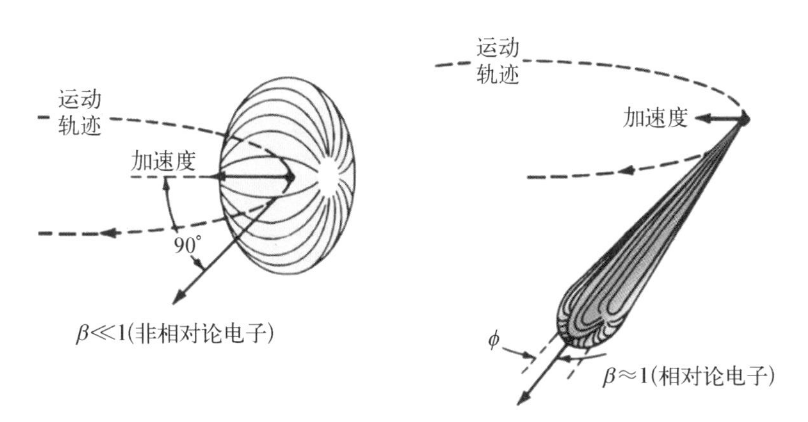

图 3－5　非相对论和相对论情况下，加速电子所发出的电磁辐射的角度分布

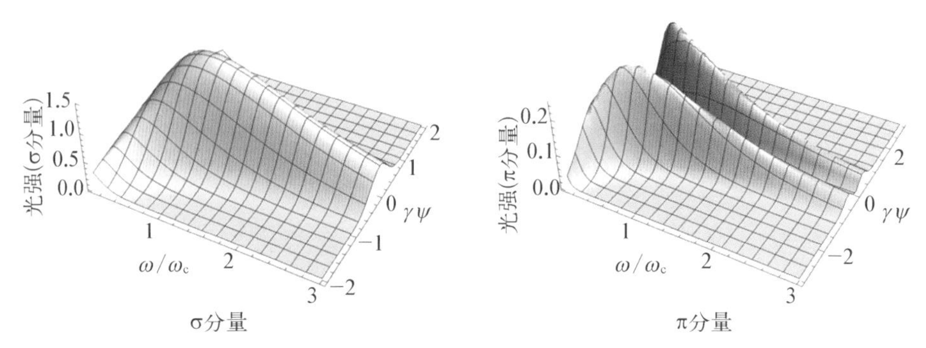

图 3－9　弯铁辐射频谱角分布特性

图 3－11　电子在波荡器内做蛇形运动时产生的电磁辐射的电力线分布

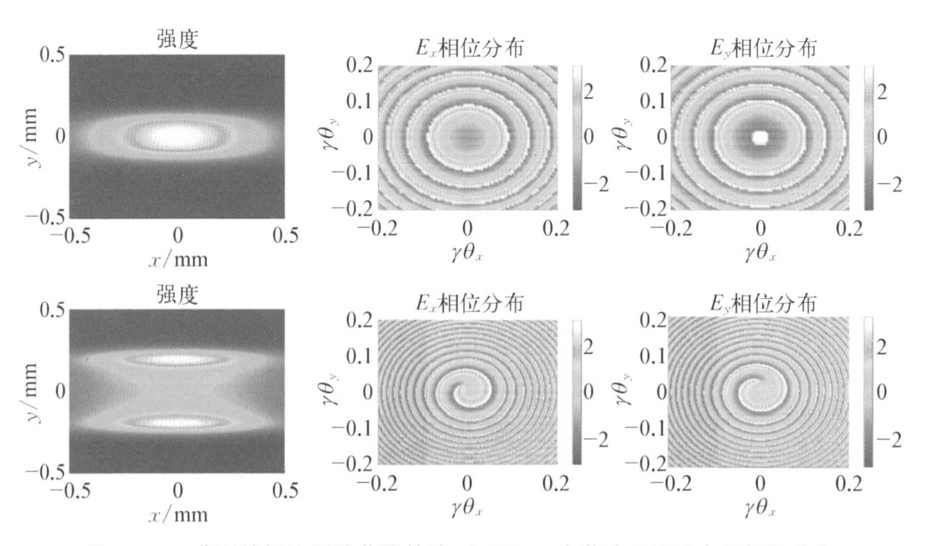

图 3－17　典型的螺旋型波荡器基波(上图)、二次谐波(下图)电场相位分布

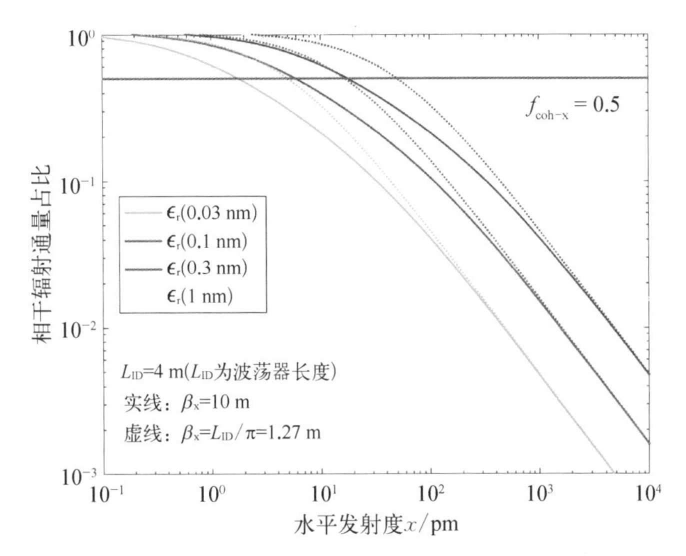

图 3-19　一个典型的相干辐射通量占总辐射通量的比例与储存环发射度的关系

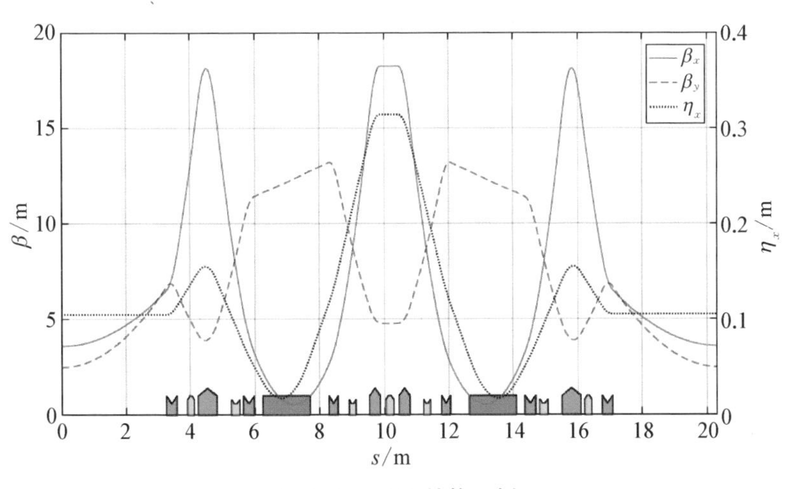

图 4-7　DBA 结构示例

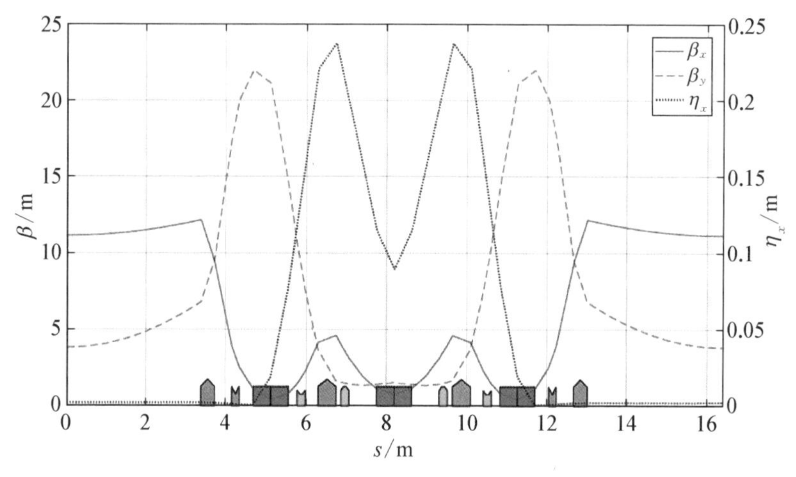

图 4-8　TBA 结构示例

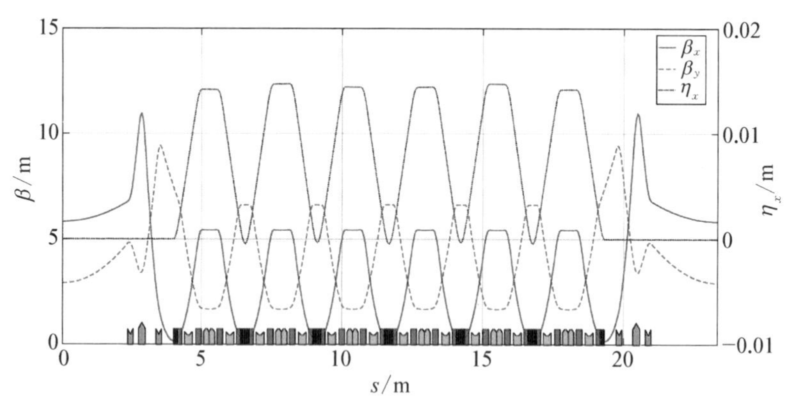

图 4-9　MBA 结构示例

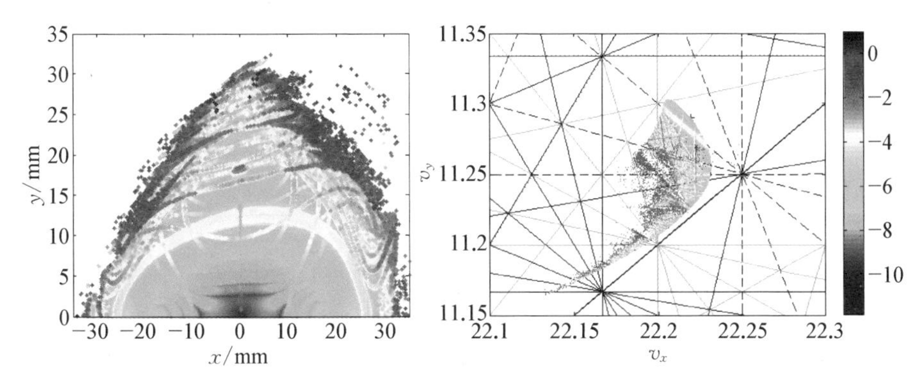

图 4-20 粒子初始位置($x-y$)与自由振荡频率扩散系数的映射关系(颜色代表振荡频率扩散速率)

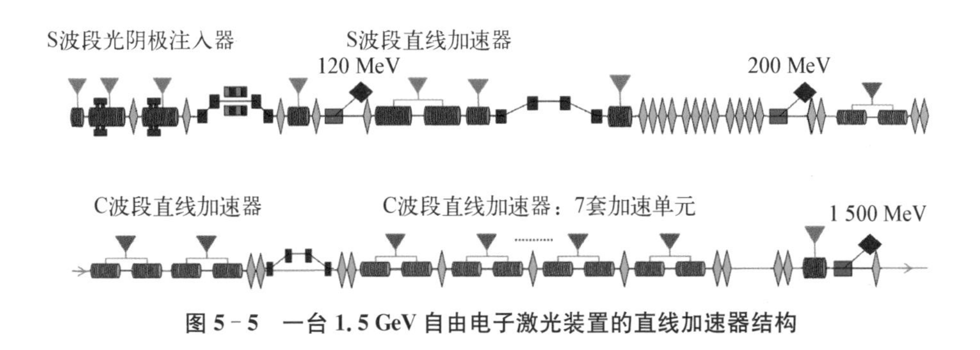

图 5-5 一台 1.5 GeV 自由电子激光装置的直线加速器结构

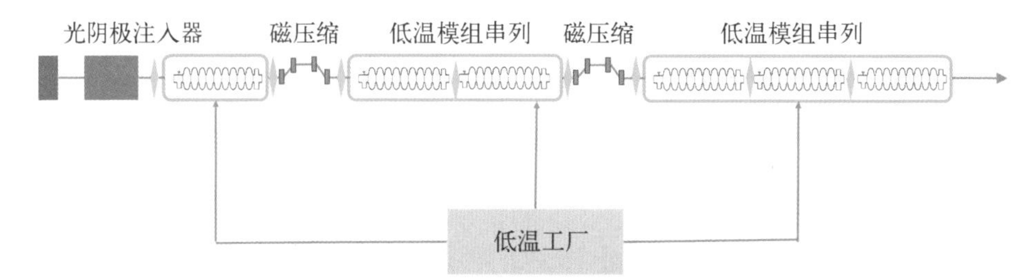

图 5 - 12　超导电子直线加速器组成示意图

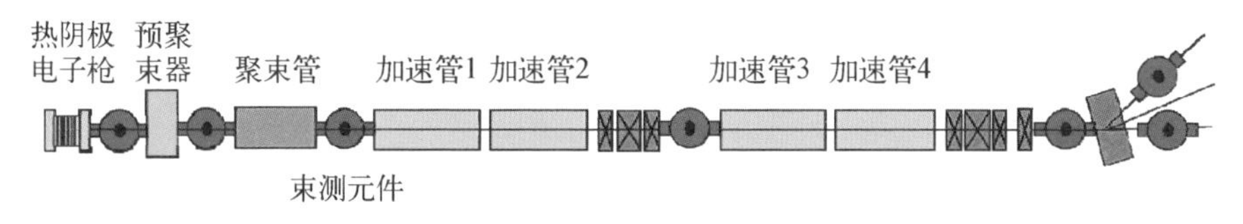

图 5 - 23　同步辐射装置的电子注入器结构

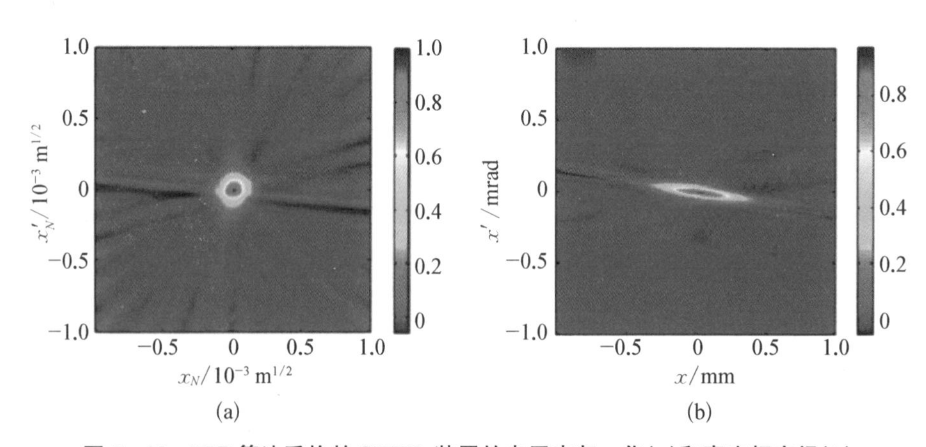

图 5 - 28　FBP 算法重构的 SXFEL 装置的电子束归一化(a)和真实相空间(b)

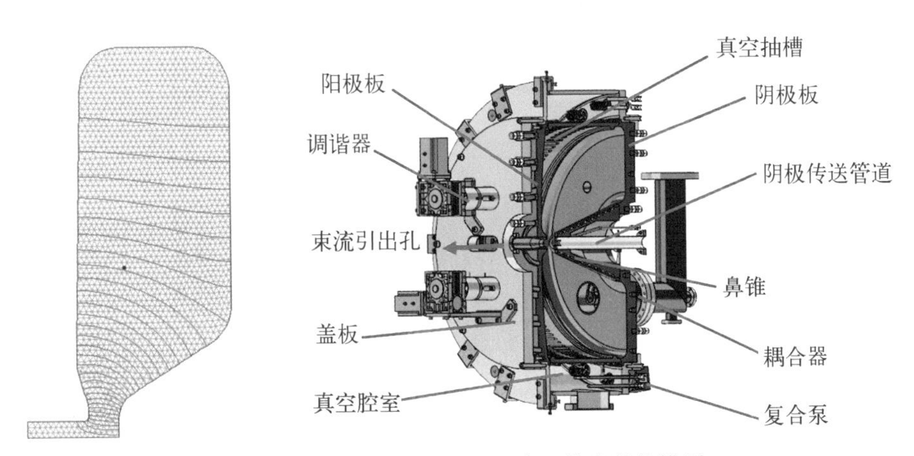

图 7-2　单鼻锥重入式 VHF 电子枪参数化模型

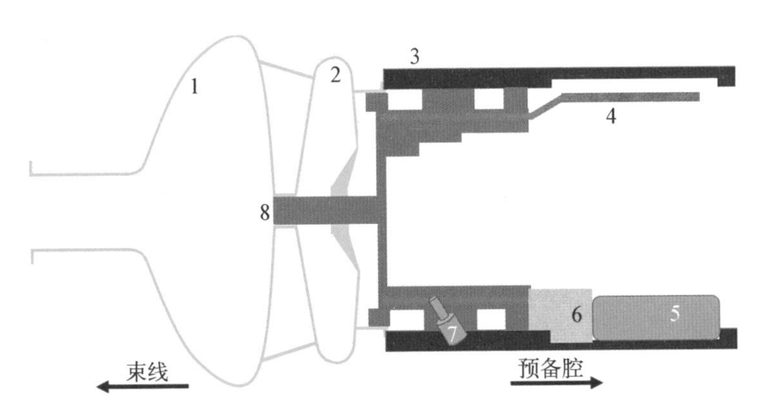

1—铌腔；2—扼流法兰过滤器；3—冷却插入器；4—液氮管；5—陶瓷隔离窗；6—热隔离窗；7—三级同轴过滤器；8—阴极。

图 7-3　超导腔示意图

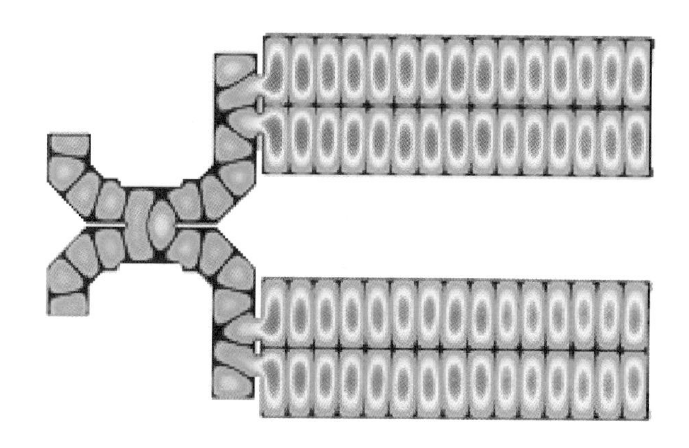

图 7-11　能量倍增器电磁场模拟图

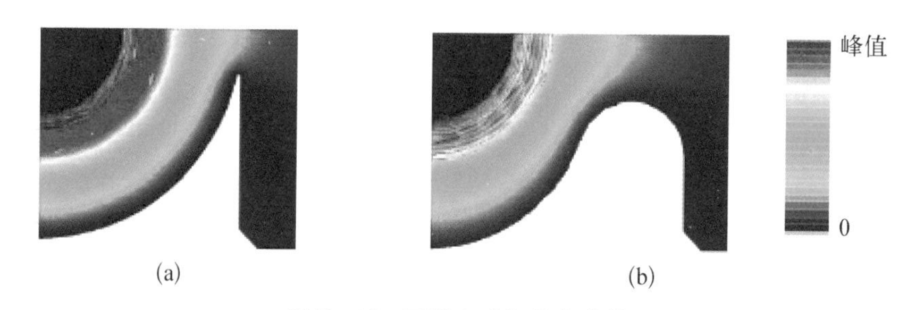

图 7-12　两种电磁场分布比较

(a) 传统磁耦合；(b) 改进型磁耦合

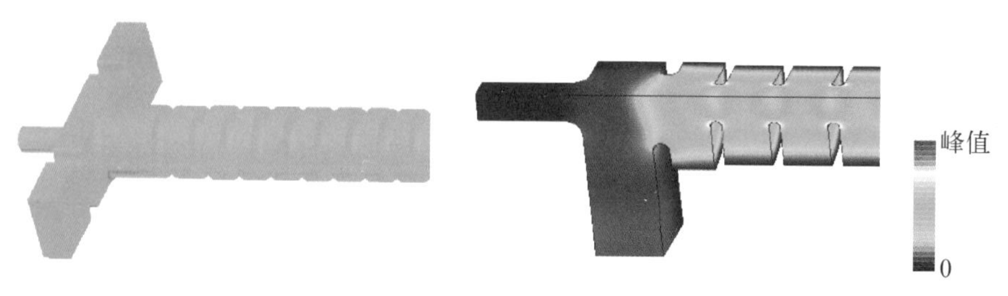

图 7-13　电耦合结构及双口耦合器电场分布

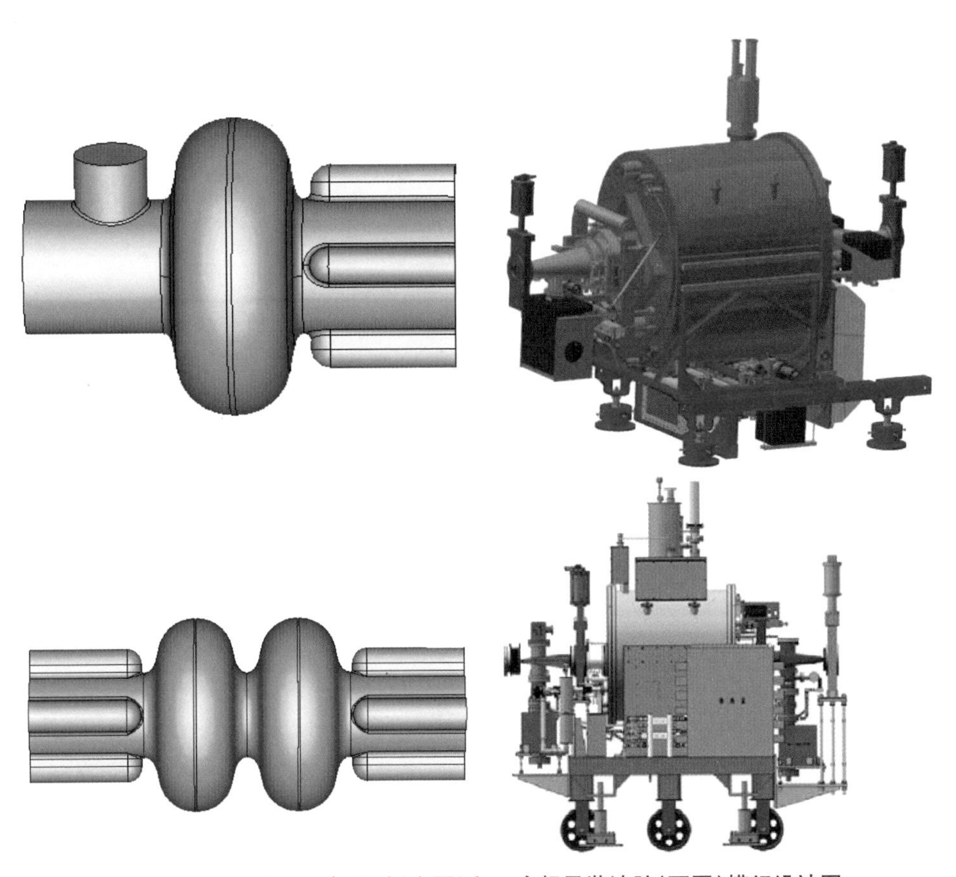

图 7 - 18　500 MHz 超导腔(上图)和三次超导谐波腔(下图)模组设计图

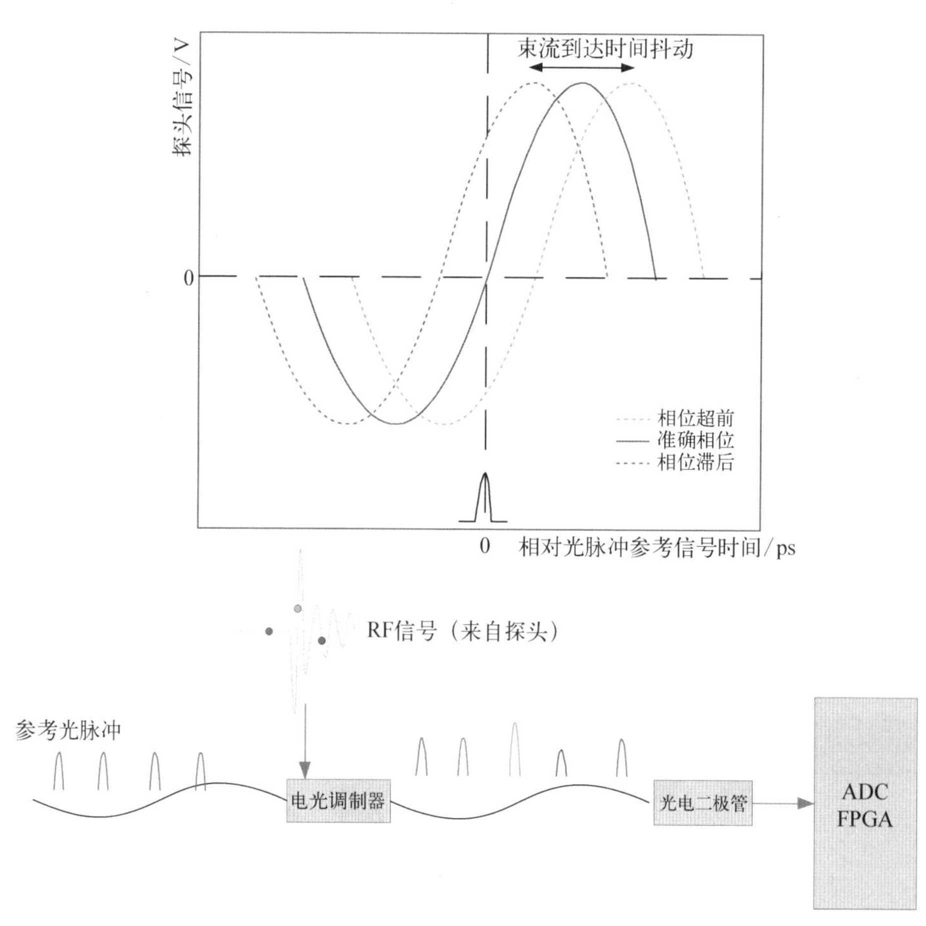

图 9-12　电光晶体调制法原理图

(a)

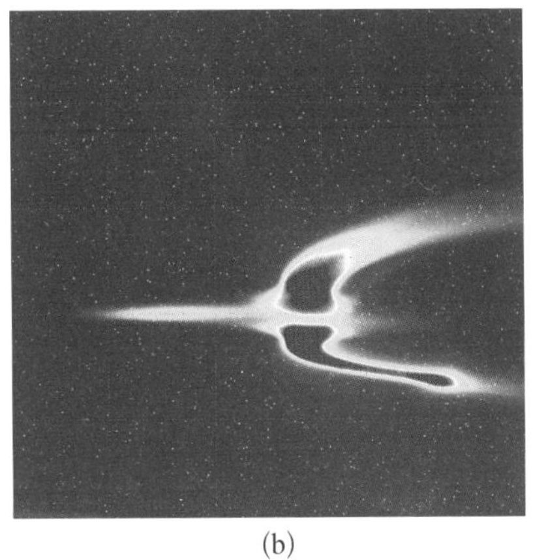

(b)

图 9－19　X 波段偏转腔测量系统

(a) 实物照片；(b) 束流-激光同步诊断结果图

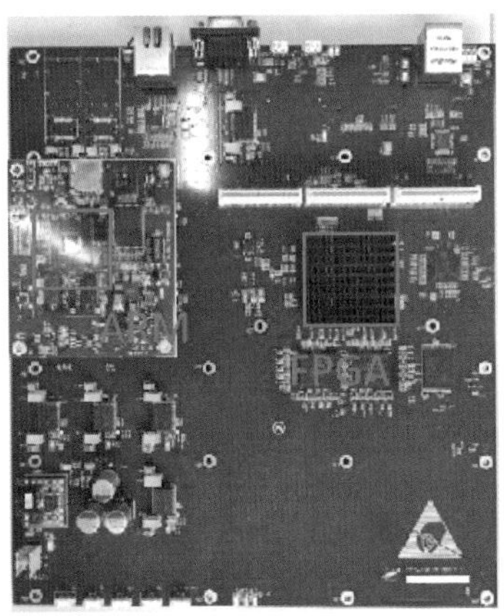

图 9－27　典型的 DBPM 处理器实物照片

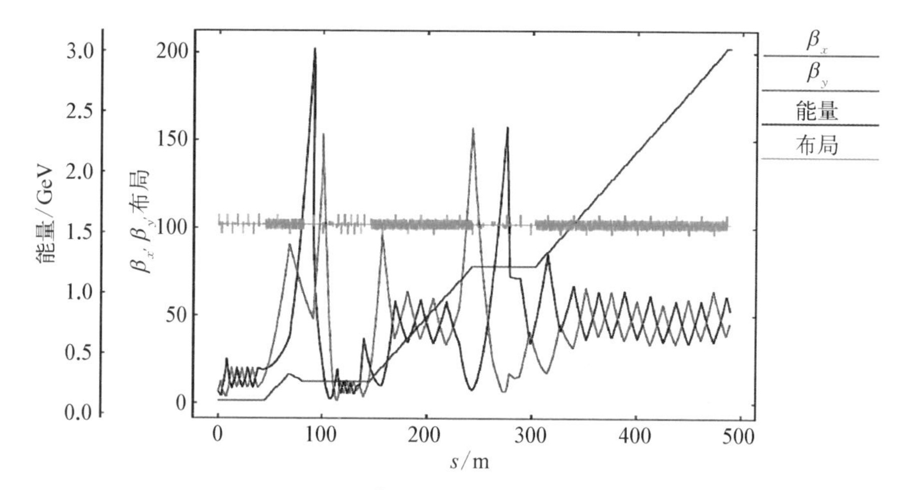

图 10-5　直线加速器的聚焦结构设计

索　引

D

E

F

G

H

J

L

M

N

P

Q

核能与核技术出版工程

书　目

第一期　"十二五"国家重点图书出版规划项目

最新核燃料循环
电离辐射防护基础与应用
辐射技术与先进材料
电离辐射环境安全
核医学与分子影像
中国核农学通论
核反应堆严重事故机理研究
核电大型锻件 SA508Gr.3 钢的金相图谱
船用核动力
空间核动力
核技术的军事应用——核武器
混合能谱超临界水堆的设计与关键技术(英文版)

第二期　"十三五"国家重点图书出版规划项目

中国能源研究概览
核反应堆材料(上下册)
原子核物理新进展
大型先进非能动压水堆 CAP1400(上下册)
核工程中的流致振动理论与应用
X 射线诊断的医疗照射防护技术
核安全级控制机柜电子装联工艺技术
动力与过程装备部件的流致振动
核火箭发动机
船用核动力技术(英文版)
辐射技术与先进材料(英文版)
肿瘤核医学——分子影像与靶向治疗(英文版)